Peer-to-Peer

Springer-Verlag Berlin Heidelberg GmbH

Detlef Schoder
Kai Fischbach
René Teichmann
Herausgeber

Peer-to-Peer

Ökonomische, technologische und juristische Perspektiven

Mit 32 Abbildungen
und 6 Tabellen

Prof. Dr. Detlef Schoder
Kai Fischbach
Wissenschaftliche Hochschule für Unternehmensführung
- Otto-Beisheim-Hochschule -
Burgplatz 2
56179 Vallendar
schoder@whu.edu
kaif@whu.edu

René Teichmann
Teltower Damm 253
14167 Berlin
teichmann@viosign.de

ISBN 978-3-642-62852-8

Die Deutsche Bibliothek - CIP-Einheitsaufnahme
Peer-to-peer: ökonomische, technologische und juristische Perspektiven /
Hrsg.: Detlef Schoder ... - Berlin; Heidelberg; New York; Barcelona;
Hongkong; London; Mailand; Paris; Tokio: Springer, 2002
(Xpert.press)
ISBN 978-3-642-62852-8 ISBN 978-3-642-56176-4 (eBook)
DOI 10.1007/978-3-642-56176-4

http://www.springer.de

Ursprünglich erschienen bei Springer-Verlag Berlin Heidelberg New York 2002
Softcover reprint of the hardcover 1st edition 2002

Umschlaggestaltung: Künkel + Lopka Werbeagentur, Heidelberg
Satz: Reprofertige Vorlage von den Autoren
Gedruckt auf säurefreiem Papier - SPIN 10881068 42/2202 WT 5 4 3 2 1 0

Vorwort

Peer-to-Peer (P2P) hat sich zu einem der meistdiskutierten Phänomene in der jüngeren Geschichte der Informationstechnologie herausgebildet. Die millionenfach frequentierten Musiktauschbörsen wie etwa Napster haben dabei zu kontroversen Bewertungen von P2P geführt.

Neben File-Sharing à la Napster zählen Instant Messaging, Collaboration/P2P-Groupware, Grid bzw. Distributed Computing und Web Services zu den weiteren Facetten von P2P. Damit verbunden ist die Vorstellung leistungsfähiger Infrastrukturen für virtuelle Gemeinschaften, die Ressourcen teilen, Informationsaustauschprozesse beschleunigen und neuartige kollaborative Arbeitsumgebungen ermöglichen, ohne dass es einer zentralen Koordinationsinstanz bedarf. P2P-Technologien versprechen dadurch neue Dimensionen des Informationsmanagement, z.B. Beschleunigung von (Kommunikations-)Prozessen, hohe Austauschfähigkeit auch aktueller, dezentral generierter Informationen – und damit die Unterstützung von ad hoc-Arbeitsgruppen – sowie Kostensenkung (etwa durch bessere Auslastung „brachliegender" Ressourcen).

Dieser Herausgeberband hat sich die Aufgabe gestellt, die kontroverse Diskussion um Chancen und Grenzen von P2P-Technologien auf eine sachliche Grundlage zu stellen und dabei auch auf die für Unternehmen und Innovation potentiell schädlichen Wirkungen einzugehen. Insbesondere soll der Leser durch die Lektüre der insgesamt 15 Beiträge in die Lage versetzt werden, eine fundierte eigene Bewertung von P2P vorzunehmen.

Hierzu haben die Herausgeber ausgewiesene Experten mit internationalem Renommee gewinnen können, die teilweise als „Mitbegründer" und Pioniere des P2P gelten. Insgesamt analysieren 28 Autoren aus ökonomischer, technologischer und juristischer Perspektive Innovationspotentiale, offene Fragen und Risiken aller Anwendungsbereiche von P2P, stellen zentrale Konzepte, Geschäftsmodelle und professionelle Einsatzmöglichkeiten vor, diskutieren anhand aktueller Praxisbeispiele u.a. der Medienbranche Herausforderungen und skizzieren Technik-Initiativen der wichtigsten Marktspieler.

Das Buch gliedert sich in drei Teile: Im ersten Teil wird P2P aus vorwiegend ökonomischer, im zweiten aus vorwiegend technologischer und im dritten schließlich aus vorwiegend juristischer Perspektive behandelt.

Der erste Beitrag liefert einen einführenden Überblick über das Spektrum von P2P. Es werden Anwendungsbereiche skizziert und Herausforderungen im Zusammenhang mit der kommerziellen Nutzung benannt, die einer Erschließung der Potentiale der P2P-Technologien bislang entgegenstehen.

Prof. Dr. Thomas Hess, Markus Anding und Matthias Schreiber gehen in ihrem Beitrag „Napster in der Videobranche?" der Frage nach, ob sich die Videobranche in Kürze vor ähnliche Probleme gestellt sehen wird wie die Musikindustrie.

Till Mansmann und Stefan Selle stellen im Kapitel „Moneybee – Vernetzung künstlicher Intelligenz“ das Geschäftsmodell MoneyBee vor, das unter Verwendung künstlicher neuronaler Netze und Grid Computing-Technologie Vorhersagen für Aktienkurse, Börsen-Indizes und Währungen erstellt.

Dr. Thomas Hummel skizziert in „Instant Messaging – Nutzenpotentiale und Herausforderungen“ die Entwicklung und den aktuellen Stand von Instant Messaging und diskutiert darauf aufbauend Herausforderungen und kommerzielle Nutzenpotentiale.

Das Autorenteam Dr. Michel Clement, Dr. Guido Nerjes und Dr. Matthias Runte („Bedeutung von P2P-Technologien für die Distribution von Medienprodukten im Internet“) analysiert die Veränderung traditioneller Wertschöpfungsketten von Medienprodukten in der Online-Welt und zeigt auf, wie die Bertelsmann AG auf die damit einhergehenden Herausforderungen reagieren wird.

Martin Curley beschreibt im Beitrag „P2P-Computing – Wettbewerbsvorteil für Intel“, wie die Intel Corporation die P2P-Technologie einsetzt, um Kosten für die IT-Infrastruktur zu reduzieren. Anhand von Anwendungsbeispielen werden die Projekte PC-Philantrophy, Distributed File-Sharing und Periphery-Grid-Computing näher beleuchtet.

Remigiusz Wojciechowski und Prof. Dr. Christof Weinhardt prüfen in ihrem Beitrag „Web Services und Peer-to-Peer-Netzwerke", worin die Unterschiede und Gemeinsamkeiten der Konzepte liegen und ob man in Zukunft hybride Architekturen oder die Konvergenz beider Ansätze erwarten kann.

Prof. Ian Foster, Dr. Carl Kesselman und Dr. Steven Tuecke beschreiben in „Die Anatomie des Grid“ die konzeptionelle Grundlage von Grid Computing.

Dr. Thomas Barth und Prof. Dr. Manfred Grauer diskutieren „Grid Computing-Ansätze für verteiltes virtuelles Prototyping“ und demonstrieren die erfolgreiche Anwendbarkeit von Methoden des verteilten wissenschaftlichen Rechnens auf industrielle Probleme aus unterschiedlichen Branchen.

Dr. Sebastian Wedeniwski zeigt am Beispiel des Projektes „ZetaGrid“, wie Grid Computing innerhalb großer Firmen, in diesem Fall IBM, genutzt werden kann, um rechenintensive Probleme zu lösen.

Gene Kan war maßgeblich an der Entwicklung und dem Erfolg des Gnutella-Protokolls beteiligt, welches die Basis für viele File-Sharing-Systeme bzw. aktuelle Musik-Tauschbörsen bildet, und gilt neben Shawn Fanning, dem Entwickler von Napster, als „Herold“ des P2P-Phänomens. In seinem Beitrag gibt er Einblicke in die Entstehungsgeschichte und die Technologie von Gnutella.

Tom Groth stellt in seinem Beitrag das „Project JXTA“ vor, welches unter Federführung von Sun Microsystems vorangetrieben wird und eine Infrastruktur für zukünftige P2P-Umgebungen bilden soll.

Herbert Damker thematisiert Sicherheitsprobleme der einzelnen P2P-Anwendungsbereiche und stellt Lösungsansätze und Konzepte dar, um diesen zu begegnen.

Dr. Holger Eggs, Dr. Stefan Sackmann, Dr. Torsten Eymann, und Prof. Dr. Günter Müller zeigen in ihrem Beitrag die Rolle von Vertrauen und Reputation in P2P-Netzwerken auf und stellen grundlegende Ansätze hierzu vor.

Prof. Dr. Thomas Hoeren behandelt in seinem juristischen Beitrag insbesondere urheberrechtliche Fragen im Zusammenhang mit P2P-Diensten.

Zum vorliegenden Buch existiert eine begleitende Web-Site, die alle im Buch zitierten Links in Beitragsreihenfolge enthält sowie ergänzende Materialien wie etwa eine kommentierte Linkliste zum Thema P2P:

`http://www.whu.edu/ebusiness/p2p-buch`

Gerne können Sie dort auch Kommentare zum Buch und zur Thematik anbringen.

Die Herausgeber danken dem Team vom Lehrstuhl Electronic Business der Wissenschaftlichen Hochschule für Unternehmensführung (WHU) – Otto Beisheim Hochschule –, insbesondere Frau Hannelore Forssbohm und Herrn Christoph Bock für die tatkräftige Unterstützung. Dank gebührt auch unseren Übersetzern Herrn Ian Travis (Beitrag von Ian Foster et al.) und Herrn John Endres (Beitrag von Gene Kan) sowie Frau Dr. Johanna Bertsch für die sorgfältige und konstruktive Lektoratsarbeit. Für die sehr gute Zusammenarbeit und die Unterstützung des Buchprojektes von Anfang an sei Herrn Dr. Werner A. Müller, Springer-Verlag, ausdrücklich gedankt.

Detlef Schoder
Kai Fischbach
René Teichmann

Inhaltsverzeichnis

Teil IV: Die juristische Perspektive

Teil I

Überblick

Peer-to-Peer
Anwendungsbereiche und Herausforderungen

Detlef Schoder, Kai Fischbach

Wissenschaftliche Hochschule für Unternehmensführung (WHU)
Otto Beisheim Hochschule

Peer-to-Peer (P2P) hat sich binnen kurzer Zeit zu einem der meistdiskutierten Begriffe in der jüngeren Geschichte der Informationstechnologie herausgebildet. Insbesondere die millionenfach frequentierten Musiktauschbörsen wie etwa Napster haben P2P zu einem aus ökonomischer, technologischer und juristischer Perspektive kontrovers diskutierten Phänomen gemacht.

File-Sharing à la Napster ist dabei nur eine Facette des P2P-Phänomens: Während in der öffentlichen Wahrnehmung beide Begriffe häufig synonym verwendet werden, zeichnet erst die Einbeziehung von Instant Messaging, Collaboration/ P2P Groupware sowie Grid bzw. Distributed Computing[1] ein umfassenderes Bild. P2P-Netzwerke bilden die Infrastruktur für virtuelle Gemeinschaften, die Ressourcen teilen, Informationsaustauschprozesse beschleunigen und neuartige kollaborative Arbeitsumgebungen ermöglichen.

Dieser Beitrag liefert einen Überblick über das Spektrum von P2P. Anwendungsbereiche von P2P werden skizziert und Herausforderungen im Zusammenhang mit der kommerziellen Nutzung benannt, die einer Erschließung der Potentiale der P2P-Technologien bislang entgegenstehen.

Einleitung

Mit dem Begriff Peer-to-Peer ist die Vorstellung verbunden, dass in einem Verbund Gleichberechtigter („Peers“), die sich wechselseitig Ressourcen wie Informationen, CPU-Laufzeiten, Speicher und Bandbreite zugänglich machen, kollaborative Prozesse unter Verzicht auf zentrale Koordinationsinstanzen durchgeführt werden.[2]

---

1 Die Begriffe Grid, Distributed und Internet Computing werden im Kontext von P2P häufig synonym gebraucht. Im Folgenden wird der Begriff Grid Computing verwendet. Eine differenzierte Erörterung der Unterschiede und Gemeinsamkeiten findet sich in den Beiträgen von Foster/Kesselman/Tuecke und Barth/Grauer in diesem Band.

2 Ähnlich definiert auch die *Peer-to-Peer Working Group* P2P Computing als „...sharing of computer resources and services by direct exchange between systems. These resources

Drei Eigenschaften lassen sich anführen, die das Wesen heutiger P2P-Anwendungen ausmachen:[3]

1. *Client- und Serverfunktionalität*: In einem P2P-Netzwerk kann jeder Knoten im Kontext einer Anwendung Daten speichern, senden und empfangen. Er ist damit in der Lage, sowohl Client- als auch Serverfunktionalität[4] zu leisten. Im idealtypischen Fall sind alle Knoten gleichberechtigt und gleichwertig.
2. *Direkter Austausch zwischen Peers*: Wenn zwei Knoten eines Netzwerkes direkt vernetzt sind, können sie in Echtzeit miteinander interagieren. Es gibt keine zentrale Instanz, die die Kommunikation verzögert oder filtert. Dabei ist es unerheblich, welche Daten zu welchem Zweck ausgetauscht werden. Beispiele sind einfache Textnachrichten, Multimediadateien oder der Aufruf von Prozeduren.
3. *Autonomie*: Den Knoten eines P2P-Netzwerks kommt dabei vollkommene Autonomie im Sinne der (Selbst-)Kontrolle ihrer eigenen Aktivitäten zu, d.h. sie allein legen fest, wann und in welchem Umfang sie ihre Ressourcen anderen zur Verfügung stellen. Als Folge dieser Autonomie ist nicht sichergestellt, dass ein Knoten dem Netz ständig zur Verfügung steht. Das Netzwerk muss also tolerieren, dass die Knoten nicht permanent online sind.[5]

Die den P2P-Anwendungsbereichen zugrunde liegenden Technologien und die damit verknüpften Herausforderungen sind allesamt nicht neu.[6] Je nach definitorischer Fassung des Begriffs ist P2P sogar als eine der ältesten Architekturen in der Welt der Telekommunikation zu begreifen: So lassen sich u.a. das Telefonsystem, die Diskussionsforen des Usenet oder das frühe Internet als P2P-Systeme klassifizieren.[7] Einige Stimmen sprechen demzufolge davon, dass „peer-to-peer technologies return the Internet to its original version, in which everyone creates as well as consumes."[8]

---

and services include the exchange of information, processing cycles, cache storage, and disk storage for files." http://www.p2pwg.org/whatis. Vgl. auch David Barkai [Bar01, S. 13]: „Peer-to-peer computing is a network based computing model for applications where computers share resources via direct exchanges between the participating computers."

3 Vgl. [Mil01, S. 17 ff.] und [Bar01, Kap. 1].

4 Ein Peer kann natürlich nur im Rahmen seiner Leistungsfähigkeit als Server fungieren.

5 Ein treffendes Beispiel sind Online-Musiktauschbörsen. Anwender sind häufig nur für einen geringen Zeitraum eines Tages online. Trennen sie ihre Internet-Verbindung, steht ihr Knoten dem Netz nicht mehr zur Verfügung.

6 Vgl. [Sch01], [FKT01] und [Ora01a].

7 Im Rahmen des ARPANET wurden die ersten (vier) Hosts des Internet als gleichberechtigte computer sites zusammengeschaltet, also gerade nicht in einer Master/Slave oder Client/Server-Beziehung. Das frühe Internet war vom Charakter und der Nutzung ein vergleichsweise zu heute weitaus offeneres und durchlässigeres Netzwerk. Vgl. Minar, N.; Hedlund, M. (2001): A Network of Peers, Peer-to-Peer Models Through the History of the Internet, in: [Ora01], S. 3-37.

8 Vgl. [Ora01c, S. ix.].

Der mittlerweile hohe Penetrationsgrad leistungsfähiger Kommunikationsnetzwerke, Standardisierungsfortschritte, neue Anwendungsbereiche sowie benutzerfreundliche Applikationen und Clients eröffnen der P2P-Technologie große Potentiale. Begünstigt wird diese Entwicklung durch die auch weiterhin zu erwartenden fallenden Kosten für Speicherung und Transport von digitalen Informationen.

P2P-Technologien versprechen durch die weitgehende Loslösung von zentralen Institutionen neue Dimensionen des Informationsmanagement, z.B. Beschleunigung von (Kommunikations-)Prozessen, hohe Austauschfähigkeit auch aktueller, dezentral generierter Informationen – und damit die Unterstützung von ad hoc-Arbeitsgruppen – sowie Kostensenkung, etwa durch bessere Auslastung „brachliegender" Ressourcen. Dezentrale und (teil-)autonome Strukturen sowohl geschäfts- als auch technologiegetriebener Anwendungen mit P2P-Technologie zu realisieren, scheint daher ein vorteilhafter Ansatz zu sein.

Der folgende Abschnitt gibt einen Überblick über die Anwendungsbereiche von P2P.

Anwendungsbereiche

In Anlehnung an jüngere Veröffentlichungen[9] und Konferenzen[10] lassen sich unter dem Begriff P2P folgende Anwendungsbereiche subsumieren: Instant Messaging, File-Sharing, Collaboration/P2P Groupware und Grid Computing. Häufig werden Web Services als weiteres Anwendungsgebiet benannt (und in diesem Beitrag auch vorgestellt).

Instant Messaging

Der Begriff Instant Messaging (IM) steht stellvertretend für Applikationen, die auf den direkten Austausch von Nachrichten zwischen Usern ausgerichtet sind. Ein wesentlicher Vorteil von IM-Anwendungen besteht darin, dass den Mitgliedern eines Netzwerkes bekannt gemacht wird, welche anderen Mitglieder des selben Netzes online sind. So lässt sich feststellen, welcher Peer Ressourcen bereitstellen bzw. kontaktiert werden kann. IM-Funktionalitäten sind aus diesem Grund mittlerweile in viele File-Sharing- und Collaboration-Anwendungen integriert.[11]

---

[9] Vgl. exemplarisch [Ora01a], [Mil01] und [STD01].

[10] 2001 wurden erste, größere Konferenzen in San Francisco und Washington abgehalten (http://conferences.oreilly.com/archive.html). Weitere einschlägige Beispiele sind: "International Conference on Peer-to-Peer Computing" (IEEE, Schweden, 2001) und "1st International Workshop on Peer-to-Peer Systems" (MIT und Microsoft, Cambridge, MA, USA, 2002).

[11] Vgl. die ausführliche Darstellung von Hummel in diesem Band [Hum02] sowie [Ort01].

File-Sharing

File-Sharing-Anwendungen kombinieren Suchalgorithmen mit Verfahren der dezentralen Speicherung von Daten. Dies versetzt Anwender beispielsweise in die Lage, Dateien direkt von der lokalen Festplatte eines anderen Nutzers zu beziehen. Die Technik stellt die Möglichkeit in Aussicht, im betrieblichen Umfeld kostenintensive, zentrale Massenspeicher-Lösungen gegen eine dezentrale Datenhaltung auf vorhandenen Desktop-PCs zu ersetzen und eliminiert damit typische single-point-of-failure-Schwachstellen.

Prominente Beispiele für (nichtkommerzielles) File-Sharing sind Gnutella, Napster und Freenet.

Gnutella ist ein Protokoll für den Datenaustausch in dezentralen Netzwerken. Netzwerke, die auf der Gnutella-Technologie basieren, kommen damit ohne zentrale Instanzen aus, d.h. alle Peers sind gleichberechtigte Entitäten innerhalb des Netzes. Suchanfragen funktionieren dabei nach dem „Schneeballprinzip": Eine Suchanfrage wird an eine bestimmte Anzahl von Peers weitergeleitet. Diese leiten die Anfrage wiederum an verschiedene Knoten weiter, bis die gewünschte Datei gefunden oder eine zuvor bestimmte Suchtiefe erreicht wird. Positive Suchergebnisse werden dann an den Nachfrager gesendet, so dass dieser die gewünschte Datei direkt von dem Anbieter herunterladen kann.

Durch das Fehlen einer zentralen Komponente ist eine Überwachung oder Abschaltung von Gnutella-basierten Netzen kaum möglich. Darin liegt einer der wesentlichen Unterschiede zu der bereits erwähnten und mittlerweile infolge rechtlicher Verfahren eingestellten Musiktauschbörse *Napster*[12]: Napster ist kein reines P2P-System, da ein zentraler Datenbank-Server Suchanfragen verwaltet. Sobald sich ein Peer in das Napster-Netzwerk einloggt, werden vom Napster-Server die Dateien registriert, die der Anwender zur Verfügung stellt. Bei einer Suchanfrage liefert der Napster-Server eine Liste mit Peers, die die gewünschte Datei zum Download bereitstellen. Der Anwender kann dann eine direkte (serverlose) Verbindung zu den Anbietern aufbauen und die Dateien beziehen.

Freenet schließlich ist ein dezentrales Netzwerk zum Speichern und Austausch von Informationen, welches ebenso wie Gnutella-basierte Netze ohne zentrale Instanz auskommt. Entwickelt wurde Freenet von Ian Clarke mit dem Ziel, ein Netzwerk zu schaffen, in dem Informationen anonym bezogen und zur Verfügung gestellt werden können. Die Dateien werden zu diesem Zweck verschlüsselt auf den PCs der teilnehmenden Peers gespeichert. Die Peers wissen dabei nicht, welche Daten auf ihrer Festplatte abgelegt werden.

---

[12] Vgl. [Shi01] und [Mil01]. Napster, Inc. wurde 1999 gegründet und musste infolge eines Beschlusses des U.S. Court of Appeals bereits im Februar 2001 seinen Dienst wieder einstellen (vgl. Miller 2001, S.118). Bis zu diesem Zeitpunkt hatte die populäre Musik-Tauschbörse knapp 50 Millionen Anwender.

Grid Computing

Grid Computing bezeichnet die koordinierte Nutzung geographisch verteilter Rechenressourcen. Der Begriff Grid Computing ist eine Analogie zu herkömmlichen Stromnetzen (engl. power grids): Dem Anwender[13] soll größtmögliche Rechenleistung uneingeschränkt und ortsunabhängig zur Verfügung stehen. Dazu wird ein Verbund aus unabhängigen, vernetzten Rechnern geschaffen. Die Idee besteht darin, dass Rechnergrenzen nicht mehr wahrnehmbar sind und die Gesamtheit der vernetzten Knoten zu einem logischen Rechner zusammengefasst werden. Aufgrund der weitreichenden und flexiblen Vernetzungsmöglichkeiten ermöglicht Grid Computing außergewöhnlich hohe Rechenkapazitäten, wie sie z.B. für Rechenoperationen in der Genomanalyse benötigt werden.[14]

Eines der ersten und bekanntesten Projekte, welches dem Ideal des Grid Computing jedoch nur in Form einer ersten Näherung entspricht, ist Seti@Home[15] (http://setiathome.berkeley.edu). Seti (Search for Extraterrestrial Intelligence) ist eine wissenschaftliche Initiative der Universität von Kalifornien, Berkeley, mit dem Ziel, Funksignale extraterrestrischer Intelligenzen aufzuspüren. Zu diesem Zweck wird von einem in Puerto Rico stationierten Radioteleskop ein Teil des elektromagnetischen Spektrums aus dem All aufgezeichnet. Diese Daten werden zum zentralen Seti@Home-Server in Kalifornien geschickt. Hier macht man sich die Tatsache zunutze, dass der größte Teil der Rechenkapazität von privat und beruflich verwendeten PCs ungenutzt bleibt. Statt die Datenpakete an einen kostspieligen Supercomputer zu übergeben, teilt der Seti-Server diese in kleine Einheiten und schickt sie an die über 3 Millionen Rechner von Freiwilligen, die sich mittlerweile in diesem Projekt engagieren. Der Seti-Client führt die Berechnungen dann in den CPU-Leerlaufzeiten[16] aus und schickt die Ergebnisse anschließend zurück.

Weitere bekannte kooperative Problemlösungsumgebungen die in großem Maße Rechenleistung akkumulieren, um Probleme aus der Klasse der sogenannten

[13] Unter Anwender versteht man hier vornehmlich dynamische, mehrere Institutionen umfassende virtuelle Organisationen.

[14] Vgl. [FK99], [FKT01] und [Fos02].

[15] Seti@Home wird in der Fachliteratur durchgängig als Musterbeispiel für eine P2P-Anwendung angeführt. Diese Einschätzung lässt sich jedoch problematisieren, denn auf den ersten Blick wirkt Seti@Home wie eine klassische Client/Server-Applikation. Ein zentraler Server verteilt Datenpakete und versendet diese an entsprechende Clients. Diese arbeiten die ihnen zugewiesenen Aufgaben ab und senden die Resultate zurück. Dabei gibt es keine Kommunikation zwischen den einzelnen Clients. Dennoch weist Seti@Home P2P-Charakteristika auf: Die wesentlichen Dienste und Ressourcen werden von den Peers (Clients) zur Verfügung gestellt, da diese sämtliche Berechnungen durchführen. Sie übernehmen damit klassische Serverfunktionalität. Ferner schöpft Seti@Home ungenutzte CPU-Leerlaufzeiten aus. Die Peers sind dabei weitgehend autonom, da sie bestimmen, ob und wann die Seti@Home-Software Rechenaufgaben abarbeiten darf.

[16] Insbesondere während der Bildschirmschoner des Anwenders läuft.

„Grand Challenges“[17] zu lösen, sind FightAIDS@Home (Intel), Folding@Home, Genome@Home oder Evolution@Home.[18]

Collaboration / P2P-Groupware

Unter Groupware versteht man Software zur Unterstützung der Kommunikation, Kooperation und Koordination von Arbeits- bzw. Personengruppen.[19] Die Entwicklung entsprechender Programme begann bereits in den 70ern[20] und findet ihren prominentesten Vertreter in Lotus Notes. Neue Produkte wie Groove[21] dokumentieren, dass P2P-Technologien dazu geeignet sind, die Funktionalität entsprechender Anwendungen erheblich zu erweitern. So erlaubt P2P-Groupware die spontane Formierung und Administrierung von Arbeitsgruppen über Unternehmensnetzwerke und Firewalls hinweg. Unter Verwendung von File-Sharing-Technologie ist eine vollkommen dezentrale Datenhaltung, asynchrone Interaktion und ein dezentrales Gruppenmanagement möglich.[22]

Web Services

Aufgrund ihres noch unabgeschlossenen Charakters sind Web Services weniger als eigenständiger Anwendungsbereich von P2P zu sehen – sie repräsentieren vielmehr Funktionalitäten, die bestehende Kommunikationsinfrastrukturen (einschließlich P2P-Netzwerken) anreichern können und damit eine effizientere Interaktion der Entitäten respektive Peers – etwa durch erhöhte Interoperabilität – ermöglichen. Neben P2P gelten Web Services als besonders vielversprechende Entwicklung für zukünftige Transaktionen im Electronic Business.[23] Und obwohl sich beide Konzepte derzeit getrennt voneinander entwickeln, weisen sie eine Reihe von Gemeinsamkeiten auf.[24] Beide orientieren sich an der Service Oriented Architecture (SOA)[25], die auf die verteilte Bereitstellung von Diensten – beispielsweise in Form von Funktionen, Objekten und Komponenten – abzielt, die über das Internet erreichbar sind und miteinander kommunizieren können. Für die Zukunft

[17] Vgl. [BG02].

[18] Links zu diesen und weiteren Projekten finden sich unter www.rechenkraft.de.

[19] Vgl. u.a. [Obe91].

[20] Vgl. [MKS97].

[21] http://www.groove.net.

[22] Vgl. [STD01], [Bar01, S. 252 ff.] und [Mil01, Kap. 4].

[23] Vgl. [VN02]. Ein Indiz für die weitreichende Bedeutung von Web Services sind die ehrgeizigen Initiativen der großen Marktspieler, wie .NET (Microsoft, http://www.microsoft.com/net/), Sun ONE (Sun Microsystems, http://www.sun.com/sunone/) oder WebSphere (IBM, http://www.ibm.com/websphere).

[24] Vgl. dazu den Beitrag von Weinhardt und Wojciechowski in diesem Band.

[25] Vgl. [Sch01] und [Yau01].

ist gegebenenfalls die Konvergenz beider Ansätze zu erwarten, so dass jeder aus den Vorteilen des anderen schöpfen kann.[26]

Ein Web Service ist eine über ein Netzwerk erreichbare Schnittstelle, die den Zugriff auf die Funktionalität einer Anwendung ermöglicht und die mit Hilfe von Standard-Internettechnologien implementiert wird. Kann also auf eine Anwendung über das Internet mit einer Kombination von Protokollen wie HTTP, SMTP oder Jabber[27] zugegriffen werden, so spricht man von einem Web Service.[28]

Im Sinne dieser Definition sind bereits Webseiten, welche Funktionen wie das Publizieren und Durchsuchen von Inhalten auf der Basis von HTTP und HTML zur Verfügung stellen, die einfachste Form von Web Services. Das Web Service-Konzept geht allerdings qualitativ deutlich über diese einfache Anwendungsform hinaus, da die standard-basierten Schnittstellen in der Lage dazu sind, entfernte Methodenaufrufe (*remote procedure calls*) von beliebigen (proprietären) Plattformen zu dekodieren und an die angesprochene Anwendung weiterzureichen. Web Services ermöglichen damit eine plattformunabhängige Kommunikation zwischen Applikationen.[29]

Web Services sind nicht monolithisch sondern repräsentieren vielmehr eine verteilte Service-Architektur.[30] Dabei umfassen Web Services-Architekturen drei Instanzen: Konsument (*service consumer*), Anbieter (*service provider*) und Verzeichnis (*service registry*).[31]

Ein Service-Anbieter veröffentlicht eine Beschreibung seines Dienstes über ein Service-Verzeichnis.[32] Der Service-Nachfrager – eine Maschine oder Person – kann die entsprechenden Verzeichnisse nach einem Dienst, der seinen Bedürfnissen gerecht wird, durchsuchen. Nachdem der gewünschte Service gefunden wurde und ggf. Details über Protokolle und Nachrichtenformate ausgetauscht wurden, kann eine dynamische Anbindung von Anbieter und Nachfrager erfolgen.

---

[26] Vgl. [Sch01], [Yau01] und den Beitrag von Foster/Kesselman/Tuecke in diesem Band.

[27] http://www.jabber.org

[28] Vgl. [STK02] und [Cer02].

[29] Waren Java- und Microsoft-Windows-basierte Lösungen bisher schwer zu integrieren, so verspricht der Einsatz einer Web Services-Schicht zwischen entsprechenden Applikationen eine deutliche Reduzierung auftretender Friktionen.

[30] Web Services stehen damit in der Tradition von Middleware Systemen wie CORBA (Common Object Request Broker Architecture), COM (Component Object Model) und J2EE (Java 2 Enterprise Edition). Verglichen mit den heute eingesetzten – z.B. auf dem J2EE-Modell basierenden – verteilten Web-Anwendungen werden mit Web Services die bisher nur intern verwendeten Dienste von Enterprise Java Beans, DCOM- oder CORBA-Komponenten nach außen, d.h. über Unternehmensgrenzen hinweg bekannt und nutzbar gemacht (vgl. [Vin02]).

[31] Vgl. [STK02].

[32] Hier scheinen sich infolge gemeinsamer Bemühungen der größten Marktspieler UDDI (Universal Description, Discovery and Integration) und die Web Service Inspection Language (WS-Inspection) als Standards durchzusetzen.

Die nötigen Funktionalitäten können dabei „spät“[33] (zur Laufzeit) eingebunden werden. Diese spontane just-in-time-Integration[34] wird erst mit der Web Services-Architektur ermöglicht und ist mit herkömmlichen Entwicklungsmodellen für Internet-Applikationen nicht realisierbar. Der Fokus bei den Architekturüberlegungen zur Erstellung von Internet-Anwendungen kann sich infolgedessen in der konzeptionellen Phase eines Projekts von der Plattformwahl oder -integration hin zu einer verstärkt funktionellen Analyse der Anforderungen der Geschäftsdomäne verschieben. Bis zur vollen Entfaltung der Technologien dürfte jedoch noch einige Zeit verstreichen, da sich grundlegende Standards noch in der Entwicklung befinden und noch architektonische Lücken geschlossen werden müssen.[35]

Herausforderungen

Obgleich z.B. Instant Messaging bereits vielfach Einzug in betriebliche Abläufe gefunden hat, ist dies den übrigen P2P-Anwendungen nicht zu bescheinigen. Damit sich diese im industriellen Umfeld weiträumig etablieren können, gilt es noch eine Reihe grundlegender Herausforderungen zu bewältigen. Hierzu werden im Folgenden zunächst ökonomische und juristische Herausforderungen thematisiert. Im Weiteren werden dann spezielle technische (bislang weitgehend ungelöste) Fragen[36] aufgeworfen, von deren Beantwortung maßgeblich das Potential von P2P für die Unternehmenspraxis abhängen wird.

Ökonomische Herausforderungen

Aus ökonomischer Perspektive steht die Beantwortung der betriebswirtschaftlichen Nutzenpotentiale, die zweckmäßige Gestaltung von tragfähigen Geschäftsmodellen, die mit oder durch P2P-Technologien Bestand haben, die Stärke innovationsökonomischer, negativer Anreizwirkungen sowie, in industrieökonomischer Perspektive, der Grad des Umbaus von Wertschöpfungsketten, noch aus.[37]

Betriebswirtschaftliche Nutzenpotentiale

Betriebswirtschaftlich unbeantwortet ist die Frage, ob und in welchem Ausmaß P2P gegenüber anderen Architekturkonzepten wie etwa Client/Server Vorteile besitzt. Erste Erkenntnisse weisen darauf hin, dass der Verzicht auf zentrale Koordination durch eine deutlich erhöhte Kommunikationstätigkeit und damit Höherbe-

---

[33] Dies verhält sich analog zum sogenannten *late binding* in der Objektorientierten Programmierung.
[34] Vgl. [STK02].
[35] Vgl. [Bet01].
[36] Vgl. zum Folgenden [Ora01a] und [Bar01].
[37] Vgl. zur Betonung des social impact von P2P [Ora01c] und [Ora01b].

lastung der Netze erkauft werden muss. Offen ist auch, ob dezentrale (Selbst-) Kontrolle mit den Herausforderungen (vgl. die nächsten Abschnitte) u.a. hinsichtlich Datenqualität, dauerhafter Verfügbarkeit, Sicherheit und (fairer) Kostenaufteilung umgehen kann. Inwieweit sich Unternehmen P2P zu Nutze machen können, wird dementsprechend kontrovers diskutiert.

Geschäftmodelle mit oder durch P2P-Technologie

In der jüngeren Historie von P2P-Technologie lassen sich bereits Höhen und Tiefen der Bewertung von P2P-Technologien ausmachen. So listen etwa Stratvantage, Peerprofit und Peertal[38] mehrere Dutzend Links von Unternehmen auf, die entweder mit (z.B. als Berater oder Softwareentwickler) oder durch (z.B. als Infrastrukturdienstleiter) P2P-Technologie Geschäftsmodelle aufzubauen versuchen. Darunter finden sich zahlreiche Start-Ups mit negativem Cash flow, möglicherweise auch in der Hoffnung und in der Erwartungshaltung, unter den ersten einer vielleicht auftretenden „nächsten großen dot.com-Welle" zu sein. Während einige Initiativen und Geschäftsmodelle bereits wieder vom Markt verschwunden sind, finden sich gleichzeitig (einige wenige) umfangreich finanzierte Start-Ups, darunter Groove (Bereich P2P Groupware) mit einem Finanzierungsvolumen von mindestens 60 Millionen USD, Entropia (Bereich Grid/Distributed Computing) mit 29 Millionen USD, NextPage (Bereich P2P Groupware) 20 Millionen USD und United Devices (Bereich Grid/Distributed Computing) mit 13 Millionen USD.

Zu bedenken ist, dass P2P für sich genommen nicht zwangsläufig ein tragfähiges Geschäftsmodell darstellt. Es handelt sich bei P2P primär um eine Technologie, die aufgrund des betont dezentralen Charakters der damit gebildeten P2P-Netzwerke bzw. -Architekturen Nutzenpotentiale verspricht. Dies schließt nicht aus, dass Unternehmen auf Grundlage von P2P verbunden mit Mehrwertdiensten sehr wohl attraktive Lösungen bereitstellen können. Viele junge Unternehmen bieten auf Grundlage von P2P Software für betriebliche Anwendungsprobleme an. Darunter finden sich Lösungsvorschläge für Content Management, insbesondere für Fragen der Suche, Speicherung, (Echtzeit-) Verteilung (content delivery) sowie für Wissensmanagement. Ein weiteres Anwendungsfeld ist die konsequent dezentrale Organisation von Marktplätzen innerhalb von virtuellen Gemeinschaften auf Grundlage von P2P (z.B. www.gnumarkets.com). Ein weiterer Ansatz ist die Anreicherung bestehender Geschäftsmodelle respektive von Softwaresystemen mit P2P-Anwendungen. Die großen Portale wie Yahoo! und AOL versuchen mit Instant Messaging-Systemen einen Mehrwert zu stiften, der sich positiv auf das Verkehrsaufkommen (site traffic) und die Kundenbindung auswirken soll. Dabei ist eine interessante Dynamik, der Abschottung einerseits und der Öffnung derartiger Systeme durch Drittanbieter andererseits, zu beobachten. So ist etwa der AOL Instant Messenger nicht kompatibel mit anderen IM-Systemen der Wettbewerber. Gleichzeitig versucht etwa das FreeIM Konsortium (www.freeim.org) oder das Jabber Open Source Project (www.jabber.com) genau diesen Mehrwert für

[38] http://www.stratvantage.com/directories/p2pcos3.htm, http://www.peerprofit.com sowie http://www.peertal.com.

Nutzer zu generieren, indem es die Funktion eines Kompatibilitäts-stiftenden Konverters zwischen diesen Systemen darstellt. Jabber-Kunden können damit mit ihren jeweiligen Peers ebenfalls IM betreiben, unabhängig davon, welches (an sich „geschlossene") IM-System sie tatsächlich nutzen.

P2P und Innovationsökonomie

Den enormen Erfolg von P2P-Technologie belegen die populären File-Sharing-Systeme à la Napster und ihre Nachfolger bzw. ihre „Verwandten" wie Gnutella mit einem Millionenpublikum. Von mehreren 100.000 (potentiell nicht legitimierter) Downloads aktueller Hollywood-Filme und der Bereitstellung digitaler Musikdateien – in Einzelfällen sogar *vor* offizieller Marktveröffentlichung – wird berichtet. Aus innovationsökonomischer Sicht stellt sich die Frage nach negativen Anreizwirkungen dieser Entwicklung, deren Ende noch nicht abzusehen ist: Grundsätzlich könnte sich die Verfügbarkeit auf jedwede digital vorliegende Information beziehen, also nicht „nur" Musik- und Videodaten sondern eben Bücher, (teure) Marktstudien, Prozess- und Produktwissen etc. Die offensichtlich[39] betroffene Medienindustrie ruft nach Gegenmaßnahmen etwa in Form deutlich verschärfter Copyrightbestimmungen.

Die Frage bleibt, ob nicht durch denkbare Umgehung rechtlicher und technischer Schutzsysteme nach wie vor eine Vermarktung von geldwertem geistigen Eigentum so erschwert wird, dass für Marktspieler der Anreiz zu innovieren, also z.B. neue Musik zu erstellen, verloren ginge.[40]

P2P und Wertschöpfungsketten

Vor allem das Beispiel File-Sharing liefert zahlreiche Indizien für einen Umbau von Wertschöpfungsketten – zumindest in der Medienindustrie, deren Produkte sich prinzipiell leicht digitalisieren lassen. *Hummel* und *Lechner* analysieren die Verlagerung von typischen Wertschöpfungsschritten, so etwa Produktdesign, insbesondere die Zusammenstellung (Ent-Bündelung und Bündelung) von Informationen, Vertrieb etc. hin zu neuen Intermediären oder auch zum Endkonsumenten.[41] Nicht immer wird dabei eine neue Wertschöpfungskette vollzogen, allerdings ver-

---

39 Dabei ist die „Offensichtlichkeit" nicht so eindeutig, wie es der erste Anschein suggerieren und die Medienindustrie selbst einzuschätzen vermag. Der objektiv festzustellende Rückgang der Medienindustrieumsätze der letzten Jahre kann auch konjunkturelle und künstlerische Gründe haben. Des Weiteren gibt es Anzeichen, dass bestimmte Nutzergruppen sich sogar durch Napster und Co. intensiver mit Musik auseinandergesetzt haben und in Summe mehr Medientitel gekauft hätten als ohne diese Tauschbörsen. Vgl. diverse Erhebungen, z.B. die viel zitierte Studie (so z.B. von WIRED http://www.wired.com/-news/culture/0,1284,37018,00.html oder Detroit Free Press http://www.freep.com/-money/tech/nstat28_20000728.htm) von Yankelovich Partners, März 2000.

40 Vgl. zur Analyse der möglichen Bedrohung der Videoindustrie durch elektronische Tauschbörsen den Beitrag von Hess/Anding/Schreiber in diesem Band.

41 Vgl. [HL01].

schieben sich die „Kräfteverhältnisse" zu Gunsten der Endkonsumenten. Tendenziell erhalten die Endkonsumenten (nicht notwendiger weise von den traditionellen Marktspielern erwünscht) mehr (Selbst-)Kontrolle über wertschöpfende Schritte. Diese Entwicklung wird treffend mit „Napsterization"[42] bezeichnet.

Juristische Herausforderungen

Gestaltung und Durchsetzung von Urheberrecht

Da P2P-Systeme einen vergleichsweise einfachen Zugang zu digital vorliegenden Informationen erlauben, werden auch aus juristischer Perspektive zahlreiche Fragen aufgeworfen. Während zumindest auf nationaler Ebene einzelner Länder recht umfangreiche Rechtsinstitutionen vorliegen, die eine Antwort auf eine Fülle juristisch diskutierter Fragen im Zusammenhang mit P2P-Diensten geben können (siehe insbesondere in diesem Band den Beitrag von *Hoeren* zu urheberechtlichen Fragen) bleiben aus einer übergeordneten Perspektive grundsätzliche Fragen unbeantwortet. Unklar ist etwa – und hier existieren zumindest keine einfachen, offensichtlichen Lösungen – wie z.B. P2P-Dienste („elektronische Tauschbörsen"), wenn sie überhaupt als solche an identifizierbare, physikalisch eindeutig lokalisierbaren Server geknüpft sind, gegebenenfalls „auszuschalten" sind. Dieser Aspekt ist umso prekärer, als dass P2P-Netzwerke etwa auf Grundlage der Gnutella-Technologie nicht über zentrale Knoten verfügen müssen und deshalb derartige Tauschsysteme technisch prinzipiell nicht zentral abschaltbar sind. Entsprechende juristische (Schreibtisch-)Lösungen scheinen also nicht ohne weiteres durchsetzbar zu sein. Verbunden damit ist die grundsätzliche Frage der juristischen Weiterentwicklung der relevanten Rechtsinstitutionen, die die Rechte der „Ersteller" von geistigem Eigentum schützen sollen, insbesondere das Urheberrecht/Copyright. *Lessig* vermutet im Zusammenhang mit dem massiven Vorstoß der (amerikanischen) Medienindustrie, die die Copyright-Gesetzgebung zu Lasten der Konsumenten seiner Meinung nach zu stark zu verschärfen versuchen, eine übermäßig restriktive Reaktion, die sich grundsätzlich negativ auf die Neuentwicklung und die Weitergabe nebst Aufgreifen von Ideen auswirken könnte.[43] Ein „Lösungsvorschlag" seitens der Medienindustrie ist dabei, das (private) Speichern von digitalen Inhalten beim Endkonsumenten zu untersagen und etwa organisatorisch zu bewirken, dass zu konsumierende Medieninhalte jeweils fallweise und individuell per „Streaming" einzeln kontrolliert geliefert und bezahlt werden müssen. Eine derartige rechtlich-technisch-organisatorische Lösung setzt allerdings bedeutende Fortschritte eines funktionierenden Digital Rights Management voraus. Erfahrungen zeigen allerdings, dass bislang kein nachhaltig funktionierendes (d.h. nicht „knackbares") DRM-System existiert. Kritische Stimmen behaupten sogar, dass es ein derartiges System prinzipiell nicht geben kann.

---

[42] Vgl. [McA00].

[43] Vgl. [Les01], [HAS02] und [CNR02].

Technische Herausforderungen

Interoperabilität

Interoperabilität bezeichnet die Fähigkeit einer Entität (Device oder Applikation), mit anderen Entitäten zu kommunizieren, von ihnen verstanden zu werden und mit ihnen Daten zu tauschen.[44]

Von diesem Zustand ist die heutige P2P-Welt weit entfernt, denn beinahe alle Applikationen verwenden proprietäre Protokolle und Schnittstellen, d.h. eine anwendungs- und netzwerkübergreifende Interoperabilität ist in aktuellen P2P-Netzen in der Regel nicht möglich.

Derzeit werden Bestrebungen vorangetrieben, eine gemeinsame Infrastruktur (Middleware) mit standardisierten Schnittstellen für P2P-Anwendungen zu schaffen.[45] Damit wird das Ziel verfolgt, Interoperabilität zwischen unterschiedlichen Hardware- und Softwareplattformen herzustellen. Das soll zu kürzeren Entwicklungszeiten und einer einfacheren Anbindung von Anwendungen an bestehende Systeme führen. Getrieben werden diese Bemühungen von der Idee, ein 'einheitliches Betriebssystem für das Web' zu schaffen.[46]

Derzeit wird im Kreis des W3-Konsortiums (www.w3c.org) und der P2P Working Group (www.p2pwg.com), die von Intel ins Leben gerufen wurde, diskutiert, welche Architekturen und Protokolle für dieses Vorhaben geeignet erscheinen.

Vertrauen

Virtuellen Kooperationsstrukturen sind Grenzen gesetzt. Das trifft auf P2P-Anwendungen in besonderem Maße zu, denn die Öffnung des eigenen Systems für den Zugriff anderer verlangt Vertrauen als konstituierendes Element. Grenzen des Vertrauens bilden damit auch Grenzen der Kooperation in P2P-Netzwerken.

Unter Vertrauen wird hier in Anlehnung an *Ripperger*[47] die „freiwillige Erbringung einer riskanten Vorleistung unter Verzicht auf explizite rechtliche Sicherungs- und Kontrollmaßnahmen gegen opportunistisches Verhalten" verstanden. Dies geschieht auf Basis der Erwartung, dass „der Vertrauensnehmer freiwillig auf opportunistisches Verhalten verzichtet". Ideale Systeme würden infolgedessen erfordern, dass es keine Unsicherheiten hinsichtlich der technischen Gegebenheiten des Systems und des Verhaltens der beteiligten Entitäten gibt, so dass dem System kein Vertrauen entgegengebracht werden müsste. Entsprechende Implementierungen sind jedoch aus heutiger Sicht nicht vorstellbar.

Man benötigt demzufolge Konzepte, welche die Ausbildung von Vertrauen zwischen Kommunikationspartnern ermöglichen. Geeignet erscheinen hierfür *Sicherheit*[48] und *Reputation*[49].[50]

---

[44] Vgl. [Loe00].
[45] Vgl. [Bar01].
[46] Vgl. [Bar01].
[47] [Rip98].
[48] Vgl. [UAT01].

Sicherheit

Effektive Sicherheitsmechanismen gehören aufgrund der hinlänglich bekannten Bedrohungen für vernetzte Systeme zu den wichtigsten und komplexesten Anforderungen an eine moderne IT-Infrastruktur. Der Einsatz von P2P-Technologien bringt in vielen Fällen eine Fülle neuer, potenzieller Schwachstellen mit sich. Zum einen erfordert die Verwendung von P2P-Anwendungen häufig, Dritten den Zugriff auf die Ressourcen des eigenen Systems zu gewähren – beispielsweise um Dateien gemeinsam zu nutzen oder CPU-Laufzeiten zu teilen. Die Öffnung eines Systems zum Zweck der Kommunikation oder des Zugriffs anderer kann dabei kritische Seiteneffekte haben. So werden bei der direkten Kommunikation in P2P-Netzen häufig konventionelle Sicherheitsmechanismen, wie die Firewall-Software von Unternehmen, umgangen. Damit können u.a. Viren und Trojaner in Unternehmensnetzwerke gelangen, die anderweitig abgefangen worden wären. Ein weiteres Beispiel ist die Kommunikation über Instant Messaging-Software. Die Kommunikation findet vielfach unverschlüsselt statt, so dass gegebenenfalls sensible Firmendaten abgehört werden können.

Probleme ergeben sich ferner, wenn man garantieren möchte, dass Daten, die über heterogene Systeme hinweg verteilt werden, nur für autorisierte Nutzer zugänglich sind.

Um P2P für den betrieblichen Einsatz interessant zu machen, müssen die entsprechenden Anwendungen aus den genannten Gründen Verfahren und Methoden der Authentifizierung, Autorisierung, Verfügbarkeit, Datenintegrität und Vertraulichkeit zur Verfügung stellen.[51]

Unter *Authentifizierung* versteht man dabei die Verifizierung der Identität von Entitäten. Das ist gleichbedeutend damit, dass Kommunikationspartner[52], die Zugriff auf Ressourcen erhalten, auch die sind, für die Sie sich ausgeben.

Autorisierung beschreibt einen der Authentifizierung nachgeschalteten Prozess, der Berechtigungen für den Zugriff und die Nutzung bestimmter Ressourcen regelt. Der Besitzer einer Ressource kann damit kontrollieren, ob, wann und in welchem Maße diese von anderen genutzt wird. Im einfachsten Fall prüft der Autorisierungsmechanismus eines Peers die Anfrage eines anderen Peers und entscheidet dann anhand einer Zugriffsberechtigungsliste (*access control list*), ob der Zugriff gewährt wird oder nicht. In solchen Umgebungen besteht die Möglichkeit, „öffentliche“ und für Externe unzugängliche Bereiche voneinander zu trennen.

Verfügbarkeit bedeutet, dass jeder ein entsprechendes P2P-System nach festgelegten Regeln benutzen kann und Ressourcen innerhalb von P2P-Netzwerken bei Bedarf auch tatsächlich zur Verfügung stehen. Die zuverlässige Bereitstellung von Ressourcen sieht sich dabei vor das Problem intermittierender Konnektivität potenzieller Anbieter gestellt. Das bedeutet, dass Knoten des Netzwerkes sporadisch online oder offline sein können und auch nicht notwendigerweise über eine dauer-

[49] Vgl. [Let01].
[50] Vgl. [WCR01].
[51] Vgl. [Bar01, Kap. 9].
[52] Gemeint sind hier Personen oder Applikationen.

hafte IP-Adresse oder URL identifizierbar sind. Dies impliziert, dass benötigte Dienste oder Quellen nicht gefunden werden können, da der Peer zeitweise oder gänzlich nicht im Netzwerk verfügbar ist. Ferner besteht die Gefahr, dass ein Peer, welcher mit Abarbeitung einer Aufgabe beschäftigt ist, den Prozess vor der Fertigstellung abbricht und das Netzwerk verlässt. Da die Autonomie in P2P-Umgebungen per definitionem bei den Peers liegt, wird diese Problematik auch in Zukunft erhalten bleiben.[53] Auch der übermäßige Gebrauch von Bandbreite kann die Verfügbarkeit bestimmter Ressourcen drastisch einschränken.

Eine Möglichkeit, die Verfügbarkeit (und damit die Fehlertoleranz) zu verbessern, besteht in der Schaffung von Redundanzen und des Einsatzes von Replikaktionsmechanismen. Ein gutes Beispiel für entsprechende Ansätze sind File-Sharing Applikationen: Zumeist stehen die betreffenden Dateien auf mehreren Rechnern zur Verfügung, so dass eine entsprechende Kopie mit hoher Wahrscheinlichkeit gefunden werden kann, unabhängig davon, ob ein bestimmter Peer online ist oder nicht.

Damit bieten P2P-Netzwerke Vorteile gegenüber herkömmlichen Client-Server-Architekturen. So sind sie beispielsweise besser gegen Ausfälle geschützt, da Daten und Ressourcen redundant über das Netz verteilt sind, wogegen der Ausfall des zentralen Servers in einer Client-Server-Umgebung zu einem Ausfall des gesamten Systems führt (single point of failure).[54] Der Zugriff auf mehrfach vorhandene Ressourcen geht zugleich mit einem verbessertem load-balancing einher, da nicht jede Anfrage eines Clients von nur einem Server verarbeitet werden muss.[55]

Verfügbarkeitsprobleme, die im Bereich des privaten Dateitauschs unkritisch erscheinen, gewinnen bei betrieblichen Anwendungen schnell kritische Relevanz, da ggf. nicht toleriert werden kann, dass Ressourcen temporär nicht verfügbar sind. Erschwerend kommt hinzu, dass redundante Daten Probleme hinsichtlich eines Versionsabgleichs mit sich bringen. Hier können effiziente Synchronisationsmechanismen helfen, die über unterschiedliche Datenträger hinweg dafür Sorge tragen, dass sämtliche Daten auf dem neuesten Stand bleiben.[56]

Die *Integrität und Vertraulichkeit von Daten* stellt schließlich darauf ab, dass Daten beim Transfer innerhalb des Netzwerkes nicht von unautorisierten Personen oder Applikationen modifiziert, gelöscht oder eingesehen werden können.

In diesen Bereichen besteht noch erheblicher Entwicklungsbedarf, da viele P2P-Applikationen keine entsprechenden Sicherheitsprozesse unterstützen.[57]

---

[53] Vgl. [Bar01, S. 278].

[54] Vgl. [Min01] und [Min02].

[55] Diese Argumentation ist insofern etwas ungenau, als in Client-Server Systemen nicht zwangsläufig nur ein Server verwendet wird. So betreiben beispielsweise häufig frequentierte Internet-Portale wie Yahoo! mehrere Server, um große Anfragevolumina bewältigen zu können.

[56] Vgl. [PSW01]. Ansätze dafür gibt es beispielsweise im Bereich Storage Area Networks (SAN) und Networked Attached Storage (NAS).

[57] Vgl. den Beitrag von Damker in diesem Band. Dort werden auch P2P-Systeme vorgestellt, die die genannten Sicherheitsmaßnahmen bereits weitgehend integriert haben.

Dieser Zustand mag sich aus der Historie von P2P-Systemen erklären. Viele der ersten P2P-Systeme entstammen nicht-kommerziellen Anwendungsbereichen, in welchen Sicherheitsaspekte für die Peers eine untergeordnete Rolle spielten. Mit der Erweiterung um oder der Verschiebung hin zu kommerziellen Einsatzszenarien im innerbetrieblichen wie überbetrieblichen Kontext kommen allerdings neue Sicherheitsanforderungen hinzu.

Reputation

Da Sicherheit keine stabile, sondern eine reaktive Technologie ist, die immer dem technischen Fortschritt folgt,[58] kann eine vollständige Reduzierung von Sicherheitsrisiken nicht gewährleistet werden. Dieses Problem wirkt sich in P2P-Netzwerken besonders nachteilig aus, da die rasch evolvierenden P2P-Applikationen besonders hohe Anforderungen an die Entwicklung und Flexibilität von Schutzmechanismen stellen. Um diesem Umstand Rechnung zu tragen, können unterstützende Maßnahmen, die auf den Aufbau von Reputation abzielen, Verwendung finden.

Reputation ist die (öffentliche) Information über das bisherige Verhalten eines Akteurs. Psychologische und spieltheoretische Untersuchungen zeigen, dass positive Reputation positiv mit der Vertrauensbildung korreliert. Ursächlich dafür ist, dass Reputation bzw. die Angst vor einem Reputationsverlust bei opportunistischem Verhalten und einer daraus resultierenden Verringerung künftiger Kooperationsgewinne, ein wirksames Sicherungsgut innerhalb einer Vertrauensbeziehung darstellen.

Reputation ist ein wichtiges Element für die Bildung von Vertrauen in P2P-Netzwerken. Hier erscheint es vorteilhaft, technische Reputationsmechanismen zu entwickeln, die geeignet sind, die Sammlung und Auswertung von Informationen über vergangene Transaktionen zu automatisieren. Damit können Anwender eine bessere Einschätzung über das zukünftige (Wohl-)Verhalten des Transaktionspartners vornehmen[59]

Metadaten

Bei erweitertem Einsatz von P2P-Technologie tritt das Problem auf, Informationen auffindbar zu machen, die deutlich schwieriger zu akkumulieren sind als beispielsweise MP3-Dateien. Um dazu Rohdaten in verwertbare Informationen um-

---

[58] Vgl. [EM01, S. 28].

[59] Vgl. den Beitrag von Eymann/Eggs/Sackmann/Müller in diesem Band. Zwei prominente P2P-Anwendungen machen bereits Gebrauch von Reputationsmetriken: OpenCola, ein Anbieter von Content Management Software (www.opencola.com) und das Micropayment System Mojo Nation (www.mojonation.net). OpenCola bildet Reputationsmetriken auf Basis der Ähnlichkeit von Inhalt und Interesse, während MojoNation Reputation als Währung nutzt.

wandeln und diese für die effiziente Suche nutzbar zu machen, benötigt man geeignete Metadaten-Konzepte.[60]

Die Strukturierbarkeit und Auffindbarkeit von Daten sind im Web im Wesentlichen dadurch beeinträchtigt, dass die Infrastruktur für Metadaten erst vergleichsweise spät hervorgebracht wurde. Den Entwicklern und Nutzern von P2P-Anwendungen bietet sich dagegen aufgrund des frühen Entwicklungsstadiums der Technologien die Chance, das bestehende Wissen über Metadaten einzubringen und so Daten im Sinne der Verwertbarkeit und Auffindbarkeit besser aufzubereiten.[61]

Tim Berners-Lee, der Erfinder des World-Wide Web, propagiert in diesem Zusammenhang seit einiger Zeit seine Vision des *Semantic Web*.[62] Dieses Konzept beschreibt eine Infrastruktur, die das bestehende Web mit verschiedenen Sprachen um eine Semantikschicht erweitern soll. Diese Schicht würde ermöglichen, dass Maschinen mittels elektronischer Agenten miteinander kommunizieren können. Diese Agenten sollen dabei befähigt werden, autonom auf der Basis von Metadaten zu operieren, durch Inferenz neues Wissen zu erschließen und logisch zu arbeiten. Die Bemühungen um eine derartige Infrastruktur verfolgen unter anderem das Ziel, die Qualität von Suchergebnissen sprunghaft zu verbessern. So könnten nach Berners-Lees Vorstellung Suchmaschinen lernen, Anfragen semantisch zu erfassen und Informationen besser zu strukturieren.[63]

Faire Allokation von Ressourcen

Die große Popularität von P2P-Netzwerken wird teilweise durch massive Ressourcenallokationsprobleme erkauft. So haben beispielsweise einige Universitäten die Zugänge zu Musiktauschbörsen gesperrt, da entsprechende Tauschprozesse zu viel Bandbreite aufgezehrt haben.

Ferner hat beispielsweise die Arbeit von *Adar* und *Hubermann*[64] gezeigt, dass Free-Riding (bzw. freeloading) mittlerweile ein erhebliches Problem für P2P-Netze geworden ist: Die Mehrheit der Files wird von wenigen Usern bereitgestellt. Im Falle von Gnutella wurde nachgewiesen, dass etwa 50 v.H. der getauschten Dateien von nur 1 v.H. der Peers zum Download bereitgestellt werden. Ferner stellen beinahe 70 v.H. der Gnutella-User keine Dateien zur Verfügung, sondern treten nur als Konsumenten auf.

---

[60] Vereinfachend zusammengefasst sind Metadaten Daten über Daten. Diese lassen sich auf der Grundlage der Extensible Markup Language (XML), dem Resource Description Framework (RDF) (vgl. [Bra01]) und Ontologien wie z.B. DAML+OIL (DARPA Agent Markup Language und Ontology Interference Layer; vgl. http://www.daml.org) generieren. Während XML die Syntax für maschinenlesbare Sprachkonstrukte liefert, definiert das RDF deren Semantik (vgl. [Gru02] und [DMH00]).

[61] Vgl. [DB01].

[62] Vgl. [BL99].

[63] Vgl. [BL01].

[64] Vgl. [AH00].

Diese Verhaltensweise unterläuft die Intention vollkommen dezentraler Systeme, da so de-facto zentrale Knoten und Flaschenhälse entstehen, die die Verfügbarkeit von Informationen und Performance entsprechender Netzwerke gefährden. Um diesen Problemen zu begegnen, besteht die Notwendigkeit, Transaktionen bestimmten Anwendern zuordnen zu können (*accountability*). Die dabei auftretenden Probleme sind aufgrund der Abwesenheit zentraler Instanzen deutlich diffiziler als bei herkömmlichen Client/Server-Transaktionen.

Dingledine, *Freedman* und *Molnar* diskutieren, wie darauf aufbauend Micropayments[65] und – die bereits thematisierten – Reputationssysteme[66] zu einer fairen Allokation von Ressourcen führen können.

Erste Implementationen in Systemen wie MojoNation oder FreeHaven[67] verifizieren diese Überlegungen, erscheinen jedoch noch nicht ausreichend effektiv um kommerziellen Anforderungen an P2P-Systemen zu genügen.

Ausblick

Das Spektrum der Anwendungsbereiche von P2P ist breit und für den unternehmerischen Einsatz vielversprechend. Von der Bewältigung der technologischen, ökonomischen und juristischen Herausforderungen wird der Einsatzgrad von P2P maßgeblich abhängen. Damit dürfte P2P nicht nur eines der meistdiskutierten sondern auch eines der (noch) ungeklärtesten und spannendsten Phänomene der jüngeren Historie moderner Informationstechnologie darstellen.

Literatur

[AH00] ADAR, EYTON UND BERNARDO A. HUBERMANN: *Free Riding on Gnutella*. First Monday (10)5, 2000.

[Bar01] BARKAI, DAVID: *Peer-to-Peer Computing*. Technologies for Sharing and Collaboration on the Net. Intel Press, 2001.

[Bet01] BETTAG, URBAN: *Web Services*. Informatik Spektrum, 24(5):302–304, Oktober 2001.

[BL99] BERNERS-LEE, TIM: *Weaving the Web: The Original Design and Ultimate Destiny of the World Wide Web*. Harper, 1999.

[BL01] BERNERS-LEE, TIM: *The Semantic Web*. Scientific American, May 2001.

[Bra01] BRAY, TIM: *What is RDF?* http://www.xml.com/lpt/a/2001/01/24/rdf.html, Januar 2001.

---

65 Unter Micropayments sind nicht zwangsläufig monetäre Bezahlsysteme zu verstehen.

66 Anwender mit einer hohen Reputation kommen dabei in den Genuss eines bevorzugten Zugangs zu Ressourcen

67 Im Falle von FreeHaven müssen Personen, die Inhalte publizieren wollen, mindestens im selben Umfang dem Netzwerk Speicherplatz zur Verfügung stellen. Diese Politik soll dazu beitragen, dass jeder Peer Ressourcen einbringt.

[Cer02] CERAMI, ETHAN: *Web Services Essentials*. O'Reilly, Beijing u.a., 2002.

[Das01] DASGUPTA, RANA: *Microsoft .NET as a Development Platform for Peer-to-Peer Applications*. Technischer Bericht, Intel Corporation, September 2001.

[DB01] DORNFEST, RAEL UND DAN BRICKLEY: *Metadata*. In: Oram, Andy [Ora01a], Seiten 191–203.

[DMH00] DECKER, S., S. MELNIK UND F. V. HARMELEN: *The Sematic Web: The Roles of XML and RDF*. Internet Computing, 15(5):63–74, September/October 2000.

[Dor01] DORNFEST, RAEL: *JXTA Takes Its Position*. www.openp2p.com/pub/a/p2p/2001/04/25/jxta-position.html, April 2001.

[EM01] EGGS, HOLGER UND GÜNTER MÜLLER: *Sicherheit und Vertrauen: Mehrwert im E-Commerce*. In: Müller, Günter und Martin Reichenbach (Herausgeber): Sicherheitskonzepte für das Internet, Kapitel 2, Seiten 27–43. Springer, Berlin, Heidelberg, New York, 2001.

[FK99] FOSTER, IAN UND CARL KESSELMAN (Herausgeber): *The Grid: Blueprint for a New Computing Infrastructure*. Morgan Kaufmann, San Francisco, 1999.

[FKT01] FOSTER, IAN, CARL KESSELMAN UND STEVEN TUECKE: *The Anatomy of the Grid. Enabling Scalable Virtual Organizations*. International Journal of Supercomputer Applications, 2001.

[Fos02] FOSTER, IAN: *The Grid: A New Infrastructure for 21st Century Science*. Physics Today, Februar 2002.

[Gru02] GRUBER, TOM: *What is an Ontology?* http://www.ksl.stanford.edu/kst/what-is-an-ontology.html, Februar 2002.

[HL01] Hummel, J.und U. Lechner: *The Community Model of Content Management, A Case Study of the Music Industry*. Journal of Media Management, 3(1), S. 4–14

[KA01] KOMAN, RICHARD UND STEVE ANGLIN: *Getting Up To Speed With JXTA*. http://www.onjava.com/pub/a/onjava/2001/09/04/jxta.html, September 2001.

[Kom01] KOMAN, RICHARD: *XTRA JXTA: The P2P/Web Services Connection*. http://www.onjava.com/pub/a/onjava/2001/10/24/jxta.html, Oktober 2001.

[Les01] LESSIG, LAWRENCE: *The Future of Ideas. The Fate of the Commons in a Connected World*. Random House, New York, 2001.

[Let01] LETHIN, RICHARD: *Reputation*. In: Oram, Andy [Ora01a].

[Loe00] LOESGEN, BRIAN: *XML Interoperability*. www.vbxml.com/conference/wrox/2000_vegas/Powerpoints/brianl_xml.pdf.

[McA00] MCAFEE, A.: *The Napsterization of B2B*, Harvard Business Review, November-Dezember, 2000.

[MH02] MOORE, DANA UND JOHN HEBELER: *Peer-to-Peer. Building Secure, Scalable, and Manageable Networks*. McGraw-Hill, Berkeley, CA, 2002.

[Mil01] MILLER, MICHAEL: *Discovering P2P*. Sybex, San Francisco, 2001.

[Min01] MINAR, NELSON: *Distributed Systems Topologies*: Part 1. http://www.openp2p.com/pub/a/p2p/2001/12/14/topologiesone.html, Oktober 2001.

[Min02] MINAR, NELSON: *Distributed Systems Topologies*: Part 2. http://www.openp2p.com/pub/a/p2p/2002/01/08/p2ptopologiespt2.html, Januar 2002.

[MKS97] MÜLLER, GÜNTER, ULRICH KOHL UND DETLEF SCHODER: *Unternehmenskommunikation: Telematiksysteme für vernetzte Unternehmen*, darin: Telematik – von Primär- zu Sekundäreffekten, Seiten 13–18. Addison-Wesley, 1997.

[Obe91] Oberquelle, Horst (Herausgeber): *Kooperative Arbeit und Computerunterstützung. Stand und Perspektiven*. Verlag für Angewandte Psychologie, Göttingen, 1991.

[O'R00] O'Reilly, Tim: *The Network Really Is the Computer*. http://www.oreillynet.com/pub/a/network/2000/06/09/javakeynote.html, Juni 2000.

[Ora01a] Oram, Andy (Herausgeber): *Peer-to-Peer: Harnessing the Benefits of a Disruptive Technology*. O'Reilly, 2001.

[Ora01b] Oram, Andy: *Peer-to-Peer Makes the Internet Interesting Again*. http://linux.oreillynet.com/pub/a/linux/2000/09/22/p2psummit.html, September 2001.

[Ora01c] Oram, Andy: Preface, In: Oram, Andy [Ora01a].

[Ort01] Ortiz, Sixto: *Instant Messaging: No Longer Just Chat*. Computer, Seiten 12–15, März 2001.

[PSW01] Parameswaran, Manoj, Anjana Susarla und Andrew B. Whinston: *P2P Networking: An Information-Sharing Alternative*. Computer, Seiten 31–38, Juli 2001.

[Rip98] Ripperger, Tanja: *Ökonomik des Vertrauens*. Mohr, Tübingen, 1998.

[Sch01] Schneider, Jeff: *Convergence of Peer and Web Services*. www.oreillynet.com/pup/a/p2p/2001/07/20/convergence.html, Juli 2001.

[Shi01] Shirky, Clay: *Listening to Napster*. In: Oram, Andy [Ora01a].

[STD01] Shirky, Clay, Kelly Truelove und Rael Dornfest (Herausgeber): *2001 P2P Networking Overview*. O'Reilly, 2001.

[STK02] Snell, James, Doug Tidwell und Pavel Kulchenko: *Programming Web Services with SOAP*. O'Reilly, Beijing u.a., 2002.

[UAT01] Udell, Jon, Nimisha Asthagiri und Walter Tuvell: *Security*. In: Oram, Andy [Ora01a].

[Vin02] Vinoski, Steve: *Where is Middleware?* Internet Computing, 6(2):83–85, März/April 2002.

[VN02] Vaughan-Nichols, Steven J.: *Web Services: Beyond the Hype*. Computer, Seiten 18–21, Februar 2002.

[WCR01] Waldman, Marc, Lorrie Faith Cranor und Avi Rubin: *Trust*. In: Oram, Andy [Ora01a].

[Wil01] Wiley, Brandon: *Interoperability Through Gateways*. In: Oram, Andy [Ora01a].

[Yau01] Yau, Cedric: *Creating Peer-to-Peer Middleware from Web Services Technologies*. Technischer Bericht, Intel Corporation, September 2001.

Teil II

Die ökonomische Perspektive

Napster in der Videobranche? Erste Überlegungen zu Peer-to-Peer-Anwendungen für Videoinhalte

Thomas Hess, Markus Anding, Matthias Schreiber

Ludwig-Maximilians-Universität München

Über Peer-to-Peer-Netzwerke lassen sich auch Video-Dateien austauschen, ganz ähnlich wie Audio-Dateien über Napster und andere Filesharing-Dienste. Eine genauere Analyse zeigt aber, dass sich die technischen Rahmenbedingungen für den Austausch von Video- und von Audio-Dateien doch deutlich unterscheiden. Insbesondere die initiale Konvertierung von Video-Dateien in ein zwischen Peer-to-Peer Teilnehmern austauschfähiges Format ist zeitintensiv. Auch stellen sowohl die Datenübertragung als auch die spezifischen Endgeräte noch immer Engpässe dar. Aus ökonomischer Perspektive führt dies im Vergleich zum Austausch von Musikdateien zu hohen Kosten bei eingeschränktem Nutzen. Der eingeschränkte Nutzen ergibt sich insbesondere aus der speziellen Nutzungssituation von Videoinhalten, die nicht im Einklang mit der Nutzung des Computers als Peer-to-Peer-Knoten steht und stark an spezifische Endgeräte gebunden ist. Insgesamt erscheint daher die Nutzung von Peer-to-Peer-Netzwerken für Videos derzeit deutlich weniger attraktiv als die bereits zu beobachtende Nutzung gleichartiger Netzwerke für Musikstücke. Videoanbieter werden daher kurzfristig von der neuen Technologie nicht unmittelbar bedroht, zumal der Videoverkauf nur eine Stufe einer umfassenden Verwertungskette für Filme bildet. Mittelfristig ist bei weiterer Senkung technischer Hürden dennoch eine Bedrohung zu erwarten, die aber aufgrund des Nutzungsumfeldes bei Video tendenziell geringer sein wird als im Musikbereich.

1 Problemstellung

Geht es um Folgen der Digitalisierung, sind auf den ersten Blick eine Reihe von Parallelen zwischen der Audio- und der Videoindustrie zu erkennen. Genauso wie einzelne Musiktitel lassen sich auch Videos digitalisieren und somit über digitale Datenträger oder Netze austauschen. Auch verfügen Konsumenten zunehmend über leistungsfähige Endgeräte, sei es in der Variante eines PC oder eines digitalen Fernsehers. Zudem finden sich im Internet bereits eine Reihe von Tauschbörsen, über die recht schnell auch aktuelle Filme bezogen werden können. Auch beklagt die Filmwirtschaft eine Zunahme der Filmpiraterie. Es stellt sich daher fast zwangsläufig die Frage, ob sich der aus dem Musiksektor bekannte „Napster-Effekt" auch im Videosegment einstellen wird. Der deutsche Videomarkt[1] hat heute ein Volumen von rund 0,9 Mrd. Euro und ist damit nur leicht größer als der Kino-Markt. Rund die Hälfte des Umsatzes wird über den Verkauf, die andere Hälfte über den Verleih von Videos erzielt. In der Verwertungskette von Filmen werden Videos heute zeitlich zwischen Kino und TV positioniert.

Ziel des vorliegenden Beitrags ist es, erste Anhaltspunkte dafür zu gewinnen, ob Peer-to-Peer-Konzepte auch zu grundlegenden Veränderungen im Video-Markt führen werden. Zu diesem Zweck stellen wir mit Abschnitt zwei die grundlegende Idee des Peer-to-Peer-Konzeptes und seine heute erkennbaren Anwendungen kurz vor. Darauf aufbauend folgt eine Analyse der bisher erkennbaren Einflussfaktoren auf den Erfolg von Peer-to-Peer-Ansätzen. Diese Überlegungen nutzen wir in Abschnitt vier, um die Möglichkeiten und Grenzen von Peer-to-Peer-Ansätzen für das Videosegment konkret abzuschätzen. Im abschließenden Fazit weisen wir auf strategische Ansatzpunkte für Video-Anbieter hin.

2 Das Peer-to-Peer-Konzept und seine Anwendungen im Überblick

2.1 Die Idee

Neue Informations- und Kommunikationstechnologien entstehen häufig nicht in einem einzigen Institut oder einem Unternehmen; vielmehr arbeiten viele Gruppen parallel und verteilt an einem Thema. In Folge dieser nur lose gekoppelten Aktivitäten entsteht erst über die Jahre eine einheitliche Definition einer Technologie. Bei Peer-to-Peer ist dieses Stadium noch nicht erreicht, vielmehr ist die Bandbreite der in der Literatur anzutreffenden Definitionen[2] noch recht weit. Vereinfachend gehen wir für den vorliegenden Beitrag davon aus, dass es sich bei Peer-to-Peer um einen Oberbegriff für eine Menge von Technologien handelt, die die Kommunikation zwischen Rechnern in einem bestimmten Anwendungsfeld unterstützt, wobei die in ein derartiges Netzwerk eingebundenen Rechner sowohl als Anbieter als auch als Nachfrager von Informationen oder Diensten auftreten können. Aus der letzten Eigenschaft erklärt sich auch der Begriff der Peers: die Beteiligten arbeiten als „Gleichgesinnte" und nicht in einem festen Über-/Unterordnungsverhältnis, wie es z.B. aus Client-Server-Netzen bekannt ist.[3]

Grundsätzlich gibt es zwei Möglichkeiten, Rechner zu einem Peer-to-Peer Netz zu verbinden.[4] Entscheidend ist, ob neben den „Peers" im Netzwerk noch ein Ser-

---

1 Vgl. Bundesverband Video: www.bv-video.de/facts/umsatz.html.

2 Vgl. Lange (2001) und O'Reilly, (2001), S. 56f.

3 Vgl. Wirtz (2001).

4 Vgl. Moore/ Hebeler (2002), S. 103ff.

ver als koordinierende Instanz agiert oder nicht. Abbildung 1 zeigt diese beiden Varianten mit möglichen Kommunikationsbeziehungen.

Bei der serverbasierten Netztopologie verfügt ein Server im Netz über eine Datenbank mit sogenannten Metainformationen, auf der Informationen über die auf den einzelnen Rechnern im Netz abgelegten Daten bzw. die von dort angebotenen Dienste gespeichert sind. Welche Informationen dies im Einzelnen sind, wird durch die Anwendung determiniert. Zudem besteht eine weitere Aufgabe eines derartigen Servers darin, dem anfragenden Peer mitzuteilen, welche Peers online sind. Da bei diesem Konzept eine Metadatenbank die Informationen über bereitgestellte Daten zentral verwaltet, spricht man auch von hybridem Peer-to-Peer, da es eine Zwischenlösung eines reinen Client/ Server und der vollständigen Peer-to-Peer-Architektur darstellt.

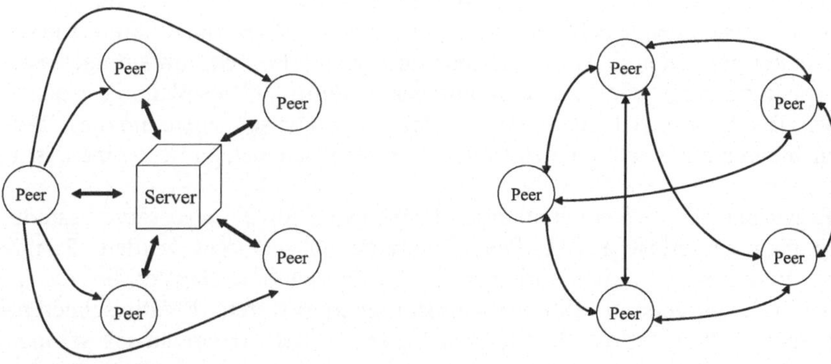

Abb. 1. Serverbasiertes und serverloses Peer-to-Peer-Netz[5]

Beim serverlosen Peer-to-Peer-Netzwerk existiert ein solcher zentraler Server, der die Peers miteinander bekanntmachen und so für einen Datenaustausch sorgen könnte, nicht. Bei diesem Konzept muss ein Peer dafür sorgen, dass er mindestens einen Rechner des gleichen Netzwerkes erreichen kann.[6] Hierbei können Listen mit Peers helfen, auf denen Rechner verzeichnet sind, die besonders häufig online sind. Diese Listen müssen über die Zeit dynamisch aktualisiert werden, damit gewährleistet wird, dass immer Peers erreichbar sind. An diese Peers werden Anfragen über die gewünschten Dateien geschickt. Falls der angefragte Peer die gewünschten Daten nicht gespeichert haben sollte bzw. nicht über den geforderten Dienst verfügt, schickt er seinerseits eine Anfrage an weitere Peers ab, die wiederum Anfragen abschicken können. Entweder wird diese Kette durch das Auffinden der Daten oder durch eine fest vorgegebene Anzahl an Weiterleitungen gestoppt.[7]

---

[5] Jatelite (2002).

[6] Es wird angenommen, dass der suchende Rechner einem Peer-to-Peer-Netzwerk angehört, an dem noch weitere Rechner angeschlossen sind.

[7] Vgl. Hong, (2001), S. 215f.

2.2 Napster und Co: Peer-to-Peer-Anwendungen im Musiksektor und ihre Implikationen

Für einen Nutzer gibt es zwei Möglichkeiten, um an Musik im Standardformat MP3 zu gelangen: entweder er beschafft sich eine Audio-Datei über eine File-Sharing Anwendung oder er konvertiert eigene Musik-CDs in das MP3-Format. Beim File-Sharing wird der erforderliche Client auf dem Rechner benötigt, um Musik aus dem Internet auf den Rechner laden zu können. Beim Konvertieren wird mit Hilfe einer speziellen Software (Encoder) innerhalb kurzer Zeit aus den Daten einer Musik-CD ein computerlesbares MP3-Format generiert. Der Aufwand, der einem Nutzer entsteht, ist in beiden Fällen sehr gering. Die nun auf dem Rechner verfügbaren Musikdateien lassen sich entweder mit einer Software von der Festplatte abspielen, auf ein mobiles Abspielgerät (MP3-Player) übertragen oder auf eine CD-ROM brennen. Bei allen Möglichkeiten kann die Musik individuell zusammengestellt und abgespielt werden. Viele Nutzer konvertieren die von ihnen gekauften CDs in ein computerlesbares Format, um sie auch am Arbeitsplatz zu hören oder um sie in kompakter Form auf Festplatte gespeichert zu haben. Der Schritt, sich einem Peer-to-Peer-Netz anzuschließen, um diese Dateien auch anderen zur Verfügung zu stellen oder mehr Dateien zu bekommen, ist dann eher klein.

Ergänzend sei noch erwähnt, dass Musikdateien sowohl über serverbasierte, als auch über serverlose Peer-to-Peer-Netzwerke ausgetauscht werden. Prominentester Vertreter der ersten Varianten ist die Tauschbörse Napster, bei der in der Spitze weltweit über 80 Millionen Nutzer registriert waren.[8] Relativ schnell haben sich aber auch serverlose Peer-to-Peer-Netze etabliert. Exemplarisch sei hier auf Gnutella verwiesen.

Die klassischen Geschäftsmodelle der Musikverlage („Labels“) basieren im Kern auf den Erlösen durch den Verkauf der CDs, d.h. der Inhalte. Durch geschickte Bündelung bekannter und unbekannter Titel sowie durch die in diesem Bereich besonders ausgeprägte Stückkostendegression konnten die weltweit agierenden Anbieter („Majors“) komfortabel existieren. Unter dem Oberbegriff der Nicht-Rivalität im Konsum war schon immer klar, dass ein Musiktitel durch Gebrauch nicht an Wert verliert und damit theoretisch an den nächsten Konsumenten weitergegeben werden kann. Praktisch hat dies aber in diesem Bereich keine Konsequenzen gehabt, da diese Weitergabe mit prohibitiv hohen Kosten verbunden war. Durch die oben beschriebenen Technologien sind diese Schranken nun wesentlich kleiner geworden. Im theoretischen Extremfall würde eine verkaufte CD reichen, um die Datei z.B. an alle Nutzer von Napster zu verteilen. Aber auch wenn dieses Extremum nie erreicht werden kann, ist die typische Mischkalkulation der Musikverlage doch ernsthaft bedroht. Ganz besonders bei Musik ist der Markterfolg eines Titels und noch mehr einer neuen Gruppe oder eines neuen Solisten schwer vorhersehbar. Gerade im Genre Pop sind zudem sehr umfangreiche Investitionen in das Marketing erforderlich.

---

[8] Vgl. Graham (2001).

Ein Musikverlag kann deshalb nur dann erfolgreich sein, wenn er eine hinreichende Zahl von Gruppen und Künstlern unter Vertrag hält und sich darunter auch die – vorab schwer zu identifizierenden – Bestseller befinden.

Der Umsatz der deutschen Tonträgerindustrie liegt bei knapp 2,5 Mrd. Euro, seit einigen Jahren stagnierend bzw. mit rückläufiger Tendenz.[9] Seit dieser Trend deutlich zu erkennen ist, hat die Musikindustrie auf die technologiegetriebene Bedrohung reagiert, wobei sich zwei Stoßrichtungen erkennen lassen.

Als reaktiv lassen sich alle Bemühungen bezeichnen, mit denen versucht wird, das klassische Geschäftsmodell zu sichern. Zu diesem Zweck wurde versucht, Tauschbörsen[10] wegen Verletzungen der Urheberschutzgesetze zu verklagen. Bei einigen serverbasierten Ansätzen waren diese Bemühungen letztendlich auch erfolgreich, bei serverlosen Peer-to-Peer-Ansätzen stellt sich das Problem der Identifikation eines Beklagten. Gerade in letzter Zeit werden zunehmend Versuche unternommen, das Kopieren von CDs durch Schutzmechanismen zu erschweren. Allerdings sind diese Ansätze noch nicht sehr elaboriert, da ein Konsument so nicht die Möglichkeit hat, Titel oder ganze CDs für den eigenen Gebrauch zu kopieren, was nach deutschem Urheberrecht zulässig ist. Weiterführende Ansätze, von Wasserzeichen bis zu einer Internet-GEMA, sind in Vorbereitung bzw. Erprobung.

Daneben sind ergänzend auch aktive Ansätze zu beobachten, die im Kern auf eine Weiterentwicklung der klassischen Geschäftsmodelle zielen. Besonders deutlich zeigt sich dies an Napster. Napster wurde zum Teil von Bertelsmann aufgekauft und versucht nun, ein abonnentenbasiertes Angebot aufzubauen, wobei sich die Preisgestaltung an der Zahlungsbereitschaft zur „Entlastung des schlechten Gewissens" der potentiell illegal agierenden Nutzer orientiert. Daneben wird die Idee verfolgt, auch im Musiksektor zunehmend indirekte Erlöse (z.B. über Konzerte oder Merchandising) zu generieren und den einzelnen Musiktitel mehr als Mittel zum Zweck zu betrachten. Welcher der Ansätze sich durchsetzen wird, ist heute noch unklar.

3 Ein Analyserahmen für die Ausbreitung von Peer-to-Peer-Netzwerken

Nach der Vorstellung der grundlegenden Idee des Peer-to-Peer-Konzeptes und der spezifischen Entwicklungen im Musiksektor stellt sich nun die Frage, wie sich die Relevanz des Peer-to-Peer-Ansatzes für den Austausch von Videos abschätzen lässt. Da empirische Analysen noch nicht vorliegen und gerade bei der Einführung neuer Medien auch mit sehr großen Unsicherheiten behaftet sind, liegt eine mehr

---

[9] Vgl. IFPI (2002).

[10] „File-Sharing" wird üblicherweise als „Tauschbörse" ins Deutsche übersetzt. Wegen der allgemeinen Praxis verwenden wir diese Übersetzung ebenfalls, weisen aber darauf hin, dass die korrekte Übersetzung eigentlich „Datenteilung" lautet.

theoriegetriebene Analyse nahe. Ein Rahmen für eine derartige Analyse wird nachfolgend entwickelt. Der Fokus liegt dabei auf File-Sharing-Ansätzen.

3.1 Technische Rahmenbedingungen

Der Austausch einer Datei über ein Peer-to-Peer-Netzwerk lässt sich aus technischer Perspektive in drei Schritte zerlegen: In einem ersten Schritt ist die Datei vom originären Trägermedium (z.B. CD, DVD) auf einen Knoten des Peer-to-Peer-Netzwerkes (Computer des Anbieters) zu übertragen, in der Regel verbunden mit einer Formatkonvertierung. Dieser erste Schritt entfällt allerdings, sobald die Datei auf einem Rechner einmal gespeichert wurde. Mit dem nächsten Schritt ist diese Datei dann auf den Rechner des Nachfragers zu übertragen. Dieser Schritt findet im Gegensatz zur initialen Übertragung eines Inhalts vom Trägermedium auf den Rechner des Anbieters wiederholt statt und beschreibt den eigentlichen Verbreitungsvorgang innerhalb des Peer-to-Peer-Netzes. Will dieser Nutzer die Datei nicht auf seinem Rechner, sondern mit einem spezialisierten Endgerät wie z.B. einem MP3-Player nutzen, muss er das entsprechende Gerät anschaffen und die Daten darauf übertragen. Mit der Übertragung kann evtl. wieder eine Konvertierung erforderlich sein. Abbildung 2 zeigt die drei beschriebenen Schritte im Überblick.

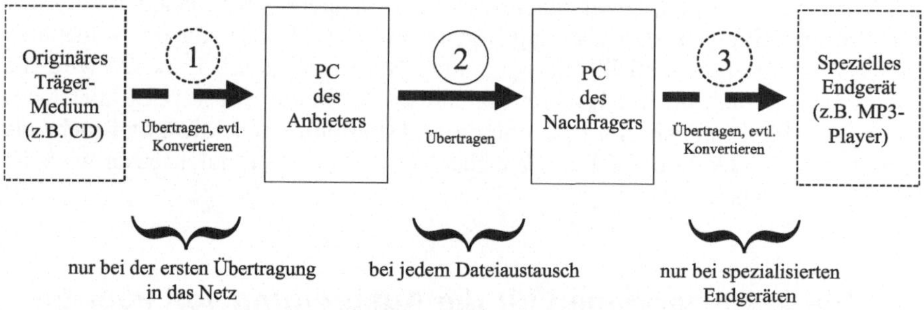

Abb. 2. : Schrittfolge beim Dateiaustausch über File-Sharing-Systeme

Ob ein derartiger Dateiaustausch über diese drei Schritte effizient und schnell erfolgen kann, hängt von den technischen Rahmenbedingungen ab. Die technischen Rahmenbedingungen inklusive deren wichtigsten Entwicklungstrends für jeden dieser drei Schritte sind nachfolgend aufgezeigt.

Ob die Konvertierung vom originären Medium zum Rechner des Anbieters effizient und schnell abgewickelt werden kann, richtet sich vorrangig nach Konvertierungsgeschwindigkeit, Kompressionsleistung und dem Erhalt der Qualität. Die Kompressionsleistung beschreibt das Ausmaß, in welchem die zur Wiedergabe von Inhalten notwendige Datenmenge reduziert wird. Sie sinkt tendenziell mit zunehmender Geschwindigkeit und ist für die Speicherung von Inhalten (Speichervolumen) und im Hinblick auf deren spätere Übertragung (notwendige Bandbreite) von Belang. Damit im Zusammenhang steht die Erhaltung der Qualität, welche nur bei sogenannter verlustfreier Kompression gegeben ist. Eine geringe Qualitätsreduktion ermöglicht allerdings eine starke Steigerung der Kompressionsleistung und wird bei Medieninhalten (bspw. Bild, Musik oder Video) in der Regel nicht bemerkt.

Das nötige Speichervolumen für Informationsprodukte kann mit geeigneten Verfahren stark reduziert werden, wobei für jeden Typ von Inhalten spezifische Kompressionsverfahren und Datenformate existieren. Grafiken und Bilder werden bspw. verlustfrei im GIF (Graphics Interchange Format) gespeichert, welches eine einfache, in der Regel auch für Text verwendete Komprimierung[11] einsetzt. Durch verlustbehaftete Kompression im JPEG-Format (Joint Photographic Experts Group) wird eine realistische Datenreduktion um den Faktor 40 ermöglicht.[12] Im Videobereich kommt meist das MPEG-Verfahren zum Einsatz (Moving Pictures Expert Group), wodurch das Datenvolumen um einen Faktor von bis zu 120 reduziert werden kann.[13] Audiodaten werden im (derzeit üblichen) MP3-Format (MPEG Audio Layer 3) um den Faktor 12 komprimiert, wobei die CD-Qualität nahezu beibehalten wird. Tendenziell ist von einer weitergehenden Verbesserung der Kompressionsverfahren bei gleichzeitiger Annäherung an die Qualität unkomprimierter Quelldaten auszugehen. So ermöglicht das Wavelet-Videoverfahren Kompressionsfaktoren von bis zu 300 ohne gravierende Qualitätsminderung. Mit JPEG-2000 wurde ein erstes, auf Wavelet basierendes Bildformat standardisiert, welches noch einmal um 30% besser komprimiert als JPEG. Im Audiobereich werden bereits Nachfolgeformate für MP3 entwickelt, die Kompressionsfaktoren von bis zu 24 ermöglichen (bspw. WMA, Windows Media Audio), allerdings bereits mit Kopierschutzmechanismen versehen sind.

Tabelle 1. Entwicklungstendenz bei Kompressionsfaktoren

Medientyp	Aktuell realisierbarer Kompressionsfaktor	Mittelfristig erreichbarer Kompressionsfaktor
Text oder Bild	40	60
Audio	12	24
Video	120	300

Das Verhältnis zwischen vorhandener Übertragungsleistung und notwendigem Übertragungsvolumen ist entscheidend für die technischen Rahmenbedingungen

[11] Wiederkehrende Binärfolgen werden hierbei erkannt und ersetzt.

[12] Eine stärkere Kompression bis zum Faktor 99 ist grundsätzlich möglich, beeinträchtigt die Qualität allerdings zu stark. JPEG hat einen Marktanteil bei digitalen Bildspeichern von ca. 40%.

[13] Weitere bekannte Formate sind das MS Windows-spezifische AVI (Audio Video Interleave) sowie DivX (Anspielung auf ein früheres DVD-Format namens Digital Video Express) als (derzeit noch illegale) Weiterentwicklung von MPEG-4.

im zweiten Schritt, der Übertragung zwischen zwei Rechnern. Das Übertragungsvolumen ergibt sich aus den zu übertragenden Inhalten unter Berücksichtigung der Speicherungsform. Zwar sind die Anforderungen an die Übertragungsleistung von Nutzer zu Nutzer verschieden, jedoch sind für bestimmte Inhalte Mindestübertragungsleistungen erforderlich. Weiterhin ist es im Hinblick auf Peer-to-Peer-Anwendungen von Bedeutung, wie viele Teilnehmer über die zur Übertragung bestimmter Inhalte notwendigen Bandbreiten verfügen.

Zur Analyse der aktuellen Situation sind schmal- und breitbandige Netzzugänge zu unterscheiden.[14] Schmalbandige Netzzugänge, insbesondere Modem- und ISDN-, aber auch aktuell verfügbare Mobilzugänge[15] sind zwar weit verbreitet, für die Übertragung von über Text hinausgehenden Medieninhalten aber weniger geeignet. Sie sollen im Folgenden nicht weiter betrachtet werden. In Bezug auf breitbandige Netzzugänge ist einerseits auf die aktuelle und zukünftige Penetration sowie auf die Entwicklung der möglichen Übertragungsraten abzustellen. Mit breitbandigen Netzzugängen sind derzeit ca. 8% der deutschen Haushalte ausgestattet. 40 % besitzen einen PC, der überwiegend bereits multimediafähig ist. Als Zugangstechnologie kommt hier meist DSL (Digital Subscriber Line), CATV (rückkanalfähiges Fernsehkabel) sowie z.T. PLC (Powerline Communication, Stromnetzzugang) zum Einsatz.[16] Breitbandzugänge verfügen meist über unterschiedliche Bandbreiten für den Down- und den Upload von Daten. Da Privatnutzer in der Regel immer größere Datenmengen abrufen, für deren Anforderung über den sogenannten Rückkanal aber nur geringe Datenmengen[17] gesendet werden müssen, steht für den Download eine weit größere Bandbreite zur Verfügung.[18] Dies ist insbesondere im Hinblick auf Peer-to-Peer-Anwendungen von Bedeutung.[19] Für die kommenden Jahre wird ein massiver Anstieg der Breitbandpenetration erwartet. So steigt bspw. die Verbreitung von DSL-Anschlüssen in Deutschland um jährlich ca. 97%[20], in anderen Ländern z.T. um bis zu 150%[21]. Allein durch den geplanten bidirektionalen Ausbau der vorhandenen Fernsehkabelanschlüsse könnten zudem die derzeit angeschlossenen 56% aller deutschen Haushalte erreicht werden. Allerdings bleibt die Penetration insgesamt zunächst

[14] Die Klassifikation als „Breitbandzugang" ist hierbei nicht eindeutig. Je nach Betrachtungsweise werden Zugänge ab 2,048 MBit/s bzw. auch Zugänge mit einigen hundert KBit/s als ‚breitbandig', darunter liegende Bandbreiten als ‚schmalbandig' bezeichnet. Vgl. Büllingen/ Stamm (2001), S. 18 ff.

[15] GSM (Global System for Mobile Communication) und GPRS (General Packet Radio Service).

[16] Anschlüsse am Fernsehkabelnetz sowie am Stromnetz sind bisher noch in sehr geringem Umfang verbreitet, Anbieter von Stromnetzanschlüssen haben ihr Angebot sogar z.T. wieder eingestellt.

[17] Bspw. eine Anfrage an einen WWW-Server über HTTP.

[18] In der Regel genügt für die Anforderung von Daten bereits ein schmalbandiger Telefonanschluss.

[19] Aktuelle Zugangstechnologien sind demnach eher für den Client/Server-Betrieb ausgelegt.

[20] Vgl. BITKOM (2001).

[21] Großbritannien.

auf geringem Niveau. Studien gehen zum Teil davon aus, dass im Jahre 2005 nur ca. 14% der europäischen Haushalte mit Breitbandzugängen ausgestattet sind.[22] Auch die zur Verfügung stehenden Bandbreiten werden sich zukünftig weiter vergrößern.

Tabelle 2. Entwicklungstrends bei den Bandbreiten

Zugang	Technologie	Bandbreite heute	Bandbreite bis 2010 (Prognose)
Stationär	Telefonkabel (mit DSL)	768 KBit/s - 2,3 MBit/s	8 - 50 MBit/s
	TV-Kabelanschluss	128 KBit/s - 1,024 MBit/s	10 - 50 MBit/s
	Stromleitung	1 - 3 MBit/s	10 - 20 MBit/s
Mobil	GSM-Netz	9,6 - 58 KBit/s	384 KBit/s
	UMTS-Netz	n.v.	2 MBit/s

Ideal wäre es, wenn das zur Übertragung der Inhalte genutzte Endgerät auch zu deren Rezeption verwendet werden könnte, der dritte Schritt also vollständig entfällt. Ist dagegen eine weitere Übertragung erforderlich (z.B. durch Kopien von MP3-Dateien auf eine Audio-CD für das Auto), führt dies zu Beeinträchtigungen bei Effizienz und Geschwindigkeit. Es ist jedoch bei den Endgeräten mit weiteren Steigerungen der Rechenleistung und Speicherkapazität zu rechnen. Auch kleinste mobile Endgeräte werden in absehbarer Zeit in der Lage sein, umfangreiche Inhalte wie Musik oder Videos zu speichern und abzuspielen. Die Wiedergabequalität im Sinne von Optik (z.B. Bildschirmgröße, Auflösung), Akustik sowie der Bedienkomfort wird jedoch durch Nutzungsgewohnheiten (z.B. die Größe mobiler Endgeräte) beschränkt. Zudem ist eher eine Spezialisierung der Endgeräte als ein Einheits-Endgerät zu erwarten.

3.2 Ökonomisches Kalkül

Ein rational handelnder Mensch beteiligt sich nur dann an einem Peer-to-Peer-Netzwerk, wenn aus seiner individuellen Perspektive der damit verbundene Nutzen über den zurechenbaren Kosten liegt. Vergleicht er eine neue Option mit einer bestehenden Variante, wird er die neue Option immer dann wählen, wenn der Zusatznutzen über den Zusatzkosten liegt.

Ausgehend von den technischen Rahmenbedingungen lassen sich die Kosten eines File-Sharing-Systems bzw. die Zusatzkosten im Vergleich zum Bezug der Inhalte über CD oder andere Medien recht leicht abschätzen. Schwieriger ist eine

[22] Vgl. Jupiter MMXI (2000).

Definition des Nutzens, da dieser auch von der Gesamtzahl möglicher Kommunikationspartner abhängt. Zur Analyse lässt sich die Netzeffekttheorie heranziehen.

Die Netzeffekttheorie betrachtet ein Netzwerk mit zunächst *n* potentiellen Kommunikationspartnern.[23] Kommt nun ein Kommunikationspartner *n+1* dazu, erhöht sich der potentielle Nutzen des Netzwerkes auch für jeden der bisherigen Netzwerkteilnehmer *1 bis n*. Oder anders ausgedrückt: Mit jedem zusätzlichen Teilnehmer wird ein Kommunikationsnetzwerk immer wertvoller, es entstehen für jeden einzelnen positive Effekte.[24]

Es lassen sich zwei Varianten von Netzeffekten unterscheiden:[25]

- Bei den direkten Netzwerkeffekten sind die Teilnehmer über Kommunikationswege miteinander verbunden (z.B. Internet). Als populäres Beispiel hierfür gilt die Kommunikation über Faxgeräte: besitzt niemand ein Faxgerät, so ist dieses für eine einzelne Person wertlos, erst mit steigender Verbreitung nimmt der Nutzen des Gerätes zu. Der Gesamtnutzen des Netzes hängt dabei also von der Anzahl der angeschlossenen anderen Geräte (und Nutzer) ab und hat einen mittelbaren Einfluss auf den Nutzen.
- Ein indirekter Netzwerkeffekt entsteht dann, wenn der Nutzen eines Netzes mit steigender Teilnehmerzahl wächst, ohne dass diese im Kontakt über ein Netzwerk stehen. Dies ist beispielsweise bei der Verbreitung von Betriebssystemen und Software der Fall, die einen unmittelbaren Nutzeneinfluss aufweisen.

Die Zuordnung eines Effektes, ob direkt oder indirekt, kann dabei aber nicht immer klar erfolgen. Die erwähnten Beispiele zur Anwendung der Netzeffekttheorie beziehen sich auf Kommunikationsdienste sowie Software. Darüber hinaus gibt es aber auch eine Reihe „klassischer" Beispiele für Netzeffekte auf Medienmärkten.[26] Wohl am bekanntesten ist das Beispiel der Videos. Über einige Jahre konkurrierten mehrere Aufzeichnungsstandards für Videokassetten, insbesondere VHS und Beta. Welcher Standard sich letztlich durchgesetzt hat, war vornehmlich von der Verbreitung der Videorecorder als Basissysteme abhängig. Daneben finden sich aber auch bei klassischen Medien gelegentlich Netzeffekte, so z.B. bei populären Fernsehsendungen. Wer am nächsten Tag z.B. am Arbeitsplatz über den Krimi vom letzten Abend mitdiskutieren möchte, muss den Krimi auch gesehen haben.

4 Nutzenpotentiale von Peer-to-Peer für Videoinhalte

In Abschnitt drei wurden technische und ökonomische Erfolgsfaktoren für die Nutzung von Peer-to-Peer-Anwendungen für den Austausch von Inhalten im Allgemeinen herausgearbeitet. Es stellt sich nun die Frage, wie die konkrete Situation für Videos als spezielle Klasse von Inhalten einzuschätzen ist. Nachfolgend ist

[23] Vgl. Hess (2000)

[24] Vgl. „Kreislauf des positiven Feedbacks" in Zerdick, A. et al. (2001), S. 160

[25] Vgl. Varian (1999), S. 606.

[26] Vgl. Schumann/ Hess (2002), S. 24 ff.

diese Frage sowohl aus technischer als auch aus ökonomischer Perspektive beschrieben.

4.1 Technische Perspektive

Im ersten Schritt ist die Übertragung vom Zielmedium zum PC eines Video-Anbieters in einem Peer-to-Peer-Netzwerk zu betrachten. Unkomprimierte Videodaten mit einer Auflösung von 720*576 Bildpunkten (DVD-Format) und 24 Bit Farbtiefe[27] erfordern eine Bandbreite von 248 Mbit pro Sekunde[28]. Nur 20 Sekunden eines Videos würden demnach auf einer CD Platz finden. Videos auf DVD werden daher im MPEG-2-Format gespeichert, wobei das Datenvolumen um ca. 95% reduziert wird. Videoinhalte können nicht ohne weiteres von DVD auf einen am Peer-to-Peer-Netz angeschlossenen Computer kopiert werden, sie sind durch eine entsprechende Software („DVD-Ripper") auszulesen und erneut zu komprimieren. Als Videoformat kommt hier meist MPEG-4, bzw. eine illegale Erweiterung dieses Formates namens DivX, zum Einsatz, wodurch noch einmal eine höhere Kompressionsleistung erreicht werden kann. So kann letztlich ein DVD-Videofilm auf den Umfang einer CD-ROM (700 MB) reduziert werden.

Verschiedene Umstände schränken jedoch diese aus Sicht des im Peer-to-Peer-Netz Bereitstellenden einfache Möglichkeit der Konvertierung ein. Der Konvertierungsvorgang DVD nach DivX stellt hohe Anforderungen an die Computerhardware und nimmt auch auf leistungsfähigen PCs mitunter einige Stunden in Anspruch. Der Computer des Bereitstellenden wird damit zunächst blockiert. Zudem sind nicht alle Videoinhalte, insbesondere aktuelle Kinofilme oder TV-Inhalte, auf DVD verfügbar und müssen z.T. im Kino abgefilmt oder aufgezeichnet werden, was mit massiven Qualitätseinbußen und hohen Kosten für entsprechende Ausrüstung (z.B. DV-Videokamera) sowie zusätzlichem Aufwand verbunden ist. Ein weiterer, nicht zu unterschätzender Faktor ist die Beschränkung des DivX-Formates auf nur eine Sprachversion, was die internationale Verteilung, im Peer-to-Peer-Netz, im Gegensatz zu bspw. Musikinhalten, auf bestimmte Sprachregionen einschränkt.

Im zweiten Schritt ist insbesondere die Übertragungsleistung der zur Verfügung stehenden Netze im Verhältnis zum Datenvolumen zu betrachten. Die Übertragung der mit ca. 500-700 MB im Vergleich zu anderen Inhalten noch immer sehr umfangreichen Videoinhalte wird durch wachsende Bandbreiten der Anschlussnetze grundsätzlich beschleunigt. So ist der Download einer 700 MB umfassenden Datei über einen DSL-Anschluss mit 768 KBit/s (unter optimalen Bedingungen) nach ca. zwei Stunden abgeschlossen. Allerdings sind breitbandige Netzzugänge überwiegend darauf ausgelegt, große Datenmengen zum Nutzer (im Downstream), aber nur geringe Datenmengen vom Nutzer in das Netz (im Upstream) zu übertragen. So kann ein DSL-Zugang üblicherweise nicht mehr als 128

[27] Dies entspricht ca. 16,7 Millionen Farben.

[28] Vgl. Meier (2002), S. 3.

KBit/s (doppelte ISDN-Geschwindigkeit) im Upstream übertragen.[29] Dieses auf das klassische Client/Server-Umfeld des Internets ausgerichtete Konzept erschwert die Nutzung von Peer-to-Peer-Netzen für umfangreiche Datenmengen, da der Bandbreitenbedarf hierbei im Up- und Downstream (tendenziell) gleich ist.

Bei den Endgeräten, die für eine Nutzung von Videos in Frage kommen, ist eher eine Ausdifferenzierung als eine Spezialisierung zu erwarten. Abbildung 3 zeigt die Charakteristika der drei wichtigsten Geräteklassen. Hieraus wird deutlich, dass PCs und mobile Endgeräte für länger andauernde bzw. kurzzeitige Nutzung von Informations- und Bildungsinhalten durch eine Einzelperson geeignet sind.[30] Der Fernseher kommt primär für die länger andauernde Nutzung von Unterhaltung, häufig durch mehrere Personen, zum Einsatz.[31] Zudem ist die Nutzungsumgebung von PC bzw. Informations-/ Bildungsinhalten (meist das Büro) sowie von Fernseher bzw. Unterhaltungsinhalten (meist das Wohnzimmer) sehr unterschiedlich. Bezogen auf die Bereitstellung von Videoinhalten kann daher nicht davon ausgegangen werden, dass Nutzer verschiedene Inhalte auf dem gleichen Endgerät konsumieren werden. Vielmehr wird für den Konsum der verschiedenen Inhalte das jeweils am besten geeignete Endgerät genutzt werden. Eine Verschmelzung von PC und Fernseher und die ausschließliche Nutzung dieses einen Endgerätes ist wenig wahrscheinlich. Demzufolge sind Videoinhalte von am Peer-to-Peer-Netz angeschlossenen Computern in der Regel in ein TV-fähiges Format zu überführen (bspw. auch durch Anschluss des Fernsehers an einer entsprechenden Schnittstelle am PC), um sie auf dem Fernseher konsumieren zu können.

Tabelle 3. Eignung verschiedener Endgeräte für den Videokonsum[32]

	PC	Fernseher	Mobiles Endgerät
Typische Nutzungssituation	bei der Arbeit oder in der Freizeit, aktive, informations-orientierte, wiederholte, länger andauernde Nutzung	überwiegend in der Freizeit, passive, unterhaltungsorientierte, wiederholte, länger andauernde Nutzung	zwischen anderen Tätigkeiten in Arbeit oder Freizeit, informationsorientierte, wiederholte, kurzzeitige Nutzung
Nutzungsform	funktional, „bend forward“ (zum PC „vorbeugen“)	distraktiv, „lean back“ (vom TV „zurücklehnen“)	funktional, „bend forward“
Typische parallele Nutzerzahl	1	Mehrere	1

[29] Somit nimmt der Upload einer 700 Megabyte umfassenden Datei ca. 12 Stunden in Anspruch und der Download des abrufenden Peers müsste sich auf 6 bereitstellende Peers verteilen, um eine Downloadzeit von 2 Stunden beibehalten zu können.

[30] Hierbei ist die oft interaktive Nutzung von Informations- und Bildungsinhalten von Bedeutung, bei denen der Nutzer aktiv beteiligt werden kann.

[31] Vgl. Stipp (2001), S. 66.

[32] Z.T. übernommen von Rawolle/ Hess (2000), S. 2.

Insgesamt ist damit festzuhalten, dass auch mittelfristig noch eine Reihe von technischen Hürden den effizienten und schnellen Austausch von Videos erschweren. Damit werden auch erste deutliche Unterschiede zum Austausch von Musikdateien mit Hilfe eines Peer-to-Peer-Netzwerkes deutlich, bei denen derartige Hürden kaum existieren: die Konvertierung vom originären Datenträger auf den Rechner ist weitgehend problemlos und die Übertragung im Netzwerk relativ schnell abzuwickeln. Auch haben spezifische Endgeräte bei Videos eine wesentlich größere Bedeutung als für die Nutzung von Audio-Dateien.

4.2 Ökonomisches Kalkül

Die bereits bei den technischen Rahmenbedingungen deutlich zu erkennenden Unterschiede zwischen dem Austausch von Musik- und von Videodateien schlagen sich naturgemäß im ökonomischen Kalkül, insbesondere in der Nutzensituation nieder:

- Die einmalig erforderliche Konvertierung eines Videos vom originären Datenträger auf den Rechner eines Peers ist sehr zeitintensiv und damit aus Sicht des Nutzers mit Kosten verbunden. Im Vergleich dazu erfolgt die Konvertierung bei Musikdateien wesentlich schneller, die damit verbundenen Kosten sind daher wesentlich geringer. Zudem sind die technischen Voraussetzungen für die Konvertierung von Musik weniger hoch.
- Der Zweck, zu dem ein Video auf den Rechner eines Peers übertragen wird, ist ein deutlich anderer als bei Musikdateien. Videos werden meist nur einmal konsumiert, Musik wird in der Regel häufiger (insbesondere auch neben anderen Aktivitäten am PC) gehört. Ein auf DVD vorhandenes Video wird daher meist lediglich zur Bereitstellung im Peer-to-Peer-Netzwerk konvertiert (konsumiert wird es dagegen bereits vorher per DVD-Player und Fernseher), während Musik insbesondere zur eigenen Nutzung am PC oder zur Zusammenstellung individueller CDs auf den PC übertragen wird. Die Bereitstellung im Peer-to-Peer-Netzwerk ist in letzterem Fall nur noch ein zusätzlicher Schritt, während sie bei Videos den eigentlichen Grund der Konvertierung ausmacht.
- Durch die lange und kostenintensive Übertragung entstehen derzeit für den Nachfrager mit jeder Übertragung einer Video-Datei noch deutlich höhere Kosten als für den Austausch einer Musikdatei, sowohl direkt für die technische Übertragungsdienstleistung,[33] als auch indirekt für die einzusetzende Zeit und die Leistung des PCs.
- Ebenfalls fällt auf, dass die Endgeräte für Video-Sequenzen, insbesondere durch die zusätzlich notwendige visuelle Darstellung, anspruchsvoller sind und deutlich weniger Nutzungsspielraum lassen als Endgeräte für Audio-Inhalte. Die Konvertierung aus einem PC-tauglichen Datenformat in ein auf dem Fern-

[33] Auch bei volumenunabhängiger Abrechnung der Übertragungsleistung steht der Dienst bspw. während der Übertragung einer Videodatei anderen Anwendungen nur eingeschränkt zur Verfügung.

seher oder einem mobilen Endgerät nutzbares Format ist zudem sehr aufwendig, jedoch für die Nutzung von Videos in der gewohnten Form (als Unterhaltung auf dem „lean back"-Medium Fernseher) notwendig.[34]

- Im Gegensatz zum Tausch von Musikdateien sind im Videobereich die Sprachversionen der getauschten Inhalte von Bedeutung. So sind deutschsprachige Videos in internationalen Tauschbörsen aufgrund der relativ geringen Zielgruppengröße weit seltener zu finden als jene mit englischem Originalton. Genügt bereits eine einzelne Musikdatei, um ein internationales Peer-to-Peer-Netz zu versorgen, sind demnach für den gleichen Zweck mehrere Sprachversionen eines Videofilms notwendig, die in der Praxis jedoch regelmäßig nicht zu finden sind. Auch dies schränkt den Nutzen eines getauschten Videos für den Nachfrager ein.

Alleine ausgehend von dieser kosten-/ nutzenorientierten Argumentation wäre eigentlich festzuhalten, dass File-Sharing-Systeme für Videos (insbesondere aus Sicht des die Inhalte bereitstellenden Peers) deutlich unattraktiver sind als File-Sharing-Systeme für Audio-Sequenzen. Relativierend ist allerdings darauf hinzuweisen, dass auch der potentielle Nutzen pro heruntergeladener Datei bei Videos größer ist als bei Audio-Dateien, geht man von den Marktpreisen aus. Allerdings darf sich die Argumentation hier nicht allein an der einzelnen Datei orientieren. Gleichfalls ist aber zu berücksichtigen, dass die zahlenmäßige Nachfrage nach Musikstücken wesentlich größer ist als nach Videos.

Insgesamt ist damit festzuhalten, dass die Nutzung von File-Sharing-Systemen für Video-Inhalte auch aus einem ökonomischen Kalkül heraus derzeit deutlich unattraktiver ist als die Nutzung derartiger Systeme für Musik-Inhalte.

5 Fazit: Mittelbare und unmittelbare Bedrohungen für Videoanbieter

Vor dem Hintergrund der dargestellten Argumentation muss die zukünftige Nutzung von Peer-to-Peer-Tauschbörsen für Videoinhalte zweistufig betrachtet werden. Kurzfristig sind diese Netzwerke aufgrund technischer Restriktionen nur sehr eingeschränkt für den Austausch von Videos geeignet. Insbesondere die derzeitigen technischen Beschränkungen werden sich jedoch mittelfristig lockern und die Attraktivität der Nutzung wird sich damit zunächst erhöhen. Die besondere Nutzungssituation bei Videoinhalten wird allerdings auch langfristig bestehen bleiben, was letztlich die Nutzung derartiger Tauschbörsen durch den Massenmarkt der Videokonsumenten unwahrscheinlich macht.

Überträgt man dieses Ergebnis auf Videoanbieter und betrachtet alleine die mittelbare Bedrohung des Video-Marktes, so wird deutlich, dass Video-Anbieter von

[34] Als Argument wird häufig vorgebracht, dass Videoinhalte auch ebenso gut auf dem Computerbildschirm konsumiert werden können. Dies bzw. die technisch aufwendige Konvertierung in ein TV-Format dürfte allerdings häufiger von technikaffinen Computernutzern als von der Masse der Videokonsumenten betrieben werden.

der neuen Technologie in der aktuellen Situation weniger bedroht sind als Musik-Anbieter. Speziell das derzeit relativ ungünstige Kosten/ Nutzen-Kalkül der neuen Technologie spricht gegen eine massive Nutzung für Videos. Weitere Aspekte unterstreichen ebenfalls die relativ geringe Bedrohung im Vergleich zum Musik-Markt. Zunächst ist zu berücksichtigen, dass der Verkauf von Videos lediglich eine von mindestens fünf Stufen auf der Verwertungskette für Filme darstellt. Dagegen ist der Verkauf von Tonträgern die zentrale Erlösquelle für die Musikindustrie. Letztendlich zeigt sich dies auch darin, dass der deutsche Tonträger-Markt dreimal so viel Volumen hat wie der deutsche Video-Markt. Darüber hinaus ist zu berücksichtigen, dass Videos heute in der Regel einzeln verkauft bzw. verliehen werden. Demgegenüber werden auf einem klassischen Tonträger mehr oder weniger große Produktbündel mit entsprechenden Bündelungsgewinnen verkauft.

Betrachtet man zudem die Art der zum aktuellen Zeitpunkt getauschten Videos, so fällt auf, dass es sich überwiegend nicht um traditionelle Videoinhalte (insbesondere Spielfilme) handelt, sondern häufig um Nischeninhalte geringeren Umfangs, wie z.B. Privatvideos[35], Comics, Musikvideos u.ä., aber auch, speziell im amerikanischen Raum, Episoden von Fernsehserien. Diese Inhalte werden üblicherweise nicht bzw. nur in geringem Umfang von der Videoindustrie auf VHS oder DVD vertrieben. Ihr Austausch über Peer-to-Peer-Netzwerke stellt somit keine direkte Bedrohung für die Videobranche dar.

Eine reaktive Strategie, die sich auf das Verhindern konzentriert, wäre unter diesen Gesichtspunkten - zumindest bis zum Wegfall der hohen technischen Hürden - durchaus ohne großen Schaden durchzuhalten. Gleichzeitig ergibt sich aus dieser relativ bequemen Position heraus aber auch die Chance, neue Geschäftsmodelle zu erproben. So wäre z.B. zu prüfen, ob die über lange Jahre stabile Verwertungskette für Videos sich nicht modifizieren lässt bzw. auf den Einzelverkauf von Videos zu Gunsten von on-Demand-Angeboten ganz verzichtet werden könnte. On-Demand-Angebote könnten auch langfristig das Bedrohungspotenzial durch Peer-to-Peer-Netzwerke auf geringem Niveau halten, indem sie ein vergleichbares Bedürfnis adressieren, Peer-to-Peer-Netzen aber auf der Nutzungsseite (z.B. durch die Ausrichtung auf TV-gestützte Nutzung oder das Angebot verschiedener Sprachversionen) überlegen sind.

Literatur

BITKOM (2001): Wege in die Informationsgesellschaft - Status quo und Perspektiven Deutschlands im internationalen Vergleich, www.bmwi-netzwerk-ec.de/Download/-BITKOMStudie%202001%20.pdf, Abruf am 01.02.2002.

Graham, J. (2001): Despite troubles, there's still hope for Napster, http://www.usatoday.com/life/cyber/tech/review/2001-05-23-still-hope-for-napster.htm, Abruf am 29.01.2002

[35] Hier treten Probleme ganz anderer Art in Erscheinung, die insbesondere im Jugendschutz zu sehen sind. Ein Großteil der getauschten Privatvideos enthält gewaltverherrlichende oder pornographische Inhalte.

Hess, T.: Netzeffekte: Verändern neue Informations- und Kommunikationstechnologien das klassische Marktmodell? in: Wirtschaftswissenschaftliches Studium 29 (2000) 2, S. 96-98

Hong, T. (2001): Perfomance, in Oram, A.: Peer-to-Peer: Harnessing the Benefits of a Disruptive Technology (Hrsg), Sebastopol, S. 203-241

IFPI (2002): Bundesverband der phonograf. Wirtschaft, www.ifpi.de/jb/2001/jb01b.html, Abruf am 28.01.2001.

Jatelite (2002): peer-to-peer, www.jatelite.de/downloads/jatelite_de_peer_to_peer. pdf, Abruf am 28.01.2002

Jupiter MMXI (2000): www.marketing-marktplatz.de/Marktforschung/ BreitbandMmxi.htm, Abruf am 29.01.2002.

Lange, C. (2001): Alternativen zum Client/Server-Modell – Revolution von unten, in: NetworkWorld 09-01, www.networlkworld.de, Abruf vom 20. Dezember 2001

Meier, B. (2000): Videoüberwachung – Die Welt wird digital. www.fast-media-integrations.com/download/enduser/Press/Deutsch/All_over_IP5.pdf, Abruf am 28.01.2002.

Moore, D./ Hebeler, J. (2002): Peer-to-Peer: Building Secure, Scalable, and Manageable Networks, Berkeley

O'Reilly, Tim (2001): Remaking the Peer-to-Peer Meme, in Oram, A.: Peer-to-Peer: Harnessing the Benefits of a Disruptive Technology (Hrsg), Sebastopol, Seiten 38-58

Rawolle, J./Hess, T.: New Digital Media and Devices: An Analysis for the Media Industry, in: International Journal of Media Management 2 (2000) 2, S. 89-99

Schumann, M./Hess, T. (2002): Grundfragen der Medienwirtschaft, 2. Auflage, Berlin u.a.

Stipp, H. (2001): Warten auf die IT-Revolution, Interview mit Horst Stipp, Vice-President Strategic and Primary Research von NBC, in: Horizont, Nr. 26, 2001, S. 64-66.

Varian, H. (1999): Intermediate Microeconomics – A modern Approach, 5th edition, New York

Wirtz, B. (2001): Anpassen oder untergehen, in Wirtschaftswoche Nr. 3, 11. Januar 2001

Zerdick, A. et al. (2001): Die Internet – Ökonomie – Strategien für die digitale Wirtschaft, 3. Auflage, Berlin

Moneybee – Vernetzung künstlicher Intelligenz

Till Mansmann, Stefan Selle

i42 Informationsmanagement GmbH

In der Informationsgesellschaft fallen immer mehr Daten an, die in EDV-Systemen gespeichert werden. Viele dieser Daten lassen sich wirtschaftlich nutzen – sei es dazu, Wissen zum Beispiel innerhalb eines Unternehmens verfügbar zu machen (Knowledge-Management) oder durch weitere Daten-Auswertungen neues Wissen zu erlangen (Data-Mining). Große Rechenkapazitäten braucht man, wenn man aus den Daten Hinweise auf künftige Entwicklungen ziehen möchte. Das ist beispielsweise beim Risiko-Management innerhalb von Unternehmen oder auch bei der Analyse der Entwicklung von Aktienkursen der Fall. Die i42 Informationsmanagement GmbH, Mannheim, hat das System MoneyBee® entwickelt, das mit künstlicher Intelligenz Vorhersagen für Aktienkurse, Börsen-Indizes und Währungen erstellt. Die erforderliche Rechenkapazität stellen angemeldete Nutzer über das Internet (www.moneybee.net) zur Verfügung. Im Gegenzug erhalten sie einen Teil der Daten zur privaten Nutzung. Das Börsenprognosesystem nutzt so die über das Internet vernetzten Rechner als Labor für Entwicklungen, die eine kleinere Firma anders nicht leisten könnte. Die nutzbar gemachte Rechenleistung erreicht inzwischen die Dimension eines Rechenzentrums.

1 Das MoneyBee-Prognosesystem

1.1 Motivation

1.1.1 Bisherige Prognoseverfahren

Künstliche Neuronale Netze (KNN) sind intelligente Problemlösungsverfahren, die sich besonders für nicht-konservative Aufgabenstellungen eignen, bei denen kein exaktes Modell der Zusammenhänge von Ursache und Wirkung vorliegt. Insbesondere von Großbanken werden seit Ende der 80er Jahre KNN benutzt, um Aktienkurse vorherzusagen. Das Interesse greift aber dank der stark gestiegenen Leistung von Personalcomputern inzwischen auch auf Privatnutzer über.

Ein versierter Privatnutzer, der sich intensiv mit der Materie befasst, kann durchaus selbst KNN konfigurieren, trainieren und einsetzen. Er muss jedoch für jede einzelne Prognose eigene Netze gestalten, und jede Änderung der Input-

Daten, also jeder neue „Versuch“, erfordert ganz neue Trainings- und Auswertungsphasen. So können auf einem PC mit größerem Zeitaufwand und einiger Geduld einzelne Prognosen erfolgreich erstellt werden. Das Verhältnis von Aufwand und Nutzen rechnet sich jedoch meist nicht – es handelt sich in so einem Fall also eher um ein Hobby als um eine sinnvolle Nutzung der Technik. Selbst professionelle Anwender wie beispielsweise Programmierer in einer Bank können sich mit diesen Schwierigkeiten konfrontiert sehen.

Um wirklich gute Ergebnisse erzielen zu können, müssen bei vielen Aufgaben große Rechenkapazitäten bereitgestellt werden. Die rasche Entwicklung der Computer-Hardware und die Vernetzung über das Internet begünstigen heute den Einsatz – zur Erschließung dieser Potentiale lässt sich die ebenfalls neue Peer-to-Peer-Technik hervorragend nutzen. Die i42 Informationsmanagement GmbH hat also mehrere vorhandene technische Komponenten (KNN, P2P sowie zur Optimierung genetische Algorithmen) zu einer innovativen, neuen Technologie verknüpft, indem sie viele kleinere KNN-Einzelsysteme über das Internet zu einem „Internet-Gehirn“ zusammenschaltet, das sich derzeit ausschließlich mit der Prognose von Börsenkursen beschäftigt.

1.1.2 Wie MoneyBee Peer-to-Peer nutzt

Da im Prinzip beliebig viele Rechner angeschlossen werden können, hat das von der i42 GmbH entwickelte System[1] inzwischen eine beachtliche Größe erreicht: Etwa viermal pro Minute wird von einem der über 10.000 angeschlossenen Rechner ein Aufgabenpaket abgeholt und meist schon nach wenigen Stunden zurückgesendet. Die benötigten Aufgaben werden generiert und in die „Warteschlange“ gestellt, bis sie abgeholt werden. Die Bearbeitungs-Zyklen der Aufgaben sind also so kurz, dass das System auch relativ schnell auf Veränderungen reagieren kann.

Die dafür nötige Zerlegung der Gesamtaufgabe in viele Tausend Einzelpakete täglich bietet geeignete Ansatzpunkte für Steuerprogramme, die sich selbst einstellen: Sowohl bei den genetischen Algorithmen zur Input-Optimierung als auch bei den statistischen Verfahren bei der Output-Verwertung zeigt sich so die Stärke der P2P-Architektur.

Immer wieder sprechen wir im Zusammenhang mit MoneyBee von „Peer-to-Peer“. Beim genaueren Hinsehen wird deutlich, dass ein wesentliches Merkmal strenger P2P-Systeme aber fehlt: die echte Gleichberechtigung der angeschlossenen Systeme. Untereinander sind zwar alle Mitgliedsrechner bei MoneyBee gleichgestellt, sie sind aber alle dem zentralen Server BienenStock® untergeordnet: Dieser Server stellt die Aufgaben zusammen und verteilt sie, sammelt sie praktisch wieder ein, und dort wird auch die Auswertung gemacht (man spricht von Distributed Computing, deutsch: Verteiltes Rechnen). Fällt dieser Rechner aus, gibt es keine Aufgaben und Prognosen. Das heißt nicht, dass das System still

[1] Die Entwicklung basiert zu einem großen Teil auf der VWL-Diplomarbeit von Stefan Selle, der sich bereits bei seiner Physik-Diplomarbeit intensiv mit komplexen Simulationsprogrammen beschäftigt hat. Diplomarbeit: „Einsatz Künstlicher Neuronaler Netze auf dem Aktienmarkt“, Ruprecht-Karls-Universität Heidelberg 1998.

steht: Alle Mitglieder, die noch Aufgaben haben, können ungestört weiterrechnen. Nach kurzzeitigen Ausfällen ist daher zu beobachten, dass die Rückgabe-Rate der Aufgaben ansteigt und den Ausfall teilweise wieder wett macht, so dass durchaus die Stabilität des Gesamtsystems höher ist als bei einem einzigen großen Rechner. Das System ist aber im Ganzen anfälliger als reine P2P-Architekturen. Die gewählte Hierarchie ist aber notwendig, um die Aufgabenkonfiguration und die Auswertung effektiv zu gestalten. Außerdem kann so auch eine gewisse Kontrolle ausgeübt werden: Bei jedem Netz wird getestet, ob es möglicherweise manipuliert wurde, und danach wird es eine Zeitlang im Einsatz beobachtet, bis es wirklich ausgewählt wird. In dieser Zeit muss es sich bewähren – eine Manipulation der Prognosen ist damit weitgehend ausgeschlossen. Und sollte dennoch jemand eines der neuronalen Netze so verändern, dass es die Qualitätskontrollen übersteht, dann kann es keinen Schaden anrichten. Aber wir halten dieses Problem für eine akademische Frage: Bei der Fülle von Daten in einem neuronalen Netz halten wir die Chance, ein trainiertes neuronales Netz gewisser Komplexität von Hand zu verbessern, für äußerst gering.

1.1.3 Überblick: KNN

KNN simulieren ansatzweise Vorgänge, die auch die Natur bei der Informationsverarbeitung in Nervensystemen wie dem Gehirn nutzt. Biologische Nervensysteme arbeiten massiv parallel, sind weitgehend fehlertolerant und verhalten sich adaptiv. Sie sind also anpassungs- und lernfähig, indem sie unzählige Parameter selbst einstellen können.

Das menschliche Gehirn besteht aus 10^{10} bis 10^{12} einzelnen Nervenzellen, von denen jede wieder Tausende Verknüpfungen mit anderen Zellen hat. Etwa 10 % der Neuronen sind mit der Ein- oder Ausgabe von Informationen betraut, die restlichen arbeiten dazwischen ohne direkte Verbindung zur Außenwelt – in künstlichen Systemen nennen wir diese „verdeckte Schichten“, die der eigentlichen Informationsverarbeitung dienen. Dabei werden nicht einzelne, festgelegte Schritte (Programm) der Reihe nach abgearbeitet, sondern das System erlernt ein Gesamtbild und berechnet die gestellte Aufgabe in einer Vielzahl von Neuronen und ihren Verbindungen parallel. Die „Programmierung“ erfolgt dabei nicht durch Analyse und Programmentwicklung, sondern durch Lernvorgänge, also durch das Trainieren mit ähnlichen Aufgaben und Lösungen.

Die Entwicklung von KNN nach natürlichem Vorbild begann in den 40er Jahren des vergangenen Jahrhunderts, als auch andere Zukunftstechniken wie Raketen- und Strahltriebwerke, Atomenergie oder Computer entstanden. Der Neurophysiologe Warren S. McCulloch und der Mathematiker Walter Pitts abstrahierten die komplexen biologischen Vorgänge in Nervensystemen und schufen ein Modell des „künstlichen Neurons“.

Problematisch blieb jedoch der Vorgang des Lernens, bei dem sich die Werte der Neuronen und die Wahrnehmungsschwellen der Verbindungen zwischen ihnen durch Training so verändern, dass das System immer besser mit neuen Situationen zurecht kommt. Der Durchbruch hier kam erst in jüngster Zeit.[2] Seitdem sind effiziente Systeme auf Basis von KNN möglich – es handelt sich also in der Anwendung durchaus um eine sehr neue Technologie.

Die Komplexität liegt dabei natürlich weit unter der des natürlichen Vorbilds, des menschlichen Gehirns, ist aber bereits beachtlich. Man muss dabei berücksichtigen, dass die Aufgabenstellung ja auch wesentlich begrenzter ist. Vielleicht tun sich hier sogar die eigentlichen Stärken auf: Unserer Auffassung nach ist so ein System besser geeignet, Kursbewegungen zu analysieren, als ein Mensch, selbst wenn er gut ausgebildet ist. Eine Analogie bietet der Taschenrechner: Auch dieser ist für die sehr spezielle Aufgabe von bestimmten mathematischen Operationen den meisten Menschen überlegen, kann aber zum Beispiel keine Gedichte schreiben oder echte Entscheidungen fällen.

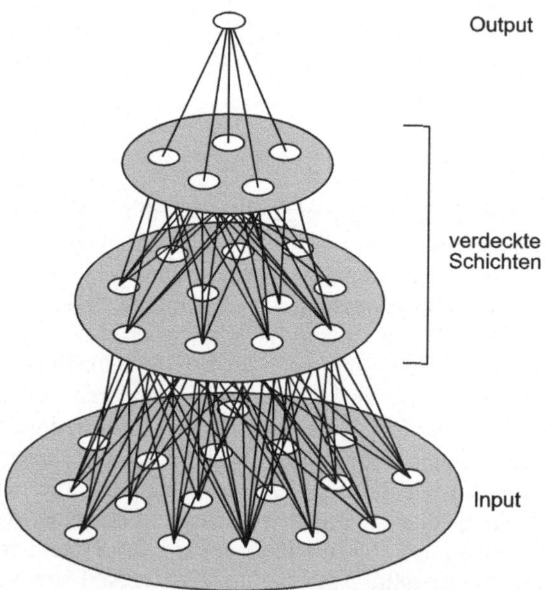

Abb. 1. Künstliche neuronale Netze sind zwar dem Gehirn nachgebildet, aber weniger komplex: Vernetzung entsteht bei künstlichen Netzen nur zwischen angrenzenden Schichten, dafür sind alle Neuronen benachbarter Schichten untereinander vernetzt. Die Vernetzung im Gehirn ist komplexer und selektiver. MoneyBee besteht jedoch aus einer Vielzahl von neuronalen Netzen - eine weitere Parallele zum Gehirn, was MoneyBee von anderen KNN-Programmen unterscheidet. Denn auch im Gehirn schließen sich Gruppen von einigen zigtausend Neuronen zu einer Art "Unternetzen" zusammen, die dort "Mirkosäulen" genannt werden und Teilaufgaben bewältigen.

[2] 1986 stellten zeitgleich und unabhängig voneinander David E. Rummelhart, Geoffrey E. Hinton und Ronald J. Williams sowie Yann Le Cun die „generalisierte Delta-Regel" vor. Sie ermöglicht es den künstlichen Zell-Systemen, ihren Lernerfolg zu überprüfen und sich damit auf neue Situationen einzustellen.

1.1.4 Kleine Netze bringen gute Leistung

Vielen Wissenschaftlern oder Technikern, die sich mit KNN beschäftigen, erschließt sich nicht sofort, warum bei ihrer Nutzung große Rechenkapazitäten von Vorteil sein können. Denn schon recht bald stellte man fest, dass auch (oder: gerade) kleine neuronale Netze, die verhältnismäßig schnell trainiert werden können und nur begrenzt viele Input-Neuronen haben, sehr gute Leistung bringen können. Für viele speziellere Aufgaben reicht dann in der Tat ein moderner Personalcomputer aus.[3]

Bei KNN sind die Neuronen meist in verschiedenen Schichten angeordnet, die mit den Neuronen der angrenzenden Schichten verknüpft sind. Über Anzahl von Neuronen und Schichten sowie der Input-Parameter und anderer Einstellungen, die den Lernvorgang regeln, hat der Programmierer, der mit diesen Netzen arbeitet, eine Fülle von Einstellungsmöglichkeiten – die Entwickler der i42 GmbH nennen sie gerne „Stellschrauben". Kleinere Netze haben also auch den Vorteil, hinsichtlich dieser „Stellschrauben" übersichtlicher und damit leichter beherrschbar zu sein. Es spricht also einiges für den Einsatz kleinerer Netze. Das ist bei MoneyBee nicht anders. MoneyBee nutzt jedoch technische Verfahren, um die „Stellschrauben" einzustellen – jede einzelne erfordert dutzende oder sogar hunderte Tests, um zu einer Entscheidung zu gelangen. Dabei werden weitere Lernebenen eingeführt. Jetzt wird klar, warum große Rechenkapazitäten gebraucht werden. So sucht bei MoneyBee kein Programmierer günstige Input-Datenkonstellationen heraus und trainiert damit Netze – das besorgt ein Programm, das mit genetischen Algorithmen (siehe unten) die Input-Daten automatisch optimiert. Auf der anderen Seite, beim Output, werden zur Auswertung wegen der großen Anzahl der verfügbaren Netze und Möglichkeiten statistische Methoden eingesetzt, mit denen der Prognose-Erfolg weiter gesteigert wird. Das Gesamtsystem ist also in mehreren Hinsichten lernfähig und komplex, eine Art technischer Organismus, dem Millionen von Netzen für seine Lernprozesse zur Verfügung stehen. In der Tat besitzt MoneyBee, was die Neuronenstruktur angeht, einige Eigenschaften eines biologischen Gehirns, des Kernstücks eines Organismus' also. Genetische Auswahlverfahren kommen jedoch nur bei ganzen biologischen Arten zum Tragen.[4]

---

[3] Der Personalcomputer arbeitet natürlich mit einem herkömmlichen Programm, das Schritt für Schritt Befehle abarbeitet. Mit einem solchen Programm lassen sich aber neuronale Netze simulieren – die Schwellenwerte und Gewichte werden dort quasi in einer Matrix gespeichert und mit Formeln verknüpft. Auf diese Weise kann der PC dazu gebracht werden, sich ganz genau wie ein neuronales Netz als lernendes System zu verhalten. Die Funktionstüchtigkeit des neuronalen Netzes wird dabei qualitativ überhaupt nicht eingeschränkt – wohl wäre aber eine „echte" neuronale Struktur sowohl in der Trainingsphase als auch in der Anwendung deutlich schneller.

[4] Die beste Analogie finden wir vielleicht in einem Insektenstaat, und das wurde bei der Namensgebung „MoneyBee" bzw. „BienenStock" ja bereits berücksichtigt. In so einem Staat sind die Einzelorganismen genetisch und organisatorisch so eng verknüpft und aufeinander angewiesen, dass manche Biologen durchaus Definitionsprobleme bekommen: Streng genommen ist eine einzelne Arbeiterbiene nicht überlebens- und nicht reprodukti-

1.1.5 Genetische Algorithmen und statistische Auswertungen

MoneyBee ist mehr als nur ein KNN- oder ein P2P-Projekt – die beschriebene Zusammenschaltung der sehr unterschiedlichen Programmgruppen bilden die eigentliche Innovation. Damit wird garantiert, dass auch „schlechte“ Netze zur Leistung beitragen können: Ihre Input-Konstellationen werden analysiert und als „nicht erfolgreich“ klassifiziert. Bei der Erstellung neuer Aufgaben werden diese Informationen genutzt. Als Optimierungs-Programm dient dabei ein genetischer Algorithmus: Wie in der biologischen Entwicklung der Arten werden die Input-Daten wie Gene behandelt, die sich bewähren müssen. Mit Mutation, Selektion und Reproduktion werden neue Datensätze gebildet und bei Erfolg „vermehrt“. Da die besten Systeme reproduziert und mit aktuellen Marktdaten jeweils nachtrainiert werden, stellt sich dabei auch ein stabiles Gleichgewicht ein.

All das geschieht automatisch. Damit wird der personelle Aufwand reduziert und außerdem ausgeschlossen, dass menschliche (Vor-)Urteile über die Mechanismen an den Kapitalmärkten die Datenanalyse und damit den Prognoseerfolg beeinflussen. Durch die Bevorzugung guter Input-Daten steigt die Quote der erfolgreichen Netze gegenüber den „schlechten“ Netzen an. Über eine definierte „Mutationsrate“ kommen aber auch immer wieder Input-Daten ins Spiel zurück, die bislang als „erfolglos“ klassifiziert wurden – sollte sich das in der Zwischenzeit geändert haben, kann sich das System so auf Veränderungen der Marktlage einstellen.

Hier taucht ein spezielles Problem der P2P-Architektur von MoneyBee auf: In der Aufgabenverteilung durch die genetischen Algorithmen muss eigentlich jede vom System gewählte Variante geprüft werden. Von den über 6000 Aufgaben täglich kommen aber einige gar nicht, andere deutlich zu spät zurück, der Ausfall liegt im ersten Schritt bei ca. 15 %. Dies wird dadurch aufgefangen, dass die Pakete, die fehlen, erneut zur Berechnung ausgegeben werden, wodurch die Ausfallquote insgesamt unter 3 % sinkt – und dieser Wert kann toleriert werden. Vorteil bei dieser Lösung ist, dass die zusätzlichen Wartezeiten durch die Wiederverteilung der Fehlaufgaben das System nicht aufhalten, da diese Zeiten ohnehin durch die Echtzeit-Prüfung der Prognosen anfällt – reaktionsschneller wäre das System auch bei hundertprozentigem Rücklauf nicht.

Schließlich liegen für alle Prognose-Fragen tausende von Netzen vor, von denen meist einige zehn oder hundert gute Qualität aufweisen. Aus diesem Pool kann nach verschiedenen Verfahren die gültige, aktuelle Prognose erstellt werden. Diese verschiedenen Verfahren werden dann auf ihren Erfolg kontrolliert. Uns ist kein anderes System bekannt, das aus einer solchen Vielzahl von Netzen mit statistischen Methoden eine relevante Auswahl treffen kann. Auch hier findet also

---

onsfähig. Darauf hat der polnische Biologe Bernard Korzeniewski vom Institut für Molekularbiologie der Universität Krakau in seiner vielbeachteten (aber auch umstrittenen) kybernetischen Definition von Leben hingewiesen („Journal of Theoretical Biology“, Vol. 209, No. 3, April 2001) – aus seiner Sicht ist das ganze Bienenvolk eher ein lebender Organismus als das einzelne Insekt, und selbst ein technisches System wie MoneyBee rückt nach seiner Definition ins Blickfeld der Biologie.

ein Lernprozess statt, der allerdings von Menschen überwacht und im Erfolg beurteilt wird.

Durch das Zusammenspiel dieser Komponenten kann MoneyBee komplexe Input-Faktoren in Betracht ziehen, agiert im Ganzen aber emotionslos. Plastisch ausgedrückt: MoneyBee hat ein Herz, aber ein kaltes, daher behält es immer einen kühlen Kopf.

1.2 Prognosen: Optimierung mit Masse

1.2.1 Verwaltung der Input-Daten

MoneyBee berechnet für derzeit (Stand Anfang 2002) rund 250 einzelne Kursreihen mindestens 3 Prognosen (Tag, Woche, Monat) – es werden also täglich hunderte von aktuellen Vorhersagewerten erstellt. Um dies zu leisten, werden erfolgreiche KNN benötigt. Zu jeder einzelnen Aufgabe sucht sich das System über genetische Algorithmen aus hunderten von Input-Zeitreihen (ebenfalls Aktienkurse, Währungen, Indizes und andere Marktdaten wie Rohstoffpreise) erfolgreiche Konstellationen aus und verarbeitet sie in neue Aufgabenstellungen für kleine KNN mit maximal 20 Input-Reihen, und jeder dieser Reihen stehen acht bis zehn Input-Neuronen zur Verfügung. Die so konfigurierten Aufgaben werden dann an die Einzelnutzer verschickt.

Über 6000 fertig trainierter Netze erhält MoneyBee täglich zurück, jede mit einigen Stunden Trainingszeit. Ausgehend von durchschnittlicher PC-Leistung erreicht das System damit eine Rechenkapazität von über 0,1 Teraflops, das entspricht etwa einem Universitätsrechenzentrum. Diese Netze werden auf ihren Erfolg kontrolliert und bei guter Leistung für die Prognoseerstellung verwendet.

1.2.2 Der Faktor Zeit: Marktpsychologie und Korrelationen

Ein weiteres Problem kann bei der Anwendung eines erfolgreichen KNN auftreten: Gerade bei Börsenanalysen sind Netze oft nur eine Zeit lang erfolgreich, sie verlieren an Leistungsfähigkeit, wenn sich die Verknüpfungen zwischen den Input-Daten ändern, also wenn sich Marktmechanismen verschieben. Typische Zyklen sind zum Beispiel die unterschiedlichen Markt-Reaktionen in Aufschwung oder Rezession, grundlegende Verschiebungen ergeben sich also oft innerhalb einiger Wochen oder Monate, seltener wohl innerhalb von wenigen Tagen. Man kann sich mit etwas Erfahrung von solchen Zyklen ein Bild machen, grundsätzlich gilt aber: Feste Regeln für das Nachlassen der Leistung von KNN, also eine „Verfallsdatum“-Formel, gibt es nicht, die Technik wird ja gerade bei unklarer Verknüpfung der Input-Parameter eingesetzt. MoneyBee löst auch dieses Problem mit Rechenkapazität: Jede Aufgabe wird immer wieder berechnet, die Input-Daten werden immer weiter evaluiert und in neuen Konstellationen für das Training neuer Netze verwendet. Über eine Leistungsauswahl wird für einen fließenden Austausch der verwendeten Netze gesorgt, so dass möglichst wenig Netze außerhalb ihres Leistungszeitraums Prognosen erstellen.

1.2.3 Die Koppelung der Aufgaben

Im Prinzip steht jede einzelne Prognose für sich allein: Bei der Erstellung werden nur Netze verwendet, die auf das spezielle Problem auch trainiert wurden. Immer wieder können dabei auch Prognosen entstehen, die widersprüchlich scheinen: So zeigt die Dax-Index-Prognose vielleicht nach oben, die Einzelwert-Prognose für die meisten „Schwergewichte" in diesem Index aber nach unten, was bei vielen Nutzern Verunsicherung hervorruft. Zweifel an der Zuverlässigkeit des Systems entstehen auch, wenn beispielsweise für den US-Börsenindex DowJones30 eine andere Tendenz vorhergesagt wird als beim deutschen Pendant Dax30. Viele Nutzer wissen: Der deutsche Markt richtet sich oft nach dem US-Markt, und daher ist es wahrscheinlicher, dass sich die beiden Indizes parallel bewegen als in unterschiedlicher Richtung.

In der Tat würde das System wohl in den oben genannten Fällen nur sehr selten so eine unterschiedliche Prognose abgeben, wenn die Prognosen untereinander direkt gekoppelt wären, und ein Fehlen dieses Zusammenhangs wird oft als Nachteil gesehen. Andererseits ist es nicht so, dass die Prognosen überhaupt nicht aneinander gekoppelt sind: Über die Werte der Input-Daten entsteht durchaus ein sinnvoller Zusammenhang. Bei MoneyBee werden die gleichen Input-Daten in Bezug auf verschiedene Prognosen unterschiedlich gewichtet. Wenn jedoch ein Markt einen großen Einfluss auf einen anderen aufweist, so spiegelt sich das im System auch wieder. Diese Kopplung ist jedoch lose, so dass andere Faktoren die Überhand behalten können. Genau hier behält das System eine Flexibilität, die gegenüber vereinfachenden Pauschalbeurteilungen einen Vorteil darstellt.

2 Nutzung und Geschäftsmodell

2.1 Die Vorteile für den Nutzer

2.1.1 Vision und Faszination Hand in Hand

Einen PC-Pool oder gar einen Großrechner mit etwa gleicher Leistung wie das MoneyBee-P2P-System zu finanzieren wäre für die i42 GmbH derzeit wirtschaftlich nicht sinnvoll: Für die Dauer der gesamten Produktentwicklung entstünden zu große Ausgaben. Die Verteilung auf vorhandene PCs via Internet ist extrem viel kostengünstiger und erlaubt es, die Firmenkapazitäten auf die reine Produktentwicklung zu konzentrieren. Da die Rechenkapazitäten privater Internet-Nutzer gebraucht werden, muss diesem Nutzer natürlich auch ein Gegenwert für seine Teilnahme geboten werden. Im Wesentlichen sind das die Prognosen, die für jeden Handelstag morgens in einem passwortgeschützten Mitgliederbereich bereitgestellt werden.

Ein ganz wichtiger Faktor ist aber auch die Faszination, die so ein System auf viele technisch interessierte Menschen ausübt: Viele Mitglieder finden es einfach spannend, auf ihrem Rechner eine Software mit künstlicher Intelligenz laufen zu haben, die den PC zum Teil eines „Internet-Gehirns" mit großer Rechenleistung macht. Außerdem gefällt vielen Nutzern die Vorstellung, dass der PC in den Arbeitspausen sinnvolle Berechnungen durchführt, denn andere Programme werden dadurch ja nicht behindert. Wird MoneyBee tatsächlich als normaler Bildschirmschoner genutzt, erfolgt alle paar Tage einmal ein Datenaustausch von wenigen Sekunden Dauer, den man auch in die ohnehin anfallende Online-Zeit legen kann. In diesem Fall ist die Teilnahme definitiv kostenlos. Viele Mitglieder sind aber auch so begeistert, dass sie ihre Rechner nachts für MoneyBee durchlaufen lassen. Das muss auch nicht unbedingt heißen, dass diese Nutzer höhere Kosten haben: Nicht wenige Computertechniker sind der Meinung, dass der Dauerbetrieb von Computern trotz der anfallenden Mehrkosten für Strom günstiger ist, weil es die Lebensdauer der Hardware verlängert – diese vor allem in Unternehmen oft diskutierte Streitfrage fällt jedoch bei den meisten MoneyBee-Nutzern kaum ins Gewicht, da sich die Energie-Mehrkosten bei Einzel-PCs durchaus in Grenzen halten, wenn die Energiesparfunktionen des PCs vom Nutzer berücksichtigt werden (Bildschirm und Festplatte werden beispielsweise beim nächtlichen Rechnen nicht bzw. kaum benötigt).

2.1.2 Problem: Die Anspruchshaltung im Internet

Tatsächlich würde kaum ein Mitglied für MoneyBee rechnen, wenn dafür nicht im Gegenzug die Prognosedaten zugänglich gemacht würden. Andererseits ist den meisten Nutzern klar (und die i42 GmbH kommuniziert das auch offen), dass die Betreiberfirma mit dem entwickelten System Umsätze generieren muss. Mit den meisten Nutzern besteht hier Konsens. Einige wenige jedoch sind der Auffassung, dass ihr Beitrag zu dem System auch das Recht auf intensiven Support, Weiterentwicklung, die Berücksichtigung von Extrawünschen wie etwa die Aufnahme bestimmter Aktienwerte in die Prognosen oder ähnliches begründet, natürlich ohne Übernahme der entsprechenden Kosten. Ein Teil dieses Missverständnisses beruht sicherlich auch auf der in diesem Zusammenhang immer wieder formulierten Vorstellung, die Betreiberfirma sei mit dem System „längst reich geworden" oder habe sich bereits „die Taschen vollgestopft", andererseits wird nicht gesehen, welche Kosten die Bearbeitung dieser Wünsche in einer Firma tatsächlich verursacht. Interessant sind in diesen (glücklicherweise seltenen) Diskussionen oft die rudimentäre Vorstellung von Wirtschaftsprozessen und die Ablehnung jeglichen sogenannten „Profitdenkens", die ja in diesem Fall ausgerechnet aus einer aktieninteressierten Zielgruppe heraus geäußert werden.

Entsprechende Konflikte sind im Internet nicht neu – gerade die Anbieter kostenloser Inhalte werden immer wieder mit einer erstaunlichen Anspruchshaltung ihrer Kunden (oder besser: Nutzer) konfrontiert. Auch die meisten anderen P2P-Plattformen kennen dieses Phänomen. Es erfordert etwas Geschick, mit diesen psychologischen Kinderkrankheiten des neuen Mediums umzugehen, aber unserer Auffassung nach wird sich dieses Problem durch die Weiterentwicklung des Internets als Massenmedium zunehmend entschärfen.

Andere Aspekte in der Zusammenarbeit mit den Nutzern wurden beim Start des Projekts eher überschätzt: Die Bereitschaft vieler Internet-Surfer, sich ein Programm auf dem Rechner zu installieren, das selbständig Berechnungen durchführt, ist erstaunlich groß. Zwar wird die Frage immer wieder gestellt, wie vermieden werden kann, dass beim Austausch der Aufgaben auch andere Daten unerwünschterweise übertragen werden, aber die Transparenz-Politik bei MoneyBee zeigte Erfolg: Die Datei, die ausgetauscht wird, wird nicht verschlüsselt und ist dafür über eine Kontrollsumme gegen Veränderungen gesichert. Die meisten Sicherheitsbedenken ließen sich dadurch ausräumen. Insgesamt hat MoneyBee über 14.000 Nutzer, die durchschnittlich deutlich mehr Rechenzeit spenden als ursprünglich angenommen, so dass Großrechenleistung (definiert als > 0,1 Teraflops) schneller erreicht wurde als erwartet. Und das, obwohl MoneyBee derzeit nur als Bildschirmschoner zur Verfügung steht, also nur die längeren Rechenpausen des Teilnehmers nutzen kann.

Andere, ähnliche über das Internet vernetzte Projekte wie Seti@home (ein wissenschaftliches System aus den USA zur gemeinsamen Auswertung von Radioteleskop-Daten auf der Suche nach Signalen außerirdischer Intelligenz) verfügen über eine „Hintergrund-Version“. Diese ermöglicht es dem Teilnehmer, einen Teil der CPU-Leistung seines Rechners auf das Projekt zu lenken, während der Nutzer selbst Anwendungen laufen hat, die weniger Rechenkapazität benötigen – ähnlich wie die „Zuladung“ im Speditionsgeschäft, mit der Transporte besser ausgelastet werden. Damit steht solchen Projekten deutlich mehr Rechenkapazität pro angemeldetem Nutzer zur Verfügung. Auch MoneyBee plant eine solche Version. Dieses zusätzliche Programm muss aber sehr sorgfältig entwickelt und ausgetestet werden, um den reibungslosen Ablauf des Projekts nicht zu stören. Die Nachfrage nach diesem Tool ist groß, inzwischen haben zwei versierte Nutzer sogar eigene, einfache Lösungen entwickelt, die die Nutzer untereinander austauschen. Die Anforderungen bei einer Lösung von MoneyBee selbst sind allerdings deutlich höher: Das Programm soll gleichzeitig als Vorbereitung zur Weiterentwicklung des Systems genutzt werden, zum Beispiel für Kunden, die Bedarf an einem ähnlichen System in ihrem Intranet haben (siehe Kapitel 3.2.3).

2.1.3 Systemkritik und die Frage der "Self-fulfilling Prophecy"

Ein wesentlicher Teil der Kritik der Nutzer betrifft aber nicht die Systemarchitektur, sondern speziell die Prognosedaten: Zum einen sind manche skeptisch, ob technische Aktienanalyse auf Basis künstlicher Intelligenz überhaupt eine ausreichende Datenqualität liefert, dass so ein System mit Gewinn eingesetzt werden kann[5]. Um zu zeigen, dass die Prognosen tatsächlich sinnvolle Aussagen über die Zukunft von Aktienkursen treffen können, hat MoneyBee je ein Musterdepot für Dax und Nemax eingerichtet. Beide Depots handeln ausschließlich nach den Prog-

---

[5] Einige Wirtschaftswissenschaftler vertreten die sogenannte „Random-Walk-Theorie“, nach der alle Bewegungen von Aktienkursen zufällig sind, so dass es keine vorhersagbaren Verhaltensmuster gibt, andere lehnen diese Idee ab. Es ist klar, welche Position von uns MoneyBee-Machern vertreten wird – einige Korrelationen scheinen uns auch kaum umstritten zu sein, wie die, dass die US-Märkte häufig die Bewegung für die deutschen Börsenplätze vorzeichnen.

nosen, beide schlagen den jeweiligen Index im Betriebszeitraum (seit Sommer 2001) deutlich.

Die andere oft geäußerte Kritik kommt genau von der anderen Seite: Einige Nutzer haben Angst, dass die Prognosen so gut ankommen, dass sie den Kursverlauf beeinflussen („Self-fulfilling Prophecy", Problem der sich selbst erfüllenden Vorhersage)[6], im schlimmsten Fall gleich gefolgt vom möglichen Missbrauch (Insidergeschäft). Kurz gesagt ist die Angst der Anleger diese: Wenn die Prognosen von zu vielen Mitgliedern genutzt werden, wird sie mit höherer Wahrscheinlichkeit auch zutreffen, wovon aber nur wenige, die früh handeln, profitieren können, für die Nachfolgenden wird es rasch immer schwieriger (weil die prognostizierte Bewegung bereits ein Stück weit erfolgt ist).

In der Tat könnte die Prognose bei einzelnen, sehr wenig gehandelten Werten irgendwann einmal Einfluss auf den Kursverlauf haben – aber unserer Auffassung nach weit weniger als Analystenempfehlungen oder Einschätzungen aus der Börsen-Berichterstattung, die tatsächlich oft bedenkliche Kursreaktionen auslösen. MoneyBee produziert derzeit Vorhersagen für 250 Werte, und es werden immer mehr – um tatsächlich in nennenswertem Umfang Kursverläufe zu beeinflussen, müsste das System Milliarden bewegen. Das geschieht nicht, und das muss auch nicht sein – bereits mit sehr viel geringeren Umsätzen kann MoneyBee ein erfolgreiches und trotzdem „sauberes" Prognoseinstrument sein.

2.2 Geschäftsmodell

2.2.1 Zusatzservices für die Nutzer

Hauptfrage bei der Diskussion des Geschäftsmodells ist immer diese: Wenn MoneyBee Rechenzeit mit Prognosen bezahlt, womit verdient die Firma i42 GmbH dann Geld? Aber auch die Antwort ist schnell gegeben: Mit Zusatz-Services. In der Tat sehen wir den größten Wert in weiteren Auswertungen der generierten Daten. Diese Auswertungen bedeuten für i42 zusätzlichen Aufwand, und das können wir den Mitgliedern, die teilnehmen, nicht kostenlos bieten. Jedes Mitglied kann und darf Prognosetabellen selbst auswerten und die Ergebnisse einsetzen (und einige machen das auch bereits), aber wenn fundierte Auswertungen und Berechnungen von i42 bereitgestellt werden, dann im Rahmen kostenpflichtiger Zusatz-Dienste. Derzeit werden einige dieser Produkte entwickelt (Handelssignale, Sensitivitätsanalysen, Portfolio-Manager etc.).

In der Tat kann man in den Prognosen an sich eine Art von Rohdaten sehen. Um aus den Vorhersagen sinnvolle Entscheidungen generieren zu können, müssen die Prognosen bewertet werden. Es genügt nicht, zu wissen, dass eine Aktie vielleicht steigt, man muss auch möglichst genau wissen, mit welcher Wahrschein-

[6] Ein besonderes Beispiel lieferte 1998 André Kostolany: In einem TV-Werbespot für den Audi A 8 mit Aluminiumkarosserie verkündete der Börsen-Guru schmunzelnd, er gebe zwar keine Börsentipps – „Aber: Denken Sie mal über Aluminium nach!" Zufall oder nicht, kurz darauf zogen die Kurse der beiden größten Aluminium-Hersteller Alcoa und Alcan deutlich an.

lichkeit das der Fall ist – und schließlich muss man die Wahrscheinlichkeit ihres Zutreffens auch in Relation zum Risiko des Geschäfts sehen und dabei sinnvolle Schwellenwerte setzen. So kann ein und dieselbe Prognose für einen Anleger ein sinnvolles Kaufs- oder Verkaufssignal sein, ein anderer ignoriert sie besser. Ohne weiteres Know-how angewendet bringen solche Daten wahrscheinlich eher Verluste, aber sinnvoll und mit Plan eingesetzt sind die Gewinnchancen allerdings sehr hoch, und das lässt sich auch mathematisch berechnen.[7]

2.2.2 Nutzung der Daten für weitere Kunden

MoneyBee liefert Marktprognosen mit Qualitätseinschätzungen, die auch für viele Anleger interessant sind, die nicht an den Berechnungen von MoneyBee teilnehmen. Insbesondere gibt es auch viele Firmen, die ein Interesse daran haben, mit geldwerten Services ihre Kunden zu binden (z.B. Medien) oder sie zu Transaktionen zu bewegen (z.B. Online-Broker). Genau dazu sind die MoneyBee-Daten wie Handelssignale, Musterdepots oder Sensitivitäts-Analysen (Analyse des Einflusses der Input-Daten) als Produkte interessant. Die Aufbereitung der Daten wird in enger Zusammenarbeit an die Wünsche des Kunden angepasst, der Datenstrom wird lizensiert. Im Endergebnis sollte eine Win-win-win-Situation entstehen: i42 liefert gegen Gebühr beispielsweise Handelssignale an einen Online-Broker, der sie kostenlos an seine Kunden weitergibt. Der Kunde erhöht seine Transaktionen und macht mehr Gewinn. Einen Teil davon gibt er als Transaktionsgebühren an den Online-Broker zurück. Wenn nun die Kosten für den Datenfeed niedriger sind als die gestiegenen Transaktionsgebühren, haben alle drei Parteien gewonnen. In der Tat haben einzelne Nutzer von MoneyBee durch Einsatz der Prognosen eine entsprechende Performance bereits in eigener Regie erzielt, die positiven Erfahrungsberichte versierter Nutzer überwiegen die negativen bei Weitem.

2.2.3 Finanzprodukte auf der Basis von MoneyBee

Schließlich ist es natürlich auch interessant, die Prognosen direkt einzusetzen, also Finanzprodukte auf der Basis der MoneyBee-Prognosen anzubieten. Geplant sind technisch gemanagte oder unterstützte Fonds genauso wie aufbereitete Prognose-

[7] Der amerikanische Money-Management-Experte und Buchautor Ralph Vince hat ein interessantes Experiment dazu beschrieben: 40 Versuchspersonen durften mit einem fiktiven Startkapital von 1000 Dollar 100 Trades in einem simulierten Handelssystem durchführen, das auf eine Trefferquote von 60 % eingestellt war. Damit hätte sich fast ohne Risiko Gewinn machen lassen – 95 % der Versuchspersonen schnitten jedoch weit im Minus ab. Grund: Nach Fehlschlägen (die immerhin 40 % ausmachten) erhöhten sie den Einsatz (und damit das Risiko) zu stark, um ihre Verluste möglichst schnell wieder auszugleichen – mit dem genau gegenteiligen Effekt. Das liegt vor allem daran, dass sich durch einen Verlust die Situation asymmetrisch verschlechtert: Verliert man 50 % von den 1000 $, so muss man auf die verbliebenen 500 $ das Doppelte, nämlich 100 %, Gewinn machen, um wieder bei 1000 $ zu sein – das Risiko steigt also.

daten für Analysten und Fondsmanager. In den USA spielen entsprechende Produkte eine deutlich größere Rolle[8], und die Entwicklung dürfte in den nächsten Jahren auch in Europa zunehmend diesen Weg gehen. Dabei kommt MoneyBee zu Gute, dass die Anleger nach den Erfahrungen beim Crash im Jahr 2000 Presseberichten und Analystenmeinungen nicht mehr blind vertrauen – gute Voraussetzungen, technische Systeme in ihren Fokus zu rücken.

Ein Wettbewerber von MoneyBee, Siemens Österreich, setzt ein solches System bereits bei der Bank Société Générale, Paris, für ein Zertifikat (US-Biotechwerte) erfolgreich ein. Seit Start im Mai 2001 hat das Papier Biolyst (WKN 648280) die Branchenindizes Nasdaq Biotech Amex Biotech um einige Prozent übertroffen (Stand Anfang 2002). Dieser Erfolg unseres Wettbewerbers freut auch uns – denn er zeigt, dass entsprechende Systeme durchaus leistungsstark sind. Wir sind der festen Überzeugung, dass der Markt mehrere konkurrierende Systeme verträgt, ja fast erfordert, um nicht doch noch in das Problem der Self-fulfilling Prophecy zu laufen, die in extremer Ausprägung ja auch zum Schaden des Systembetreibers wird. Insgesamt wird nach unserer Auffassung das ganze Markt-Segment technisch gemanagter Anlageentscheidungen stärker wachsen als die Verfügbarkeit entsprechender bewährter Prognose-Produkte wie MoneyBee.

Abb. 2. Das Wertvolle an MoneyBee sind die generierten Daten. Diese kann ein Online-Brokerage-Anbieter zur Kundengewinnung und -bindung einsetzen – eine Win-win-win-Situation entsteht.

2.3 Einblicke in das System

2.3.1 Prognosebeurteilung und naive Modelle

Die Beurteilung der Qualität von Prognosen ist in der Tat keine triviale Angelegenheit. Dennoch glauben die meisten Anleger, das intuitiv „im Griff" zu haben – meist eine Fehleinschätzung. Wie schwierig der Umgang mit Prozentzahlen ist, zeigt vielleicht das folgende Beispiel: Geht man davon aus, dass sich die Groß-

[8] Der US-Multimillionär Dennis Tito, der als „erster Weltraum-Tourist" 2001 mit seinem 20 Millionen Dollar teuren Flug zur russischen Raumstation „Mir" berühmt wurde, hat beispielsweise seinen Reichtum mit einem mathematischen System für Renten-Anlagen erworben. Zuvor war Tito von Beruf Techniker bei der NASA und hat Flugbahnen von Raumsonden berechnet.

wetterlage in unseren mittleren Breiten im Durchschnitt etwa alle fünf Tage ändert, so erreicht man mit der einfachen Vorhersage „morgen wird das Wetter so wie heute sein“ eine Trefferquote von 80 % im Jahresdurchschnitt. Offenbar ist diese sogenannte „naive Prognose“ in vielen Fällen eine brauchbare Näherung, wenigstens in der Frage, ob ich einen Regenschirm mitnehmen soll oder nicht. An der Börse ist das anders: Hier liegt man mit der naiven Prognose (etwa: „Kursveränderung in % Schlusskurs morgen wie heute“) zwar in eindeutigen Auf- oder Abwärtstrends ganz gut (die Börsenweisheit „Handle nie gegen den Trend“ trägt dem Rechnung), aber dazwischen verliert man das ganze Geld wieder sehr rasch.

Zurück zum Wetter: Wie beurteilt man bei einer naiven Trefferquote von 80 % die Meldung eines Wetterdienstes, er habe eine Trefferquote von 90 %? Erst einmal klingt das ziemlich gut: 90 %, das ist ja „fast immer“. Andererseits ist es aber nur 10 % besser als die naive Prognose. Immerhin wird mit diesen 10 % aber von der naiven Prognose aus etwa die Hälfte bis zu 100 % geschafft. Die richtige Interpretation wäre wohl diese: 90 % bedeutet in diesem Fall, dass auch immerhin die Hälfte der Vorhersagen auch bei Wetterveränderung zutreffen – und das kann die naive Prognose per definitionem nicht leisten. Damit liegt die Trendwechsel-Trefferquote bei beachtlichen 50 % – an der Börse könnte man mit solchen Trendwechsel-Vorhersagen eine Menge verdienen. Aber gerade beim Wetter bedeutet das, dass man halt hin und wieder doch nass wird. Das richtige Risikomanagement heißt hier: Den Schirm vielleicht doch einpacken.

MoneyBee definiert die Trefferquote anhand der Frage „fällt oder steigt“, so dass das statistische Mittel bei 50 % liegt – um das zu erreichen, genügt ein einfacher Würfel. Bei einer Trefferquote von 60 % ist die Unsicherheit zwar noch immer sehr groß, aber die Gewinnchancen sind bereits beträchtlich gestiegen. Wenn man bei einer Prognose also bereits bei ihrer Erstellung eine solche Trefferquote zuordnen kann, kann man das Risikoverhalten so einstellen, dass bei regelmäßiger Nutzung solcher Vorhersagen beträchtliche Gewinne über der allgemeinen Marktentwicklung möglich sind. Bei der Prognoseerstellung ist also nicht nur das Erreichen möglichst guter Durchschnitts-Werte wichtig, Ziel ist vor allem auch, jeder einzelnen Prognose schon bei der Erstellung möglichst gut anzusehen, wie hoch ihre Qualität ist. Erst mit diesem Wissen lassen sich wirklich gute Gewinne erzielen. Die Auswertung der entsprechenden Daten ist komplex, die entsprechenden Programme sind die Grundlage für die eigentlichen vermarktbaren Produkte von MoneyBee. Aber tatsächlich erreichen die besten Prognosen von MoneyBee inzwischen Werte von über 60 % Qualität, die zum Zeitpunkt der Erstellung festgestellt werden kann.

2.3.2 Statistische Probleme bei der Auswahl der Netze

Auch bei der Auswertung der einzelnen Netze, die bei MoneyBee für die Prognosen verwendet werden sollen, kann die Statistik in die Irre führen: So wäre ein einzelner Programmierer, der mit viel Mühe ein KNN konfiguriert und trainiert hat, sicherlich überglücklich, wenn es in den nächsten 30 Handelstagen an jedem Tag die richtige Tendenz aufweist – 100 %! Ist das das Netz, das jeder haben will? Wir können diese Frage eindeutig beantworten: nein. MoneyBee kann für fast jede

Prognose aus den Millionen seiner Netze eines herausfiltern, das eben diese Leistung aufweist – einfach Dank der Masse an Netzen, die inzwischen in der Datenbank verfügbar ist. In der Praxis zeigt sich, dass diese besonderen Netze jedoch in den nächsten folgenden Tagen sehr oft keine besondere Leistung mehr zeigen.

In der Tat muss man bei der Auswahl von geeigneten KNN anders vorgehen: In den Netzen von MoneyBee wurden 24 Qualitäts-Parameter definiert, die alle einzeln statistisch darauf geprüft wurden, ob hohe Werte auch bessere Leistung versprechen. In einer Gewichtungs-Formel wird aus diesen Parametern eine Qualitätszahl für jedes Netz errechnet. Nach diesem Wert wird ausgewählt. Die meisten der so ermittelten Netze zeigen in den letzten 30 Tagen keine 100 %, meist aber eine ganz gute Leistung – mit dem Vorteil, dass statistisch relevant viele von ihnen auch in den kommenden Tagen über dem Durchschnitt liegen.

3 Umsetzung weiterer Innovationen und Ausblick

3.1 Aktuelle Ereignisse

3.1.1 Beeinflussung der Märkte durch Nachrichten

Ein wesentlicher Faktor bei der Beurteilung von Märkten sind neben technischen Bewegungen die Einflüsse, die Nachrichten auf Kurse ausüben. Einige dieser kursrelevanten Nachrichten sind für alle überraschend (z.B. Naturkatastrophen[9]), andere (wie Gewinnwarnungen) sind einem kleinen Kreis bekannt, dürfen aber bis zur Veröffentlichung nicht genutzt werden (ansonsten droht Strafe wegen Insider-Handels). Auf jeden Fall durchdringen solche Meldungen plötzlich mit hoher Geschwindigkeit den Markt und führen zu Kursbewegungen, an denen die, die schnell reagieren, verdienen bzw. ihren möglichen Verlust begrenzen, während die Spät-Reagierer die Verlierer sind. Die Beeinflussung von Kursen durch Nachrichten sind oft so deutlich zu sehen, dass viele Anleger zu dem (unserer Auf-

[9] Ein Beispiel für eine von einer Naturkatastrophe ausgelöste kursrelevante Nachricht ist das Erdbeben in Taiwan im Herbst 1999 – dort sitzen viele Halbleiter-Hersteller (weltweiter Marktanteil über 10 %) bzw. Motherboard-Produzenten (über 40 % Anteil an der Weltproduktion). In der Folge des Bebens stiegen die Preise für Speicherchips stark, innerhalb von drei Tagen fast bis zur Verdoppelung. Die Aktienkurse der internationalen Wettbewerber legten daher stark zu, mit großem Einfluss auch auf andere Branchen. Ein anderes Beispiel für eine viel schnellere Reaktion (intraday) ist ein Versprecher von US-Präsident George W. Bush bei seinem Staatsbesuch in Japan am 18.2.2002. Nach einer Unterredung mit Ministerpräsident J. Koizumi sagte Bush vor der Presse, man habe über die „devaluation" (Abwertung) des Yen gesprochen, meinte damit aber „deflation". Innerhalb von Minuten schnellte der Dollar von 132,55 auf 132,80 Yen hoch, um sich nach einer Richtigstellung durch das US-Präsidialamt ebenso schnell wieder zu erholen. An diesem Beispiel sieht man auch deutlich die zeitliche Dimension solcher Vorgänge zwischen wenigen Minuten und Tagen.

fassung nach natürlich irrigen) Schluss kommen, Börsenprognosen seien grundsätzlich unmöglich (siehe auch Fußnote 4).

Unsere Auswertungen zeigen jedoch, dass dennoch viele Bewegungen technisch erklärt werden können und die Prognosen daher sinnvoll sind. Eine Analogie mag das illustrieren: Der ADAC veröffentlicht Stauprognosen, indem er Ferientermine in Bundesländern oder anderen Staaten, Baustellen, die Wetterlage (Glatteis, Nebel), Pendlerströme und ähnliches als Input-Daten berücksichtigt. Was grundsätzlich einige Stunden oder Tage vorher nicht einbezogen werden kann, sind Unfälle – die aber maßgeblich zur Staubildung beitragen. Obwohl sie also den wichtigen Faktor „Unfälle“ kaum einbeziehen kann, ist die ADAC-Stauprognose nicht sinnlos – in den meisten Fällen gibt sie sinnvolle Hinweise für die Wahl der besten Route, wobei immer die Gefahr bleibt, nachher doch im Stau zu stehen. Analog sehen wir die Situation der Märkte – und eine plötzliche Gewinnwarnung hat dabei den Charakter eines schweren Unfalls, in dessen Folge viele Anleger Verluste machen. Sobald übrigens ein Unfall geschehen ist, kann aufgrund der fundierten Stauprognose (besser: Verkehrsdichteprognose) sehr schnell die weitere Entwicklung abgeschätzt werden. Das ist auch bei MoneyBee zu beobachten: Ist ein Kurs erst einmal unvorhergesehen stark gestiegen oder gefallen, so hat das System oft bei der nachfolgenden Entwicklung (nächste Trendumkehr, -abschwächung oder -verstärkung) Erfolg.

3.1.2 Berücksichtigung von Nachrichten bei der Prognoseerstellung

Man muss die Beeinflussung der Märkte durch Nachrichten aber nicht einfach hinnehmen – man kann das auch bei der Prognoseerstellung oder im Verlauf der Nutzung der daraus abgeleiteten Handelssignale berücksichtigen. Ein Beispiel dafür bietet auch MoneyBee: In Kooperation mit der Nachrichten-Suchmaschine Paperball (Lycos-Gruppe) wird die Meldungslage zu den meisten der von MoneyBee prognostizierten Werte quantitativ ermittelt. Das erfolgt einfach dadurch, dass mehrfach täglich in regelmäßigen Abständen die Wirtschafts-Nachrichtenteile von ausgewählten Online-Medien nach passenden Suchbegriffen durchsucht werden, die Trefferzahl wird gespeichert. Auf diese Art kann zwar nicht festgestellt werden, ob die Nachrichten im Falle einer Steigerung des Wertes negativ oder positiv beeinflussen, aber damit kann recht zuverlässig ermittelt werden, wann die Prognosen aufgrund der Nachrichtenlage überholt sind, also unzuverlässig werden, und nicht mehr bei der Entscheidungsfindung herangezogen werden sollten. Außerdem ist es möglich, und gerade bei kürzeren Prognose-Horizonten auch sinnvoll, die News-Daten aufbereitet direkt in das Training der Netze einfließen zu lassen und so die Nachrichtenlage bereits bei der Prognose-Erstellung zu berücksichtigen. Dafür müssen die Daten aber auch für jeden einzelnen Tag des Trainingszeitraums zur Verfügung stehen, weil sich die Netze sonst nicht darauf einstellen können. Da der Trainingszeitraum bei MoneyBee mindestens 400 Handelstage umfasst, sind also entsprechende aufbereitete Nachrichtendaten für etwa zwei Jahre erforderlich.

3.2 Weiterentwicklung des Systems

3.2.1 *Inhaltliche Weiterentwicklung*

MoneyBee wurde im September 2000 gestartet. Seitdem hat das System über 14.000 angemeldete Nutzer, Tendenz weiter steigend. Die Ausgangslage war dabei nicht ganz einfach: Zum Start konnte MoneyBee noch keine Prognosen präsentieren (dazu musste ja erst Rechenzeit eingesammelt werden), so dass die Nutzer zu Beginn dem System Wohlwollen entgegenbringen mussten, Gegenleistung gab es keine. Inzwischen ist das System weit ausgebaut und anwendbar. Für rund 250 Werte gibt es Tages-, Wochen und Monatsprognosen, 3-Tages- und 2-Wochen-Vorhersagen sind in Vorbereitung. Abgebildet werden viele Währungen und Indizes, dazu zahlreiche Einzelwerte aus Dax30, Nemax50, Nasdaq100 und SMI, einige auch aus DowJones30 und EuroStoxx. Jede Prognose wird mit zwei Qualitätszahlen versehen veröffentlicht, dazu wird zu vielen Werten der Nachrichten-Index aus der Kooperation mit Paperball angegeben.

Inzwischen gibt es die Website auch auf Englisch, Französisch und Italienisch, in Vorbereitung sind Spanisch und Türkisch. Entsprechend der Nutzerschaft in diesen Sprachen werden auch die Prognosen auf weitere Märkte erweitert. Wenn für einen Markt ausreichend Einzelwert-Prognosen vorliegen, werden jeweils Musterdepots eingerichtet. Es werden weitere Auswertungs-Tools erstellt, mit denen die richtige Anwendung der Prognosen gezeigt werden soll.

Nach dem Vorbild des Paperball-Nachrichtenindex' können auch weitere Daten gesammelt und aufbereitet werden, die bei der Prognose eine Rolle spielen können. Vereinzelt haben Wirtschaftswissenschaftler auch schon Thesen aufgestellt, die den Einfluss von Wetter, Mondphasen oder Sonnenfleckenzyklen auf das Börsengeschehen behandeln. Solche Modelle können mit MoneyBee überprüft und bei Erfolg dann auch künftig berücksichtigt werden.

3.2.2 *Verfeinerung der Nutzereinstellungen*

MoneyBee wird derzeit von tausenden von Nutzern getragen. Dabei werden immer wieder Wünsche geäußert, und viele davon sind auch sehr verständlich. So freuen sich die Nutzer natürlich, wenn sie gemäß ihren Interessen oder ihrer Nationalität passende Werte auf ihrem Computer berechnen. Eine entsprechende Aufgabenverteilung ist in Vorbereitung. Denkbar ist auch, dass noch genauere Wünsche berücksichtigt werden – wobei die Anforderungen des Systems natürlich im Vordergrund bleiben: Es ist nicht sinnvoll, wichtige Aufgaben nicht zu verteilen, nur weil die passenden Nutzer nicht vorhanden sind. Die entsprechende Programmierung stellt bei den tausenden täglich zu vergebenden Aufgaben natürlich gewisse Anforderungen an den zentralen Server des Systems.

3.2.3 *Entwicklung von Intranet-Lösungen*

Aber die für MoneyBee entwickelte Technik muss nicht auf das Internet-P2P-System unter www.moneybee.net beschränkt bleiben. Es ist denkbar, dass im Auftrag von Kunden basierend auf der vorhandenen Technologie die Berechnungen bei i42 durchgeführt werden oder ein entsprechendes System im Intranet des Kunden aufgesetzt wird. Der bisherige Betrieb hat eine Fülle von Erfahrungen gebracht, wie der Aufwand reduziert werden kann, so dass schon mit einigen zehn oder hundert Rechnern hervorragende Ergebnisse erzielt werden können – maßgeschneidert auf die Anforderungen des Kunden.

3.2.4 Nutzung des Know-hows für andere Projekte

Schließlich muss das System auch nicht auf Börsenprognosen beschränkt bleiben – ähnliche Systeme können überall aufgesetzt werden, wo aus den Daten der Vergangenheit Informationen für künftige Entwicklungen gezogen werden können. Das kann der Fall sein bei Sportergebnissen, beim Wetter oder bei Stauprognosen – jeweils also für sehr unterschiedliche Kunden und Endnutzer. Beispiel Sport: Ein entsprechendes System erhielte über die Presse sicherlich eine große Aufmerksamkeit und könnte damit rasch die erforderliche Größe erreichen. Über die damit verbundenen Kommunikationsmöglichkeiten (grafische Steuerung des Bildschirmschoners, Internet-Forum, Abruf der Ergebnis-Seiten) könnten beispielsweise Verlage von Sportzeitungen ganz neue Wege für ihre Informationsprodukte beschreiten. Das durch den Betrieb von MoneyBee erworbene Know-how und Wissen lässt sich so auf eine ganze Reihe von ähnlichen, aber schließlich doch ganz anderen Produkten übertragen.

Instant Messaging – Nutzenpotentiale und Herausforderungen

Thomas Hummel

Accenture European Technology Park

Instant Messaging (IM) Dienste haben in den letzten Jahren eine außerordentlich starke Verbreitung erfahren. Mehr und mehr wird IM auch unter kommerziellen Gesichtspunkten diskutiert. Auch wenn die Nutzenpotentiale von IM sicherlich beachtlich sind, sind erhebliche Herausforderungen, zu meistern, bevor IM einen ähnlichen kommerziellen Erfolg wie beispielsweise Email haben wird. Der Beitrag skizziert knapp Entwicklung und aktuellen Stand von IM und diskutiert die Nutzenpotentiale sowie Herausforderungen.

1 IM auf dem Weg zur Kommerzialisierung

Instant Messaging (IM) Dienste haben in den letzten Jahren eine außerordentlich starke Verbreitung erfahren. Einer Erhebung von IDC zu Folge gibt es derzeit mehr als 130 Millionen Benutzer von IM Netzwerken, wobei America Online mit über 100 Millionen Benutzern unbestrittener Marktführer ist.[1] Mit jeder neuen Installation des Microsoft Windows XP Betriebssystems ebenso wie mit jeder neuen AOL Anmeldung wird ein IM Client ausgeliefert, dementsprechend dürften sich diese Zahlen in den nächsten Jahren stark nach oben weiter entwickeln.

InsightExpress, eine Agentur die Marktforschung über das Internet betreibt, hat 300 Benutzer von IM Diensten in den USA befragt und kommt zum Ergebnis, dass bereits 20 Prozent des IM Aufkommens auf geschäftliche Tätigkeiten am Arbeitsplatz entfallen.[2] Verschiedene Beispiele für den Einsatz von IM Diensten bestätigen die Relevanz dieser Ergebnisse. So hat etwa die UBS Warburg (http://www.ubswarburg.com/) ein hauseigenes IM System im Einsatz, mit dem die Aktienhändler zwischen den Handelsplätzen in Zürich, London und New York kommunizieren können, um relevante Informationen ohne Verzögerung auszu-

---

[1] *Lowell Rapaport*: IM For Corporate Collaboration, in: Transform Magazine, No. 1011, Nov. 2001, S. 51. Wenngleich dies in der Quelle nicht expliziert wird, ist anzumerken, dass die Zahl 100 Millionen für AOL sowohl die Benutzer von AIM als auch ICQ einbezieht (ICQ wurde 1998 von AOL aufgekauft). Generell ist bei derartigen Statistiken zu beachten, dass die Anzahl der User Acounts nicht mit der Anzahl der tatsächlichen Benutzer gleichgesetzt werden kann.

[2] *Ohne Autor*: IM helps get the job done, in: Office Solutions, Vol. 18 No. 9, 2001. S. 8

tauschen. Das System wird bei UBS Warburg inzwischen von 14000 Mitarbeitern benutzt, zusätzlich können auch 1500 Kunden Nachrichten senden und empfangen (und dabei auch buy bzw. sell orders über IM an UBS Warburg senden).[3]

Ein anderes Beispiel ist Land's End Inc. (http://www.landsend.com), ein Versandhändler, der seinen Kunden über einen IM Service Zugang zu Kundenbetreuern gibt. Die Möglichkeit, den Kunden schnell detaillierte Auskünfte zu bestimmten Produkten zu geben, hat die Kaufwahrscheinlichkeit der Kunden, die IM benutzten, um 67% gegenüber anderen Kunden gesteigert.[4]

Ist IM also eine „Killerapplikation" wie Email oder SMS? Auch wenn die genannten Beispiele zweifellos interessant sind und viel Potential aufzeigen, lässt sich die Frage nicht ohne weiteres beantworten. Sicherlich macht schon die enorme Verbreitung und das starke Wachstum der Nutzerzahlen IM für kommerzielle Anwendungen attraktiv, aber es ist nach wie vor offen, wie weit das Potential wirklich reicht. Der vorliegende Beitrag diskutiert diese Frage und versucht einen Überblick über den aktuellen Stand und das Potential von IM zur kommerziellen Nutzung zu geben.

2 Was ist Instant Messaging?

2.1 Die Wurzeln von Instant Messaging

IM ist weder ein neues Phänomen noch wirklich aus dem Internet geboren worden. Bevor das Internet populär wurde, gab es bereits Online Dienste, die beispielsweise Bulletin Boards und andere Services zur Verfügung stellten. America Online (AOL)[5], Prodigy und CompuServe waren zu diesem Zeitpunkt die wesentlichen Dienstleister, die ihren Benutzern die hierfür erforderlichen PC- Anwendungen sowie die relevante Kommunikationssoftware zur Verfügung stellten.

Einer der größten Anziehungspunkte an Online Diensten dürften die Communities sein, in denen die Benutzer in Chat Rooms und durch IM Tools miteinander kommunizieren können. Ein Chat Room ist eine Anwendung, die es mehreren Teilnehmern gleichzeitig und in Echtzeit ermöglicht, Nachrichten in einen „Raum" einzustellen, wobei dieses Nachrichten von allen im „Raum" anwesenden Teilnehmern gleichzeitig gesehen werden. IM ist in dieser Hinsicht sehr ähnlich zu Chat, allerdings auf lediglich zwei Benutzer beschränkt.[6] Die meisten der popu-

---

[3] *Tischelle, George; Swanson, Sandra*: Not just kid stuff – Business are finding there's more to IM than exchanging social chit-chat, in: Information Week, 03.09.2001. UBS Warburg hat das IM System zusammen mit divine Inc. unter dem Namen MindAlign als Spin-Off ausgegründet (http://try.parlano.com/about.shtml).

[4] Ebenda.

[5] AOL hat, seinerzeit noch unter dem Namen Quantum Computer Services, 1985 die ersten "buddy lists" eingeführt, vgl. *Sixto, Ortiz Jr.*: IM – No Longer Chat, in: IEEE Computer, März 2001, S. 12-15.

[6] Zu beachten ist, dass aus *technischer* Sicht sehr wohl Unterschiede zwischen Chat und IM bestehen – Chat Rooms sind Client Server basiert, was allerdings nur für bestimmte

lären IM Programme bieten heute eine Vielzahl von zusätzlichen Funktionen, wie die Einrichtung eigener Chat Räume, File Sharing und Webtelephonie an. Auch die Benutzerinterfaces haben sich gegenüber den früheren, oft recht rudimentären Oberflächen erheblich weiterentwickelt und sind heute beispielsweise in der Lage, Emoticons als Grafiken umzusetzen etc.

Mit der beginnenden Verbreitung des Internets Anfang der 90er Jahre entwickelten sich die ersten Anwendungen, die diese Online Services nachbildeten und von Sites wie beispielsweise TalkCity eingesetzt wurden. Ein Meilenstein für die Entwicklung der IM Dienste im Internet wurde im November 1996 gelegt, als Mirabilis mit ICQ („I seek you") ein IM Tool kostenlos zur allgemeinen Verwendung zur Verfügung stellte. IM wurde damit im Internet populär und AOL übernahm mit dem AIM (AOL Instant Messenger) in relativ kurzer Zeit die Marktführerschaft. Mirablis wurde im Juni 1998 von AOL aufgekauft, und ICQ damit ein Teil der Online Services von AOL. AIM und ICQ sind heute mit über 100 Millionen Benutzern die Marktführer, daneben sind aber weitere gewichtige Akteure getreten, von denen insbesondere der Yahoo! Messenger und Microsoft MSN Messenger Beachtung verdienen.

2.2 Zur Funktionsweise von IM

Die folgende Darstellung skizziert knapp die allgemeine Funktionsweise eines IM Dienstes. Die Architekturmodelle der einzelnen IM Dienste unterscheiden sich und können stärker auf Client/Server oder auf das Peer-to-Peer Modell ausgerichtet sein. Das Ziel der Darstellung ist an dieser Stelle aber nicht eine detaillierte Diskussion der alternativen technischen Architekturmodelle, sondern eine grundlegende Einführung in die Funktion von IM.[7]

Die grundlegende Architektur von IM Systemen ist i.d.R. relativ einfach aufgebaut. Die Client Software für die populären IM Clients ist frei im Internet erhältlich und kann von den entsprechenden Webseiten der Dienstleister heruntergeladen und installiert werden.[8] Nach dem Start des Clients meldet sich dieser

IM Dienste zutrifft (bspw. MSN). ICQ ist beispielsweise ein rein Peer-to-Peer basierter IM Dienst.

[7] Der Vollständigkeit halber sei an dieser Stelle darauf hingewiesen, dass sich aus den unterschiedlichen Architekturmodellen Konsequenzen für die Art und Weise ergeben, in der Abrechnungsmodelle für IM implementiert werden können. Eine eingehende Diskussion dieser Problematik würde hier zu weit gehen, generell lässt sich aber sagen, dass Client–Server basierte IM Diensten mit weniger Schwierigkeiten konfrontiert sind als dies bei reinen Peer-to-Peer basierten IM Diensten der Fall ist.

[8] Die Clients populärer IM Dienste können unter den folgenden URLs heruntergeladen werden:

- AOL IM (AIM): http://www.aim.com/
- ICQ: http://www.icq.com/products/
- Microsoft MSN: http://messenger.msn.com/
- Yahoo! Messenger: http://messenger.yahoo.com/
- Download Sites fuer IRC: http://www.irchelp.org/irchelp/altircfaq.html

über einen Authentisierungsserver des Dienstleisters an und sendet die Verbindungsinformation (IP-Adresse und dem Client zugewiesene Portnummer) sowie die Kontaktliste, die der Benutzer angelegt hat. Beides (Verbindungsinformation und Kontaktliste) wird an den Präsenzserver weitergegeben und von diesem in einer temporären Datei gespeichert. Der Präsenzserver prüft dann, ob ein in der Kontaktliste aufgeführter anderer Benutzer bereits angemeldet ist. Findet der Server eine oder mehrere Übereinstimmungen, so schickt er eine Nachricht mit den Verbindungsinformationen an den Client sowie an die Clients aller anderen angemeldeten Benutzer, die in der Kontaktliste vermerkt sind. Die betroffenen Clients aktualisieren dementsprechend den Status in ihren Kontaktlisten auf „Online".

Wird der Name einer verfügbaren Kontaktperson im Client angewählt, öffnet der Client ein Dialogfenster, der Benutzer kann eine Nachricht eingeben und an die Kontaktperson versenden. Nachdem der Client die IP-Adresse und Portnummer des Rechners des Empfängers hat, wird die Nachricht direkt an den Client des Empfängers geschickt. Das bedeutet, dass der Präsenzserver an dieser Stelle nicht involviert ist, die Kommunikation findet „direkt" zwischen den beiden Clients statt (wobei die Nachricht allerdings gegebenenfalls über Messaging Server geroutet wird). Sobald sich ein Benutzer ordnungsgemäß abmeldet, schickt der Client eine Nachricht zum Präsenzserver, um die Session zu beenden. Der Präsenzserver wiederum schickt eine entsprechende Benachrichtigung an alle angeschlossenen Clients in der Kontaktliste des abmeldenden Benutzers, um den Status in den Clients zu aktualisieren und löscht anschließend die temporäre Datei des Benutzers.

Anzumerken bleibt, dass IM kein sicheres Kommunikationsmedium ist. Auch wenn manche IM Tools mittlerweile mehr oder minder starke Verschlüsselung anbieten, werden die Verbindungsinformationen beim IM Service Provider abgespeichert und Nachrichten über dessen Netzwerk geroutet. Damit sind potentielle Angriffspunkte gegeben, die eine Übertragung vertraulicher Informationen zumindest über das Internet als problematisch erscheinen lassen.

2.3 Vereinheitlichung einer fragmentierten IM Welt?

Eines der Grundprobleme der IM Welt ist heute die Inkompatibilität der einzelnen Dienste untereinander. Allen großen IM Services (AIM, Yahoo, MSN) ist gemeinsam, dass sie ein proprietäres Protokoll benutzen, das mit den anderen IM Tools inkompatibel ist. Spezielle Utilities wie beispielsweise Odigo, Omni oder Trillian versuchen inzwischen, die Barrieren zwischen den IM Services zu überwinden. Odigo und Trillian ermöglichen etwa den Zugriff auf die Kontaktlisten von AIM, ICQ und Yahoo! Messenger aus einem Tool. Omni ermöglicht die Kombination der Funktionalität von AIM, ICQ, MSN Explorer and Yahoo! Messenger sowie zusätzlich der File-Download Utilities Napster und Gnutella.

- Odigo: http://corp.odigo.com/
- Omni: http://www.emphatech.com/
- Trillian: http://www.trillian.cc/

Problematisch ist, dass diese Utilities dabei nicht auf Standardprotokollen aufsetzen können, sondern vielmehr die verschiedenen Messaging Protokolle der betroffenen IM Services nachbilden müssen. Nachdem es sich um proprietäre Lösungen handelt, können diese Messaging Protokolle der IM Services jederzeit verändert werden. Jede Änderung muss dann in den Integrations-Utilities nachgezogen werden, was diese Tools entsprechend angreifbar macht.[9]

Diese Situation ist vor dem Hintergrund der Popularität der IM Dienste bemerkenswert – vor dem Hintergrund der Potentiale für den Einsatz von IM für Geschäftsanwendungen ist sie sehr problematisch. Eine Anwendung, deren Benutzergruppen einander weder sehen noch problemlos miteinander in Kontakt treten können, ist für ernsthafte Geschäftsanwendungen alles andere als förderlich, jedenfalls dann, wenn die Benutzergruppen mehr oder minder willkürlich entlang den verwendeten Tools und nicht entlang verschiedenen Aktivitätsgruppen definiert sind. Gleichzeitig ist es nachvollziehbar, dass ein so deutlich dominanter Dienst wie AIM versucht sein wird, seine eigene Infrastruktur als de facto Standard zu etablieren. Tatsächlich war die Öffnung des AIM Protokolls und damit der AOL Community für andere IM Services eine der Voraussetzungen für den AOL-Time Warner Zusammenschluss.[10]

Vereinheitlichungsbestrebungen zur Integration der IM Services bestehen im Internet bereits seit längerem. Die Internet Engineering Task Force (IETF) arbeitet mit dem IM and Presence Protocol derzeit an einem Standard Protokoll für IM (impp, RFC 2778 und 2779).[11] Sehr beachtenswert ist zum Beispiel Jabber (http://www.jabber.com), ein Open Source Projekt, das IM mit XML verbindet. Die Grundphilosophie hinter Jabber ist die Schaffung einer offenen und verteilten Plattform für IM im Internet.[12] XML wird dabei zur Strukturierung von Informationen verwendet, die für die Communities of Interest von Bedeutung sind. Beachtenswert ist dabei, dass Jabber bewusst auf die Unterstützung von Konversationen zwischen Menschen *und* Applikationen ausgerichtet ist,[13] was durch den Einsatz von XML erheblich vereinfacht wird. Jabber unterstützt alle wesentlichen IM Services (AIM, ICQ, MSN, Yahoo!).

Wie ein IM Standard letztlich en detail aussehen wird, und wer genau ihn definiert, sei hier dahingestellt. Entscheidend wird vielmehr sein, *dass* sich ein Standard entwickelt. Eine übergreifende IM Infrastruktur hat großes Potential für die verschiedenen (kommerziellen und nicht-kommerziellen) Anwendungen, die im Folgenden skizziert werden sollen.

---

9 So hat beispielsweise AOL Trillian bereits mehrfach von der Benutzung seiner Netzwerke ausgeschlossen, vgl. z.B. http://www.golem.de/0202/18320.html

10 Wobei anzumerken bleibt, dass die FCC dies letztlich nicht durchgesetzt und den Merger mit Auflagen genehmigt hat, vgl. *Kobielus, James*: FCC adds to IM mess, in: Network World, Vol. 18, No. 6; S. 45ff

11 Siehe www.imppwg.org/ bzw. www.ietf.org/html.charters/impp-charter.html

12 *Miller, Jeremie*: Jabber, in: Peer-to-Peer: Harnessing the Benefits of a Disruptive Technlogy, O'Reilly & Associates 2001, S. 77ff.

13 Ebenda.

3 Einsatzpotentiale und Grenzen von IM Diensten

IM ist als ein Medium zur schnellen und nicht formalisierten Konversation zwischen zwei Kommunikationspartnern populär geworden. Der Dienst ist zweifellos attraktiv, weil er vergleichsweise mächtig, dabei aber sehr einfach zu bedienen ist, weil die erforderliche Software und die Benutzung insbesondere im Vergleich zu anderen Anwendungen mit sehr geringen Kosten belastet sind und nicht zuletzt auch, weil die Teilnehmer in einer sehr viel weitergehenden Form als bei anderen Kommunikationsmedien (Email, Telefon) präsent sind. Man wird kaum bestreiten wollen, dass IM im nicht-kommerziellen Umfeld ein durchschlagender Erfolg ist. Was aber macht IM für die kommerzielle Verwendung interessant und wo liegen heute noch die Grenzen für die Ausschöpfung dieses Potentials?

3.1 Unterstützung kollaborativer Prozesse

Oben wurden bereits die UBS Warburg sowie Lands' End als Beispiele für die kommerzielle IM Nutzung genannt. Ein weiteres Beispiel ist der amerikanische Kraftfahrzeugversicherer Amica Mutual Insurance, dessen Kundenbetreuer über IM mit den Kunden in Kontakt treten können. Bemerkenswert ist, dass der IM Service von Amica Mutual Insurance die wesentlichen IM Dienste von AOL, MSN und Yahoo integriert, womit die Benutzer ihre gewöhnliche Kennung verwenden können.[14] Auch staatliche Stellen haben IM Dienste im Einsatz. So verwendet beispielweise die US Navy IM zur Kommunikation zwischen Schiffen und U-Booten, der 6th Judicial Circuit Court in Florida setzt IM für die Kommunikation zwischen den Richtern im Gerichtssaal und deren Assistenten in anderen Räumen oder Gebäuden ein.[15] Auch wenn IM heute nach wie vor in erster Linie im privaten Bereich eingesetzt wird, lassen die aufgeführten Beispiele zumindest die Annahme zu, dass in IM ein vielversprechendes Anwendungspotential für die Unterstützung von kollaborativen Prozessen im Unternehmen gesehen wird. Warum aber ist IM interessant – oder anders ausgedrückt: was unterscheidet IM von den anderen bekannten Kommunikationsmedien?

IM unterstützt Kollaborationsprozesse nicht direkt, sondern vielmehr die Konversation der Teilnehmer in wie auch immer gearteten – und damit potentiell auch kollaborativen – Kommunikationsprozessen. Das ist ein wesentlicher Unterschied, denn die meisten IM Dienste bieten keine besonderen Funktionen zur Unterstützung von Kollaborationsprozessen an (etwa in der Form von Dokumentenrepositories, Workflows etc.). IM ist im Gegenteil bei genauerer Betrachtung ein reichlich rudimentärer Dienst, dessen Charme aber gerade in dieser Einfachheit und Nähe zur natürlichen Konversation liegt: Konversation über IM Dienste wird

[14] Ohne Namen: IM: Going Corporate, in The Feature, http://thefeature.com/printable.jsp?-pageid=12342

[15] Schwartz, Matthew: The IM debate, in: Computerworld, Vol 36, No.2, S. 40ff.

dem Wesen eines natürlichen menschlichen Konversationsprozesses am ehesten gerecht und das ist auch ein wesentlicher Grund für die Popularität von IM.[16]

Im Gegensatz zur Kommunikation über Email entsteht bei IM ein echter gegenseitiger Austausch: beide Kommunikationspartner reagieren innerhalb einer IM Konversation auf jede Nachricht des anderen Teilnehmers sofort und betreiben damit Konversation in Echtzeit. Eine „Konversation" über Email ist dagegen eine asynchrone gegenseitige Benachrichtigung, bei der im Gegensatz zu IM die ausgetauschten Botschaften gespeichert und nicht zuletzt auch deshalb in einer gänzlich anderen Weise editiert werden (eine Botschaft kann z.B. mehrfach überarbeitet werden bevor sie versandt wird).[17]

Man mag einwenden, dass Konversation über Telefon noch wesentlich näher an das Ideal realer Kommunikationsprozesse heranreicht. Tatsächlich erreichen aber Schätzungen zufolge mehr als 60% der geschäftlichen Anrufe nie den gewünschten Teilnehmer[18] – und selbst wenn sie es tun, ist die entstehende Konversation von stärkerer Ausschließlichkeit geprägt. Anders als bei IM kann sich der Teilnehmer eines Telefongesprächs in der Regel nicht gleichzeitig in mehreren, voneinander unabhängigen Konversationsprozessen befinden sowie eventuell verzögerte Antworten geben, die ihm der Konversationspartner ohne große Probleme nachsehen würde (was bei IM hingegen der Fall ist). Daneben ist die Wahrnehmung der Präsenz anderer Teilnehmer über die permanent aktualisierten Kontaktlisten wesentlich stärker ausgeprägt, als das bei Email und Telefon der Fall ist (auch wenn ein Teilnehmer nicht notwendigerweise immer an seinem Rechner sitzt und damit gar nicht gesichert ist, dass er eine Nachricht tatsächlich zeitnah erhält).[19]

Vor diesem Hintergrund müssen die verschiedenen Beispiele zur Unterstützung von Kollaborationsprozessen durch IM gesehen werden. Alle genannten Beispiele zum IM Einsatz bauen im Wesentlichen auf den Möglichkeiten auf, die die relativ natürliche, interaktive und mehr oder minder in Echtzeit verlaufende Konversation anbietet. Verkürzt ausgedrückt hat IM also an der Stelle ein großes Potential zur Unterstützung von Kollaborationsprozessen, wo:

- die Präsenz und Erreichbarkeit des Kommunikationspartners von Bedeutung ist,
- Konversation zwischen den Kommunikationspartnern spontan geschieht,
- synchrone Interaktion in Echtzeit erforderlich ist, bspw. wenn das Ergebnis von Abstimmungen oder Rückfragen den Verlauf der Konversation wesentlich beeinflussen kann,

[16] Miller, Jeremie: Jabber, in: Peer-to-Peer: Harnessing the Benefits of a Disruptive Technology, O'Reilly & Associates 2001, S.77ff.

[17] Man halte sich in diesem Zusammenhang die wachsende Anzahl von Beispielen vor Augen, in denen Emails in Ermittlungsverfahren verwendet werden.

[18] *Schwartz, Matthew*: The IM debate, in: Computerworld, Vol 36, No.2, S. 40ff.

[19] Wobei anzumerken bleibt, dass IM Dienste inzwischen auch Voice over IP anbieten und damit die Vorzüge des Telefons mit denen des IM Dienstes kombinieren.

- kein umfangreicher Kommunikationsbedarf besteht, für den andere Kommunikationsmedien angemessener wären, sondern vielmehr kurze Konversationssequenzen genügen.

Unter diesen Bedingungen kann IM in den verschiedensten Zusammenhängen verwendet werden, sei es für die Konversation zwischen Mitarbeitern im Unternehmen, sei es zwischen dem Unternehmen und seinem Kunden, sei es zwischen staatlichen Stellen und Unternehmen oder Bürgern. Für schnelle und kurze Benachrichtigungen bzw. Rückfragen füllt IM Kommunikation eine Lücke, die durch Telefon und eMail so nicht abgedeckt ist.

Durch Einsatz moderner Technologien lassen sich die Interfaces von Interactive Agents weiterhin verbessern und noch mehr an natürliche Kommunikation annähern. Im European Technology Park von Accenture wird beispielsweise in einem Forschungsprojekt der Frage nachgegangen, wie IM gestützte Kommunikation durch Einsatz moderner Sprachverarbeitungstechnologien noch weiter vereinfacht werden kann. Im Forschungsprojekt wurde ein Prototyp entwickelt, der die Kommunikation zwischen verschiedensprachigen Teilnehmern eines IM Dienstes ermöglicht. Eine Nachricht, die der Sender in seiner Sprache eingibt, wird dabei jeweils in die Sprache des Empfängers übersetzt. Die Technologie wurde mittlerweile auch auf Chatrooms erweitert; dabei nehmen entsprechende „translator buddies" an einer Konversation teil und übersetzen jeweils die Eingaben bestimmter Mitarbeiter aus deren Sprache in eine andere.[20]

Auch wenn IM für kommerzielle Anwendungen von erheblichem Interesse ist – der Einsatz von IM in kommerziellen Umgebungen steht nach wie vor vor einigen schwerwiegenden Herausforderungen. Eines der gravierendsten Probleme ist die mangelnde Standardisierung von IM Diensten.

Wie oben bereits dargestellt wurde, basieren alle großen IM Dienste auf proprietären Protokollen und sind miteinander inkompatibel. Sicher mag es mittlerweile die genannten Tools geben, die diese Barrieren zumindest teilweise zu überwinden versuchen, aber abgesehen davon, dass manche dieser Produkte noch nicht die erforderliche Reife und Architektur bieten, um unternehmensweit skalierbar zu sein, löst das nicht das Kernproblem – die erforderliche Investitionssicherheit für unternehmerische Entscheidungen ist hier am ehesten durch einen Standard gegeben und sei er auch nur ein de facto Standard.

AOL hat zwar heute zweifellos den weitaus größten Marktanteil, gleichzeitig aber auch einige sehr starke Konkurrenten – d.h. der momentane de facto Status, insofern er überhaupt nur als erreicht angesehen werden kann, ist zumindest gefährdet.[21] Ein weiteres schwerwiegendes Problem sind die Sicherheitslücken in IM Diensten. Auch wenn manche Dienste inzwischen Verschlüsselung anbieten, bleiben offene Punkte im Hinblick auf den Corporate Firewall (*port exposure*).

---

[20] Ein Video zum Instant Message Translator ist unter folgender URL verfügbar: http://www.accenture.com/xd/xd.asp?it=enWeb&xd=services\technology\research\tech_showcase.xml

[21] MSN Messenger ist ein Standardbestandteil von Microsoft Windows XP; damit ist Microsoft ein sehr ernstzunehmender Konkurrent – selbst für die große Basis von AOL.

Zudem fehlen in den meisten Internet basierten IM Diensten Auditing und Logging Funktionalitäten sowie digitale Signaturen. Problematisch ist ferner, dass zumindest die internetbasierten IM Dienste keine Quality of Service Garantie geben und zumindest die über das Internet ausgetauschten Nachrichten nicht persistent gespeichert werden.[22]

3.2 Kommunikation zwischen Mensch und Applikation – Interaktive Messaging Agenten

IM ist nicht auf Kommunikationsprozesse zwischen Menschen beschränkt, auch wenn das nach wie vor für den allergrößten Teil der über IM Kommunikation abgewickelten Kommunikation zutrifft. Es existieren inzwischen Applikationen im Internet, die aus einem IM Dienst heraus angesprochen werden können. Diese, hier als ‚interaktive Messaging Agenten' bezeichneten Applikationen haben keine speziellen Anforderungen an die IM Infrastruktur, sie werden prinzipiell genauso behandelt wie ein anderer IM Benutzer. Der Name des Agenten wird von anderen IM Benutzern in deren Kontaktliste aufgenommen, es kann ihm eine Nachricht zugesandt werden bzw. eine Kommunikation begonnen werden. Der interaktive Messaging Agent reagiert dann im einfachsten Fall auf Schlüsselwörter (komfortablere Agenten unterstützen auch natürlichsprachliche Dialoge) und bietet verschiedene Dienste wie etwa Nachrichten, Aktienkurse, Auskunftssysteme etc. an.

Ein Beispiel für derartige Dienste ist SmarterChild, ein interaktiver Agent, der über AIM erreichbar ist. SmarterChild ist im Wesentlichen eine Marketingmaßnahme und wird von ActiveBuddy betrieben, dem Unternehmen, das die Software für die Programmierung derartiger Interaktiver Messaging Agenten entwickelt. Der Agent reagiert in einem natürlichsprachlichen Dialog letztendlich auf bestimmte Schlüsselwörter. So können beispielsweise durch das Kommando „How is the weather in Munich" aktuelle Informationen zum Wetter in München abgerufen werden. Das gleiche Resultat lässt sich auch direkt durch die Schlüsselwörter „weather munich" erreichen.

Der interessante Punkt an derartigen Agenten ist, dass sich damit spezielle Dienstleistungen kostengünstig zur Verfügung stellen lassen. Beispielsweise können Systeme zur Kundenbetreuung implementiert werden, die einen hohen Prozentsatz von Anfragen durch einen Agenten abhandeln und lediglich komplexere Fragen an einen Kundenbetreuer weiterleiten. Auf diese Weise lassen sich im Call Center Bereich potentiell erhebliche Einsparungen realisieren. Weiterhin können neue Formen der Kundenbetreuung realisiert werden, etwa, wenn ein interaktiver Messaging Agent entsprechend den Wünschen eines Kunden aktiv Kontakt mit ihm aufnimmt, zum Beispiel wenn ein neuer Service oder bestellte Ware verfügbar ist.

---

[22] Wobei anzumerken bleibt, dass bestimmte Messaging Tools Logging Funktionalitaten anbieten, vgl. dazu das Beispiel der U.S. Navy in Schwartz, Matthew: The IM debate, in: Computerworld, Vol 36, No.2, S. 40ff.

Erhebliches Potential steckt ferner in der Integration mit bestehenden Legacy Applikationen. Naheliegende Beispiele sind etwa Auskunftssysteme für Leihwagen oder Flugreisen. Ein weiterer Schritt wäre die Ausführung einer vollständigen Transaktion, etwa der Buchung inklusive der Kreditkartenbelastung. Ähnliche Internet Dienste existieren seit Jahren, was bedeutet, dass ein erheblicher Teil der bestehenden Internet Services Infrastruktur zumindest potentiell wiederverwendet werden kann. Neu ist allerdings die Möglichkeit, einen natürlichsprachlichen Dialog mit einer Anwendung vom IM Client aus zu führen, ohne dabei aufwendige Webseiten zu laden und durch Menüstrukturen zu navigieren. Die Kehrseite der Medaille ist allerdings, dass ein IM Benutzer die Webseite und dort verfügbare weitergehende Informationen bzw. Marketingmaterial nicht mehr wahrnimmt.

Herausforderungen die für derartige Dienste heute bestehen, sind im Wesentlichen die oben genannten, wobei hier neben der Sicherheitsproblematik vor allem das Fehlen einer Quality of Service Garantie problematisch ist, weil ohne sie kaum Transaktionssicherheit gewährleistet werden kann. Für die Unterstützung einfacher Auskunftssysteme sind Interaktive Messaging Agenten heute schon ausreichend, für geschäftliche Transaktionen sind sie zumindest in der bestehenden Form noch nicht ausgereift.

3.3 Ausblick: Mobile und Multimedia Messaging

IM Dienste erobern bereits die mobile Kommunikation. Wireless Service Provider wie beispielsweise Sprint PCS bieten heute bereits IM Services auf ihren Netzwerken an,[23] Hersteller von Internet-fähigen mobilen Endgeräten haben IM Software auf ihre Produkte hochgeladen. MSN hat seinen MSN Messenger für den MSN Mobile Service erweitert und Yahoo hat neue Versionen seines Messengers für Handhelds herausgebracht.[24] Genie, ein Internet Portal in Großbritannien, wird in Kürze einen Service starten, der Mobiltelefonbenutzer mit MSN Messenger Teilnehmern kommunizieren lässt.[25]

Auf den ersten Blick bietet sich damit die Möglichkeit, IM von mobilen Endgeräten zu betreiben und damit ortsunabhängiger zu werden. Dies ist sicherlich ein attraktiver Dienst, aber tatsächlich geht das Potential von mobilem Messaging wesentlich weiter als die simple Erweiterung auf mobile Endgeräte. Durch Kombination mobiler IM Dienste mit Interaktiven Messaging Agenten und Lokationsdiensten können beispielsweise neue und sehr mächtige Applikationen entstehen, die über die Möglichkeiten mobiler Konversation weit hinausgehen. So kann man sich beispielsweise vorstellen, dass Interaktive Messaging Agenten in Abhängig-

---

[23] Messaging stellt die populärste Anwendung auf dem Wireless Web von Sprint dar, vgl. *Bamrud, Joachim*: Instant Messaging Goes Mobile, in http://www.thefeature.com/index, 19.11.2001

[24] *Sixto, Ortiz Jr.*: Instant Messaging: No Longer Just Chat, IEEE Computer, März 2001: 12-15

[25] *Bamrud, Joachim*: Instant Messaging Goes Mobile, in www.thefeature.com/index, 19.11.2001

keit von der geographischen Lokation und einem benutzerdefinierten Profil bestimmte Dienste anbieten.[26]

Darüber hinaus steckt – speziell vor dem Hintergrund der drückenden Last der UMTS Gebühren – für die europäischen Mobilkommunikationsunternehmen im Zusammenwachsen von IM mit dem heutigen mobilen Messaging Dienst SMS eine nicht zu unterschätzende Hoffnung.[27] SMS ist auf Mobiltelefonen noch populärer als IM,[28] die Kombination der beiden und Erweiterung um intelligente Messaging Agenten und Lokationsdienste könnte dementsprechend in kurzer Zeit große Benutzerzahlen an interessanten neuen Dienstleistungen bringen. Wenn zudem EMS und MMS[29] Realität werden, können die verfügbaren Bandbreiten besser genutzt werden und die enormen Investitionen, die in Lizenzen und Infrastrukturen getätigt werden, eventuell wesentlich positiver zu beurteilen sein, als das heute der Fall ist.

Allerdings ist es noch ein langer Weg bis zu diesem Ziel. Ein wesentliches Problem ist hier, dass die erforderlichen Telekommunikationsinfrastrukturen noch nicht breit verfügbar sind. Die Instant Messaging Plattform des oben genannten Genie Portals ist beispielsweise auf GSM WAP aufgebaut und damit mit allen bekannten Problemen belastet (relativ langsame Einwahl über einen WAP Gateway erforderlich, Abrechnung nach Airtime anstelle übertragenen Paketen, langsame Datenübertragung). Auch wenn fieberhaft am Aufbau der 2.5G bzw. 3G Infrastrukturen gearbeitet wird, ist fraglich, ob sich unter den aktuellen Bedingungen IM Dienste gegenüber SMS durchsetzen können. Auch der Hinweis auf das Leistungsspektrum der Interaktiven Messaging Agenten hilft hier nicht weiter, denn SMS hat ähnliche Applikationen hervorgebracht. Es seien hier etwa Telemetrie/Datensammlung, GPS Tracking, Remote Maintenance und Control, Asset Tracking oder Fleet Management genannt.

Sicherlich mag SMS manche Beschränkungen haben (maximale Nachrichtenlänge 160 Zeichen, Präsenz etc.) – aber das hat der Popularität von SMS keinen Abbruch getan. Zudem ist die infrastrukturelle Basis von SMS alles andere als schlecht. SMS hat über die GSM Netzwerke eine umfangreiche internationale Ab-

---

[26] Bei Jabber wird beispielsweise bereits an einer Verknüpfung des Messaging Dienstes mit GPS Diensten gearbeitet, vgl. *Udell, Jon*: Can IM Graduate to Business?, O'Reilly Open p2p.com, http://www.openp2p.com/pub/s/p2p/2001/12/20/udell.html

[27] Anzumerken ist, dass in den USA ein einheitlicher Messsaging Standard, wie ihn GSM-SMS darstellt, nicht verfügbar ist, und eine Integration zwischen IM und mobilem Messaging demenstprechend schwieriger zu realsieren ist, vgl. *Garfinkel, Simson*: Message in a Bottleneck, in: Technology Review, Vol. 105, Nr.1, S.29f.

[28] Derzeit gibt es weltweit 359 Mio SMS Benutzer, vgl. *Bamrud, Joachim*: Instant Messaging Goes Mobile, in http://www.thefeature.com/index, 19.11.2001

[29] Enhanced Messaging Service (EMS) und Multimedia Messanging Services (MMS) sind aktuell entstehende Erweiterungen des Short Message Service (SMS), die die Übertragung multimedialer Informationen über Mobiltelefone ermöglichen vgl. *Bamrud, Joachim*: Instant Messaging Goes Mobile, in http://www.thefeature.com/index, 19.11.2001.

deckung, geringe Kosten pro Nachricht und ist relativ einfach zu implementieren. Darüber hinaus ist SMS standardisiert, was für IM nicht zutrifft.

4 Zusammenfassung

Wird IM eine Killerapplikation, oder, etwas angemessener gefragt, wird IM eine kommerzielle Zukunft haben? Angesichts der genannten Probleme im Hinblick auf Standardisierung, Sicherheit und Quality of Service sowie der Dominanz von SMS bei mobilen Messaging Diensten scheint das zumindest für die unmittelbare Zukunft fraglich. Ob und bis wann sich ein Standard durchsetzen wird, der die genannten Probleme löst, ist noch völlig offen. Generell ist IM sicherlich auch nicht das Allheilmittel für Kommunikation. IM ist gut geeignet für den Austausch von kurzen Mitteilungen, schnellen Rückfragen etc. Für umfangreichere Kommunikationsprozesse oder für einen Informationsaustausch, der nach Möglichkeit auch schriftlich fixiert werden soll, sind andere Kommunikationsmedien besser geeignet. Dies sollte nicht missverstanden werden – Instant Messaging, speziell im Zusammenhang mit Interaktiven Messaging Agenten sowie Mobile Messaging besitzt sehr wohl ein höchst interessantes Potential für umfangreiche IM basierte bzw. IM integrierte Anwendungen. Nicht zuletzt kann durch ein Zusammenwachsen der heutigen IM und SMS Communities eine sehr große Anwendergruppe entstehen. Dennoch bestehen umfangreiche Herausforderungen, die gelöst werden müssen, bevor IM tatsächlich den breiten kommerziellen Erfolg haben kann.

Es sollte auch nicht vergessen werden, dass ähnliche Fragen vor ca. 10 Jahren im Hinblick auf Email gestellt wurden – Email hat sich heute fest in der Unternehmenswelt etabliert.[30] Daraus folgt sicherlich nicht, dass dies notwendigerweise auch für IM zutreffen wird, oder dass das blinde Vertrauen auf den Erfolg alle bestehenden Probleme lösen wird. Der Blick auf Email ist aber trotzdem lehrreich, wenn man sich vor Augen hält, dass technische Probleme, die auch bei Email bestanden haben, größtenteils gelöst wurden, selbst wenn vor dem Hintergrund der Verbreitung von Viren nach wie vor Bedarf an technischen Lösungen besteht. Dennoch, technische Probleme lassen sich lösen und für die hier diskutierten Probleme gibt es bereits verschiedene Lösungsansätze. Die wirkliche Herausforderung wird ohnehin nicht technischer Natur sein: Vielmehr geht es darum, für die Verwendung von IM Diensten den geeigneten organisatorischen Rahmen zu finden.[31]

---

[30] Wobei man sich angesichts übervoller Mailboxen heute fragen muss, ob Email nicht an seinem eigenen Erfolg erstickt, vgl. *Schwartz, Matthew*: The IM debate, in: Computerworld, Vol 36, No.2, S. 40ff.

[31] Vgl. *Udell, Jon*: Can IM Graduate to Business?, O'Reilly Open p2p.com, www.openp2p.com/pub/s/p2p/2001/12/20/udell.html, 20.12.2001

Bedeutung von Peer-to-Peer Technologien für die Distribution von Medienprodukten im Internet

Michel Clement, Guido Nerjes, Matthias Runte

Bertelsmann AG

„Vor 65 Millionen Jahren fuhr ein Meteorit in die Erde, und die Dinosaurier starben aus. Das Internet ist so ein Meteor für die Musikindustrie.“
Nobuyuki Idei (CEO, Sony Corporation)

1 Veränderung traditioneller Wertschöpfungsketten von Medienprodukten in der Online-Welt

Das Internet stellt keinen Meteoriten für die Musikindustrie dar – vielmehr bietet das Internet eine Chance für die gesamte Medienindustrie. Unbestreitbar ist, dass traditionelle Strukturen der Wertschöpfung im Mediengeschäft durch veränderte Bedingungen in der Online-Welt aufgebrochen werden. Der zunehmende Online-Wettbewerb sorgt dafür, dass sich Dinosaurier anpassen müssen oder aussterben werden, und er sorgt ebenfalls für neue und gesunde Wettbewerber. Insofern wird die Musikindustrie nicht sterben, sie wird sich nur strukturell verändern.

Die Sorge von Nobuyuki Idei ist jedoch nachvollziehbar: Niemals in der Geschichte des Internet gab es eine schnellere Diffusion als die von Napster und seinen Nachfolgern wie Morpheus, Imesh und anderen.

Der Medienindustrie wurde sehr schnell deutlich, dass neue, branchenfremde Anbieter Kernelemente der Wertschöpfung übernehmen können. Jedoch nutzen die neuen Wettbewerber einen zentralen „Wettbewerbsvorteil“: Sie kümmern sich nicht um die Rechte der einzelnen Content-Angebote. Das komplizierte und teure Handling von Rechten, egal welcher Art, entfällt bzw. wird übergangen. Die Nutzung dieses Wettbewerbsvorteils ist jedoch unfair und in weiten Teilen illegal.

Die Akzeptanz dieser „illegalen“ Filesharing-Software wird hiervon beeinflusst. Dennoch sind viele der Meinung, dass der positive Nutzen, den sie persönlich aus der Teilnahme am Filesharing gewinnen, größer ist, als der durch das schlechte Gewissen oder mögliche Strafverfolgung erzeugte negative Nutzen. So ist im Frühjahr 2002 noch immer die Nachfrage nach „frei“ herunterladbaren Medienprodukten, sei es Musik, Film, Bild oder Text, deutlich größer als das legal verfügbare Angebot. Ein derartiger Nachfrageüberhang schafft sich kurz oder lang immer ein Angebot – das lehrt die Ökonomie der Schwarzmärkte und zeigt sich in der Entwicklung von P2P-Technologien. Wie sonst hätte Napster innerhalb eines Jahres an die einhundert Millionen registrierte Benutzer gewinnen können?

Genau hier liegt die Herausforderung für die Medienindustrie, die es sich zum einen nicht leisten kann, die Rechte ihrer Künstler zu ignorieren und zum anderen nicht tatenlos zusehen kann, wie Filesharing-Wettbewerber zentrale Elemente der Wertschöpfungskette angreifen.

Die Wirkung der Angriffe auf die bisher von der Medien-Industrie stark kontrollierte Wertschöpfungskette wird in diesem Beitrag diskutiert und am Beispiel der Musik- und Filmindustrie verdeutlicht. Der Aufsatz zeigt, welche Aufgaben von den Akteuren im Filesharing wahrgenommen werden und wie diese die Distribution beeinflussen. Der Beitrag schließt mit einem Ausblick, wie Bertelsmann auf die veränderten Rahmenbedingungen reagiert und diese optimal für sich nutzt.

2 Benutzer-Wertschöpfung bei der Mediendistribution

Die Wertschöpfung des traditionellen Musik- und Filmgeschäfts ist umfangreich analysiert worden und kann z. B. bei Clement (2000) oder Krasilovsky und Shemel (2000) nachgelesen werden. Alle Wertschöpfungsketten zeichnen sich dadurch aus, dass am Ende der Kunde steht, der sich auf die Rolle des Konsumierens beschränkt. An der Produktion und Distribution der konsumierten Medien ist er nur als Empfänger beteiligt.

Diese Rolle hat sich mit der Nutzung des Internets und dem Aufkommen von P2P-Netzwerken als Distributionskanal verändert. Der Endkunde ist nicht mehr auf seine Rolle des Konsumenten beschränkt, sondern bringt zentrale Elemente der Wertschöpfung in die Online-Distribution ein.

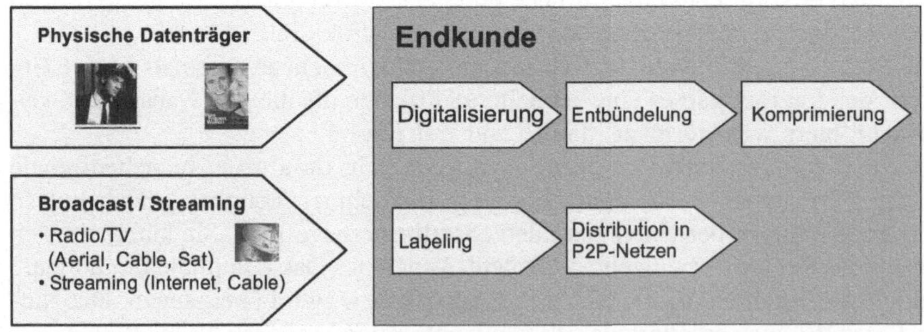

Abb. 1. Wertschöpfung durch Endkunden

2.1 Digitalisierung

Ein Endkunde kommt in der Regel durch zwei Wege in den Genuss von Musik oder Filmen: Entweder er kauft oder leiht sich einen analogen (LP oder Musik- bzw. Videokassetten) bzw. einen digitalen Datenträger (CD oder DVD) oder er nutzt Broadcastmedien wie Radio oder TV.

DVDs oder CDs stellen digitale Masterkopien dar, die sich problemlos auf eine Festplatte kopieren lassen. Sofern die digitalen Datenträger mit einem Kopierschutz versehen sind, verzögert sich die Digitalisierung durch den Benutzer – jedoch ist der Elan von Hackern stets groß genug gewesen, um die Kopierschutzmaßnahmen auszuhebeln (FTD 2002). Aber auch analoge Daten lassen sich problemlos digitalisieren. So kann der PC z. B. mit der Software „Cybercorder 2000" von Skyhawk Technologies (http://skyhawktech.com) beliebige Audio-Signale, die über dem Audio-Eingang des Computers empfangen werden, digitalisieren und aufnehmen. Nutzer, die ihren PC mit der heimischen Hifi-Anlage vernetzen, können so problemlos Radioausschnitte digital auf ihrer Festplatte mitschneiden. Das selbe gilt für TV-Tuner-Karten, mit denen Benutzer analoge und digitale Fernsehprogramme auf ihrem PC sehen und aufzeichnen können.

Es lassen sich auch digitalisierte Kopien von Streaming-Angeboten im Internet machen. Software-Programme wie Streamripper (http://streamripper.sourceforge.-net) zeichnen beliebige Inhalte auf, die von Internetradiostationen ausgestrahlt werden.

Ein Blick auf die angebotene Vielfalt aller Musiktitel und -genres bei den Filesharing-Diensten zeigt eindrucksvoll, dass die Digitalisierung sehr weit fortgeschritten ist. Selbst Raritäten aus alten Zeiten sind problemlos auffindbar und nicht selten stammen die digitalen Daten aus analogen Quellen.

Die Digitalisierung hat auch nicht vor dem Booklet halt gemacht. Die kleinen Büchlein in den CDs oder DVDs lassen sich mit einem Scanner digitalisieren, übertragen, ausdrucken und speichern. Diese Beispiele machen deutlich, dass die Digitalisierung von Medienprodukten durch die Benutzer nicht verhindert werden kann, da genügend Technologien zur Aufnahme und Speicherung der Inhalte in den Privathaushalten bereit stehen.

2.2 Entbündelung

Physische Medienprodukte werden heute vorrangig gebündelt angeboten. Eine CD enthält ein *Bündel von Songs*. Eine DVD (Digital Versatile Disc) enthält z. B. einen *Film*, der aus einer Reihe von *Kapiteln* besteht, den man in unterschiedlichen *Sprachen* und verschiedenen *Untertiteln* sehen kann und der häufig eine Reihe von Extras wie das *„Making of"* oder *Interviews* enthält. Beide Datenträger sind zusammen mit einem *Booklet* in einer *Plastikschale* verpackt.

Die Musikindustrie hebt hervor, dass es sich bei einem Album um ein geschlossenes künstlerisches Werk handelt, bei dem Künstler mit 10-15 Liedern eine Botschaft übermitteln möchten. Neben diesem Argument ist mit der Preisbündelung auch ein Marketing-Aspekt wichtig. Eine Bündelpreisstrategie ist immer dann vorteilhaft, wenn sehr starke Unterschiede in der Zahlungsbereitschaft für die einzelnen Komponenten vorliegen (Simon 1992). Dies ist üblicherweise bei Musik der Fall, denn für die Hits (selten mehr als drei Songs pro Album) des Künstlers liegt eine hohe Zahlungsbereitschaft vor, wohingegen für die restlichen Songs nur eine geringe oder gar keine Zahlungsbereitschaft besteht. Die Zusammenstellung der Songs zu einem Album rechtfertigt jedoch den Preis von ca. 15 Euro, wohingegen kaum jemand bereit ist, mehr als zehn Euro nur für die drei Hits auszugeben (Forrester 2000).

Benutzer, die Musik digitalisieren, speichern die Songs zumeist als einzelne Dateien ab und entbündeln somit ein Album in einzelne Songs. So lassen sich dann persönliche Musik-Archive zusammenstellen.

Neue technische Entwicklungen unterstützen und automatisieren die Entbündelung derart, dass Benutzer ihre Präferenzen einer Software wie z. B. Bitbop (www.bitbop.com) mitteilen und diese dann automatisch die gewünschten Songs der präferierten Künstler aus einem Radiostream aufnehmen und abspeichern. Insofern werden nicht nur Alben in einzelne Songs zerlegt, sondern auch ganze Radioprogramme entbündelt. Die Software dockt sich automatisch an eine Vielzahl von Web-Radioprogrammen an und nimmt dann die gewünschten Songs auf.

Sehr eindrucksvoll ist die Entbündelung bei den Booklets. So berichtete das Institut der deutschen Wirtschaft (www.iwkoeln.de/MS/) schon 1999, dass Booklets mittlerweile zu den am häufigsten gestohlenen Produkten im Handel gehören. Diese Nachricht unterstreicht, dass ein Produkt „CD“ oder „DVD“ mehr als ein Datenträger ist. Es ist insbesondere für jüngere Zielgruppen nicht „cool“, eine gebrannte CD ohne entsprechendes Cover in den Schrank zu stellen. Websites wie z. B. Darktown.com oder CDCoverCentral.com bieten (teilweise illegal) Abhilfe. Dort kann sich der Benutzer jede einzelne Seite der wichtigsten Booklets – sei es CD oder DVD – herunterladen und ausdrucken. Ein Service, der deutlich zeigt, dass Medienprodukte erst digitalisiert und anschließend in sämtliche Bestandteile zerlegt werden, um dann vom Benutzer personalisiert zusammengestellt zu werden.

2.3 Komprimierung

Die Eingabe des Suchbegriffs „Madonna“ bei einem Filesharing-Netzwerk zeigt die gesamte Vielfalt der gewählten Datenformate. Die Benutzer bieten unkomprimierte und komprimierte Formate an. Dabei liegt derselbe Song in der Regel in nahezu jeder Kodierung (MP3, WAV etc.) bzw. Bitrate (96, 128, 192 kBit/s etc.) vor. Dies gilt auch für Filme, die mittlerweile zumeist mit dem MPEG4-Derivat „DivX;-)“ komprimiert werden, oder Booklets, die beispielsweise als JPEG, GIF oder Bitmap vorliegen.

Die von den Benutzern vorgenommene Komprimierung der Medieninhalte auf die unterschiedlichen Qualitätsniveaus führt dazu, dass für jeden Geschmack und jede Bandbreite ein Song bzw. Film ausgewählt werden kann.

2.4 Labeling

Wenn ein Benutzer eine CD oder DVD digitalisiert, sie dann in die einzelnen Bestandteile zerlegt und komprimiert, dann hat er eine Menge von Dateien auf dem Rechner, die noch benannt werden müssen, damit sie schnell auffindbar sind. Dies ist bei CDs mittlerweile automatisiert, denn Softwareplayer wie der Mediaplayer, Winamp, Quicktime etc. beziehen die Daten der CD automatisch online von Diensten wie CDDB (Compact Disc Database). Die Daten (Künstler, Album, Song) werden dann bei der Aufnahme als Metadaten gespeichert und die Datei wird entsprechend benannt.

Bei DVDs ist dieser Dienst noch nicht verfügbar, so dass die Benutzer die Datei selbst benennen müssen. Oft wird zusätzlich zu dem Filmtitel und Erscheinungsjahr auch der Codec und die Quelle angegeben (DVD oder CAM, d.h. im Kino unter erheblichen qualitativen Verlusten abgefilmt). Eine typische Bezeichnung für einen Film in einem Filesharing-Netzwerk wäre somit „LordOfTheRingsFellowShipOfTheRing[DVDrip]divx.avi".

2.5 Distribution in P2P-Netzen

Mittlerweile wird jede Woche auf ca. 3,5 Millionen PCs (aktuelle Downloadzahlen unter www.cnet.com) eine Software zum Sharen von Dateien installiert. Durch diese große Anzahl von Anbietern wird deutlich, dass nahezu die gesamte Bandbreite von Musik verfügbar ist. Da die Benutzer wissen, dass der Nutzen des Netzwerkes von dem verfügbaren Angebot abhängt, fühlt sich ein großer Teil der Benutzer „moralisch" verpflichtet, zumindest einige Dateien dem System zuzuführen. Letztendlich übernimmt so jeder Benutzer nahezu alle Funktionen eines Shops (Albers und Peters 1997):

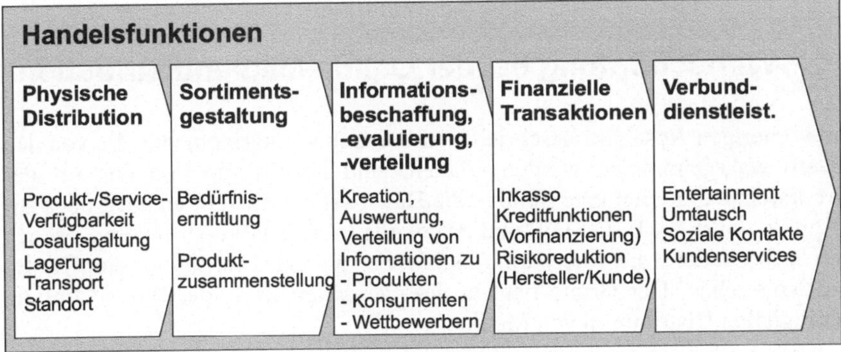

Abb. 2. Handelsfunktionen

Die Funktion der physischen Distribution ist evident. Während zentralisierte und professionelle Download-Angebote, wie z. B. BOL, einen oder mehrere Server betreiben und die Kosten für die Netzanbindung sowie für die übertragene Datenmenge tragen müssen, übernehmen im P2P-Modell die Benutzer diese Kosten. Auch ist die Sortimentsfunktion durch die vielfach verbreitete „Hotlist-Funktion“, mit der Benutzer bei nahezu allen Filesharing-Softwareprodukten das Archiv eines anderen Benutzers durchsuchen kann, gegeben. Ebenfalls wird die Informationsbeschaffung, -evaluierung und -verteilung wahrgenommen, denn durch die Benennung der Dateien oder die Weitergabe von Informationen durch z. B. Instant Messeging werden diese Aufgaben von den Benutzern selbst übernommen.

Eine der Funktionen, die bislang noch nicht wahrgenommen werden, ist die finanzielle Transaktion. Zum einen ist dies illegal, wenn der Rechteinhaber dabei umgangen wird, und zum anderen fehlt die Abrechnungsfunktionalität.

Jedoch bietet z. B. Digital World Services mit der Superdistribution einen Service an, der diese Funktion für die Benutzer bereitstellen kann. Die Superdistribution ermöglicht es Rechteinhabern und Benutzern, durch ein digitales Rechte-Management-System (DRM-System), geschützte Medieninhalte an andere User weiterzugeben und abzurechnen. Die Abrechnung mit dem Rechteinhaber nimmt nicht der Benutzer selbst vor, sondern ein Clearinghouse. So kann demjenigen – sei es ein Shop oder ein Benutzer, der die Datei weitergibt – eine Provision gezahlt werden. Mit der Superdistribution kann letztendlich jeder Benutzer zu einem autorisierten Händler von Mediendateien werden und dabei auch verdienen.

Die User bieten ebenfalls eine Reihe von Verbunddienstleistungen an, denn Filesharing-Netzwerke stellen Communities dar. Durch die Interaktion zwischen den Mitgliedern kommt es zu der Bereitstellung der unterschiedlichsten Angebote, wie z. B. Entertainment oder sozialen Kontakten.

Nachdem deutlich geworden ist, dass die Benutzer einen großen Teil der Wertschöpfung bei der Distribution von Medieninhalten auf sich vereinen, wird nun aufgezeigt, welche Elemente der Wertschöpfung die Anbieter von Filesharing-Netzwerken auf sich vereinen.

3 P2P-Wertschöpfung bei der Online-Mediendistribution

Die im vorherigen Abschnitt beschriebenen Wertschöpfungselemente, die von den Benutzern wahrgenommen werden können, sind unabhängig von der Art der Netzwerkarchitektur. Benutzer können die Daten selbstverständlich auch über andere Applikationen (z. B. E-Mail) und Protokolle (z. B. FTP) distribuieren. Jedoch werden insbesondere die Filesharing-Netzwerke als die Distributionskanäle der Zukunft angesehen. Der Grund liegt in ihrer zentralen Rolle der Wertschöpfung bei der digitalen Distribution von Medien.

Die Elemente der Wertschöpfungskette lassen sich wie folgt aufzeigen:

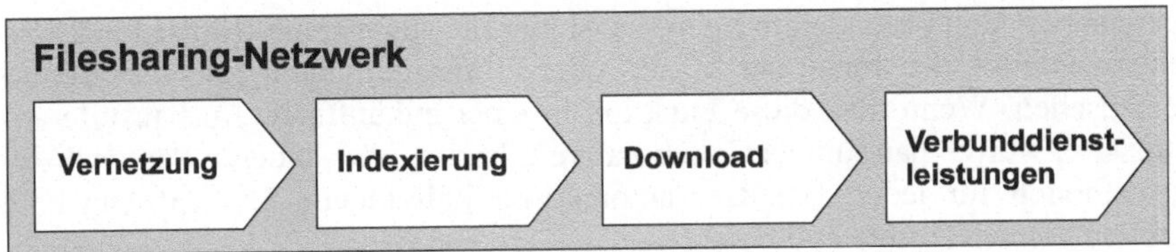

Abb. 3. Wertschöpfung durch Filesharing-Netzwerke

Mit Filesharing verbinden sich Benutzer zu einem Netzwerk, mit dessen Hilfe sich Dateien finden und übertragen lassen. Entweder sind die Benutzer Teil des gesamten Netzwerkes (wie z. B. bei iMesh) oder werden innerhalb des Filesharing-Netzwerkes in Teilnetze aufgeteilt (OpenNap). Netzwerke können auch übergreifend miteinander verbunden werden, wie beispielsweise die Teilnehmer von KaZaA, Morpheus und Grokster. Die Vernetzung ist die wesentliche Voraussetzung für die wichtigste Funktion von Filesharing-Netzwerken – nämlich die Indizierung der Inhalte, die ein Benutzer zum Sharen bereitstellt. Die Indizierung sorgt dafür, dass sich Angebot und Nachfrage an einem Ort treffen.

Durch die Vernetzung der Benutzer und Indizierung der angebotenen Inhalte nehmen die Netzwerke eine Maklerstellung ein. Sie vermitteln die Nachfrager an die Anbieter und bieten Selektionskriterien wie z. B. die Bandbreite oder das Rating des Anbieters an.

Eine genaue Analyse der Netzwerke zeigt, dass bei dezentralen Netzwerken wie Gnutella die Indizierung auf den Rechnern der Benutzer vorgenommen wird, wohingegen bei zentralen Netzwerken wie iMesh der Index auf einem zentralen Server abgelegt ist, den der Anbieter betreibt.

Bei zentralen Netzen übernimmt der Filesharing-Anbieter die Rolle des Maklers, da er den Indexdienst betreibt. In den Datenbanken steht genau verzeichnet, welcher Benutzer, welche Inhalte auf seiner Festplatte freigegeben hat und ob sie online verfügbar sind.

Bei dezentralen Netzen übernehmen die Benutzer die Indexfunktion. Somit bildet sich ein Makler, der von Benutzern geschaffen ist. Der Ort, an dem sich Angebot und Nachfrage treffen, wird nicht vom Filesharing-Anbieter kontrolliert. Die dezentralen Netzwerke stellen daher eine weitere Externalisierung von Kosten dar, die sich nicht mehr nur auf die Distribution der Medieninhalte beschränkt, sondern sich hier sogar auf die Indizierung der Inhalte ausdehnt.

Die Vernetzung und die Indizierung sorgen dafür, dass bei einer Suchanfrage eine Angebotsmenge dargestellt wird, aus der sich der Benutzer sein Produkt auswählt und dann herunterlädt. Die Filesharing-Dienste bieten die Downloadfunktionalität über eine von ihnen zwischen den Benutzern hergestellte Peer-to-Peer-Verbindung an. Je stabiler und schneller der Daten-Download ist, desto größer der Nutzen des Systems. Hier haben sich einige Systeme (insbesondere Morpheus, KaZaA und Grokster) mit intelligenten Download-Management-Systemen hervorgetan.

Neben der Vernetzung, Indizierung und Downloadmöglichkeit bieten die Systeme Verbunddienstleistungen an. Diese Dienstleistungen umfassen z. B. eine Abspielmöglichkeit der Medien über einen Player, Informationen zu Künstlern oder

Shopangebote. Von besonderem Interesse ist hier die sogenannte Hotlist-Funktion, welche es erlaubt, den Inhalt der Musik- oder Filmsammlungen einzelner Benutzer einzusehen. Wenn man diese Funktion in einer zukünftigen Ausbaustufe automatisierte, würde man mittels Collaborative Filtering oder anderen Personalisierungsmethoden für jeden Benutzer automatisch individuelle Content-Angebote generieren können (Runte 2000).

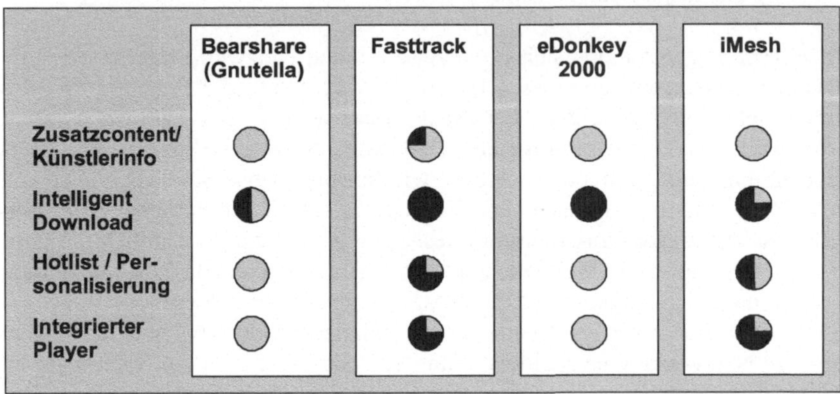

Abb. 4. Übersicht der Filesharing-Netze bezüglich der angebotenen Verbunddienstleistungen

4 Optimale Nutzung der neuen Wertschöpfungselemente

Die Analyse zeigt, dass insbesondere bei dezentralen Netzen die Benutzer einen Großteil der Wertschöpfung bei der Distribution selbst vornehmen. Sie digitalisieren und komprimieren Musik, Filme oder Bilder, so dass sie über das Internet vertrieben werden können. Dabei entbündeln und bezeichnen sie zusätzlich die Dateien. Sofern sie die Dateien über Peer-to-Peer-Netzwerke distribuieren wollen, müssen die Benutzer die Software installieren und die Dateien anbieten. Verwendet der Benutzer ein dezentrales Netzwerk wie z. B. KaZaA, übernimmt er durch die Bereitstellung des Indexes auch noch die Funktion des Maklers.

Insbesondere dezentrale Filesharing-Netzwerke bieten letztendlich „nur" die Vernetzung und die Downloadmöglichkeit an. Die Einbindung von Verbunddienstleistungen ist bisher nicht sehr professionell vorgenommen worden.

Die Bedeutung der wertschöpfenden Elemente, die der Endkunde vornimmt, ist umso höher, je geringer das verfügbare Angebot legaler Download-Möglichkeiten ist. Nur aufgrund des fehlenden Angebots ist es zu erklären, dass Benutzer die Kosten zur Erfüllung der Aufgaben innerhalb des Wertschöpfungsprozesses übernehmen.

Bertelsmann hat dieses Manko frühzeitig erkannt und wird mit Napster ein umfangreiches, legales Downloadangebot bereitstellen. Dabei wird dem User nicht mehr ein Großteil der Arbeit aufgebürdet. So wird die Digitalisierung, Komprimierung und das Labeling zentral und mit hoher Qualität durchgeführt. Ebenfalls wird dem Benutzer durch Personalisierungsdienste geholfen, die für ihn optimalen Medienprodukte zu finden. Insofern bieten die Elemente der Wertschöpfung, die der Kunde momentan noch verrichten muss, zahlreiche Möglichkeiten für einen neuen Service.

Aber nicht nur die Elemente, die der Kunde momentan verrichtet, bieten Chancen. Das nur geringe Angebot von Verbunddienstleistungen bei den bisherigen Anbietern von Filesharing-Programmen bietet weitere Chancen. Umfangreiche Informationen rund um Künstler und erweiterte Community-Features für Fans stellen hierbei neben dem Online-Storage der bezogenen Inhalte eine weite Palette von möglichen Services dar.

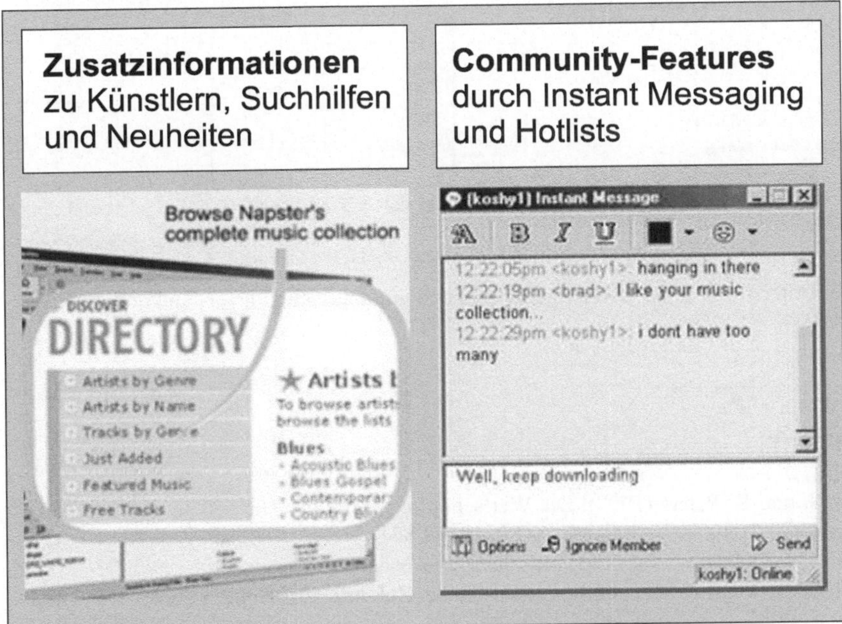

Abb. 5. Napster bietet Content und Communities in professioneller Weise

Der Markt hat die Rahmenbedingungen gesetzt. Der starken Nachfrage nach Mediendateien über das Internet wird Bertelsmann gerecht, indem ein Angebot geschaffen wird, das deutlich attraktiver sein wird, als der Schwarzmarkt. Es macht keinen Sinn, nur juristische Schritte zu wählen, denn die Nutzer der Filesharing-Dienste haben zur Zeit kaum eine Alternative, die ihren Bedürfnissen gerecht wird.

Bertelsmann wird diesen Markt von Anfang an aktiv mitgestalten und für sich nutzen, denn die digitale Distribution hört nicht bei der Musik auf, sondern umfasst auch die Film- und Buchbranche.

Abb. 6. Unterstützung der Datenorganisation und umfangreiche Player-Funktionen

Literatur

Albers, S. und K. Peters (1997): Die Wertschöpfungskette des Handels im Zeitalter des Electronic Commerce, Marketing ZFP, 19, 69-80.

Clement, M. (2000): Interaktives Fernsehen, Wiesbaden.

FTD (2002): CD-Erfinder Philips sieht keine Zukunft für Kopierschutz, www.ftd.de, 09.01.2002.

Forrester (2000): The Self-serve Audio Evolution, Research Report.

Krasilovsky, W. und S. Shemel (2000): This Business of Music: The Definitive Guide to the Music Industry, 8th Edition, New York.

Runte, M. (2000): Personalisierung im Internet – Individualisierte Angebote mit Collaborative Filtering, Wiesbaden.

Simon, H. (1992): Preisbündelung, Zeitschrift für Betriebswirtschaft, 62, 1213-1235.

Peer-to-Peer-Computing – Wettbewerbsvorteil für Intel

Martin Curley

Intel Corporation

Dieser Beitrag beschreibt die Entwicklung von Peer-to-Peer-Computing (P2P) zu einer erstaunlich leistungsfähigen Technologie für IT-Unternehmenslösungen und für die IT-Infrastruktur. Nach einem kurzen Überblick über P2P-Computing wird gezeigt, wie die Intel Corporation diese Technologie einsetzt, um neue Möglichkeiten zu erschließen und gleichzeitig Kosten für die IT-Infrastruktur zu reduzieren. Anhand von Anwendungsbeispielen werden PC-Philantrophy, Distributed File Sharing und Periphery-Grid-Computing näher beleuchtet. Schließlich folgt eine Zusammenfassung der Vorteile des P2P-Computing.

1 Einführung

Obwohl das Konzept von P2P-Computing bereits einige Jahre alt ist, wird es erst an der Wende zum 21. Jahrhundert in die Praxis umgesetzt. Dass P2P-Computing schlagartig aus einem Dornröschenschlaf von mindestens zehn Jahren erwachte, hatte drei wesentliche Gründe technischer und wirtschaftlicher Natur:

- Die technologische Entwicklung, die unnachgiebig dem Mooreschen Gesetz folgte, hat dafür gesorgt, dass die CPUs heutiger PCs und anderer Computer häufig nicht ausgelastet sind und damit über ungenutzte, preisgünstige Rechenkapazität verfügen.
- Die Nutzung des Internet auf breiter Front und die problemlose IP-Vernetzung ermöglichen eine einfachere Verbindung zwischen PCs und anderen Geräten.
- In den vergangenen Jahren fand eine wahre Bandbreitenexplosion statt, und die wachsende Datenübertragungsgeschwindigkeit über die unterschiedlichsten Medien macht die Vernetzung von Computersystemen immer einfacher.

Die kontinuierlich steigende Leistungsfähigkeit und die ständig fallenden Preise für Rechenleistung und Netzwerkbandbreite schaffen in Verbindung mit einer globalen Norm für nahtlose Netzwerkverbindungen eine Umgebung, die sich hervorragend für die Einführung von P2P eignet.

1.1 Was bedeutet Peer-to-Peer?

Eine technische Definition von P2P-Computing würde den Schwerpunkt auf eine gemeinsame Nutzung der Ressourcen mehrerer Computer legen. Bei diesen Ressourcen handelt es sich um Kernkomponenten, aus denen die Computerplattform besteht – nämlich CPU, Netzwerkanschluss und Speicher.

Aus einer etwas breiteren Perspektive betrachtet, könnte man P2P-Computing als eine neue Kategorie von Anwendungen sehen, die Ressourcen an den Schnittstellen eines Netzwerks nutzen. Zu diesen Ressourcen gehören Mitarbeiter, Wissen, Informationen, Netzwerke, Rechenleistung und Speicherkapazitäten. Untersuchungen haben ergeben, dass 70% der kodierten Informationen in einem Unternehmen auf den Festplatten von Mitarbeitern gespeichert sind und demzufolge anderen Mitarbeitern nicht zur Verfügung stehen. Wenn Wissen Wettbewerbsvorteile mit sich bringt, so handelt es sich hier um eine wertvolle und nur wenig genutzte Ressource, deren Nutzung von P2P erschlossen werden kann.

1.2 Der Substitutionseffekt von P2P-Computing

Im Großen und Ganzen setzen sich die Kosten einer IT-Computerinfrastruktur in einem großen Unternehmen aus den Kosten für die Bereitstellung der Plattform aus Computersystemen, Netzwerken und Massenspeicher und den Kosten für die Verwaltung dieser Umgebung zusammen.

Leistungsfähigkeit und Kosten der IT-Plattform eines Unternehmens

=

Summe der Leistungsfähigkeit und Kosten
von Computersystemen, Massenspeichern, Netzwerk und Verwaltung

Eine der primären Funktionen der IT-Organisation eines Unternehmens ist die Optimierung dieser Gleichung, um dem Unternehmen die bestmögliche Computerplattform zu den niedrigstmöglichen Kosten zur Verfügung zu stellen. Für die IT-Organisationen steigen die Verwaltungskosten der Unternehmensplattform steil an, da die Benutzer ständig bessere Lösungen und höhere Leistungsfähigkeit verlangen. Die Ziele der Benutzer und die der IT-Organisation eines Unternehmens sind oft sehr unterschiedlich.

Durch die Anwendung von P2P-Protokollen kann die Nutzung bereits vorhandener IT-Ressourcen optimiert und gleichzeitig eine höhere Leistungsfähigkeit bei gleichen oder sogar geringeren Kosten realisiert werden. P2P ermöglicht auch eine schnellere und kostengünstigere Implementierung neuer Funktionen als die Installation neuer Systeme. Dies ist vor allem darauf zurückzuführen, dass P2P-Computing den Ersatz teurerer Systemkomponenten in der Gleichung der Unternehmensinfrastruktur durch preisgünstigere Komponenten gestattet. Preisgünstige Client-Festplattenlaufwerke können an Stelle erheblich teurerer Netzwerk- oder Servermassenspeicher verwendet werden. Hochleistungs-PCs können an Stelle teurerer Server eingesetzt werden. Der Netzwerkverkehr lässt sich von teuren WANs (Wide Area Networks) auf preisgünstige LANs (Local Area Networks) verlagern. P2P-Computing wird das Client/Server-Modell nicht ersetzen, sich aber parallel dazu als ergänzende Plattform etablieren.

Intel nutzt die Vorteile von P2P durch alle nachfolgend als Alternative beschriebenen Szenarien. Auf den folgenden Seiten erläutern wir ihren praktischen Einsatz und die damit gewonnenen Erfahrungen.

1.3 Intel® Distributed Computing Platform

Bereits in den frühen 90er-Jahren konnte Intel seine ersten Erfahrungen mit P2P machen, als „Intel® DCP" eingeführt wurde. Hierbei handelte es sich um eine verteilte Anwendung, die es Intel intern ermöglichte, ungenutzte CPU-Zeit von im technischen Bereich eingesetzten Workstations zu nutzen, um die Prozessorentwicklung zu beschleunigen. Diese Anwendung könnte zu Recht als Vorläufer des Grid-Computing (koordinierte Nutzung im globalen Netzwerk verteilter Rechner) betrachtet werden.

Intel® DCP ist eine fehlertolerante, verteilte P2P-Middleware für die Lastverteilung innerhalb heterogener Plattformen (UNIX und Windows NT) bei Intel. *Intel® DCP* ermöglicht die transparente Aufteilung von Jobs auf jedes andere System innerhalb des technischen Bereichs, wobei es keine Rolle spielt, ob die einzelnen Systeme über ein LAN oder das WAN von Intel vernetzt sind. Durch den Einsatz von *Intel® DCP* hat jeder Ingenieur Zugriff auf enorme Computerressourcen und kann trotz gestiegener Komplexität seiner Aufgabe, eingeschränkten Kostenvorgaben und strengen Qualitätsnormen die Produktivität insgesamt erhöhen und Entwicklungszeiten reduzieren.

1.3.1 Hintergrund

Eine der rechenintensivsten Umgebungen bei Intel ist die EDA-Umgebung (Engineering Design Application). In dieser Umgebung werden High-End-Systeme hauptsächlich deshalb eingesetzt, um dem einzelnen Ingenieur eine Umgebung höherer Produktivität zur Verfügung zu stellen. Diese wird durch kürzere Reaktionszeiten der Systeme und durch die Möglichkeit zur Verarbeitung größerer und komplexerer Datenstrukturen erreicht. Durch die höhere Produktivität der Ingenieure ist die weitere Installation der leistungsfähigsten zur Verfügung stehenden Computersysteme gerechtfertigt. Ein positiver Nebeneffekt durch den Einsatz solcher Computersysteme in großen Stückzahlen ist die Verfügbarkeit sehr hoher Rechenkapazitäten in allen technischen Bereichen von Intel, die für die Durchführung von Stapelaufträgen genutzt werden können.

1.3.2 Möglichkeiten: Spitzen und Senken bei der Auslastung

Die Auslastung der einzelnen Workstations und Server kann während der unterschiedlichen Entwicklungsphasen eines Projekts sehr stark schwanken. In einer

Umgebung mit mehreren gleichzeitig laufenden Projekten befinden sich typischerweise einige davon in einer Entwicklungsphase, in der Computerressourcen ständig ausgeschöpft werden (Spitzen). Beispielsweise besteht während der Validierung eines bestimmten Entwicklungskonzepts ein besonders hoher Bedarf an Computerkapazitäten, wogegen die Anforderungen während anderer Phasen weitaus geringer sind (Senken). Bei Projekten, die einen großen Bedarf an Computerkapazitäten mit sich bringen, ist die zur Verfügung stehende Computerleistung selbstverständlich durch die vorhandenen Kapazitäten begrenzt. Für die Phasen geringer Auslastung ergab sich die Gelegenheit, die freien Computerkapazitäten mit einem Modell für P2P-Computing zu nutzen.

1.3.3 Überblick über Intel® DCP

Das primäre Ziel von Intel® DCP bestand darin, jedem Ingenieur von Intel die Möglichkeit zu geben, freie Computerkapazitäten für sich zu nutzen. Dies erforderte intelligente Software, die in der Lage sein musste, nicht ausgelastete Systeme zu identifizieren, einen Job auf den entsprechenden Maschinen zu starten und das Ergebnis an das ursprüngliche System zurückzuliefern, ohne dass der Anwender aktiv werden muss. Auf der Basis früherer Konzepte der University of California in Berkeley entwickelte unser internes *Intel® DCP*-Team mehrere Funktionen, die speziell an Intels Entwicklungsumgebung angepasst wurden und Anforderungen wie Lastverteilung, Schutz gegen Angriffe von außen, verteilte Fehlertoleranz, Ressourcenverwaltung und Jobmanagement für mehrere Betriebsstätten erfüllten.

Intel® DCP ermöglicht das transparente Auslagern von Rechenaufgaben auf andere Systeme als die Workstation des Benutzers, und zwar in Abhängigkeit von den momentanen Anforderungen und von der Verfügbarkeit von Ressourcen auf anderen Computersystemen. Jobs können sofort oder im Stapelbetrieb laufen, wobei der Systemverwalter die Prioritäten und Richtlinien festlegt. Sofort auszuführende Jobs werden verzögerungsfrei ausgeführt.

Wenn ein Ingenieur den Befehl erteilt, einen Job an *Intel® DCP* zu übergeben, werden die Daten dieses Benutzers wie Benutzername, Informationen über die Umgebung, aktuelles Arbeitsverzeichnis und alle gewünschten Optionen an das Anwendungsprogramm weitergereicht. Diese Informationen werden verpackt und an einen *Intel® DCP*-Master übermittelt, der die Befugnisse des betreffenden Benutzers sowie die Jobanforderung prüft und festlegt, ob der Benutzer autorisiert ist, den Job in die Warteschlange einzureihen. Im Erfolgsfall wird der Job in die passende Warteschlange eingereiht, bis das Master-Programm den Job auswählt und an die am wenigsten ausgelastete Maschine mit den erforderlichen Ressourcen weitergibt.

1.3.4 Ergebnisse der praktischen Umsetzung

Das *Intel® DCP*-Modell für P2P-Computing konnte sich in Hunderten von Entwicklungsprojekten bewähren. Das nachstehende Diagramm zeigt den Vorteil größerer Computerkapazität für ein umfangreiches Chip-Entwicklungsprojekt. In diesem Beispiel wurden die am Firmenstandort verfügbaren Ressourcen bei der Entwicklung einer unserer früheren Reihen des Pentium® Prozessors (P6X) mit einem anderen großen Projekt geteilt. Aus dem Diagramm ergibt sich, dass es beim P6X-Projekt unter Verwendung von *Intel® DCP* möglich war, die lokal verfügbare Rechenkapazität durch unternehmensweit verfügbare freie Kapazitäten zu erweitern.

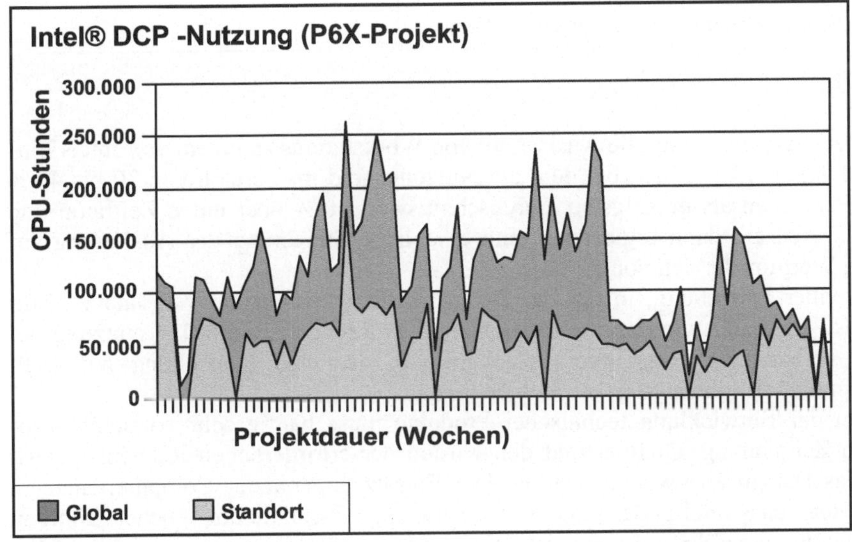

Abb. 1.

Ohne *Intel® DCP* wäre die Alternative gewesen, mindestens das Doppelte der damals zur Verfügung stehenden lokalen Rechenkapazitäten zu beschaffen, um die Anforderungen des Projekts zu erfüllen. Im Beispiel des P6X-Projekts konnten Projektkosten in Höhe von schätzungsweise mehreren 10 Millionen Dollar eingespart werden.

Die Möglichkeit, ungenutzte Computerressourcen verfügbar zu machen, veranschaulicht das nachstehende Diagramm, das unsere frühere Nutzung mit den Werten *nach* der Installation von Intel® DCP auf breiter Ebene im gesamten Unternehmen zeigt.

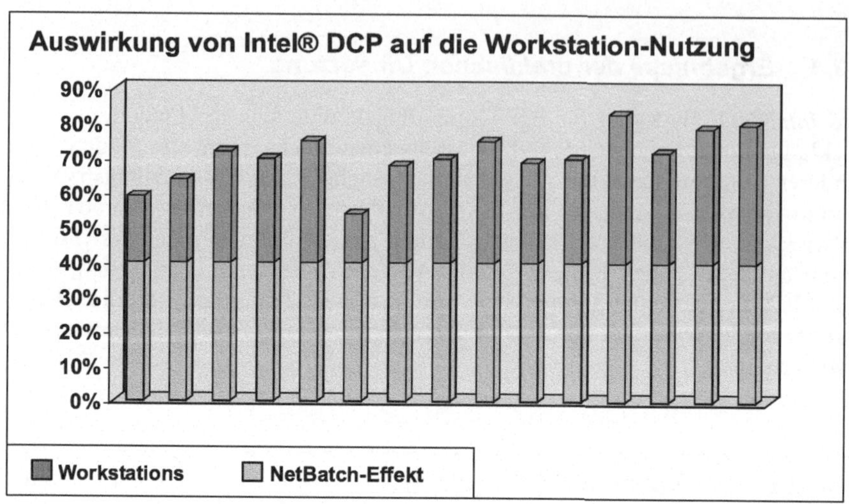

Abb. 2.

Das Diagramm stellt die Auslastung von Workstations an einem von Intels Entwicklungsstandorten dar, bei dem der Nutzungsgrad im Bereich von 30 bis 40 % lag. Setzt man als günstigsten Durchschnittswert 40 % über einen Zeitraum von fünf Jahren an, dann ergibt sich eine erhebliche Steigerung der Auslastung auf einen Wert im Bereich von 70 %.

In einer Umgebung, in der der Bedarf an Rechenkapazität von Jahr zu Jahr wächst, ist ein Gewinn von zusätzlichen 30 % Rechenkapazität bei Nutzung bereits vorhandener Ressourcen ein Umstand, der eine Umstellung auf P2P-Computing als lohnenswert erscheinen lässt.

Bei der Entwicklung technischer Produkte muss häufig sehr vorsichtig zwischen Zeitplanung, Qualität und den Kosten der erforderlichen Rechenkapazität für das Design abgewogen werden. Der Einsatz ungenutzter Computerkapazität bedeutete, dass Intel in der Lage war, hochwertige Produkte um Wochen früher in den Markt einzuführen. In einem Marktsegment, in dem eine möglichst kurze Zeit zwischen dem Konzept eines Produkts und dessen Markteinführung von größter Bedeutung ist, resultierte dies in höherer Rentabilität, da die Produkte schneller als sonst möglich auf den Markt gebracht werden konnten. In Verbindung mit den Millionen Dollar, die durch den möglich gewordenen Verzicht auf die Anschaffung von mehr Workstation-Rechenkapazität eingespart werden konnten, brachte die P2P-Anwendung Intel einen deutlichen Wettbewerbsvorteil in Bezug auf die Produktentwicklung.

1.4 P2P-File-Sharing und Netzwerkoptimierung

1.4.1 Unternehmerische Problemstellung

Die Mitarbeiter sehen sich heutzutage unvorhergesehenen Herausforderungen und einem verstärkten Konkurrenzdruck ausgesetzt. Sie müssen schneller lernen und in der Lage sein, mit ihren Kolleginnen und Kollegen fachübergreifend und global zusammenzuarbeiten, um neue Produkte zu entwickeln und die Betriebsabläufe zu optimieren.

P2P-Computing bietet hier deutliche Vorteile, die es Unternehmen ermöglichen, diese Aufgabenstellung leichter zu bewältigen. Beispielsweise kann P2P-fähige Software für das Wissensmanagement Unternehmen dabei unterstützen, das vorhandene Know-how besser zu erkennen, verfügbar zu machen und zu nutzen. Die Kombination aus hoch motivierten Mitarbeitern, die zum Know-how des Unternehmens beitragen, und angewandtem P2P-Computing bietet die Möglichkeit, das zu schaffen, was man als bionische Organisation bezeichnen könnte, die einen deutlichen Produktivitätsschub bewirkt und bei der die Leistung insgesamt erheblich größer ist als die Summe der Einzelleistungen.

Wie viele weltweit tätige Unternehmen hat auch Intel Betriebsstätten in vielen Ländern der Erde. Aus diesem Grund nutzen wir Werkzeuge, die es uns ermöglichen, auf weltweit verteilte Computerressourcen zuzugreifen und zu kooperieren, um erfolgreich sein zu können. Allerdings setzen hohe Kosten für internationale Kommunikationsleitungen mit großer Bandbreite oft Schranken hinsichtlich der Art von Anwendungen, die wir einsetzen können. P2P-Computing hilft uns hier, denn durch das Ersetzen von Komponenten in der IT-Plattform-Gleichung können wir mit Client-Caching arbeiten, was die Kosten für WAN-Bandbreite, die wir benötigen, um mit bestimmten Multimedia-Anwendungen zu arbeiten, drastisch reduziert. Um neue Möglichkeiten zu nutzen, IT-Kosten zu senken und die Nutzung unserer IT-Infrastruktur zu optimieren, entwickelte Intel die Software Intel® Content Distribution Software (Intel® CDS).

1.4.2 Intel® Content Distribution Software

Die Intel® CDS ist ein gutes Beispiel für eine P2P-Computing-Lösung. Diese Anwendung des P2P-File-Sharing wurde intern von Intels IT-Organisation entwickelt und hilft, mehrere unternehmerische Aufgabenstellungen zu lösen und dabei die vorhandene IT-Infrastruktur zu nutzen.

Intel® CDS läuft im unternehmenseigenen Intranet und wird für Anwendungen wie beispielsweise e-Learning und Wissensmanagement verwendet. Die Software bietet nicht nur diese Möglichkeiten, sondern senkt gleichzeitig die IT-Kosten von Intel, indem der Netzwerkverkehr aus Weitbereichsnetzwerken auf erheblich kostengünstigere lokale Netzwerke verlagert und außerdem preisgünstiger PC-Massenspeicher verwendet wird. Durch den Einsatz von INTEL® CDS kann jeder PC im Intranet von Intel zur Caching-Einheit werden, was die Leistungsfähigkeit bei bestimmten Dateiübertragungen erheblich steigert.

Die grundlegenden Elemente von INTEL® CDS sind Anwendungen für die Indizierung, die Publikation, die Verwaltung und die Verteilung von Inhalten. Ein Datenbankserver und ein Webserver stellen den Benutzern von Client-PCs mehrere Dienste zur Verfügung, mit denen sie Inhalte aus dem Web laden und betrachten können, während sie mit dem Intranet verbunden sind. Diese Benutzer können einen Offlineplayer verwenden, wenn sie nicht mit dem Netzwerk verbunden sind. Wenn ein Benutzer eine bestimmte Datei anfordert, sucht Intel® CDS den nächsten Client-Computer mit dieser Datei und startet einen Dateitransfer. Intel® CDS verfügt über die Möglichkeit zur Wiederaufnahme eines Dateitransfers, wenn der Client, von dem die Datei abgerufen wurde, vom Netzwerk getrennt wird, wie das beispielsweise bei einem Notebook der Fall sein kann. Der Dateitransfer wird automatisch nahtlos fortgesetzt und die Datei wird vom nächsten Client abgerufen, der über diese Datei verfügt.

INTEL® CDS ist in der Lage, die unterschiedlichsten Dateitypen zu verwalten und zu verteilen. Wir halten dies insbesondere bei der Verteilung von Dateien mit Multimedia-Inhalten für nützlich, da auf diese Weise auch sehr große Dateien nahezu nahtlos über ein Netzwerk nach dem Modell des P2P-Computing verteilt werden können. Im Folgenden erläutern wir die bei Intel implementierten Nutzungsmodelle für Intel® CDS.

1.4.3 Wissensmanagement

Eine wichtige Quelle für Intel ist das in Form von Präsentationen und Textdokumenten auf den Festplatten der einzelnen Mitarbeiter-PCs gespeicherte Wissen. In gewöhnlichen Netzwerken stehen diese Informationen anderen Mitarbeitern nicht zur Verfügung. Mit Hilfe von INTEL® CDS war es uns möglich, eine Funktion zu schaffen, mit der ein Mitarbeiter jede beliebige Datei auf seinem Computer für die gemeinsame Nutzung mit vielen anderen Mitarbeitern von Intel freigeben kann. Der INTEL® CDS Personal Publisher gestattet die einfache Anmeldung des Dateinamens und relevanter Metadaten in einem Index, den andere Benutzer nach Kriterien wie Thema, Schlüsselwörter usw. durchsuchen können. Wenn ein Benutzer die betreffende Datei anfordert, sucht das System nach dem nächsten Client, auf dem diese Datei oder eine Kopie davon gespeichert ist, und startet einen Dateitransfer von diesem Client. Bei der übertragenen Datei handelt es sich stets um die neueste Version.

Diese Funktion ist von großer Bedeutung, da auf diese Weise ein unternehmensinternes Wissensmanagementsystem geschaffen wird, mit dem bisher nicht verfügbare Informationen unternehmensweit zum Vorteil von Intel genutzt werden können. Die gemeinsame Nutzung von Wissen durch mehrere Mitarbeiter und die Wiederverwendung dieses Wissens eröffnen dem Unternehmen neue Möglichkeiten, während gleichzeitig Kosten durch die Verwendung preisgünstiger Massenspeichersysteme auf Client-PCs eingespart werden. Ferner erhöht sich die Leistungsfähigkeit des Gesamtsystems mit zunehmendem Nutzungsgrad, was für P2P-Lösungen typisch ist.

Eine Anwendung, die diesem Prinzip folgt und intern von Intel genutzt wird, ist das Programm Intel Notebook of Knowledge (INK). Es erfasst elektronisch dokumentiertes Wissen der IT-Organisation in Form von Whitepapers, Videos und Präsentationen. INTEL® CDS nutzt seine P2P-Dienste und fungiert als integrierter Objektspeicher, der ein angefordertes Objekt vom nächsten Client liefern lässt. Mit Hilfe der Publisher-Funktion von INTEL® CDS kann jeder Mitarbeiter dem zentralen Index Inhalte seiner Festplatte hinzufügen. Alle Dateien werden entsprechend der Kennzeichnungsnorm Dublin Core katalogisiert.

Intel hat festgestellt, dass Expertenvideos eine hervorragende Möglichkeit bieten, das Wissen zu erweitern. Vorher war es sehr schwierig, diese Videos an die richtigen Personen zu verteilen. Nun können sie mit Hilfe von Intel® CDS verfügbar gemacht und problemlos an Benutzer in aller Welt verteilt werden.

1.4.4 e-Learning

Multimedia-Inhalte, die überzeugend präsentiert werden, können das Lernen wesentlich effektiver machen. Bei Intel werden zunehmend Multimedia-Inhalte eingesetzt, die Text, Grafik, Audio und bewegte Bilder verbinden, um Informationen zu vermitteln. Dank neuer Technologien können Multimedia-Inhalte Wissen und Informationen in einer Form transportieren, die das Verständnis und die Aufnahme durch Nachdruck und Einbindung in einen Kontext fördert. Dieses Konzept wird durch eine Aussage von Prof. Fred Hofsteter, dem Leiter des Instructional Technology Center an der University of Delaware, unterstützt.

„Menschen erinnern sich an 20 % dessen, was sie sehen, an 30 % dessen, was sie hören, an 50 % dessen, was sie sehen und hören und an 80 % dessen, was sie gleichzeitig sehen, hören und tun."

Durch die Verbindung von Multimedia-Inhalten mit der Effizienz von e-Learning – wobei Schulungskurse einmalig aufgezeichnet und immer wieder verwendet werden (statt wie bei herkömmlichen Schulungen für jeden Kurs erneut Einrichtungen, Kursleiter und Material bereitzustellen) – ergibt sich eine äußerst vorteilhafte Situation. INTEL® CDS ermöglicht innerhalb eines Unternehmensnetzwerks eine praktisch reibungslose Verteilung von Multimedia-Inhalten und umfangreichen Videodateien in komprimierter Form. Intel in Europa setzt SLS ein, um seinen weiträumig verteilten Mitarbeitern Schulungsmaterial mit Bild und Ton auf effiziente Weise zugänglich zu machen.

Die IT-Organisation von Intel verwandelte vor kurzem ihr Programm zur Integration neuer Mitarbeiter in ein vollständig virtuelles e-Learning-Programm, das den neuen Angestellten per Intel® CDS vermittelt wird. Das Ergebnis ist, dass bei Umfragen zur Zufriedenheit mit den Integrationserfolgen eine Verbesserung von 77 % auf 88 % festgestellt werden konnte, während gleichzeitig erhebliche Einsparungen bei Reise- und Schulungskosten realisiert wurden. Die Inhalte sind wiederverwendbar, und deshalb verursacht die Teilnahme weiterer neuer Mitarbeiter der IT-Organisation von Intel an diesen Schulungen keine zusätzlichen Kosten mehr.

1.4.5 Videoinformationen an jeden Arbeitsplatz

Die „mündliche Überlieferung" wird für die Unternehmenskommunikation immer wichtiger. Einen kurzen Videoclip aufzuzeichnen ist häufig eine effizientere und auch effektivere Kommunikationsmethode als eine schriftliche Aufzeichnung und deren Verteilung per e-Mail oder per Papier. Dave Snowden, der Direktor des Institute of Knowledge Management in EMEA, sagt: *„Ich weiß immer mehr, als ich sage und ich weiß immer mehr, als ich aufschreiben kann."* Deshalb setzen Großunternehmen in zunehmendem Maße kurze Videoclips für die Weitergabe wichtigen Know-hows und wichtiger Mitteilungen an ihre Mitarbeiter in aller Welt ein.

INTEL® CDS schafft die Möglichkeit zur praktisch reibungslosen Verbreitung dieser Videoclips im gesamten Unternehmen, und zwar ohne die Notwendigkeit zusätzlicher Bandbreite oder Infrastruktur. Dateien mit Größen von 20 bis 40 MB werden in weniger als eine Minute heruntergeladen, wofür man in WANs typischerweise um die 20 Minuten benötigt. Der schnelle Zugriff wird durch das lokale Caching von INTEL® CDS möglich, das wiederholtes Herunterladen über das WAN vermeidet.

Die Firmenleitung von Intel verwendet die Technologie regelmäßig, um den Mitarbeitern wichtige Nachrichten zu übermitteln. Die Rentabilität dieser Maßnahme ist enorm groß, da es nicht mehr notwendig ist, Mitarbeiter in Konferenzräumen und Sälen zu versammeln, um diese Botschaften zu hören. Der einzelne Mitarbeiter kann sich das Video zu einem geeigneten Zeitpunkt an seinem Arbeitsplatz ansehen.

1.5 Die Ergebnisse von File-Sharing und Netzwerkoptimierung

Als Intel damit begann, P2P-File-Sharing einzuführen, wurden interne Versuche durchgeführt, um die Auswirkungen der Software auf die Benutzer und die IT-Infrastruktur des Unternehmens zu untersuchen. Während der Versuchsphase wurde eine e-Learning-Schulung durchgeführt, wobei der Lehrstoff mit ca. 60 Modulen aus Dateien mit Größen im Bereich von fünf bis 15 MB bestand. An diesem Versuch nahmen 1900 Mitarbeiter in mehr als 50 Betriebsstätten teil. Die Teilnehmer erzielten eine durchschnittliche Verkürzung der Dateiladezeiten um den Faktor 4 bis 5, wobei mehr als 80 % der über 3000 übertragenen Dateien per P2P im LAN statt über das WAN transferiert wurden. Abb. 3 zeigt einen Vergleich der Übertragungszeiten für eine große Datei mit einer P2P-Anwendung und in einer konventionellen Client/Server-Umgebung.

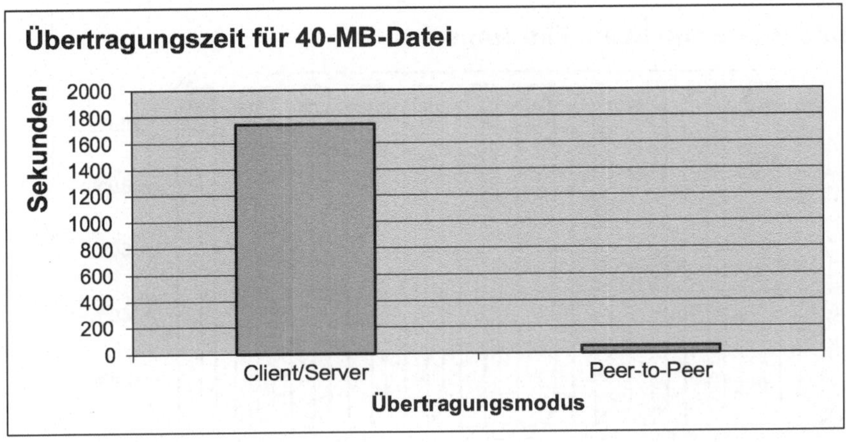

Abb. 3.

Ein weiteres Motiv für die Einführung des P2P-Computing ist das immerwährend gültige Mooresche Gesetz. Statt per Video-Streaming über ein Netzwerk kann eine Videodatei komprimiert, im P2P-Verfahren übertragen, dekomprimiert und anschließend lokal auf einem PC wiedergegeben werden. Mit zunehmender Leistungsfähigkeit der Computersysteme und immer intelligenteren CPU-Architekturen werden die Zeiten für die Dekompression von Dateien weiter verkürzt. Beispielsweise wird heute eine komprimierte Videodatei mit einer Größe von 40 MB von einem PC mit einem neuen, mit 2,2 GHz getakteten Pentium® 4 Prozessor in nur ca. 5 Sekunden dekomprimiert, während dies auf einem 700-MHz-PC mit Pentium® III Prozessor noch ca. 40 Sekunden dauerte.

In einem anderen Experiment, in dem es um die Verbreitung einer Videodatei mit einer Ansprache von Intels CEO an Mitarbeiter rund um den Globus ging, wurden Tausende Kopien dieser Videodatei an die Arbeitsplätze in aller Welt übertragen, wobei mehr als 90 % der Dateitransfers mit dem P2P-Modell durchgeführt wurden, was die Übertragungszeiten und die Netzwerkkosten erheblich reduzierte.

Die Auswirkungen der Share-and-Learn-Software für die Netzwerkentlastung sind aus dem nachstehenden Diagramm ersichtlich. Ursprünglich, nämlich bei Einführung der Lösung, lag der Anteil der P2P-Datenübertragungen bei etwa 30 %. Nach einem Jahr stieg der Anteil auf einen Wert von beinahe 90 %. Hieraus ergab sich ein erheblich geringerer Bedarf an WAN-Bandbreite, so dass die Kosten für die Nutzung internationaler Netzwerkleitungen reduziert oder die Bandbreite für andere Anwendungen genutzt werden konnte, was der Leistungsfähigkeit der Anwender zugute kam.

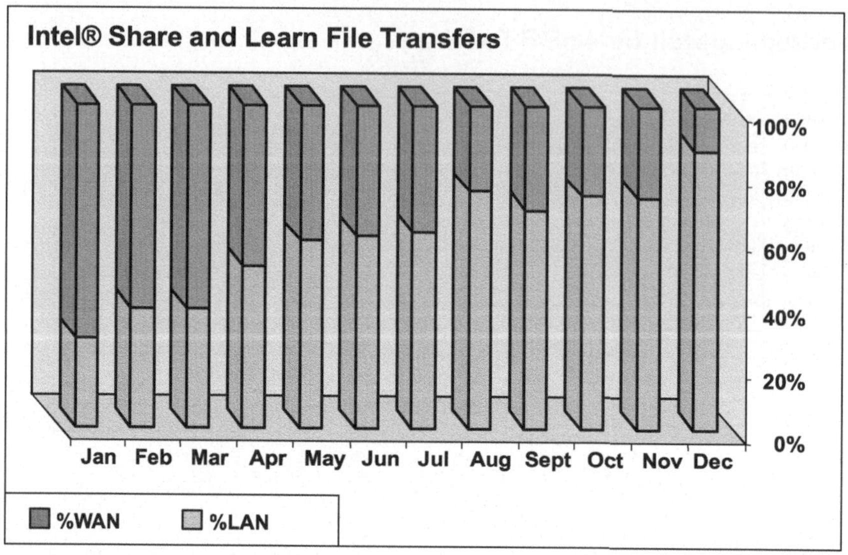

Abb. 4.

Intel setzt verstärkt auf Intel® CDS und nutzt dessen Vorteile. Eine interessante Beobachtung ist, dass die Leistungsfähigkeit von Intel® CDS im Gegensatz zu Client/Server-Systemen mit zunehmender Auslastung verbessert wird, da mehr Kopien der gleichen Datei an verschiedenen Knotenpunkten des Netzwerks gespeichert sind. Intel® CDS beinhaltet Schutzfunktionen für die Client-Systeme und das Netzwerk, um negative Auswirkungen auf die Clients und die Netzwerkleistung durch Überlastungen zu vermeiden.

1.6 PC-Philanthropy

Nachdem das große Potenzial des P2P-Computing immer offensichtlicher wurde, startete Intel ein Programm mit der Bezeichnung PC-Philantrophy. Bei PC-Philanthropy handelt es sich nicht – wie es sich aus der Bezeichnung ableiten ließe – darum, PCs oder Geld zu verschenken. Es handelt sich vielmehr um die Nutzung brachliegender Computerressourcen wie Rechen- und Festplattenkapazitäten von Mitarbeiter-PCs für wohltätige Zwecke. Typischerweise wird von PC-Philantrophy-Anwendungsprogrammen nur die Computerleistung in Anspruch genommen, die zu einem bestimmten Zeitpunkt nicht vom jeweiligen Mitarbeiter genutzt wird. Diese Programme laufen ähnlich wie Bildschirmschoner, wenn der Computer zwar eingeschaltet ist, die Computerressourcen aber nicht genutzt werden. Im Gegensatz zu einem Bildschirmschoner laufen die meisten dieser Programme jedoch im Hintergrund. Sobald der Benutzer mehr Computerressourcen benötigt, werden diese vom Programm sofort freigegeben.

Das Intel® Philanthropic-P2P-Programm wurde entwickelt, um die Bereitstellung ungenutzter Computerressourcen zu einer ganz normalen Sache für Benutzer von PCs, die mit dem Internet verbunden sind, zu machen. Um dies zu erreichen, beabsichtigte Intel, PC-Philanthropy allgemein ins Bewusstsein der Benutzer zu bringen, die Entwicklung neuer Anwendungen zu ermöglichen sowie einen Schwerpunkt auf medizinische Forschungsprogramme zu setzen.

1.6.1 P2P-Technologie beschleunigt die medizinische Forschung

PC-Philantrophy unterstützt Wissenschaftler dabei, Heilverfahren für lebensbedrohliche Krankheiten zu entwickeln, indem Millionen von PCs miteinander verbunden werden, um eine der weltgrößten und leistungsfähigsten Computerressourcen zu schaffen. Das CURE-Programm verwendet mit dem Internet verbundene PCs und die hohe Leistungsfähigkeit von P2P-Computing über das Internet, um Ressourcen wie Festplattenlaufwerke und Rechenleistung gemeinsam zur massiven Steigerung der Rechenkapazität einzusetzen, die den Forschern zur Verfügung steht.

Im Rahmen dieser Programme haben die Besitzer von Computern die Möglichkeit, ihre PC-Ressourcen für die wissenschaftliche Forschung einzusetzen, wobei es z. B. um die Suche nach neuartigen Heilverfahren zur Bekämpfung von Krebs und anderen Krankheiten geht. Hierzu muss der PC-Besitzer lediglich ein spezielles Anwendungsprogramm aus dem Internet laden.

Als ersten Schritt bei der Suche nach neuen Medikamenten und einer möglichen Heilung von Leukämie, der häufigsten Todesursache durch Krankheit bei Kindern, untersuchten die Forscher das Krebsheilungspotenzial von Hunderten Millionen von Molekülen. Wissenschaftler schätzten, dass diese Aktion einen Zeitaufwand von mindestens 24 Millionen Stunden für intensivste Berechnungen erfordert, was früher vollkommen unvorstellbar war. In Zusammenarbeit mit United Devices Inc., der Oxford University und der National Foundation for Cancer Research kündigte Intel ein Programm mit der Bezeichnung CURE an, das diese immense Aufgabe bewältigen sollte. Das ursprüngliche CURE-Programm für die Optimierung von Medikamenten bezog sich auf die Untersuchung von vier Proteinen. Eines dieser Proteine konnte als kritisch für die Zunahme der Leukämie identifiziert werden. Die Eliminierung dieses Proteins könnte theoretisch eine Heilung möglich machen.

Das Potenzial von PC-Philantrophy zur beschleunigten Entwicklung von Heilverfahren wird durch eine Aussage von Dr. Sujuan Ba bekräftigt. Dr. Ba ist der wissenschaftliche Leiter der National Foundation for Cancer Research. Er sagt: „Diese Initiative für Zusammenarbeit bietet uns die Möglichkeit, bei der Entwicklung von Medikamenten gegen Krebs etwa drei bis fünf Jahre Zeit einzusparen, was bedeutet, dass den Patienten vielversprechende Medikamente früher als ursprünglich geplant zur Verfügung stehen. Es ist eine unglaubliche Sache, dass es durch diese Koordinierung der Rechenleistung Krebspatienten, geheilten Krebspatienten und der allgemeinen Öffentlichkeit möglich wird, die Krebsforschung dabei zu unterstützten, Mittel gegen eine der tödlichsten Krankheiten auf der Erde zu finden.“

Es ist interessant, das CURE-Projekt sowohl aus der Perspektive der möglichen Resultate als auch der Computerplattform zu betrachten.

1.6.2 Erste Ergebnisse mit PC-Philantrophy

Die Forschungsergebnisse des ersten CURE-Programms waren vielversprechend, da für ein Protein ca. 40.000 mögliche Arzneimoleküle und für ein zweites Protein ca. 20.000 Moleküle gefunden werden konnten. Um dies einmal in Form von Verarbeitungsgeschwindigkeit auszudrücken: Die Computerplattform mit ihren vielen verteilten PCs war in der Lage, pro Sekunde mehr als 15.000 Moleküle zu analysieren. Im Vergleich hierzu wirkt es sehr bescheiden, wenn Pharmaunternehmen üblicherweise nur ein paar hundert Moleküle pro Woche analysieren.

Bei der Rechenleistung bestand die Absicht, mit dem CURE-Programm einen virtuellen Supercomputer mit einer Leistung von mehr als 50 TFLOPs (50 Billionen Fließkommaoperationen pro Sekunde) unter Beteiligung mehrerer Millionen Computerbesitzer zu schaffen. Ende 2001 waren 1,3 Millionen PCs am CURE-Programm beteiligt. Zu diesem Zeitpunkt hatten alle beteiligten Computer insgesamt eine Rechenzeit von mehr als 81.000 Jahren und eine Rechenleistung von 70 TFLOPs erreicht. Diese Rechenleistung ist auf jeden Fall mehr als nur sensationell. Die kombinierten Computerressourcen sind 10-mal leistungsfähiger als die derzeit schnellsten Supercomputer.

Zu Beginn des ursprünglichen Programms sagte Craig Barrett, der Präsident und CEO der Intel Corporation: „Intel und die Wissenschaft verwenden den PC und die Leistungsfähigkeit des P2P-Computing, um die Weise, in der medizinische Forschung betrieben wird, auf geradezu dramatische Art zu verändern. Durch die Nutzung von PCs, die mit dem Internet verbunden sind, macht es dieses Programm möglich, das größte Computersystem aller Zeiten für die Berechnung biologischer Daten aufzubauen, um dazu beizutragen, einige der gravierendsten wissenschaftlichen Probleme zu lösen." Das wäre eine gewaltige Leistung.

1.7 Die Vorteile von P2P-Computing

P2P-Computing ist eine großartige Möglichkeit für Unternehmen, das versteckte Potenzial ihrer IT-Infrastruktur zu nutzen und gleichzeitig neue Möglichkeiten zu schaffen, die Leistungsfähigkeit zu steigern. Parallel hierzu führt PC-Philanthropy die Anwendung der Informationstechnologie zu Lösungen, die zur Verbesserung der Lebensqualität beitragen können.
Die Einführung von P2P-Computing bietet folgende Vorteile:

- Schaffung neuer Möglichkeiten
- Höhere Leistung und schnellere Ergebnisse
- Niedrigere Kosten für die IT-Infrastruktur
- Bessere Nutzung der IT-Ressourcen
- Intelligentere Dynamik von Unternehmenssystemen
- Verbesserte Fehlertoleranz und Skalierbarkeit
- Flexiblere Verteilung von Ressourcen

Das neue Modell des P2P-Computing schafft neue Möglichkeiten für die Vermittlung von Informationen per Video an jeden Arbeitsplatz, die Beschleunigung der

Forschung und die Verbesserung der Leistungsfähigkeit. Zusätzlich ermöglicht P2P-Computing die bessere Integration unterschiedlicher Computerkomponenten und dadurch höhere Leistungsfähigkeit, niedrigere Systemkosten und eine bessere Nutzung der IT-Ressourcen.

Wir stehen am Anfang einer aufregenden Entwicklung auf dem Gebiet der Computertechnologie.

Intel, Pentium, CDS und Distributed Computing Platform sind Marken der Intel Corporation oder ihrer Tochtergesellschaften in den USA oder anderen Ländern.

Teil III

Die technologische Perspektive

Web Services und Peer-to-Peer-Netzwerke

Remigiusz Wojciechowski, Christof Weinhardt

Universität Karlsruhe (TH)

Web Services und Peer-to-Peer werden oft in einem Atemzug erwähnt. Beide Technologien sorgen für Aufregung und wecken hohe Erwartungen. Sowohl Web Services als auch Peer-to-Peer verfolgen den Service Oriented Architecture-Ansatz. Bei beiden steht die Verteilung und Dezentralisierung im Mittelpunkt, auch wenn Web Services auf einer Client-Server-Architektur basieren. Web Services und Peer-to-Peer weisen viele Ähnlichkeiten, aber auch einige Unterschiede auf. Es ist nicht auszuschließen, dass am Ende eine hybride Technologie entsteht, die die Vorteile von Web Services und Peer-to-Peer in sich vereint.

1 Einleitung

Die Art und der Grad der Nutzung des World Wide Web ist von Unternehmen zu Unternehmen unterschiedlich. Einige beschränken sich auf die Nutzung des World Wide Web (WWW) zu Selbstdarstellungszwecken, andere versuchen, ihre Produkte via Internet zu verkaufen. Oft investieren sie Zeit und Geld in die Integration ihrer internen Systeme mit denen ihrer Geschäftspartner, um die Geschäftsprozesse zu optimieren. Dabei sind die Lösungsansätze sehr heterogen. Dies führt oft zu hohen Switching Costs bzw. zu Lock-In-Effekten,[1] – d.h. die Kosten eines Wechsels zu neuen Geschäftspartnern sind prohibitiv hoch, weil z.B. die Schnittstellen neu programmiert werden müssen. Um dies zu vermeiden, erscheint es sinnvoll, Business-to-Business-Transaktionen zu standardisieren. Dies war die Hauptmotivation für die Einführung und Weiterentwicklung von sogenannten Web Services – wiederverwendbaren Softwarekomponenten, auf die über das Internet zugegriffen werden kann.

Laut Schätzung der Gartner Group werden Web Services bis Ende 2004 den von den Fortune-2000-Unternehmen am häufigsten gewählten Implementierungs-Ansatz darstellen, was Ende 2005 eine Effizienzsteigerung von 30 Prozent bei IT-

---

[1] Für eine umfangreiche Diskussion der Switching Costs und Lock-In-Effekten vgl. Shapiro u. Varian 1999, S. 103ff.

Projekten bewirken sollte.[2] Insofern ist es nicht verwunderlich, dass sich die Web Services in dem von Gartner entwickelten Hype-Zyklus mitten im sogenannten „Hoch der überzogenen Erwartungen" befinden.

Eine andere Technologie – Peer-to-Peer (P2P) – hat laut Gartner Group diese Phase bereits hinter sich und bewegt sich auf die „Talsohle der Ernüchterung" zu.[3] Dennoch werden Web Services oft mit P2P in Zusammenhang gebracht. Das Ziel dieses Beitrags ist es, diesen Zusammenhang darzustellen und mögliche Tendenzen der Konvergenz der beiden Ansätze zu untersuchen.

Während in Kapitel 2 die Begriffe und Konzepte, die hinter Web Services und P2P stehen, kurz erläutert werden, liefert Kapitel 3 einen detaillierteren Überblick über Web Services. (Da die P2P-Technologie in anderen Beiträgen des Bandes ausführlich dargestellt wird, sollen die kurzen Ausführungen aus Kapitel 2 ausreichen.): Anschließend werden in Kapitel 4 die Unterschiede und Gemeinsamkeiten sowie mögliche Synergien zwischen den beiden Technologien aufgezeigt. Ein kurzer Ausblick rundet die Arbeit ab.

2 Web Services und Peer-to-Peer-Netzwerke: Begriffe und Konzepte

2.1 Web Services

Web Services sind verteilte Softwarekomponenten, die über das Internet in andere Applikationen schnell und kostengünstig integriert werden können. Das Versprechen, zu geringen Kosten rasch die Integration umzusetzen, wird durch den Einsatz von etablierten Standardtechnologien wie Extensible Markup Language (XML) und Hypertext Transfer Protocol (HTTP) gestärkt.[4]

Web Services sind durch folgende Eigenschaften[5] charakterisiert:

- *Programmierbarkeit*: Web Services bieten Schnittstellen an, die es ermöglichen, sie in Applikationen zu integrieren.
- *Selbstbeschreibung*: Web Services enthalten relevante Informationen über die angebotenen Schnittstellen (z.B. die Datentypen der Methodenparameter), was eine dynamische Anbindung ermöglicht.
- *Kapselung*: Analog zum gleichnamigen objektorientierten Konzept sind Web Services unabhängige, in sich geschlossene Einheiten.
- *Lose Kopplung*: Die Kommunikation mit Web Services erfolgt ausschließlich über Nachrichten.

---

[2] Vgl. http://www3.gartner.com/DisplayDocument?id=350986 sowie http://www3.gartner.com/DisplayDocument?id=344028

[3] Vgl. dazu Younker 2001, S. 5f.

[4] Vgl. Ariba et al. 2000b, S. 3.

[5] Vgl. Bettag 2001, S. 302.

- *Ortstransparenz*: Web Services können jederzeit und von jedem Ort aufgerufen werden.
- *Protokolltransparenz*: Nachrichten können über mehrere Protokolle transportiert werden.
- *Komposition*: Web Services können aus anderen Web Services zusammen gesetzt werden.

2.2 Peer-to-Peer

Schon vor 30 Jahren haben Unternehmen mit Netzwerkarchitekturen gearbeitet, die man heute als P2P bezeichnen würde. Was heutzutage das Thema wieder aktuell macht, abgesehen von dem weltweit Aufsehen erregenden Napster-Prozess, ist die Verbilligung von Rechenleistung, Bandbreite und Speicherkapazität, die dazu geführt hat, dass nur ein Bruchteil der Leistungsfähigkeit von vielen Desktop-Rechnern – im Unternehmen ebenso wie in privaten Haushalten – ausgeschöpft wird.

P2P lässt sich als Sharing von Ressourcen und Diensten durch direkten Austausch zwischen dezentral verteilten Systemen (Peers) definieren. P2P-Neztwerke können für mehrere Szenarien eingesetzt werden:[6]

- *Collaboration*: Die P2P-Technologie ermöglicht eine Gruppen-Zusammenarbeit in Echtzeit – unabhängig von der Lokalisierung der Teammitglieder.
- *Edge services*: Inhalte und Dienste werden an die „Ränder der Netzwerke" so verteilt, dass sich die Distanz zu dem Ort, von dem sie nachgefragt werden, verkürzt.
- *Distributed computing and resources*: Mit P2P-Netzwerken lassen sich Ressourcen der Desktop-Computer wie Rechenleistung oder Speicherkapazität zu einem virtuellen Supercomputer kumulieren. Auf diese Weise können Unternehmen schnell und kostengünstig rechenintensive Aufträge ausführen.
- *Intelligent Agents*: Agenten können in einen P2P-Netzwerk dazu verwendet werden, bestimmte Aufgaben automatisch auszuführen. So lassen sich etwa die Desktop-Rechner auf Vireninfektionen überprüfen.

3 Einführung in Web Services

Die Verteilung von Systemen und die damit einhergehenden Remote Procedure Calls (RPC) sind keine neuen Konzepte. Verteilte Architekturen wie Common Object Request Broker Architecture (CORBA)[7], Distributed Component Object Model (DCOM)[8] oder Remote Method Invocation (RMI) bestehen schon seit eini-

[6] http://www.peer-to-peerwg.org/whatis/index.html
[7] Für Informationen zu CORBA vgl. http://www.omg.org/.
[8] Für Informationen zu DCOM vgl. http://www.microsoft.com/com/tech/dcom.asp.

gen Jahren. Es stellt sich also die Frage, was den Reiz an Web Services ausmacht. Folgende Argumente werden dazu häufig angeführt:[9]

- *Interoperabilität*: Während die bestehenden verteilten Architekturen innerhalb ihrer Grenzen effizient funktionieren, ist eine systemübergreifende Integration (z.B. zwischen DCOM und CORBA) ein langwieriger und schwieriger Prozess. Web Services dagegen können unabhängig vom Betriebssystem und von der Programmiersprache aufgerufen werden. So könnte z.B. eine auf Linux entwickelte Java-Applikation eine auf einem Windows-Rechner implementierte Webmethode aufrufen.
- *Ubiquität*: Da Web Services auf bewährten Industriestandards aufsetzen (XML und HTTP) können sie potentiell von jedem digitalen Endgerät verwendet werden.
- *Big Players*: Web Services werden von großen Playern der Softwareindustrie wie Microsoft, IBM, Sun, SAP, usw. unterstützt.[10]
- *Niedrige Einstiegsbarrieren*: die Konzepte hinter den Web Services sind relativ unkompliziert. Darüber hinaus bieten die Großen, die hinter Web Services stehen, Werkzeuge an, mit denen man leicht bestehende Komponenten als Web Services veröffentlichen kann.
- *Internetfähigkeit*: Die Wahl von HTTP als Transportprotokoll führt dazu, dass Web Services Firewall-freundlich sind.

Die offene Natur der Web Services bringt allerdings Fragestellungen bzw. Probleme mit sich. Im folgenden werden einige Beispiele genannt:[11]

- *Ermittlung*: Wie können Web Services veröffentlicht und gefunden werden?
- *Zuverlässigkeit*: Was kann ein Unternehmen tun, wenn ein für seine Geschäftstätigkeit unerlässlicher Webservice ausfällt? Wie kann die Zuverlässigkeit von Web Services gemessen werden?
- *Sicherheit*: Wie können die über das Internet transportierten XML-Nachrichten verschlüsselt werden? Wie können Web Services Benutzer authentifizieren?
- *Transaktionen*: Wie kann man mehrstufige Prozesse mit Web Services abbilden?
- *Skalierbarkeit*: Sind die vorhandenen Lösungsansätze zur Skalierbarkeit ausreichend für Web Services?
- *Verwaltbarkeit*: Wie können stark verteilte Systeme administriert werden?
- *Geschäftsmodell*: Wie soll für Web Services bezahlt werden? Welche Erlösmodelle setzen sich durch?
- *Tests*: Wie soll Software, die auf Web Services basiert, getestet werden?

Web Services sind nicht die einzige Technologie, mit der die Business-to-Business-Kommunikation im Internet mit XML als Standardsprache erfolgt. Ein ähnliches Konzept verfolgt Electronic Business XML (ebXML) – ein seit 1999

[9] Vgl. Glass 2000.
[10] Vgl. Smith 2001.
[11] Ebd.

von UN/CEFACT und OASIS gesponsertes Projekt. Das Ziel von ebXML ist die Entwicklung von Standards für globalen Datenaustausch im B2B-Bereich. Es ist absehbar, dass die beiden Technologien interoperabel sein werden. Den ersten Schritt haben die ebXML-Mitglieder bereits getan, indem SOAP in die ebXML-Spezifikation übernommen wurde.[12]

3.1 Architektur

Web Services gehören konzeptionell zur sogenannten Service Oriented Architecture (SOA). Die SOA hat sich als Ergebnis der breiten Akzeptanz von verteilten und objektorientierten Programmierstandards, der Internet-Konnektivität sowie dem Streben nach Produktivität und Effizienz etabliert. Im Rahmen von SOA werden Funktionen, Objekte, Komponenten, Applikationen oder Prozesse als Dienste bereitgestellt, die über das Internet miteinander kommunizieren können.[13] Der Ansatz vereint die Vorteile der Drei-Ebenen-Architektur (Präsentation, Anwendungslogik, Datenhaltung) und der verteilten Architekturen, die bereits den diensteorientierten Ansatz verfolgen.[14]

Ähnlich wie in den meisten SOA-Systemen, unterscheidet man bei Web Services zwischen drei Akteuren:[15]

- *Anbieter* der Services
- *Konsumenten* der Services
- *Verzeichnis* der Services

Aus funktionaler Sicht kann man Web Services in drei Stacks unterteilen: Leitung (Wire), Beschreibung (Description) und Ermittlung (Discovery). Die Komponenten der Leitungsschicht sind verantwortlich für alle Aspekte der Kommunikation. Die Beschreibungsschicht vereint Komponenten, die Aufschluss über die in der Leitungsschicht befindlichen Dienste gibt. In der Ermittlungsschicht befinden sich Komponenten, die ein manuelles oder automatisches Suchen und Finden von Komponenten der anderen Schichten ermöglichen.[16]

Die Abbildung 1 liefert eine Übersicht über die Stacks.

[12] Vgl. Drummond 2001. Mehr zu ebXML unter http://www.ebxml.org.
[13] Vgl. http://www.bea.com/products/webservices/index.shtml
[14] Vgl. Born 2001.
[15] Vgl. Schneider 2001 sowie Bettag 2001.
[16] Vgl. IBM und Microsoft 2001

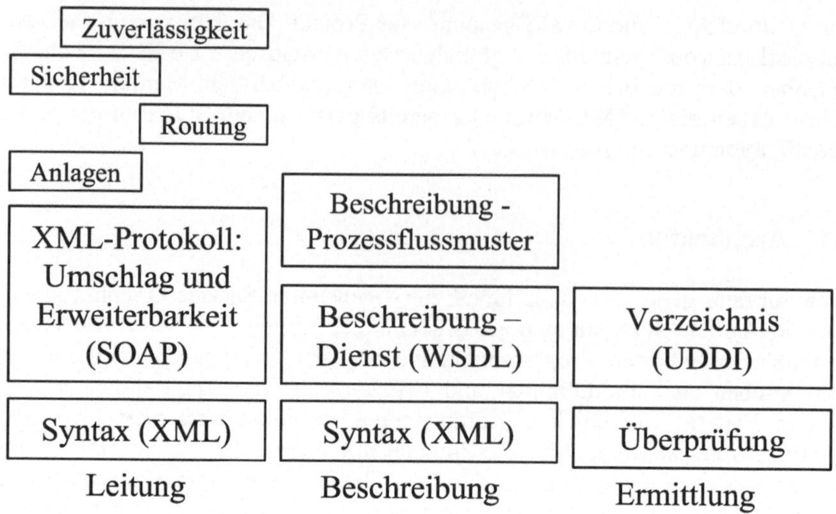

Abb. 1. Drei funktionale Stacks in der Web Services-Architektur.[17]

3.2 Technologische Grundlagen

Die Abbildung 2 stellt eine mögliche Kommunikation zwischen einem Client und einem Webservice dar. Bevor ein Webservice aufgerufen werden kann, muss er in der Regel gefunden und erkundet werden. Wie bereits erwähnt, stützen sich die Web Services auf bestehende oder sich abzeichnende Standards. Die Sprache der Kommunikation zwischen und mit den Web Services ist XML. Das dynamische Finden von Web Services erfolgt im Rahmen von UDDI (1). Die unterstützten Methoden und deren Parameter werden mit WSDL (3) beschrieben. Der eigentliche Aufruf geschieht mittels SOAP (4).[18]

3.2.1 Simple Object Access Protocol (SOAP)

Das Simple Object Access Protocol (SOAP)[19] beschreibt, wie strukturierte und typisierte Informationen zwischen Endpunkten (Peers) in einer dezentralisierten und verteilten Umgebung mit Hilfe von XML-Nachrichten ausgetauscht werden können, wodurch Remote Procedure Calls ermöglicht werden.

---

[17] Quelle: in Anlehnung an Ballinger.

[18] Auf das im Schritt 2 dargestellte Discovery-Dokument – eine Erweiterung seitens Microsoft – wird in diesem Beitrag nicht näher eingegangen. Vgl. dazu Skonnard 2002.

[19] Im neusten W3C Working Draft wird SOAP nicht mehr als Akronym verwendet. Vgl. dazu W3C 2001a.

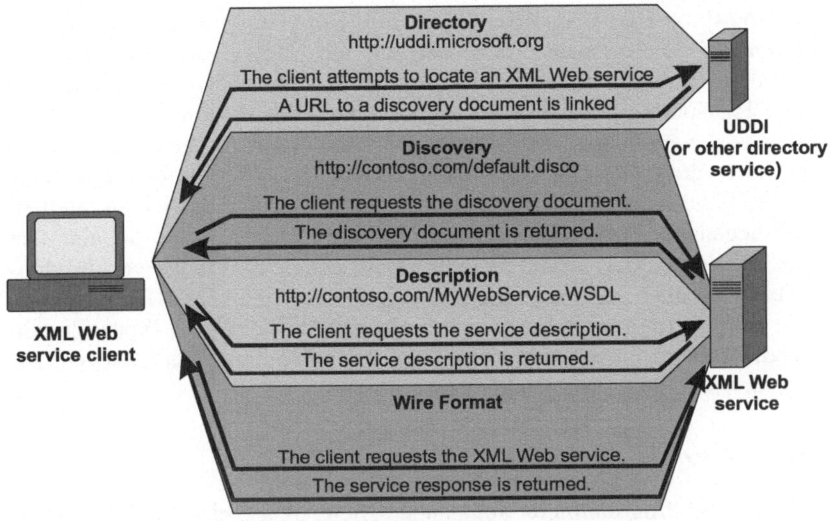

Abb. 2. Kommunikation zwischen einem Client und einem Webservice.[20]

SOAP wurde im Mai 2000 auf Vorschlag von DevelopMentor, IBM, Lotus, Microsoft und UserLand Software vom World Wide Web Consortium (W3C) als sogenannte Note angenommen. Zum Zeitpunkt des Verfassens hatte SOAP den Status eines „Working Draft".[21]

Die Nachricht bildet die elementare Einheit in einer SOAP-Kommunikation. SOAP legt fest, wie eine Nachricht strukturiert und verarbeitet werden soll. Das Grundelement einer Nachricht ist der Umschlag (Envelope), der wiederum einen optionalen Header und einen Body enthält. Der Header markiert einen generischen Mechanismus, der eine SOAP-Nachricht um Funktionalitäten erweitern kann, die vorher von den kommunizierenden Anwendungen nicht abgestimmt worden sind. Der Body enthält Informationen, die für den eigentlichen Empfänger der Nachricht bestimmt sind.

Das fundamentale SOAP-Nachrichtenaustauschmodell geht von einer unidirektionalen Kommunikation aus, d.h. Nachrichten werden vom Sender über optionale Intermediäre[22] zum Empfänger übertragen. Das Modell schließt aber eine Implementierung von SOAP für eine mehrdirektionale Kommunikation generell nicht aus. Vielmehr beschreibt die SOAP-Spezifikation ein Request-Response-Modell mit HTTP als Transportprotokoll.

---

[20] Quelle: MSDN 2001

[21] „Working Draft" ist der erste Schritt im W3C-Standardisierungsprozess.

[22] Ein Intermediär in der SOAP-Kommunikation könnte z.B. eingesetzt werden, wenn ein Unternehmen die Reisebuchungsaufträge seiner Mitarbeiter auf Konformität mit den Reiserichtlinien prüfen will.

Ein Transportprotokoll ist notwendig, damit Kommunikation überhaupt zu Stande kommt. SOAP legt dabei nicht fest, wie die Nachrichten zwischen dem Sender und dem Empfänger transportiert werden. Folglich sind einige wichtige Aspekte des Transports, wie z.B. die Zuverlässigkeit, das Routing oder die Verschlüsselung von Nachrichten, nicht direkt Bestandteil der SOAP-Spezifikation. Vielmehr müssen diese Features von dem zu Grunde liegenden Protokoll gewährleistet werden.[23] Die dazu notwendige Interaktion von SOAP-Nachrichten mit dem zu Grunde liegenden Protokoll wird als „Protocol Binding" bezeichnet. Die SOAP-Spezifikation enthält hierfür Richtlinien für die Beschreibung von Bindungen und liefert darüber hinaus als konkrete Implementierung die Bindung von SOAP zum HTTP-Protokoll.[24] Ein weiterer Bestandteil der SOAP-Spezifikation sind die Kodierungsregeln (Encoding Rules), die den Mechanismus festlegen, mit dem Datentypen serialisiert werden können.

3.2.2 Web Services Description Language (WSDL)

Mit SOAP kann der Programmierer auf standardisierte Weise eine Methode aufrufen. Die Voraussetzung dafür ist, dass er die Schnittstelle, also den Namen, die Aufrufparameter und den Rückgabewert der Methode kennt. Bietet beispielsweise ein Server den Dienst „AktienKurse" an und stellt Methoden wie „AktuellerKurs", „Höchstkurs", etc. zur Verfügung, muss beiden Methoden die „WKN", das „Datum" und die „Börse" als Parameter übergeben werden. Der Rückgabewert ist eine Gleitkommazahl, die den Kurs für das den Parametern entsprechende Wertpapier widerspiegelt. Der Programmierer braucht nun eine Möglichkeit, diese Informationen zu gewinnen. Diese Aufgabe erfüllt die Web Services Description Language (WSDL)[25], die die von einem Server angebotenen, nachrichtenorientierten Dienste in XML beschreibt. Dienste (Services) werden als eine Sammlung von Endpunkten im Netzwerk (Ports) definiert.[26]

Ein WSDL-Dokument enthält Definitionen, die ein Client für die Interaktion mit den unterstützten Diensten benötigt. Dabei werden abstrakte, maschinen- und sprachenunabhängige Definitionen von konkreten Implementierungen getrennt. Jedes WSDL-Dokument besteht aus folgenden Elementen:[27]

- Abstrakte Definitionen
  - *Types*: Dieses Element beschreibt die für die ausgetauschten Nachrichten relevanten Datentypen. Die Datentypen in WSDL lehnen sich an die XML

[23] Vgl. W3C 2001a.

[24] Mit dem HTTP-Protokoll lässt sich synchrones Messaging realisieren. Für asynchrone Kommunikation könnte das SMTP-Protokoll verwendet werden.

[25] WSDL wurde der W3C im März 2001 von Ariba, IBM und Microsoft zur Standardisierung vorgelegt.

[26] Vgl. Ariba et al. 2001 sowie Tapang 2001.

[27] Vgl. Tapang 2001.

Schema Definition (XSD)[28] an. Dank ihrer Erweiterbarkeit lassen sich jedoch neue, auch komplexe Datentypen definieren.
  - *Messages*: Dieses Element definiert die von einem Dienst unterstützten Nachrichten. Die Nachrichten bestehen aus sog. Parts, die in Form von Datentyp-Bezeichnung-Paaren ausgedrückt sind.
  - *Port Types*: Dieses Element definiert die eigentlichen Methoden (Operations) des Dienstes. Für die Beschreibung der Methodensignaturen werden die im Messages-Element definierten Nachrichten verwendet.
- Konkrete Definitionen
  - *Bindings*: Stellt die Verknüpfungen zwischen den im Port Types-Element definierten Operationen und denen der konkreten Implementierung (z.B SOAP) her.
  - *Services*: Dieses Element enthält die physischen Adressen der im Bindings-Element definierten Bindungen.

Der eingereichte Standard definiert zusätzlich Bindings für SOAP 1.1, HTTP GET/ POST und MIME und lässt Raum für weitere Definitionen.

3.2.3 Universal Description, Discovery and Integration (UDDI)

Bisher wurden mit SOAP und WSDL die technologischen Grundlagen für den Aufruf und die Beschreibung von Web Services behandelt. Für einen weitreichenden Einsatz der Web Services ist nun neben der reinen Beschreibung des Dienstes vor allem das Wissen um die Existenz verschiedener dieser Dienste und ihrer Anbieter essentiell. Universal Description, Discovery and Integration (UDDI) bietet dafür ein geeignetes Konzept. Das Ziel von UDDI ist die Herstellung eines globalen, plattform-unabhängigen, offenen Rahmens, der es den Unternehmen ermöglicht, einander zu finden (Discovery), ihre Internet-Schnittstellen offen zu legen (Description) und ihre Prozesse zu koordinieren bzw. integrieren (Integration).

Die Existenz von UDDI zielt auf eine Ausschöpfung der Potenziale, die eine globalisierte Wirtschaft in der Internet-Ära in sich birgt. Unternehmen haben die Möglichkeit, ihre Dienstleistungen und Geschäftsprozesse in einer globalen Umgebung im Internet zu veröffentlichen und somit ihre Reichweite zu steigern. Potenzielle Handelspartner können sich schnell und dynamisch finden und auf der Grundlage ihrer eigenen Applikationen interagieren. Die technologische Schranke der Geschäftstätigkeit im Internet wird maßgeblich gesenkt, wodurch viele kleine Unternehmen an der digitalen Wirtschaft partizipieren können.[29] Das Kernelement in UDDI – die Registrierung, die sowohl das Unternehmen als auch die von ihm angebotenen Web Services beschreibt – wird in Form eines XML-Dokuments gespeichert. Konzeptionell wird die Registrierung in drei Komponenten unterteilt:

- „Weiße Seiten" (White Pages) beinhalten Standardinformationen wie z.B. die Adresse oder die Ansprechpartner.

---

[28] XML Schema hat den Status einer W3C Recommendation, des letzten Stadiums im Standardisierungsprozess. Mehr dazu unter http://www.w3.org/XML/Schema.

[29] Vgl. Ariba et al. 2000a, S. 3.

- „Gelbe Seiten“ (Yellow Pages) ermöglichen eine Kategorisierung nach standardisierten Taxonomien.[30]
- „Grüne Seiten“ (Green Pages) liefern technische Details zu den angebotenen Web Services, etwa in Form von Referenzen zu WSDL-Dokumenten.[31]

Die Ursprungsidee für UDDI kam von Ariba, IBM und Microsoft. Mittlerweile hat die UDDI-Community über 220 Mitglieder.[32] Durch die Tatsache, dass UDDI von den Big Players der Internetökonomie unterstützt wird und auf Internet-Standards basiert, erhöht sich die Wahrscheinlichkeit, dass UDDI zu einem de-facto-Standard wird. Im Internet findet man bereits erste UDDI-Implementierungen der Big Players.[33]UDDI selbst ist ein Webservice – die Registrierung und die Suche erfolgt über eine SOAP-Schnittstelle. Die Abbildung stellt den Zusammenhang zwischen UDDI, Web Services und Clients dar.

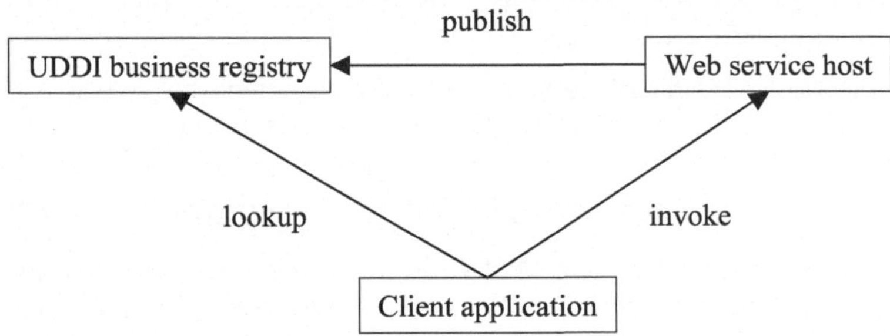

Abb. 3. Zusammenhang zwischen UDDI, Web Services und Clients.[34]

3.2.4 Sonstige Technologien

In diesem Abschnitt werden Technologien kurz erläutert, die noch keine ähnlich breite Akzeptanz wie SOAP, WSDL oder UDDI erlangt haben[35]:

- XML-RPC ist ein Protokoll, das, ähnlich wie SOAP, Remote Procedure Calls mit XML und HTTP definiert. Nicht zuletzt durch die breite Akzeptanz von SOAP konnte sich XML-RPC nicht als das Standardprotokoll durchsetzten.[36]

---

[30] Ein Beispiel für eine standardisierte Taxonomie ist die Kategorisierung nach Ländercodes nach ISO 3166.

[31] Ariba et al. 2000b, S. 2.

[32] An dieser Stelle sei angemerkt, dass es sich hierbei um kein Standardisierungsgremium handelt. Eine Liste der am UDDI-Projekt beteiligten Unternehmen findet man im Internet unter http://www.uddi.org/community.html.

[33] Die UDDI-Implementierungen findet man unter folgenden Adressen http://udditest.sap.-com/ (SAP), http://uddi.microsoft.com/ (Microsoft), https://www-3.ibm.com/services/uddi/v2beta/protect/registry.html (IBM), https://uddi.hp.com/uddi/index.jsp (Hewlett-Packard).

[34] Quelle: In Anlehnung an Roy u. Ramanuja 2001

[35] Vgl. Vasudevan 2001.

- XLANG und Transaction Authority Markup Language (XAML) sind Technologien, mit denen mehrstufige Transaktionen abgebildet werden können. XLANG wird vom Microsoft BizTalk-Server im Rahmen der sogenannten Orchestration verwendet.
- XML Key Management Specification (XKMS) ist eine von Microsoft und Verisign unterstützte Initiative, die darauf abzielt, XML-Applikationen mit der Public Key-Infrastruktur und digitalen Zertifikaten zu integrieren.

3.3 .NET My Services als Anwendungsbeispiel für Web Services

Es sind zahlreiche Einsatzszenarien für Web Services denkbar. An dieser Stelle seien zwei genannt:

- Kreditkartengesellschaften können Web Services anbieten, mit denen die Gültigkeit der Kreditkartendaten leicht überprüft werden kann.[37]
- Börsen können Web Services implementieren, mit denen man die Kurse der gehandelten Finanzinstrumente abrufen kann.

In diesem Abschnitt werden die .NET My Services (früher als „Hailstorm" bekannt) als ein schon weitestgehend umgesetztes Anwendungsbeispiel für Web Services dargestellt. Mit den .NET My Services versucht Microsoft, sowohl einen Lösungsansatz für die Vermeidung bzw. Kontrolle der Datenredundanz im Internet zu bieten als auch die fertigen Bausteine, die eine Webapplikation in der Regel benötigt, zur Verfügung zu stellen. Im Mittelpunkt der Betrachtung liegen die Benutzerdaten, auf die der Benutzer, unabhängig von Gerät, Anwendung, Dienst oder Netzwerk zugreifen kann. Zwar erfolgt der eigentliche Zugriff in der Regel über Anwendungen, die – basierend auf der einfachen Integration von Web Services – My Services nutzen können. Der Benutzer kann dabei entscheiden, welche Anwendung wie lange und in welchem Umfang auf seine zentral gespeicherten Daten zugreifen kann.[38]

Mit dem folgenden Beispiel verdeutlicht Microsoft den Nutzen von .NET My Services:

> Das Buchen eines Fluges über einen Onlinereiseveranstalter wird mit .NET My Services beispielsweise erheblich einfacher, da der Reisedienst – mit Zustimmung des Benutzers – automatisch auf Vorlieben und Zahlungsinformationen des Benutzers zugreifen kann. Wenn Sie eine Dienstreise machen und sich an bestimmte Reiserichtlinien Ihres Unternehmens halten müssen, kann der Reisedienst anhand Ihrer Zuordnung zur .NET My Services-Gruppenidentität Ihres Unternehmens automatisch die Optionen auswählen, die sowohl Ihren Vorlieben als auch den Anforderungen Ihres Unternehmens entsprechen. Nachdem Sie Ihre Flugverbindung ausgewählt haben, kann der Reisedienst

[36] Für mehr Informationen zu XML-RPC vgl. http://www.xmlrpc.com/.

[37] An diesem Beispiel lässt sich auch die Kompositionsfähigkeit der Web Services darstellen. Ein unabhängiger Anbieter könnte einen Webservice entwickeln, der intern auf die Web Services der einzelnen Anbieter zugreift, nach außen aber eine Datenüberprüfung für alle Kartentypen erlaubt.

[38] Vgl. Microsoft 2001.

Nachdem Sie Ihre Flugverbindung ausgewählt haben, kann der Reisedienst .NET My Services mit Ihrer ausdrücklichen Erlaubnis verwenden, um den von Ihnen verwendeten Kalenderdienst herauszufinden. Mithilfe dieser Information kann der Reisedienst die Flugdaten dann automatisch in Ihren Kalender eintragen, diesen Eintrag automatisch aktualisieren und Sie bei einer Verspätung des Fluges benachrichtigen. Über .NET My Services können Sie die aktualisierten Flugdaten auch der Person zukommen lassen, die Sie erwartet. Damit ist diese ebenfalls über die Ankunftszeit und den Ankunftsort informiert. Auf die Informationen in Ihrem Microsoft .NET-aktivierten Kalender können Sie dann von Ihrem PC, dem PC einer anderen Person, einem Smart Phone, einem PDA (Personal Digital Assistant) oder einem anderen Smart Gerät aus zugreifen.[39]

Für die Entwickler bieten My Services Bausteine für die rasche Entwicklung von benutzerzentrischen Anwendungen. Die Grundlage für die Identifikation und die Authentifizierung des Benutzers stellt das Microsoft .NET Passport-System[40]. Für die erste Version von .NET My Services sind folgende Web Services geplant:

- *Profile*: Name, Spitzname, besondere Daten, Bild, Adresse.
- *Contacts*: Elektronische Beziehungen/Adressbuch.
- *Locations*: Elektronischer und geografischer Standort und Treffpunkt.
- *Alerts*: Abonnements, Verwaltung und Routing von Warnmeldungen.[41]
- *Presence*: Online, offline, gebucht, frei, Geräte, an die Warnmeldungen gesendet werden sollen.
- *Inbox*: Inhalt des Posteingangs, z. B. E-Mail und Voice Mail, einschließlich vorhandener Mailsysteme.
- *Calendar*: Zeit- und Aufgabenverwaltung.
- *Documents*: Speicherung von unformatierten Dokumenten.
- *ApplicationSettings*: Anwendungseinstellungen.
- *FavoriteWebSites*: Bevorzugte URLs und andere Webbezeichner.
- *Wallet*: Quittungen, Zahlungsinstrumente, Coupons und andere Transaktionsaufzeichnungen.
- *Devices*: Geräteeinstellungen und -funktionen.
- *Services*: Dienste, die für eine Identität bereitgestellt wurden.
- *Lists*: Mehrzwecklisten.

Der Erfolg oder Misserfolg von My Services wird wohl davon abhängen, ob Microsoft in der Lage ist, die Benutzer von einer ausreichenden Sicherheit ihrer Daten und vom Schutz ihrer Privatsphäre zu überzeugen.[42]

---

[39] Quelle: Microsoft 2001

[40] Für mehr Informationen über Passport vgl. http://www.microsoft.com/myservices/passport.

[41] Der „.NET Alerts“ Dienst wird bereits von Unternehmen wie eBay, Bank One, etc. eingesetzt.

[42] Dabei mangelt es nicht an kritischen Stimmen. Vgl. etwa http://www.openp2p.com/pub/a/network/2001/03/23/brewing_a_hailstorm.html

4 Web Services und Peer-to-Peer-Netzwerke

Web Services und P2P-Netzwerke werden oft in einem Atemzug erwähnt, wenn von der Zukunft der Informationstechnologie die Rede ist. In diesem Abschnitt gilt es zu untersuchen, ob die Gemeinsamkeiten zwischen diesen Technologien über die postulierte Zukunftsträchtigkeit hinaus gehen. Zunächst sei auf die Unterschiede eingegangen.

4.1 Unterschiede

Auf den ersten Blick scheint es einen grundlegenden Unterschied in der Architektur zu geben. Während bei den P2P-Netzwerken die Dezentralisierung eine der wichtigsten Eigenschaften ist, basieren die Web Services auf der Client-Server-Architektur, in der der Server im Zentrum des Geschehens steht. Beide Architekturen haben ihre Vor- und Nachteile. Durch die Fokussierung auf den Server in einem Client-Server-Netzwerk hält sich der Netzwerkadministrationsaufwand (Updates, Backups, etc.) in überschaubaren Grenzen, wogegen bei einem dezentralen Ansatz dies wohl eines der größten Probleme darstellt.[43]

Ein großer Nachteil der Client-Server-Architektur lässt sich an Hand des sog. „Slashdot-Effektes“ gut darstellen: je stärker bestimmte Inhalte bzw. Services nachgefragt werden, desto schlechter ist deren Verfügbarkeit.[44] Bei P2P-Netzwerken spiegelt sich die Popularität der Inhalte in der Anzahl der Peers, die diese Inhalte zur Verfügung stellen können, wider. Mit steigender Nachfrage steigt durch die Redundanz also auch die Verfügbarkeit. Die Aufgabe der Content- bzw. Service-Bereitstellung wird vom Zentrum des Netzwerks auf seine Ränder (Edges) verlegt.[45]

Ferner ist die Abhängigkeit eines Client-Server-Netzwerkes von der Verfügbarkeit des Servers sehr hoch – das Netzwerk kann ohne den Server nicht existieren.[46] Je mehr Clients mit einem Server kommunizieren, desto schwächer wird das Netz. Dagegen wächst die Kapazität von P2P-Netzwerken mit steigender Teilnehmerzahl.

Client-Server-Netzwerke haben jedoch den Vorteil, dass mit ihnen in der Regel eine Verfügbarkeit von über 99 Prozent garantiert werden kann. Dies wird nicht zuletzt dadurch ermöglicht, dass sich die administrativen Tätigkeiten vornehmlich auf den Server konzentrieren. Diese Garantie kann es bei P2P-Netzwerken auf

---

[43] Für die Evaluierung von Systemtopologien vgl. Minar 2002. Es gibt bereits erste Ansätze, die Netzwerkadministrations-Problematik durch den Einsatz von XML zu mildern. Vgl. dazu Buehling 2001.

[44] Für mehr zum „Slashdot Effect" vgl. Adler 1999.

[45] Vgl. dazu Krishnan 2001 sowie Koman 2001a.

[46] Diese Aussage bezieht sich auf den idealtypischen Fall mit nur einem Server. Diese Anfälligkeit wird in der Regel durch die Schaffung von Redundanz (z.B. Web Farms) entschärft.

Grund der starken Abhängigkeit von den einzelnen Peers nicht geben. Dadurch ist es notwendig, die Verfügbarkeit der Peers zu verfolgen.[47]

Ein weiterer Unterschied liegt in der Art und Weise, wie Ermittlung (Discovery) bei den Web Services und bei den P2P-Netzwerken funktioniert. Während die Web Services in einer zentralen UDDI Business Registry registriert werden, erfolgt die Veröffentlichung der Peers dezentral über Mechanismen wie „Rendezvous Peers“ bei JXTA[48], die Informationen über andere Peers zwischenspeichern. Der Vorteil von UDDI ist dabei, dass eine schnelle Ermittlung sichergestellt wird. Auf der anderen Seite liefern die P2P-Mechanismen die tatsächlich in Echtzeit verfügbaren Dienste.

4.2 Ähnlichkeiten

Zunächst sei angemerkt, dass sich die Unterschiede zwischen Client-Server- und P2P-Architekturen relativieren lassen. Bei beiden kann man Lösungsansätze beobachten, die darauf abzielen, durch teilweise Zentralisierung bzw. Dezentralisierung aus den Vorteilen der anderen zu schöpfen. Beispiele für Dezentralisierung im Web sind das Domain Name System (früher Host-Dateien), oder Web-Caching-Mechanismen (z.B. EdgeSuite Dynamic Content Assembly von Akamai Technologies). Entsprechend lassen sich Beispiele für Zentralisierung bei P2P-Netzwerken, wie etwa die „Reflector“-Peers im Gnutella-System, die Index- und Proxy-Server-Aufgaben übernehmen, oder die Hierarchie der Server in der JXTA-Suche, nennen.[49]

Sowohl P2P-Netzwerke als auch Web Services verfolgen das Konzept der Service Oriented Architecture[50]. Sieht man von dem Unterschied in der Netzwerk-Architektur ab, so verwenden beide Technologien funktional den gleichen Ansatz – obwohl auf der Mikroebene jeder einzelne Webservice auf einer Client-Server-Architektur basiert, ist auf der Makroebene die Dezentralisierung und die Verteilung der Gesamtheit der Webmethoden, ähnlich wie bei P2P-Netzwerken, von großer Bedeutung.

4.3 Synergien

Wie bereits erwähnt, werden mit Web Services zwei wichtige Probleme der bestehenden Komponentenarchitekturen gelöst: die fehlende Interoperabilität und das

[47] Vgl. Yau 2001, S. 25.

[48] Die Ermittlung in JXTA findet über das Peer Discovery Protocol (PDP) statt. Für eine Zusammenfassung der unterschiedlichen Konzepte in JXTA vgl. Krishnan 2001.

[49] Vgl. Oram 2001.

[50] Erstere haben dabei ihre Besonderheiten. Anders als bei den Web Services ist die Trennung zwischen den Anbietern, den Konsumenten und dem Verzeichnis von Services weniger scharf – ein Peer erfüllt in der Regel alle drei Aufgaben. Vgl. dazu Schneider 2001.

Verhindern der Kommunikation über Nicht-Standard-Ports durch Firewalls. Genau diese Probleme gilt es gegenwärtig, bei den P2P-Netzwerken zu lösen.[51]

Das Interoperabilitätsproblem wird durch den Einsatz von anerkannten de facto Standards gelöst. Die großen Player der IT-Industrie haben sich auf die Nutzung von XML-basierten Protokollen geeinigt. Dies ist im P2P-Umfeld noch nicht gelungen. Darauf zielt das JXTA-Projekt[52] von Sun ab; es bleibt jedoch abzuwarten, ob sich diese Lösung etablieren kann.

Die Lösung des Firewall-Problems bei den Web Services ist eine Konsequenz der Verwendung von HTTP als Transportprotokoll für SOAP-Nachrichten. Das JXTA-Team arbeitet daran, dass die JXTA-Peers mit Web Services durch den Einsatz von SOAP und WSDL interagieren können. Von dort ist der Schritt nicht mehr weit, dass auch in P2P-Netzwerken ein SOAP-ähnliches Protokoll über HTTP verwendet wird.[53] Übrigens verwendet auch die abstrakt angelegte SOAP-Spezifikation das Wort „Peers" zur Bezeichnung der kommunizierenden Einheiten:

> SOAP version 1.2 provides a simple and lightweight mechanism for exchanging structured and typed information between peers in a decentralized, distributed environment using XML.[54]

Die Web Services könnten von der Fähigkeit der P2P-Netzwerke profitieren, der steigenden Nachfrage nach Inhalten bzw. Diensten gerecht zu werden. Ein gutes Beispiel für Web Services mit sehr hohen Anforderungen an die Verfügbarkeit sind die .NET My Services:

> Zuverlässigkeit ist eine wichtige Voraussetzung für den Erfolg der .NET My Services-Dienste, und effizienter Betrieb ist ein zentraler Faktor bei der Gewährleistung dieser Zuverlässigkeit.[55]

Es ist nicht undenkbar, dass Web Services und P2P-Technologien kombiniert werden, um die Zuverlässigkeit sicher zu stellen.

Nach ähnlichem Muster könnte eine Verknüpfung der unterschiedlichen Discovery-Mechanismen bei UDDI und bei den P2P-Netzwerken sicherlich für beide Technologien vorteilhaft genutzt werden.

Eine der wichtigsten Ressourcen, die P2P-Netzwerke bereitstellen können, ist die Benutzer-Präsenz. Wenn z.B. auf jedem Rechner ein Instant-Messaging-Client installiert ist, bekommt man Aufschluss darüber, ob ein Benutzer online ist und wer dieser Benutzer ist. Mit dieser Information lassen sich weitere Daten ermitteln, wie z.B. die Benutzerpräferenzen, welche Dienste der Benutzer gerne in Anspruch nimmt und was er bereit ist, für sie zu zahlen.

---

[51] Vgl. Oram 2001.

[52] Übrigens betrachtet Sun die P2P-Technologie als einen integralen Bestandteil der Web Services-Strategie im Rahmen des Sun Open Net Environment (Sun ONE). Vgl. dazu Koman 2001b.

[53] Vgl. Oram 2001.

[54] W3C 2001b.

[55] Microsoft 2001.

Diese Art der Nähe zu dem Benutzer versucht man in klassischen Web Applikationen mit Techniken wie Cookies zu erreichen. Diese sind jedoch unzuverlässig, nicht zuletzt weil viele Benutzer Cookies aufgrund von Sicherheitsbedenken deaktivieren. In einem P2P-Netzwerk ist die Präsenz des Benutzers in Echtzeit nachvollziehbar. Diese Nähe zum Benutzer bzw. zum Mitarbeiter ist auch in der Web Services-Domäne interessant – mit Web Services hat man eine Lösung für die automatisierte Kommunikation zwischen Servern nicht aber direkt mit dem Benutzer gefunden. Dank P2P-Netzwerken könnten Web Services die bisherigen Grenzen der direkten Interaktion mit dem Benutzer überwinden und damit die Qualität der Daten bzw. der Dienste in neue Dimensionen bewegen.[56] Die Abbildung 4 stellt ein solches Szenario dar: interne P2P-Netzwerke kumulieren das auf den Desktop-Rechner vorhandene Wissen und stellen es den Web Services bereit, die ihrerseits wiederum die Schnittstellen nach außen darstellen.

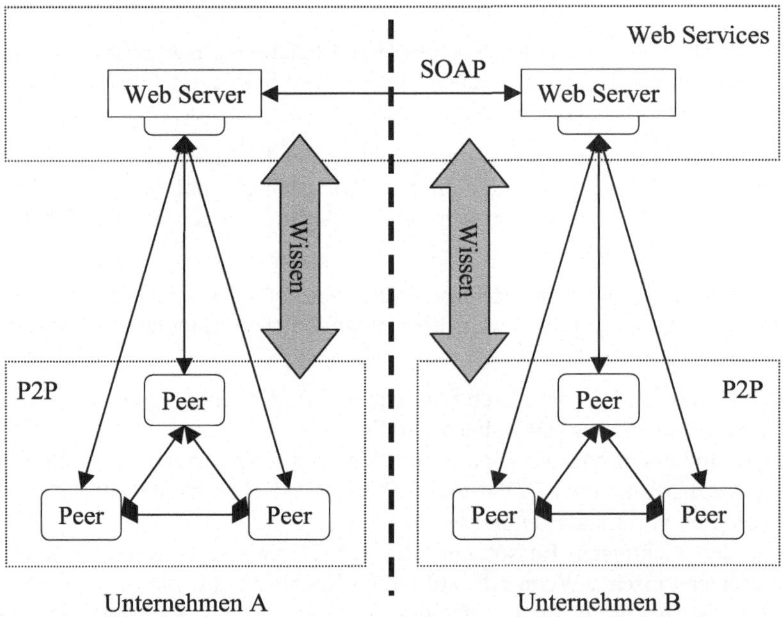

Abb. 4. Kombination der Web Services und der P2P-Netzwerke.

Nach einem ähnlichen Muster wie in Abbildung 4 könnte ein Unternehmen ungenutzte Ressourcen durch den Einsatz von P2P-Netzwerken bündeln und an Dritte verkaufen, wobei die Transaktionen durch Web Services – die hier die Rolle eines Outlets spielen – abgewickelt werden.

[56] Vgl. Koman 2001a, Schneider 2001 sowie Shirky 2000.

5 Ausblick

Die IT-Welt befindet sich mitten in einer Krise. Die hohen Erwartungen, die in die Potenziale der Internet-Ökonomie gesteckt wurden, wurden von der Realität revidiert. Doch die Enttäuschung darüber hat nicht zu einem Stillstand in der Entwicklung geführt – es sind Fortschritte zu verzeichnen, die auf weitere Evolutionsschritte der Internettechnologie hinweisen. Im Mittelpunkt der Veränderungen steht der schrittweise Paradigmenwechsel von einem Client-Server- zu einem Global-Class-Architekturmodell. Durch die stetige Erhöhung der Leistungsfähigkeit, der Konnektivität und der Speicherkapazitäten der Desktop-Computer verwischt der Unterschied zwischen Clients und Servern, so dass jeder Rechner potenziell in der Lage ist, beide Rollen zu übernehmen. In einer solchen Architektur werden Server mehr die Aufgabe von „Facilitators" übernehmen, in dem sie Prozeduraufrufe an Einheiten weiterleiten, die diese am effektivsten ausführen können. Somit verschiebt sich der Fokus der Softwareentwicklung stärker in Richtung modularisierter, netzwerkfähiger Komponenten, die global verteilt sind.

In diesem Sinne ist diese Evolution ein Nährboden für die Entstehung von Technologien wie Web Services und P2P. Gleichzeitig sind Web Services und P2P-Netzwerke auch Katalysator für diesen Paradigmenwechsel, weil sie die Entwicklung von hochverteilten Anwendungen maßgeblich erleichtern.[57]

P2P und Web Services gehen zur Zeit noch getrennte Wege. Es ist jedoch nicht auszuschließen, dass am Ende eine hybride Technologie entsteht, die die Vorteile beider Ansätze in sich vereint. Eine interessante Fragestellung in diesem Zusammenhang ist die Ermittlung eines „optimalen" Zentralisierungsgrades[58] – ein weites Feld für weitere Forschungsbemühungen.

Ende Januar 2002 hat das World Wide Web Consortium ein neues Projekt ins Leben gerufen – die Web Services Activity. Dies lässt erkennen, dass das W3C seinen Fokus von einzelnen Technologien (SOAP und WSDL) auf das ganze Web Services-Umfeld[59] erweitert. Vielleicht rücken schon in dieser Diskussion P2P-Netzwerke ins Blickfeld des Standardisierungskomitees.

Literatur

Adler, S. (1999): The Slashdot Effect, An Analysis of Three Internet Publications. In: Linux Gazette. 38. Ausgabe, März 1999. (http://www.linuxgazette.com/issue38/adler1.html).

Ariba, IBM, Microsoft (2000a): UDDI Executive White Paper (http://www.uddi.org/pubs/UDDI_Executive_White_Paper.pdf).

[57] Vgl. Batchelder 2001 sowie Smith u. Batchelder 2001.

[58] Vgl. Oram 2001 sowie Schneider 2001.

[59] Informationen zum Status und Ergebnisse von „Web Services Activity" findet man im Internet unter http://www.w3.org/2002/ws/.

Ariba, IBM, Microsoft (2000b): UDDI Technical White Paper (http://www.uddi.org/pubs/UDDI_Technical_White_Paper.pdf).
Ariba, IBM, Microsoft (2001): Web Services Description Language (WSDL) 1.1. (http://www.w3.org/TR/wsdl).
Ballinger, K. : Webdienstinteroperabilität und SOAP. (http://www.microsoft.com/germany/ms/msdnbiblio/artikel/soapinteropbkgnd.htm).
Batchelder, R. (2001): 2002: Tomorrow Belongs to Network-Enabled Components. (http://www3.gartner.com/resources/103400/103427/103427.pdf)
Bettag, Urban (2001): Web-Services. In: Informatik Spektrum. 24.10.2001. S. 302-304.
Born, A. (2001): Web Services: Zwischen Paradigmenwechsel und Marketing-Hype. In: Network World Germany 19-01 vom 12.10.2001. (http://www.networkworld.de/artikel/index.cfm?id=72682&pageid=0&pageart=detail)
Buehling, B. (2001): P2P and XML in Business. (http://www.xml.com/lpt/a/2001/07/11/xmlp2p.html):
Drummond, R. (2001): Put SOAP and ebXML to Work. In: e-Business Advisor Magazine. Juni/Juli 2001. (http://www.advisor.com/Articles.nsf/aid/DRUMR12).
Glass, G. (2000): The Web services (r)evolution. Applying Web services to applications. (http://www-4.ibm.com/software/developer/library/ws-peer1.html)
IBM, Microsoft (2001): Web Services Framework for W3C Workshop on Web Services 11-12 April 2001, San Jose, CA USA. (http://www.w3.org/2001/03/WSWS-popa/paper51).
Koman, R. (2001a): Peer Review: How We Got From P2P to Hailstorm. (http://www.openp2p.com/lpt/a//p2p/2001/06/29/p2pnews.html)
Koman, R. (2001b): XTRA JXTA: The P2P/Web Services Connection. (http://www.oreillynet.com/pub/a/onjava/2001/10/24/jxta.html).
Krishnan, N. (2001): The Jxta Solution to P2P. In: JavaWorld. Oktober 2001. (http://www.javaworld.com/javaworld/jw-10-2001/jw-1019-jxta_p.html)
Microsoft (2001): Eine Einführung in .NET My Services. (http://www.microsoft.com/germany/ms/msdnbiblio/artikel/hailstorm.htm)
Minar, N. (2002): Distributed Systems Topologies: Part 2. (http://www.openp2p.com/pub/a/p2p/2002/01/08/p2p_topologies_pt2.html)
MSDN (2001): XML Web Services Infrastructure. (http://msdn.microsoft.com/library/en-us/cpguide/html/cpconwebservicesinfrastructure.asp)
Oram, A. (2001): Peer-to-Peer for Academia (http://www.oreillynet.com/pub/a/p2p/2001/10/29/oram_speech.html)
Roy, J., Ramanuja, A. (2001): Understanding Web Services. In: IT Pro. November-Dezember 2001. S. 69-73.
Schneider, J. (2001): Convergence of Peer and Web Services. (http://www.oreillynet.com/pub/a/p2p/2001/07/20/convergence.html)
Shapiro, C., Varian H. R. (1999): Information Rules. Harvard Business School Press.
Shirky, C. (2000): What is P2P… and What Isn't. (http://www.openp2p.com/pub/a/p2p/2000/11/24/shirky1-whatisp2p.html)
Skonnard, A. (2002): Publishing and Discovering Web Services with DISCO and UDDI. In: MSDN Magazine. Februar 2002. (http://msdn.microsoft.com/msdnmag/issues/02/02/xml/xml0202.asp).
Smith, D. (2001): Software Vendors Weave Web Services Into Their Strategies. (http://www3.gartner.com/resources/102500/102505/102505.pdf).

Smith, D., Batchelder, R. (2001): Gartner Predicts 2002: Internet Platforms and Web Services. (http://www3.gartner.com/resources/103400/103432/103432.pdf).

Tapang, C. C. (2001): Web Services Description Language (WSDL) im Überblick. (http://www.microsoft.com/GERMANY/ms/msdnbiblio/artikel/wsdlexplained.htm)

Vasudevan, V. (2001): A Web Services Primer. (http://www.xml.com/pub/a/2001/04/04/webservices/index.html)

World Wide Web Consortium (W3C) (2001a): SOAP Version 1.2 Part 0: Primer. (http://www.w3.org/TR/soap12-part0/)

World Wide Web Consortium (W3C) (2001b): SOAP Version 1.2 Part 1: Messaging Framework. (http://www.w3.org/TR/soap12-part1/)

Yau, C. (2001): Creating Peer-to-Peer Middleware from Web Services Technologies. In: Intel Developer Update Magazine. September 2001. S. 24-27. (http://developer.intel.com/update/issue/idu0901.pdf)

Younker, E. (2001): Management Update: The Gartner 2001 Hype Cycle – Emerging Trends and Technologies. In: Point-to-Point. Gartner Review of the Telecommunications Industry. 31.08.2001. S. 5-8. (http://www4.gartner.com/1_researchanalysis/0801ptp.pdf)

Die Anatomie des Grid

Ian Foster, Carl Kesselman, Steven Tuecke

Mathematics and Computer Science Division, Argonne, Illinois, USA

„Grid Computing" hat sich als wichtiger neuer Bereich etabliert, der sich dadurch vom konventionellen „Distributed Computing" unterscheidet, dass es hier primär um den gemeinsamen Zugriff auf sehr große Ressourcenpools geht, die innovative Applikationen und in manchen Fällen eine hoch performante Orientierung bieten. In diesem Artikel wollen wir diesen neuen Sektor definieren, wobei wir uns zunächst das „Grid-Problem" ansehen, das wir als flexiblen, sicheren und koordinierten Zugriff auf gemeinsame Ressourcen in dynamischen Gruppen von Personen, Institutionen und Ressourcen definieren, die wir im Folgenden als virtuelle Organisation bezeichnen werden. In Szenarien dieser Art befassen wir uns mit Themen wie die eindeutige Authentifizierung und Autorisierung, den Zugriff auf und die Entdeckung von Ressourcen und anderen Herausforderungen. Und gerade für diese Klasse von Problemen bietet die Grid-Technologie Lösungsansätze. Als nächstes stellen wir eine skalierbare und offene Grid-Architektur dar, die Protokolle, Services, Application Program Interfaces und Software Development Kits anhand ihrer Rolle bei der Realisierung des Ressourcen-Sharing katalogisiert werden. Wir beschreiben die Voraussetzungen, die Mechanismen dieser Art unseres Erachtens erfüllen müssen und erörtern, wie wichtig es ist, eine kompakte Familie von Integrid-Protokollen zu definieren, die für die Interoperabilität der verschiedenen Grid-Systeme sorgen. Zum Schluss beschreiben wir, wie Grid-Technologien mit anderen aktuellen Technologien wie die unternehmensweite Integration, Application-Service-Providing, Storage-Service-Providing und Peer-to-Peer-Computing zusammenhängen. Wir sind der Auffassung, dass Grid-Konzepte- und Technologien diese anderen Ansätze nicht nur ergänzen, sondern insgesamt aufwerten können.

1 Einführung

Der Begriff „Grid" wurde Mitte der 90er eingeführt, um das Konzept einer verteilten Datenverarbeitungsinfrastruktur für wissenschaftliche Forschungsprojekte und die Forschung im Bereich des Ingenieurwesens zu bezeichnen [34]. Seitdem wurden beträchtliche Fortschritte beim Aufbau einer solchen Infrastruktur gemacht (z.B. [10, 16,46, 59]), aber der Begriff „Grid" wurde seitdem – jedenfalls in der populäretymologischen Auffassung – im Kontext aller erdenklichen Themen vom Advanced Networking bis hin zur künstlichen Intelligenz gebraucht. Man kann sich fragen, ob sich hinter diesem Begriff tatsächlich Substanz und Bedeutung verbergen. Gibt es wirklich ein eigenständiges „Grid-Problem“ und werden daher neue „Grid-Technologien“ benötigt? Wenn ja, wie sind diese Technologien geartet, und auf welche Domänen lassen sie sich anwenden? Obwohl sich zahlreiche Gruppen für Grid-Konzepte interessieren und in wesentlichen Bereichen eine gemeinsame Vision der Grid-Architektur teilen, sehen wir noch keinen Konsens in der Beantwortung dieser Fragen.

Mit diesem Artikel werden wir belegen, dass das Grid-Konzept tatsächlich durch ein echtes und spezifisches Problem motiviert ist und dass momentan eine klar definierte Grid-Technologiebasis entsteht, die Lösungsansätze für ganz wesentliche Aspekte dieser Problematik umfasst. Während dieses Prozesses entwickeln wir eine detaillierte Architektur und einen Wegweiser für die aktuellen und künftigen Grid-Technologien. Obwohl sich Grid-Technologien momentan deutlich von anderen wichtigen Technologietrends wie Internet-, Enterprise-, Distributed- und Peer-to-Peer-Computing abheben, behaupten wir darüber hinaus, dass diese anderen Trends ganz wesentlich von einer Expansion in die Dimension profitieren können, in der sich manche als Lösungsansatz konzipierte Grid-Technologie bereits befindet.

Das echte und spezifische Problem, das dem Grid-Konzept zugrunde liegt ist die *Koordinierung der Freigabe von und des gemeinsamen Zugriffs auf Ressourcen und der Problemlösung in dynamischen, institutionsübergreifenden, virtuellen Organisationen*. Der gemeinsame Zugriff, der uns hier beschäftigt, dient in erster Linie nicht dem Datenaustausch, sondern dem direkten Zugriff auf Computer, Software, Daten und anderen Ressourcen, wie er für eine Reihe von kollaborativen Strategien zur Problemlösung und Ressourcenverwaltung in der Industrie, den Wissenschaften und dem Ingenieurwesen erforderlich ist. Zwangsläufig ist die Freigabe von Ressourcen streng reglementiert, wobei die Quellen und Konsumenten der Ressourcen genau und sorgfältig definieren, was freigegeben wird, wer dazu berechtigt ist und unter welchen Bedingungen die Freigabe erfolgt. Eine Gruppe von Personen bzw. Institutionen, die durch solche Freigaberegeln definiert wird, bildet das, was wir eine virtuelle Organisation (VO) nennen.

Die folgenden sind Beispiele für VOs: Application-Service-Provider, Storage-Service-Provider, CPU-Provider sowie die Consultants, die von einem Autohersteller engagiert werden (um das Szenario während der Planungsphase für eine neue Fabrik zu beurteilen), die Mitglieder eines Industriekonsortiums (die sich an einer Ausschreibung für ein neues Flugzeug beteiligen), ein Krisenmanagement-Team sowie die Datenbanken und Simulationssysteme, die von diesem Team eingesetzt werden (um Lösungen für Notsituationen zu planen) und schließlich die Mitglieder eines großen, internationalen, langjährigen Gemeinschaftsprojekts in der Hochspannungsphysik. Jedes dieser Beispiele ist repräsentativ für eine Vorgehensweise im Bereich des Computing und der Problemlösungen, die auf rechenintensiven Umgebungen mit großem Datenaufkommen basiert.

Wie Sie diesen Beispielen entnehmen können, gibt es enorme Unterschiede zwischen VOs in Bezug auf ihren Zweck und Umfang, ihre Ausmaße, Dauer und Struktur sowie in Bezug auf die Beteiligten und die Soziologie. Dennoch können wir durch eine sorgfältige Untersuchung der zugrunde liegenden, technologischen Anforderungen eine breite Palette an gemeinsamen Problemen und Bedürfnissen identifizieren. Insbesondere erkennen wir den Bedarf an hochflexiblen „sharing relationships“ (im Weiteren übersetzt als „Vertrauensstellungen“), die von Client-Server über Peer-to-Peer gehen; dazu gehören die komplexe und präzise Steuerung einer Zugriffshierarchie für die gemeinsamen Ressourcen, eine genau auflösende Zugriffssteuerung unter Berücksichtigung der Interessen von mehreren Parteien, die Zuordnung und Anwendung von lokalen und globalen Richtlinien, die Freigabe von verschiedenen Ressourcen – von Programmen, Dateien und Daten, bis hin zu Computern, Sensoren und Netzwerken – und verschiedene Benutzermodi von Single-User zu Multi-User, von performanceorientiert zu kostenorientiert, womit sich Themen wie Quality-of-Service, Zeitplanung, Co-Allocation und Abrechungsmodi automatisch aufdrängen.

Die aktuellen Distributed Computing-Technologien vernachlässigen die gerade erwähnten Themen. Zum Beispiel gewährleisten die aktuellen Internet-Technologien die Kommunikation und den Informationsaustausch zwischen Computern, aber sie bieten keine integrierte Lösung für die gemeinsame, koordinierte Nutzung von Rechenkapazitäten an multiplen Sites. Der Business-to-Business-Austausch [57] konzentriert sich auf den gemeinsamen Zugriff auf Informationen (oft über zentrale Server). Virtuelle Unternehmenstechnologien haben einen ähnlichen Ansatz, obwohl die gemeinsame Nutzung in diesem Fall oft auch Applikationen und physische Geräte einbezieht (z.B. [8]). Unternehmensweite Distributed Computing-Technologien wie CORBA und Enterprise Java ermöglichen die Freigabe von Ressourcen innerhalb einer einzelnen Organisation. Distributed Computing Environment (DCE) von der Open Group unterstützt den sicheren gemeinsamen Zugriff auf Ressourcen zwischen Sites, aber die meisten VOs würden diesen Ansatz als lästig und unflexibel empfinden. Storage-Service-Provider (SSPs) und Application-Service-Provider (ASPs) geben ihren Kunden die Möglichkeit, den Speicher- und Verarbeitungsbedarf an andere zu outsourcen, aber hier gelten einige Beschränkungen: Zum Beispiel sind SSP-Ressourcen typischerweise über ein Virtual-Private-Network (VPN) mit dem Kunden verbunden. Neue Unternehmen im „Distributed Computing“ versuchen, nicht ausgelastete Rechner auf internationaler Basis mit einzubeziehen [31], aber bislang wird nur der stark zentralisierte Zugriff auf diese Ressourcen unterstützt. Kurz zusammengefasst, die aktuellen Technologien sind entweder nicht in der Lage, die ganze Palette an Ressourcentypen zu unterstützen, oder sie bieten weder die Flexibilität noch Kontrolle über die Vertrauensstellungen, die für den Aufbau von VOs erforderlich sind.

An dieser Stelle treten Grid-Technologien ins Rampenlicht. Im Laufe der letzten fünf Jahre haben Forschungs- und Entwicklungsaktivitäten der Grid-Befürworter zu Protokollen, Services und Tools geführt, die eine Antwort auf die Herausforderungen ermöglichen, die dann entstehen, wenn wir versuchen, skalierbare VOs zu bauen. Diese Technologien umfassen Sicherheitslösungen, die das Management von digitalen Identitäten und Richtlinien unterstützen, wenn sich die Verarbeitung über mehrere Institutionen erstreckt. Dazu gehören auch Ressourcenmanagement-Protokolle und -Services, die den sicheren Remote-Zugriff auf Computing- und Datenressourcen sowie die sichere Co-Allocation von multiplen Ressourcen unterstützen, Protokolle zur Abfrage von Informationen und Services, die Konfigurations- und Statusinformationen über Ressourcen, Organisationen und Dienste liefern und Datenmanagementdienste, die Datensätze aufspüren und sie zwischen Speichersystemen und Applikationen übertragen.

Weil sie sich auf dynamische, organisationsübergreifende Freigaben konzentrieren, ergänzen Grid-Technologien die vorhandenen Distributed Computing-Technologien, anstatt damit zu konkurrieren. Unternehmensweite Distributed Computing-Systeme können Grid-Technologien nutzen, um den gemeinsamen Zugriff auf Ressourcen über die Grenzen von Institutionen hinweg zu realisieren. Im ASP/SSP-Sektor können Grid-Technologien genutzt werden, um dynamische Märkte für Computing- und Speicherressourcen aufzubauen, wodurch die Einschränkungen der heutigen, statischen Konfigurationen überwunden werden können. Eine detailliertere Besprechung der Beziehung zwischen Grids und diesen Technologien finden Sie weiter unten.

In den verbleibenden Abschnitten dieses Artikels werden wir jeden dieser Punkte einzeln erörtern. Dabei sind unsere Ziele wie folgt: (1) Das Wesen der VO und des Grid-Computing für diejenigen Leser darzustellen, die sich mit dieser Thematik noch nicht befasst haben, (2) zur Entwicklung von Grid-Computing als Disziplin beizutragen, indem wir einen Standardwortschatz etablieren und einen architektonischen Gesamtrahmen definieren sowie (3) genau zu definieren, wie Grid-Technologien im Verhältnis zu anderen Technologien stehen, und dabei zu erklären, warum die gerade entstehenden Technologien noch nicht dazu geeignet sind, das Grid-Computing-Problem zu lösen und wie diese Technologien von Grid-Technologien profitieren können.

Wir sind der Auffassung, dass VOs das Potenzial besitzen, die Art und Weise, wie wir Computer zur Problemlösung nutzen, drastisch zu ändern – genau wie das Internet die Art und Weise, wie wir Daten austauschen, geändert hat. Wie die Beispiele, die wir an dieser Stelle aufführen, demonstrieren, ist es ein Grundbedürfnis vieler unterschiedlicher Disziplinen und Aktivitäten und nicht nur der Wissenschaft, des Ingenieurwesens und des Business, sich an kollaborativen Prozessen zu beteiligen. Gerade wegen dieser allgemeinen Anwendbarkeit der VO-Konzepte ist die Grid-Technologie besonders wichtig.

2 Das Entstehen von virtuellen Organisationen

Beachten Sie die folgenden vier Szenarien:

1. Ein Unternehmen, das eine Entscheidung über den Standort für eine neue Fabrik treffen muss, ruft ein ausgeklügeltes, finanzielles Forecasting-Modell von einem ASP ab und ermöglicht dieser Applikation den Zugriff auf die entsprechenden proprietären und historischen Daten aus einer Unternehmensdatenbank, die auf den Speichersystemen eines SSPs lagert. Während eines Meetings zur Entscheidungsfindung werden „Was-wäre-wenn"-Szenarien kollaborativ und interaktiv durchgespielt, obwohl sich die Divisionsleiter, die sich an der Entscheidungsfindung beteiligen, in unterschiedlichen Städten aufhalten. Der ASP selbst schließt einen Vertrag mit einem CPU-Provider, um die zusätzliche Rechenleistung während besonders anspruchsvollen Szenarien bereitstellen zu

können – dies setzt natürlich voraus, dass die Rechenleistung unter Einhaltung der erforderlichen Sicherheits- und Performancebedingungen bereitgestellt wird.

2. Ein Industriekonsortium, das gegründet wurde, um eine Machbarkeitsstudie für ein Überschallflugzeug der nächsten Generation auszuarbeiten, unternimmt eine hochgradig präzise, multidisziplinäre Simulation des gesamten Flugzeugs. Diese Simulation erfordert proprietäre Softwarekomponenten, die von den verschiedenen Beteiligten entwickelt wurden, wobei jede Komponente auf den Computern dieses Teilnehmers läuft und auf die entsprechenden Designdatenbanken und andere Daten zugreift, die durch die Mitglieder des Konsortiums bereitgestellt werden.
3. Ein Krisenmanagement-Team reagiert auf das Austreten von Chemikalien, indem es Modelle des örtlichen Wetters und der örtlichen Bodenbeschaffenheit nutzt, um die voraussichtliche Ausbreitung der ausgetretenen Chemikalien zu ermitteln. Die Auswirkungen werden auf der Basis der Bevölkerungsverteilung sowie von geografischen Merkmalen wie Flüssen und Gewässern berechnet. Daraus ergibt sich ein kurzfristiger Schadensbegrenzungsplan (der vielleicht auf Modellen von chemischen Reaktionen basiert) sowie einen Einsatzplan für die Notdienste, in dem die Evakuierung geplant und koordiniert sowie Krankenhäuser benachrichtigt werden.
4. Tausende von Physikern in Hunderten von Labors und an Hunderten von Universitäten weltweit kommen zusammen, um die Produkte eines großen Detektors bei CERN, dem europäischen Labor für Hochspannungsphysik zu entwerfen, zu erstellen, zu betreiben und zu analysieren. Während der analytischen Phase poolen sie ihre Computing-, Speicher- und Netzwerkressourcen, um einen „Datengrid“ zu erhalten, das in der Lage ist, mehrere Petabytes an Daten zu analysieren [22, 44, 53].

Diese vier Beispiele unterscheiden sich in vielen Aspekten: der Anzahl und Art der Teilnehmer, der Dauer und dem Umfang der Interaktion und den gemeinsamen Ressourcen. Aber sie haben vieles gemeinsam, wie wir in den folgenden Abschnitten sehen werden (siehe auch Abbildung 1).

In jedem Fall strebt eine Reihe von Teilnehmern ohne gegenseitiges Vertrauensverhältnis und mit bisher unterschiedlichen Beziehungen zueinander (in manchen Fällen sogar ohne vorherige Beziehung) den gemeinsamen Zugriff auf Ressourcen an, um eine Aufgabe erfüllen zu können. Darüber hinaus geht es bei den freizugebenden Ressourcen um mehr als nur den Austausch von Dokumenten (wie in einem „virtuellen Unternehmen“ [18]). Hier ist unter Umständen der direkte Zugriff auf Remote-Software, Computer, Daten, Messtechnik und andere Ressourcen erforderlich. Die Mitglieder eines Konsortiums werden beispielsweise unter Umständen den Zugriff auf eine Spezialsoftware sowie Daten ermöglichen bzw. ihre Computing-Ressourcen zu einem gemeinsamen Pool zusammenfügen.

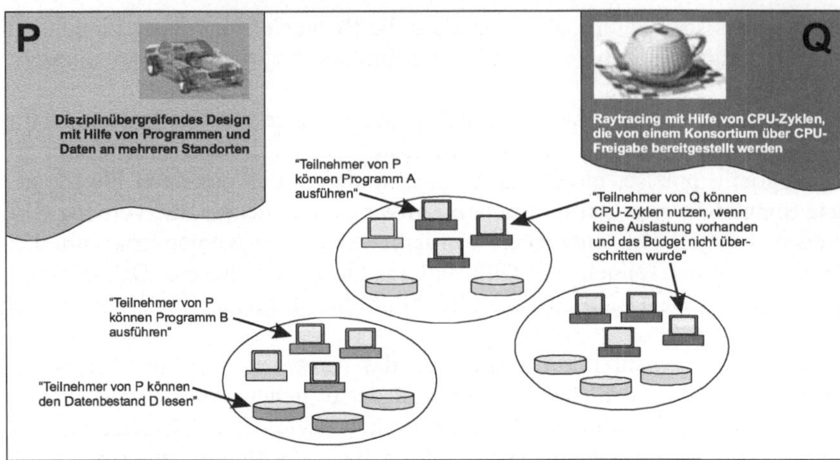

Abb. 1. Eine physische Organisation kann sich an einer oder mehreren VOs beteiligen, indem sie einen Teil oder alle ihrer Ressourcen freigibt. Hier werden drei echte Organisationen (Ovale) sowie zwei VOs gezeigt: P verbindet die Teilnehmer eines Luft-/Raum-Designkonsortiums und Q verbindet Kollegen, die sich darauf geeinigt haben, CPU-Zyklen freizugeben, um beispielsweise Raytracing-Berechnungen durchzuführen. Die Organisation links nimmt Teil an P, die Organisation rechts an Q und die Dritte ist sowohl an P, als auch an Q beteiligt. Die Richtlinien, mit denen der Zugriff auf diese Ressourcen gesteuert wird (durch Anführungszeichen gekennzeichnet), variieren je nachdem, welche physischen Organisationen und VOs davon betroffen sind.

Die Freigabe von Ressourcen ist von bestimmten Bedingungen abhängig; bei der Freigabe von Ressourcen legt jeder Ressourceninhaber fest, wann, wo und auf welche Art diese bereitgestellt werden. Ein Teilnehmer an der VO P in Abbildung 1 könnte beispielsweise den Aufruf des Simulationsdienstes für die VO-Partner nur für „einfache" Aufgaben freigeben. Die Ressourcenverbraucher können außerdem Bedingungen für die Eigenschaften dieser Ressourcen festlegen, die gegeben sein müssen, wenn sie damit arbeiten sollen. Ein Teilnehmer an der VO Q wird unter Umständen nur gebündelte Computing-Ressourcen akzeptieren, die als „sicher" zertifiziert wurden. Die Implementierung solcher Beschränkungen setzt Mechanismen zur Formulierung von Richtlinien, zur Feststellung der Identität eines Verbrauchers oder einer Ressource (Authentifizierung) und zur Feststellung der Übereinstimmung einer Operation mit den vorhandenen Vertrauensstellungen (Autorisierung) voraus.

Vertrauensbeziehungen können sich im Laufe der Zeit dynamisch entwickeln und zwar in Bezug auf die betroffenen Ressourcen, die Art des zulässigen Zugriffs und die Teilnehmer, denen dieser Zugriff gewährt wird. Diese Beziehungen betreffen nicht unbedingt eine explizit namentlich bekannte Gruppe von Personen, sondern können implizit durch die Richtlinien definiert werden, mit denen der Zugriff auf die Ressourcen gesteuert wird. Eine Organisation kann beispielsweise den Zugriff für jeden freigeben, der nachweisen kann, dass er ein „Kunde" bzw. ein „Student" ist.

Die dynamische Art der Vertrauensstellung bedeutet, dass wir Mechanismen zur Entdeckung und Bestimmung der Eigenschaften der zu einem bestimmten Zeitpunkt existenten Beziehungen benötigen. Ein neuer Teilnehmer, der sich beispielsweise der VO Q anschließt, muss feststellen können, welche Ressourcen bereitstehen, welche „Qualität" diese Ressourcen besitzen und durch welche Richtlinien der Zugriff auf diese Ressourcen gesteuert wird.

Oft betreffen Vertrauensstellungen nicht nur Client-Server-, sondern auch Peer-to-Peer-Beziehungen: Provider können gleichzeitig Verbraucher sein, und Vertrauensstellungen können zwischen jeder Teilgruppe existieren. Vertrauensstellungen können kombiniert werden, um den Zugriff für viele Ressourcen zu koordinieren, die alle im Besitz von anderen Organisationen sind. In der VO Q kann eine Berechnung, die auf einer CPU-Ressource des gemeinsamen Pools ausgelöst wurde, anschließend an anderer Stelle auf Daten zugreifen oder die Berechnung einer Teillösung auslösen. Die Fähigkeit zur kontrollierten Vergabe von Berechtigungen ist in Szenarien dieser Art besonders wichtig, wie auch Mechanismen zur Koordinierung von Operationen, die mehrere Ressourcen betreffen (beispielsweise Co-Scheduling).

Dieselbe Ressource kann auf verschiedenen Arten genutzt werden, je nach den Bedingungen und dem Ziel der Freigabe. Ein Computer, der in einer Vertrauensstellung nur zum Ausführen einer bestimmten Software genutzt werden darf, kann in einer anderen Vertrauensstellung generische Rechenzyklen bereitstellen. Weil a priori Kenntnisse der möglichen Einsatzgebiete einer Ressource fehlen, können Leistungsmessungen, Erwartungen und Beschränkungen (d.h. Quality-of-Service) zu den Bedingungen gehören, die für die Freigabe oder Nutzung einer Ressource gelten.

Diese Eigenschaften und Anforderungen definieren das, was wir als virtuelle Organisation bezeichnen, ein Konzept, von dem wir glauben, dass es sich zu einem Grundstein des modernen Computing entwickeln wird. VOs versetzen unterschiedliche Gruppierungen von Organisationen bzw. Personen in die Lage, Ressourcen gemeinsam und kontrolliert freizugeben und zu nutzen, sodass die Mitglieder zusammenarbeiten und ein gemeinsames Ziel erreichen können.

3 Das Wesen der Grid-Architektur

Der Aufbau, das Management und die Nutzung von dynamischen, organisationsübergreifenden VO-Vertrauensstellungen setzen neue Technologien voraus. Unsere Diskussion dieser Technologie an dieser Stelle findet im Kontext einer *Grid-Architektur* statt, welche die fundamentalen Komponenten identifiziert, den Zweck und die Funktion dieser Komponenten spezifiziert und angibt, wie diese Komponenten untereinander interagieren.

Bei der Definition der Grid-Architektur gehen wir von dem Standpunkt aus, dass effektive VO-Operationen die Möglichkeit zum Aufbau von Vertrauensstellungen unter *allen* potenziellen Teilnehmern bedingen. Die Interoperabilität wird daher zum zentralen Thema, um das wir uns hier kümmern müssen. In einer vernetzten Umgebung ist Interoperabilität mit gemeinsamen Protokollen gleich zu setzen. Daher stellt unsere Grid-Architektur in erster Linie eine *Protokollarchitektur* dar, wobei die grundlegenden Mechanismen, mit deren Hilfe die VO-User und -Ressourcen Vertrauensstellungen aushandeln, aufbauen, verwalten und nutzen, durch Protokolle definiert werden. Eine offene und auf gängigen Standards basierte Architektur macht es einfach, Standardservices zu definieren, die erweiterte Funktionalitäten bereitstellen. Wir können außerdem Application Programming Interfaces und Software Development Kits zusammenstellen (Definitionen finden Sie im Anhang), um eine für die Programmierung notwendige Abstraktionsebene zu definieren, welche die Erstellung eines nutzbaren Grids ermöglicht. Zusammen bilden diese Technologie und diese Architektur das, was häufig als Middleware bezeichnet wird (das sind „die Services, die benötigt werden, um eine gemeinsame Ansammlung von Applikationen in einer verteilten Netzwerkumgebung zu unterstützen"), obwohl wir diesen Begriff wegen seiner Ungenauigkeit an dieser Stelle vermeiden werden. Im Folgenden gehen wir gezielt auf jeden dieser Punkte ein.

Warum ist die Interoperabilität ein so fundamentales Thema? Das Problem lässt sich so definieren: Wir müssen sicher stellen, dass Vertrauensstellungen unter beliebigen Teilnehmern ausgelöst und neue Teilnehmer dynamisch integriert werden können und zwar auf unterschiedlichen Plattformen sowie unter Berücksichtigung von unterschiedlichen Sprachen und Entwicklungsumgebungen. In diesem Kontext geben Mechanismen nur wenig Sinn, wenn sie nicht so definiert und implementiert werden, dass sie über organisatorische Grenzen, operative Richtlinien und Ressourcentypen hinweg interoperabel sind. Ohne die Interoperabilität werden VO-Applikationen und -Teilnehmer gezwungen, bilaterale Vertrauensstellungen einzugehen, da sie sich nicht darauf verlassen können, dass die von zwei beliebigen Teilnehmern gewählten Mechanismen transitiv auf andere Parteien übergehen. Ohne diese Zusicherung ist die Bildung von VOs beinahe unmöglich, und die zu realisierenden VO-Typen sind stark eingeschränkt. Genau wie das Internet den Austausch von Informationen durch die Bereitstellung eines universellen Protokolls und einer universellen Syntax (HTTP und HTML) für den Informationsaustausch revolutioniert hat, benötigen wir Standardprotokolle und eine Syntax für die allgemeine Freigabe und gemeinsame Nutzung von Ressourcen.

Warum sind Protokolle so wichtig für die Interoperabilität? Eine Protokolldefinition spezifiziert, wie verteilte Systemelemente miteinander interagieren, um ein spezifisches Verhalten zu erzielen; außerdem wird die Struktur der während dieser Interaktion auszutauschenden Daten festgelegt. Die Konzentrierung auf Äußerlichkeiten (die Interaktion) statt auf Interna (Software, Eigenschaften der Ressourcen) hat wichtige, pragmatische Vorteile. VOs neigen dazu dynamisch zu sein, daher müssen die Mechanismen, die Ressourcen entdecken, Identitäten und Autorisierungen feststellen sowie Vertrauensstellungen auslösen, flexibel und schlank sein, so dass die Modalitäten der Vertrauensstellung schnell eingerichtet und angepasst werden können. Da VOs bestehende Institution eher ergänzen als ersetzen, dürfen die Freigabemechanismen keine wesentlichen Änderungen der lokalen Richtlinien bedingen, sondern müssen den individuellen Institutionen letztendlich die Aufrechterhaltung der Kontrolle über die eigenen die Aufrechterhaltung der Kontrolle über die eigenen Ressourcen gestatten. Da die Interaktion der Komponenten durch Protokolle und nicht durch die Implementierung dieser Komponenten geregelt wird, bleibt die lokale Kontrolle bestehen.

Warum sind Services so wichtig? Ein Service (siehe Anhang) wird ausschließlich durch das zugrunde liegende Protokoll und die darin implementierten Verhaltensregeln definiert. Die Definition von Standarddiensten – für den Zugriff auf Computing-Ressourcen und Daten, zur Entdeckung von Ressourcen, Co-Scheduling, Datenreplizierung und so weiter – gibt uns die Möglichkeit, die Services zu verbessern, die den VO-Teilnehmern zur Verfügung stehen. Außerdem ist eine Abstrahierung der ressourcenspezifischen Details möglich, die für die Entwicklung von VO-Applikationen nur hinderlich wären.

Warum berücksichtigen wir die Application Programming Interfaces (APIs) und Software Development Kits (SDKs)? Natürlich gehört mehr zu einer VO als nur Interoperabilität, Protokolle und Dienste. Entwickler müssen in der Lage sein, anspruchsvolle Applikationen in komplexen und dynamischen Ausführungsumgebungen zu entwickeln. Benutzer müssen in der Lage sein, diese Applikationen zu bedienen. Die Robustheit, Richtigkeit, Entwicklungs- und Pflegekosten dieser Applikationen sind ebenfalls wichtige Themen. Standardabstraktionen, APIs und SDKs können die Entwicklung von Code beschleunigen, Codesharing ermöglichen und die Portierfähigkeit der Applikationen verbessern. APIs und SDKs sind natürlich nur eine Beigabe der Protokolle und können diese keinesfalls ersetzen. Ohne Standardprotokolle kann die Interoperabilität auf API-Ebene nur durch die globale Nutzung einer einzelnen Implementierung erzielt werden – was in vielen interessanten VOs ausgeschlossen ist – oder dadurch, dass jede Implementierung die Einzelheiten jeder anderen kennt (diese Bedingung kann nicht durch den Jini-Ansatz [6], das Downloaden von Protokollcode an Remote-Sites, umgangen werden).

Zusammengefasst: Unser Ansatz im Bereich der Grid-Architektur betont zunächst die Identifizierung und Definition von Protokollen und Diensten, erst dann folgen APIs und SDKs.

4 Beschreibung der Grid-Architektur

Was wir mit dieser Beschreibung der Grid-Architektur bezwecken, ist nicht etwa eine vollständige Aufzählung aller erforderlichen Protokolle (und Dienste, APIs und SDKs), sondern die Festlegung der Anforderungen an die allgemeinen Komponentenklassen. Das Ergebnis ist eine erweiterungsfähige, offene architektonische Struktur, die Lösungen für die wichtigsten VO-Fragen beherbergen kann. Unsere Architektur und die anschließende Diskussion teilen die Komponenten in Schichten ein, wie Sie in Abbildung 2 erkennen können. Die Komponenten jeder Schicht haben gemeinsame Eigenschaften, können aber auf den Fähigkeiten und Funktionalitäten aller untergeordneten Schichten aufbauen.

Bei der Spezifizierung der verschiedenen Schichten der Grid-Architektur folgen wir den Prinzipien des „Sanduhr-Modells“ [11]. Der enge Hals der Sanduhr definiert eine kleine Gruppe von Kernabstraktionen und Protokollen (wie beispielsweise TCP und HTTP im Internet), denen viele High-Level-Verfahren (in der oberen Hälfte der Sanduhr) – und diese wiederum den verschiedenen zugrunde liegenden Technologien (in der unteren Hälfte der Sanduhr) – zugeordnet werden können. Per Definition muss die Anzahl der im Hals der Sanduhr definierten Protokolle gering sein. In unserer Architektur besteht der Hals der Sanduhr aus Ressourcen- und Connectivity-Protokollen, welche die Freigabe und gemeinsame Nutzung von individuellen Ressourcen vereinfachen. Protokolle auf dieser Ebene sind so konzipiert, dass sie auf der Basis einer vielfältigen Palette an Ressourcentypen implementiert werden können, die in der *Fabric*-Schicht (Fabric = Stoff z.B. Garn, aus dem Maschen gestrickt werden) definiert sind. Die Protokolle können auf der anderen Seite genutzt werden, um eine breite Palette an globalen Diensten und applikationsspezifischen Verfahren in der *Collective*-Ebene bereit zu stellen, die diesen Namen trägt, weil sie die koordinierte (kollektive) Nutzung von multiplen Ressourcen erfordert.

Unsere Beschreibung der Grid-Architektur erfolgt aus der Vogelperspektive und bedingt nur wenige Einschränkungen des Designs und der Implementierung. Um diese abstrakte Diskussion etwas konkreter zu gestalten, listen wir außerdem zum Zwecke der Illustration die im Globus Toolkit [33] definierten Protokolle auf, die in solchen Projekten wie dem National Technology Grid [59] von NSF, dem Information Power Grid [46] von der NASA, DOEs DISCOM [10], GriPhyN (www.griphyn.org), NEESgrid (www.neesgrid.org), Particle Physics Data Grid (www.ppdg.net) und dem European Data Grid (www.eu-datagrid.org) zum Einsatz kommen. In einer späteren Veröffentlichung werden wir hierzu noch weitere Einzelheiten nennen.

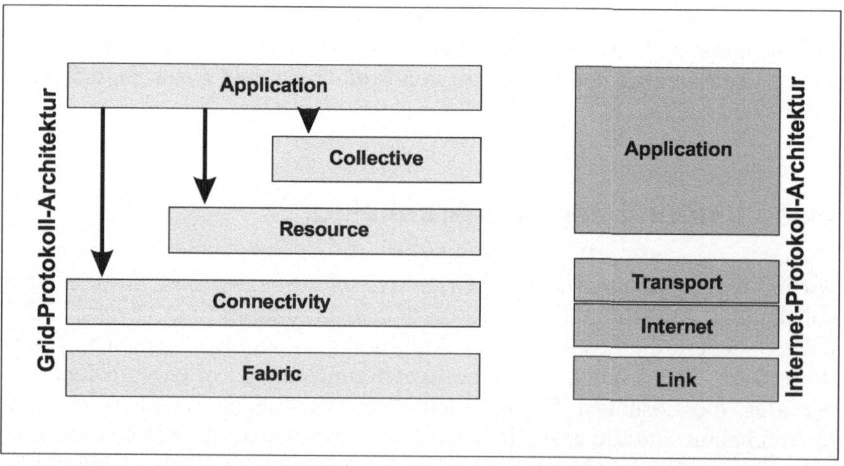

Abb. 2. Die Schichtenarchitektur des Grids im Kontext der Internet-Protokoll-Architektur. Weil sich die Internet-Protokoll-Architektur vom Netzwerk bis zur Applikation erstreckt, ist eine Zuordnung der Grid-Schichten zu den Internet-Schichten möglich.

4.1 Fabric: Schnittstelle zur lokalen Steuerung

Die *Fabric*-Schicht des Grids stellt Ressourcen bereit, für die der gemeinsame Zugriff durch entsprechende Grid-Protokolle ausgehandelt wird. Dazu zählen Computing-Ressourcen, Speichersysteme, Kataloge, Netzwerkressourcen und Sensoren. Eine „Ressource" kann eine logische Einheit sein wie ein verteiltes Dateisystem, ein Computer-Cluster oder ein verteilter Computer-Pool; in solchen Fällen kann die Implementierung der Ressource interne Protokolle voraussetzen (wie beispielsweise das NFS-Speicherzugriffsprotokoll oder ein Prozess-Managementprotokoll innerhalb vom Ressourcen-Management-System eines Clusters), allerdings befasst sich die Grid-Architektur nicht mit diesen Protokollen.

Mit den Fabric-Komponenten werden die lokalen ressourcenspezifischen Operationen implementiert, die aufgrund des gemeinsamen Zugriffs auf einer übergeordneten Ebene für bestimmte Ressourcen (ob physisch oder logisch) erforderlich sind. Dadurch entsteht eine enge und subtile Abhängigkeit zwischen den in der Fabric Schicht definierten Funktionen auf der einen und den Freigabeoperationen auf der anderen Seite. Eine umfangreichere Fabric-Funktionalität ermöglicht anspruchsvollere Freigabeoperationen; wenn wir auf der anderen Seite wenige Ansprüche an die Fabric-Elemente stellen, wird die Umsetzung der Grid-Infrastruktur vereinfacht. Wenn Reservierungen auf der Ressourcenebene unterstützt werden, können die Dienste der höheren Ebenen die Ressourcen auf interessante Art zusammenlegen (Co-Scheduling), die ansonsten nicht erzielt werden kann.

Da in der Praxis nur wenige Ressourcen Reservierungen standardmäßig unterstützen, steigen die Kosten für die Integration neuer Ressourcen ins Grid, wenn eine Reservierungsfunktionalität vorgeschrieben wird.

Die Just-In-Time-Realisierung von großen, integrierten Systemen durch Aggregation (das heißt durch Co-Scheduling und Management) ist ein wichtige, neue Fähigkeit, die von diesen Grid-Services bereitgestellt wird.

Unsere Beobachtungen haben uns gelehrt, dass Ressourcen auf einer Seite zumindest über Abfragemechanismen verfügen sollten, welche die Entdeckung ihrer Struktur, ihres Status und ihrer Fähigkeiten ermöglichen (z.B. ob sie Reservierungen unterstützen), und auf der anderen Seite über Ressourcenmanagement-Mechanismen, die eine Quality-of-Service-Steuerung ermöglichen. Die folgende, kurze Liste, die keinen Anspruch auf Vollständigkeit erhebt, bietet eine ressourcenspezifische Darstellung dieser Fähigkeiten.

- *Computing-Ressourcen*: Mechanismen werden benötigt, um Programme zu starten sowie zur Überwachung und Steuerung der Ausführung der daraus entstehenden Prozesse. Management-Mechanismen, die eine Steuerung der diesen Prozessen zugeordneten Ressourcen ermöglichen, sind nützlich, genau wie Reservierungsmechanismen. Abfragefunktionen werden zur Ermittlung der Hard- und Softwareeigenschaften sowie der relevanten Statusinformationen wie der aktuellen Auslastung im Falle von Scheduler-gesteuerten Ressourcen benötigt.
- *Speicherressourcen*: Mechanismen werden für das Schreiben und Holen von Dateien benötigt. Nützlich sind Übertragungsmechanismen mit hohem Durchsatz (beispielsweise auf der Basis von Striping), die von externen Dienstleis-

tungsunternehmen bereit gestellt werden können [61]. Das gleiche gilt für Mechanismen zum Lesen und Schreiben von Dateiabschnitten bzw. für die Datenselektion oder -reduktion über den Remote-Zugriff [14]. Management-Mechanismen, die eine Steuerung der für die Datenübertragungen zugeteilten Ressourcen ermöglichen (Speicherplatz und Bandbreite der Speichermedien, Netzwerkbandbreite, CPU) sowie Reservierungsmechanismen sind sinnvoll. Abfragefunktionen werden benötigt, um die Eigenschaften der Hard- und Software sowie relevante Auslastungsdaten festzustellen wie beispielsweise den verfügbaren Speicherplatz und die Bandbreitenauslastung.

- *Netzwerkressourcen*: Management-Mechanismen, die eine Steuerung der für Netzwerkübertragungen alloziierten Ressourcen (z.b. Priorisierung, Reservierung) ermöglichen, können nützlich sein. Eine Abfragefunktionalität sollte vorhanden sein, um die Netzwerkeigenschaften und -Auslastung zu ermitteln.
- *Code-Speicher*: Dieser spezielle Typ von Speicherressource erfordert Mechanismen zur Verwaltung von versionsspezifischem Quell- und Objektcode: beispielsweise ein Kontrollsystem wie CVS.
- *Kataloge*: Dieser spezielle Typ von Speicherressource erfordert Mechanismen zur Implementierung von Katalogabfragen und -aktualisierungsoperationen: beispielsweise eine relationale Datenbank [9].

Globus-Toolkit: Der Globus-Toolkit wurde (in erster Linie) für die Verwendung von vorhandenen Fabric-Komponenten, wie herstellerspezifischen Protokollen und Schnittstellen, konzipiert. Sollte ein Hersteller die erforderliche Funktionalität auf Fabric-Ebene nicht bereit stellen, liefert sie das Globus Toolkit. Hier wird beispielsweise eine Abfragesoftware bereitgestellt, mit deren Hilfe Struktur- und Statusinformationen verschiedener, gängiger Ressourcentypen abgefragt werden können; dazu zählen Computer (z.B. Betriebssystemversion, Hardwarekonfiguration, Auslastung [30], Status der Scheduler-Warteschlange), Speichersysteme (z.B. verfügbare Kapazität) und Netzwerke (z.B. die aktuelle und zu erwartende Auslastung [52, 63]). Diese Daten werden in eine Form gebracht, welche die Implementierung der Protokolle der übergeordneten Schichten –insbesondere der Ressourcenschicht – vereinfacht. Auf der anderen Seite geht man in der Regel davon aus, dass das Ressourcen-Management zum Aufgabenbereich lokaler Ressourcenmanager gehört. Eine Ausnahme bildet die *General-purpose Architecture for Reservation and Allocation* (GARA – Allgemeine Architektur für Reservierungen und Allozierungen) [36], die einen „Slot-Manager" bereit stellt, mit dessen Hilfe die Reservierung auch von solchen Ressourcen implementiert werden kann, die dieses Merkmal nicht nativ unterstützen. Außerdem sind Erweiterungen vom Portable-Batch-System (PBS) [56] und Condor [49, 50] entwickelt worden, die eine Reservierungsfunktionalität unterstützen.

4.2 Connectivity: problemlose und sichere Kommunikationen

Die Connectivity-Schicht definiert die wichtigsten Kommunikations- und Authentifizierungsprotokolle, die für Grid-spezifische Netzwerkübertragungen erforderlich sind. Kommunikationsprotokolle ermöglichen den Datenaustausch zwischen den Ressourcen der Fabric-Ebene. Authentifizierungsprotokolle bauen auf den Kommunikationsdiensten auf und stellen kryptografisch gesicherte Mechanismen zur Feststellung der Identität von Benutzern und Ressourcen bereit.

Zu den Kommunikationsanforderungen zählen der Transport, das Routing und die Namenskonventionen. Obwohl es sicherlich Alternativen gibt, gehen wir an dieser Stelle davon aus, dass diese Protokolle aus dem TCP/IP-Protokoll-Stack stammen: es geht hier insbesondere um die Internet- (IP und ICMP), Transport- (TCP, UDP) und Applikationsschichten (DNS, OSPF, RSVP etc), welche die Architektur des Internet-Schichtenmodells [7] bilden. Wir wollen damit jedoch nicht ausschließen, dass die künftige Grid-Kommunikation neue Protokolle bedingen wird, die bestimmte Arten der Netzwerkdynamik berücksichtigen.

Was die Sicherheitsaspekte der Connectivity-Schicht betrifft, stellen wir fest, dass die Komplexität des Sicherheitsproblems dazu führt, dass alle Lösungen nach Möglichkeit auf vorhandenen Standards basieren sollten. Wie bei der Kommunikation sind viele Sicherheitsstandards geeignet, die im Kontext des Internet-Protokolls entwickelt wurden.

Authentifizierungslösungen für VO-Umgebungen sollten die folgenden Eigenschaften aufweisen [17]:

- *Single-Sign-On* (einheitliche Anmeldung). Die Benutzer sollten sich nur einmal anmelden (authentifizieren) müssen, um ohne weiteren Benutzereingriff auf die verschiedenen Grid-Ressourcen zugreifen zu können, die in der Fabric-Schicht definiert sind.
- *Delegierung* [35, 40, 45]. Ein User muss in der Lage sein, ein Programm so zu kontrollieren, dass es stellvertretend für ihn tätig wird und auf solche Ressourcen zugreifen kann, für die er eine Zugriffsberechtigung hat. Das Programm sollte (optional) auch eine Untermenge dieser Berechtigungen bedingt an ein weiteres Programm delegieren können (dieses Merkmal wird gelegentlich bedingte Delegierung genannt).
- *Integration mit verschiedenen, lokalen Sicherheitslösungen*: Jede Site oder jeder Ressourcen-Provider kann eine von vielen lokalen Sicherheitslösungen wie Kerberos oder UNIX-Sicherheit einsetzen. Grid-Sicherheitslösungen müssen in der Lage sein, mit diesen unterschiedlichen, lokalen Lösungen zu harmonieren. Es ist eher unrealistisch, den kompletten Ersatz der lokalen Sicherheitslösungen zu verlangen, aber eine Zuordnung zur lokalen Umgebung muss gewährleistet sein.
- *User-basierte Vertrauensstellungen*: Um die gleichzeitige Nutzung der Ressourcen von mehreren Providern zu ermöglichen, darf das Sicherheitssystem nicht von den Ressourcen-Providern verlangen, dass sie bei der Konfiguration der Sicherheitsumgebung miteinander kooperieren. Wenn ein Benutzer beispielsweise für die Standorte A und B berechtigt ist, muss der Benutzer auf die Standorte A und B zugreifen können, ohne dass sich die Sicherheitsadministratoren dieser Sites austauschen.

Grid-Sicherheitslösungen sollten außerdem Flexibilität bei der Kommunikationssicherung bieten (z.B. Kontrolle über den Grad der Sicherung, die unabhängige

Sicherung von Dateneinheiten bei ungesicherten Protokollen, Support für andere gesicherte Protokolle als TCP). Außerdem müssen die Beteiligten in der Lage sein, Entscheidungen über die Authentifizierung zu treffen, wobei auch die Begrenzung der Delegierung von Berechtigungen zu berücksichtigen ist.

Globus-Toolkit: Die oben genannten Internet-Protokolle werden für die Kommunikation genutzt. Auf Public-Key-Infrastructure basierte Grid Security Infrastructure-(GSI-)Protokolle [17, 35] werden für die Authentifizierung, Kommunikationssicherung und Autorisierung benutzt. GSI basiert auf den Transport Layer Security-(TLS-)Protokollen [29] und erweitert diese, um die meisten der oben genannten Merkmale bereit zu stellen, insbesondere Single-Sign-On, Delegierung, Integration mit verschiedenen lokalen Sicherheitslösungen (einschließlich Kerberos [58]) und User-basierte Vertrauensstellungen. Identitätszertifikate im X.509-Format werden genutzt. Die Steuerung der Autorisierung durch die Beteiligten wird durch ein Autorisierungs-Toolkit erzielt, das den Eigentümern einer Ressource ermöglicht, lokale Richtlinien über eine Generic Authorization and Access-(GAA-)Schnittstelle zu integrieren. In der aktuellen Version des Toolkits (v1.1.4) wird die bedingte Delegierung nicht unterstützt, obwohl diese Funktionalität in Prototypen demonstriert wurde.

4.3 Ressource: Freigabe und gemeinsamer Zugriff auf Einzelressourcen

Die Ressourcen-Schicht basiert auf den Kommunikations- und Authentifizierungsprotokollen der Connectivity-Schicht und definiert Protokolle (sowie APIs und SDKs) zum sicheren Vereinbaren, Auslösen, Überwachen, Steuern und Abrechnen von Freigabeoperationen für individuelle Ressourcen. Die Implementierungen dieser Protokolle in der Ressourcen-Schicht rufen die Funktionen der Fabric-Schicht auf, um auf die lokalen Ressourcen zuzugreifen und sie zu steuern. Die Protokolle der Ressourcen-Schicht befassen sich ausschließlich mit den einzelnen Ressourcen und ignorieren daher Themen wie der globale Status und atomare Aktionen für verteilte Sammlungen. Diese Themen sind Sache der Collective-Ebene, die im nächsten Abschnitt besprochen wird.

Zwei primäre Klassen von Protokollen lassen sich in der Ressourcen-Schicht unterscheiden:

- *Informationsprotokolle* werden genutzt, um Informationen über die Struktur und den Status einer Ressource abzufragen – zum Beispiel die Konfiguration, die aktuelle Auslastung und die Richtlinien für die Nutzung (d.h. die Kosten).
- *Managementprotokolle* werden genutzt, um den Zugriff auf eine gemeinsame Ressource auszuhandeln und legen beispielsweise die Anforderungen an die Ressource (wie Reservierungen und Quality-of-Service) sowie die auszuführenden Operationen fest, wie beispielsweise die Generierung von Prozessen oder der Zugriff auf Daten. Da die Managementprotokolle auch für die Instanziierung der Vertrauensstellung verantwortlich sind, dienen sie zwangsläufig als Anwendungspunkt der Richtlinie. Sie stellen sicher, dass die angeforderten Pro-

tokolloperationen mit der Richtlinie übereinstimmen, die für die Freigabe der Ressource festgelegt wurde. Ein Protokoll kann außerdem die Überwachung vom Status einer Operation und die Steuerung (beispielsweise die Beendigung) der Operation unterstützen.

Obwohl man sich viele Protokolle dieser Art vorstellen kann, stellen die Ressourcen- (und Connectivity-)Protokollschichten den Flaschenhals unseres Sanduhrmodells dar und sollten sich daher auf eine kleine und fokussierte Gruppe beschränken. Die Protokolle müssen so gewählt werden, dass sie die grundlegenden Mechanismen der Freigabe und des gemeinsamen Zugriffs für viele verschiedene Ressourcentypen beherrschen (beispielsweise für verschiedene lokale Ressourcen-Managementsysteme), jedoch ohne die Beschaffenheit oder Performance der Protokolle der übergeordneten Schichten zu sehr einzuschränken.

Die Liste der erstrebenswerten Fabric-Funktionalität, die im Abschnitt „Fabric: Schnittstelle zur lokalen Steuerung" vorgestellt wurde, fasst die wesentlichen Merkmale zusammen, die bei den Protokollen der Ressourcen-Schicht gegeben sein müssen. Zu dieser Liste kommt bei vielen Operationen noch die Semantik „genau einmal" hinzu, wobei zuverlässige Fehlermeldungen für fehlgeschlagene Operationen erforderlich sind.

Globus Toolkit: Hier wird eine kleine Gruppe von Protokollen gewählt, die größtenteils auf gängigen Standards basieren – insbesondere:

- Ein Grid Resource Information Protocol (GRIP, das momentan auf dem Lightweight Directory Access Protocol basiert) wird zur Definition eines standardisierten Resource Information-Protokolls und eines verknüpften Datenmodells herangezogen. Ein damit verknüpftes Soft-State-Ressourcenregistrierungsprotokoll, das Grid Resource Registration Protocol (GRRP) wird genutzt, um Ressourcen bei den Grid Index Information-Servern zu registrieren, die im nächsten Abschnitt besprochen werden [25].
- Das auf HTTP basierte Grid Resource Access and Management-(GRAM-)Protokoll wird genutzt, um Computing-Ressourcen zuzuteilen und um die mit diesen Ressourcen durchgeführten Rechenoperationen zu überwachen sowie zu steuern [26].
- Eine erweiterte Version des File Transfer-Protokolls, GridFTP, stellt das Managementprotokoll für den Datenzugriff dar. Zu den Erweiterungen gehören der Einsatz von Sicherheitsprotokollen der Connectivity-Schicht, der Teilzugriff auf Dateien und die Verwaltung von parallelen Instanzen bei Hochgeschwindigkeitsübertragungen [4]. FTP wird als grundlegendes Datenübertragungsprotokoll gewählt, weil es den Dateitransfer über herstellerspezifische Lösungen unterstützt und weil die getrennten Steuerungs- und Datenkanäle die Implementierung von hochentwickelten Servern unterstützen.
- LDAP wird außerdem als Protokoll für den Zugriff auf den Katalog genutzt.

Das Globus Toolkit definiert clientseitige C- und Java-APIs und -SDKs für jedes dieser Protokolle. Serverseitige SDKs und Server werden außerdem für jedes Protokoll definiert, um die Integration der verschiedenen Ressourcen (Computing-, Speicher-, Netzwerk-) ins Grid zu vereinfachen. Beispielsweise implementiert der

Grid Resource Information Service (GSI) die serverseitige LDAP-Funktionalität, wobei Callouts die Veröffentlichung von beliebigen Ressourceninformationen ermöglichen [25]. Ein wichtiges serverseitiges Element des gesamten Toolkits ist der „Gatekeeper", der im Grunde einen GSI-authentifizierten „inetd" bereit stellt, der das GRAM-Protokoll beherrscht und für die Steuerung verschiedener lokaler Operationen eingesetzt wird. Die Generic Security Services-(GSS-)API [48] wird genutzt, um Authentifizierungsdaten abzufragen, weiterzuleiten und zu überprüfen. Außerdem stellt sie die Integrität und Vertraulichkeit der Transportschicht innerhalb dieser SDKs und Server bereit und ermöglicht damit alternative Sicherheitsdienste in der Connectivity-Schicht.

4.4 Collective: Koordinierung von multiplen Ressourcen

Während sich die Ressourcen-Schicht auf die Interaktionen innerhalb einer einzelnen Ressource konzentriert, umfasst die nächste Schicht in unserer Architektur Protokolle und Services (sowie APIs und SDKs), die mit keiner spezifischen Ressource zusammenhängen, sondern globaler Natur sind und die Interaktionen von Ressourcengruppen auflesen. Aus diesem Grund bezeichnen wir die nächste Schicht der Architektur als Collective-Schicht. Weil die Collective-Komponenten auf dem engen Flaschenhals der Ressourcen- und Connectivity-Schichten unseres Sanduhrmodells aufbauen, können sie eine Vielfalt an Sharing-Funktionalitäten implementieren, ohne dass neue Anforderungen an die freizugebenden Ressourcen gestellt werden, zum Beispiel:

- *Verzeichnisdienste* (Directory Services) geben den VO-Teilnehmern die Möglichkeit, die Existenz bzw. die Eigenschaften der VO-Ressourcen zu entdecken. Ein Verzeichnisdienst gestattet es den Usern, Ressourcen mit Namen bzw. Attributen wie Typ, Verfügbarkeit oder Auslastung aufzuspüren [25]. Die Ressourcen-Schicht-Protokolle GRRP und GRIP werden genutzt, um Verzeichnisse aufzubauen.
- *Co-Allocation, Scheduling und Brokering-Services* geben den VO-Teilnehmern die Möglichkeit, die Zuteilung von einer oder mehreren Ressourcen für eine bestimmte Aufgabe zu beantragen und ermöglichen die Zeitplanung für diese Aufgaben. Beispiele sind AppLeS [12, 13], Condor-G [37], Nimrod-G [2] und der DRM-Broker [10].
- *Überwachungs- und Diagnose-Services* unterstützen die Überwachung der VO-Ressourcen in bezug auf Fehler, feindselige Angriffe („Intrusion-Detection"), Überlastung und ähnliches.
- *Datenreplizierungsdienste* unterstützen das Management der VO-Speicherressourcen (und möglicherweise auch der Netzwerk- und Computing-Ressourcen), um die Performance beim Datenzugriff in bezug auf Metriken wie Antwortzeit, Zuverlässigkeit und Kosten zu optimieren [44].
- *Workload-Managementsysteme und Kollaborationsschemata* – die auch unter dem Namen Problemlösungsumgebung (Problem Solving Environment – PSE)

bekannt sind, ermöglichen die Definition, den Einsatz und die Verwaltung von mehrstufigen, asynchronen Multikomponenten-Workflows.

- *Software-Entdeckungsdienste* entdecken und wählen die beste Softwareimplementierung und Ausführungsplattform auf der Basis der Parameter des zu lösenden Problems [20]. Beispiele hierfür sind NetSolve [19] und Ninf [54].
- *Community-Autorisierungsserver* erzwingen die Community-Richtlinien, die den Zugriff auf vorhandene Ressourcen steuern und generieren Privilegien, mit deren Hilfe die Mitglieder auf die Ressourcen einer Community zugreifen können. Diese Server stellen einen globalen Richtliniendienst bereit, indem sie auf den Ressourceninformations- und -Managementprotokollen (der Ressourcen-Schicht) sowie den Sicherheitsprotokollen der Connectivity-Schicht aufbauen. Einige Themen auf diesem Gebiet wurden von Akenti untersucht [60].
- *Community-Abrechnungsdienste und -Zahlungssysteme* sammeln Nutzungsdaten zu Abrechnungs- und Zahlungszwecken, bzw. um die Nutzung der Ressourcen durch die Mitglieder der Community einzuschränken.
- *Kollaborative Services* unterstützen den koordinierten, synchronen oder asynchronen Austausch von Informationen innerhalb von möglicherweise sehr großen User-Communities. Beispiele hierfür sind CAVERNsoft [28, 47], Access Grid [23] und Commodity-Groupwaresysteme.

Diese Beispiele zeigen die Vielfalt der Protokolle und Services der Collective-Schicht, auf die man im Alltag trifft. Beachten Sie, dass die Protokolle der Ressourcen-Schicht allgemeiner Natur sein müssen und in allen Bereichen zum Einsatz kommen, wohingegen sich die Protokolle der Collective-Schicht von allgemein bis hin zu stark applikations- oder domänenspezifisch erstrecken, wobei letztere unter Umständen nur innerhalb von bestimmten VOs existieren.

Die Funktionalität der Collective-Ebene kann mit Hilfe von persistenten Diensten und verknüpften Protokollen oder mit Hilfe von SDKs (und verknüpften APIs) realisiert werden, die für eine Anbindung an bestimmte Applikationen konzipiert sind. In beiden Fällen kann die Implementierung auf den Protokollen und APIs der Ressourcen-Schicht (oder einer anderen Collective-Schicht) aufbauen. Zum Beispiel zeigt Abbildung 3 eine Co-Allocation-API mit -SDK (mittlere Ebene) der Collective-Schicht, die ein Management-Protokoll der Ressourcen-Schicht zur Steuerung der untergeordneten Ressourcen nutzen. Darüber haben wir ein Co-Reservierungs-Serviceprotokoll definiert und einen Co-Reservierungs-Service implementiert, der dieses Protokoll beherrscht und die Co-Allocation-API aufruft, um Co-Allocation-Operationen zu implementieren und um möglicherweise weitere Funktionalitäten wie Autorisierung, Fehlertoleranz und Protokollierung bereit zu stellen. Eine Applikation könnte dann das Co-Reservierungs-Serviceprotokoll nutzen, um endpunktbezogene Netzwerkreservierungen anzufordern.

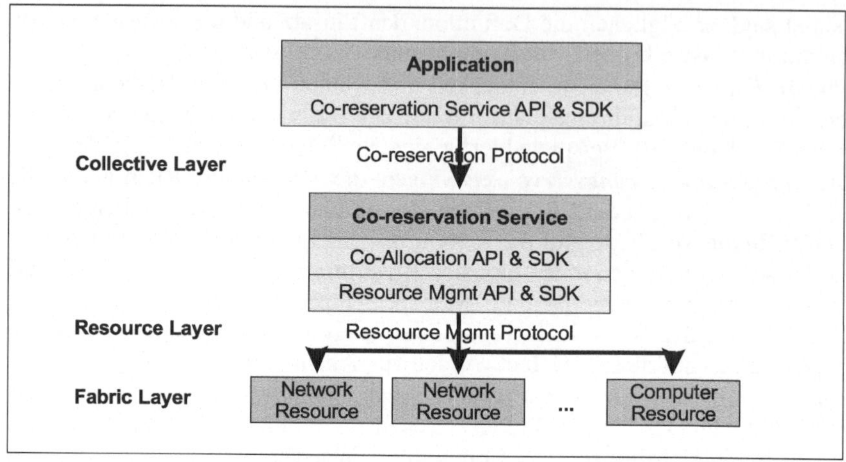

Abb. 3. Protokolle, Services, APIs und SDKs der Collective- und Ressourcen-Schicht lassen sich auf verschiedene Art und Weise kombinieren, um Funktionalität für Applikationen bereit zu stellen.

Die Komponenten der Collective-Ebene können auf den Bedarf der jeweiligen User-Community, VO oder Applikationsdomäne angepasst werden – Beispiele wären ein SDK, mit dessen Hilfe ein applikationsspezifisches Kohärenzprotokoll implementiert wird oder ein Co-Reservierungs-Service für eine bestimmte Gruppe von Netzwerkressourcen. Andere Collective-Komponenten können allgemeinerer Natur sein, beispielsweise ein Replikationsdienst, der eine internationale Ansammlung von Speichersystemen für mehrere Communities verwaltet oder ein Verzeichnisdienst, der für die Entdeckung von VOs konzipiert wurde. Allgemein gilt: Je größer die User-Zielgruppe, umso wichtiger wird es, dass die Protokolle und APIs einer Collective-Komponente auf gängigen Standards basieren.

Globus Toolkit: Neben den Beispielen für Services, die wir weiter oben in diesem Abschnitt aufgeführt haben, von denen viele auf den Globus-Connectivity- und Ressourcenprotokollen aufbauen, sei an dieser Stelle der Meta Directory Service erwähnt, mit dem der Grid Information Index-Server (GIIS) eingeführt wurde, um beliebige Ansichten von Ressourcen-Subsets zu ermöglichen und den Status der Ressource abzufragen; dabei wird mit LDAP als Informationsprotokoll auf die ressourcenspezifischen GRIS zugegriffen; die Registrierung von Ressourcen erfolgt mit Hilfe von GRRP. Außerdem werden Replika-Katalog- und Replika-Management-Services genutzt, um das Management von replizierten Datensammlungen in der Grid-Umgebung zu unterstützen [4]. Ein Online-Credential-Speicherdienst („MyProxy“) bietet einen sicheren Speicherplatz für Proxy-Credentials [55]. Die DUROC Co-Allocation-Bibliothek bietet ein SDK und eine API für die Co-Allocation von Ressourcen.

4.5 Applikationen

Die letzte Schicht in unserer Grid-Architektur umfasst die User-Applikationen, die innerhalb der VO-Umgebung eingesetzt werden. Abbildung 4 zeigt die Grid-Architektur aus Sicht des Anwendungsentwicklers. Applikationen werden mit Hilfe der Begriffe und durch Aufruf der Services von jeder beliebigen Schicht konstruiert. Auf jeder Ebene existieren klar definierte Protokolle, die den Zugriff auf einen nützlichen Service ermöglichen: Ressourcenmanagement, Datenzugriff, Ressourcenentdeckung und so weiter. Auf jeder Ebene können auch APIs definiert sein, deren Implementierung (die im Idealfall durch SDKs von einem Drittanbieter realisiert wird) Protokollnachrichten mit den entsprechenden Diensten austauscht, um die gewünschte Aufgabe zu erfüllen.

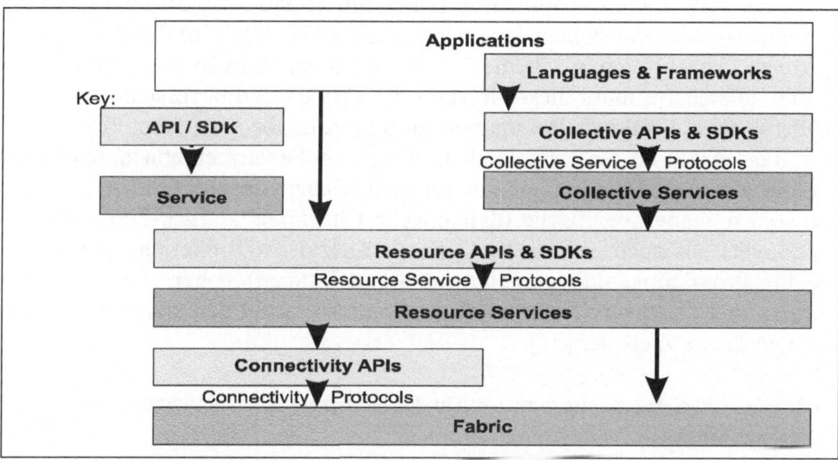

Abb. 4. APIs werden durch Software Development Kits (SDKs) implementiert, die wiederum Grid-Protokolle für den Austausch mit den Netzwerkdiensten nutzen, die Funktionalitäten für den End-User bereit stellen. SDKs auf übergeordneter Ebene können eine Funktionalität bereit stellen, die nicht mit einem bestimmten Protokoll verknüpft ist, sondern Protokolloperationen unter Umständen mit Aufrufen an weitere APIs kombiniert und gleichzeitig eine lokale Funktionalität implementiert.

Wir betonen, dass die Applikationen, die wir als einzelne Schicht in Abbildung 4 darstellen, unter echten Bedingungen vielleicht ein komplexes Gebilde von Frameworks und Bibliotheken darstellen (z.B. die Common Component Architecture [5], SciRun [20], CORBA [39, 51], Cactus [11], Workflow-Systeme [15]) und eine umfangreiche, interne Struktur umfassen, die auf ein vielfaches der in Abbildung 4 dargestellten Größe erweitert würde, wenn sie an dieser Stelle dargestellt würde. Die Frameworks selbst können Protokolle, Services bzw. APIs definieren (z.B. das Simple Workflow Access Protocol [15]). Allerdings würde diese Thematik den Rahmen dieses Artikels sprengen, der sich lediglich mit den fundamentalen Protokollen und Services befasst, die für ein Grid erforderlich sind.

5 Grid Architektur in der Praxis

Wir werden zwei Beispiele nutzen, um die Arbeitsweise der Grid-Architektur in der Praxis darzustellen. Tabelle 1 zeigt die Services, die zur Implementierung der bereits in Abbildung 1 gezeigten, disziplinübergreifenden Simulations- und CPU-Sharing-(Ray-Tracing-)Applikationen eingesetzt werden können. Die grundlegenden Fabric-Elemente sind in allen Fällen gleich: Computer, Speichersysteme und Netzwerke. Darüber hinaus beherrscht jede Ressource die Standard-Connectivity-Protokolle, die für die Kommunikation und Sicherheit erforderlich sind, sowie Ressourcen-Protokolle für die Abfrage, Zuteilung und Verwaltung der Ressourcen. Darauf aufbauend nutzt jede Applikation eine Mischung aus generischen und applikationsspezifischen Collective-Services.

Im Fall der Ray-Tracing-Applikation setzen wir einfach voraus, dass diese auf einem Rechensystem mit hohem Durchsatz basiert [37, 50]. Um die Ausführung einer großen Anzahl von größtenteils unabhängigen Aufgaben in einer VO-Umgebung zu steuern, muss dieses System die aktiven und bevorstehenden Aufgaben überwachen, geeignete Ressourcen für jede Aufgabe aufspüren, Programme für diese Ressourcen hosten, verschiedene Arten von Fehlern erkennen, darauf reagieren und so weiter. Eine Implementierung im Kontext unserer Grid-Architektur nutzt sowohl domänenspezifische (dynamische Checkpoints, Task-Pool-Management, Failover), als auch generische Collective-Services (Brokering, Datenreplizierung für Programme und gemeinsame Input-Dateien) neben den Standard-Ressourcen- und Connectivity-Protokollen. Condor-G stellt den ersten Schritt zur Realisierung dieses Ziels dar [37].

Tabelle 1. Die Grid-Services, die zum Aufbau der beiden Beispielapplikationen aus Abbildung 1 benötigt werden.

	Disziplinübergreifende Simulation	**Ray-Tracing**
Collective (applikationsspezifisch)	Solver-Koppler, verteilte Datenarchivierung	Checkpointing, Job-Management, Failover, Hosting
Collective (generisch)	Ressourcen entdecken, Ressource-Brokering, Systemüberwachung, Autorisierung der Community, Zertifikate widerrufen	
Ressourcen	Computing-, Datenzugriff, Zugriff auf Informationen über Systemstruktur, Status, Performance	
Connectivity	Kommunikation (IP), Services entdecken (DNS), Authentifizierung, Autorisierung, Delegierung	
Fabric	Speichersysteme, Computer, Netzwerke, Codespeicher, Kataloge	

Im Falle der disziplinübergreifenden Simulationsapplikation sind die Probleme auf der höchsten Ebene ganz anders. Ein Application-Framework (z.B. CORBA, CCA) kann genutzt werden, um die Applikation aus verschiedenen Komponenten aufzubauen. Außerdem benötigen wir Mechanismen, um passende Computing-

Ressourcen zu entdecken, um Verarbeitungszeit auf diesen Ressourcen zu reservieren, um Programme zu hosten, um den Zugriff auf Remote-Speichermedien bereit zu stellen und so weiter. Auch hier kommt eine Reihe von domänenspezifischen Collective-Services zum Einsatz (z.B. Solver-Koppler, verteilte Datenarchivierung), aber die Basis bleibt im Vergleich zum Ray-Tracing-Beispiel grundsätzlich unverändert.

6 „On the Grid“: Die Notwendigkeit von Intergrid-Protokollen

Unsere Grid-Architektur legt Bedingungen für die Protokolle und APIs fest, welche die Freigabe und den gemeinsamen Zugriff auf Ressourcen, Services und Code ermöglichen. Sie stellt jedoch keine Anforderungen an die Technologien, die möglicherweise für die Implementierung dieser Protokolle und APIs eingesetzt werden können. Es ist in Wirklichkeit durchaus möglich, mehrere Instanziierungen der Schlüsselelemente der Grid-Architektur zu definieren. Wir können beispielsweise sowohl Kerberos-, als auch PKI-basierte Protokolle auf der Connectivity-Ebene etablieren und dank GSS-API über die gleiche API auf diese Sicherheitsmechanismen zugreifen (siehe Anhang). Allerdings sind Grids, die mit diesen unterschiedlichen Protokollen aufgebaut wurden, nicht interoperabel und die gemeinsame Nutzung von wesentlichen Services ist damit unmöglich – jedenfalls ohne Gateways. Aus diesem Grund ist es für den langfristigen Erfolg des Grid-Computing erforderlich, dass wir eine Gruppe von Protokollen wählen und die umfassende Umsetzung dieser Protokollgruppe auf der Connectivity- und Ressourcenebene und in einem geringeren Umfang auf der Collective-Ebene erreichen. Wie die Internet-Kernprotokolle die Interoperabilität und den Datenaustausch von und in unterschiedlichen Computernetzwerken ermöglichen, ermöglichen die *Intergrid-Protokolle* (wie wir sie vielleicht nennen können) die Interoperation von verschiedenen Organisationen und den Austausch oder die gemeinsame Nutzung von Ressourcen durch diese Organisationen. Ressourcen, die diese Protokolle beherrschen sind dann als „on the Grid“ zu betrachten. Standard-APIs sind außerdem besonders nützlich, wenn Grid-Code gemeinsam genutzt werden soll. Die Identifizierung dieser Intergrid-Protokolle und -APIs würde den Rahmen dieses Artikels sprengen, obwohl das Globus Toolkit einen Ansatz darstellt, der bisher auf einige Erfolge verweisen kann.

7 Zusammenwirken mit anderen Technologien

Das Konzept von kontrollierten, dynamischen Freigaben innerhalb von VOs ist so fundamental, dass wir fast davon ausgehen müssten, dass Grid-ähnliche Technologien bereits überall im Einsatz sind. In der Praxis ist der Bedarf an solchen Technologien sicherlich fast überall zu verzeichnen, aber in vielen unterschiedlichen Bereichen finden wir nur primitive und unzulängliche Lösungsansätze für VO-Probleme vor. Kurz gesagt die heutigen Ansätze in Richtung Distributed Computing führen auf keinen Fall zu einem allgemeinen Framework für die gemeinsame Nutzung von Ressourcen, die den VO-Anforderungen entspricht. Das Alleinstellungsmerkmal der Grid-Technologien besteht darin, dass sie eine generische Vorgehensweise für die Ressourcenfreigabe bereit stellen. Dieses Szenario zeigt verschiedene Gelegenheiten für die Anwendung von Grid-Technologien auf.

7.1 World-Wide-Web

Die Allgegenwart von Web-Technologien (d.h. IETF- und W3C-Standardprotokollen – TCP/IP, HTTP, SOAP usw. – und Sprachen wie HTML und XML) macht sie zu einer attraktiven Plattform für den Aufbau von VO-Systemen und -Applikationen. Obwohl diese Technologien hervorragende Arbeit leisten, wenn es um die Browser-Client/Webserver-Beziehung geht, die das Fundament des heutigen Webs darstellt, fehlen ihnen Merkmale, die für die bedeutenderen Interaktionsmodelle der VO erforderlich sind. Zum Beispiel nutzen die heutigen Browser typischerweise TLS für die Authentifizierung, aber sie unterstützen weder Single-Sign-On noch die Delegierung.

Wir können deutliche Schritte zur Integration von Grid- und Webtechnologien unternehmen. Wenn die GSI-Erweiterungen von TLS in die Webbrowser integriert würden, wäre Single-Sign-On für mehrere Webserver möglich. Die GSI-Delegierungsfunktionalität würde es dem Browser-Client gestatten, Privilegien an einen Webserver zu delegieren, so dass der Webserver stellvertretend für den Client auftreten könnte. Diese Privilegien würden wiederum dazu führen, dass es viel einfacher wäre, Webtechnologien zum Aufbau von „VO-Portals“ zu nutzen, die den Thin-Client-Zugriff auf anspruchsvolle VO-Applikationen ermöglichen. WebOS bietet Lösungen für einige dieser Probleme [62].

7.2 Application- und Storage-Service-Provider

Application- und Storage-Service-Provider sowie ähnliche Hosting-Unternehmen bieten typischerweise Outsourcing-Dienstleistungen für bestimmte Geschäfts- und technische Prozesse (im Falle des ASPs) sowie Speicherkapazitäten (im Falle des SSPs) an. Ein Kunde handelt ein Service-Level-Agreement mit dem Service-Provider aus, der den Zugriff auf eine bestimmte Kombination von Hard- und Software vorsieht. Die Sicherheit wird in der Regel durch den Einsatz von VPN-Technologien gewährleistet, welche das Intranet des Kunden um die Ressourcen erweitern, die stellvertretend für den Kunden vom ASP oder SSP betrieben werden. Andere SSPs bieten File-Sharing-Dienste an, wobei der Zugriff in diesem Fall über HTTP, FTP oder WebDAV realisiert und über Benutzerkennungen, Passwörter und Zugriffssteuerungslisten gesteuert wird.

Aus der Perspektive der VO sind diese Merkmale Technologiebausteine der unteren Schichten. VPNs und statische Konfiguration führen dazu, dass viele VO-

Sharing-Modalitäten nur schwer erzielbar sind. Die Nutzung von VPNs führt dazu, das eine ASP-Applikation typischerweise nicht auf Daten zugreifen kann, die sich in einem von einem eigenständigen SSP betriebenen Speicherpool befinden. Eine ähnliche Herausforderung, der sich kaum jemand stellt, ist die dynamische Neukonfiguration von Ressourcen innerhalb eines einzelnen ASPs oder SSPs. Eine Lastverteilung zwischen den Providern, wie sie bei der Stromindustrie gang und gäbe ist, ist in der Hosting-Branche nahezu unbekannt. Die Tatsache, dass ein VPN keine VO ist, ist ein grundlegendes Problem: Das VPN kann sich nicht dynamisch erweitern, um andere Ressourcen aufzunehmen und bietet dem Remote-Ressourcenprovider keine Möglichkeit festzulegen, ob und wann auf seine Ressourcen zugegriffen wird.

Die Integration von Grid-Technologien in ASPs und SSPs kann zu einer viel umfangreicheren Palette an Möglichkeiten führen. Zum Beispiel können Standard-Grid-Services und -Protokolle genutzt werden, um eine Entkopplung der Hardware von der Software zu realisieren. Ein Kunde könnte ein SLA für bestimmte Hardwareressourcen aushandeln und diese Hardware dann mit Hilfe von Grid-Ressourcen-Protokollen so ausstatten, dass kundenspezifische Applikationen dort ausgeführt werden können. Eine flexible Delegierung und flexible Zugriffssteuerungsmechanismen würden dem Kunden in die Lage versetzen, einer Applikation, die auf einem ASP-Host ausgeführt wird, den direkten, effizienten und sicheren Zugriff auf den Speicher eines SSPs zu gewähren – bzw. er könnte Ressourcen von mehreren ASPs und SSPs mit den eigenen Ressourcen verbinden, wenn sie für komplexere Probleme benötigt werden. Realistisch betrachtet ist eine Single-Sign-On-Sicherheitsinfrastruktur, die mehrere Sicherheitsdomänen dynamisch generieren kann, erforderlich, um Szenarien dieser Art zu unterstützen. Grid-Ressourcenmanagement- und Abrechnungs- bzw. Zahlungsprotokolle, die eine dynamische Bereitstellung und Reservierung dieser Fähigkeiten (z.B. Speichermengen, Bandbreite für Übertragungen usw.) ermöglichen, sind außerdem unabdingbar.

7.3 Enterprise-Computing-Systeme

Unternehmensweite Entwicklungstechnologien wie CORBA, Enterprise Java Beans, Java 2 Enterprise Edition und DCOM sind Systeme, die für den Aufbau von verteilten Applikationen konzipiert wurden. Sie bieten standardisierte Schnittstellen zu den Ressourcen, Mechanismen für den Remote-Aufruf und Brokering-Services zur Ressourcenentdeckung, so dass die gemeinsame Nutzung von Ressourcen innerhalb einer einzigen Organisation problemlos erzielbar ist. Allerdings entsprechen diese Mechanismen keiner der VO-Anforderungen, die weiter oben aufgeführt wurden. Die primäre Form des Austausches ist Client-Server-basiert, anstatt sich auf die koordinierte Nutzung von multiplen Ressourcen zu konzentrieren.

Aus diesen Beobachtungen kann man ableiten, dass Grid-Technologien in der Lage sein sollten, innerhalb von Enterprise-Computing-Systemen eine Rolle zu spielen. Im Falle von CORBA würden wir beispielsweise einen Object-Request-

Broker (ORB) erstellen, der organisatorische Sicherheitsgrenzen mit Hilfe von GSI-Mechanismen überschreitet. Wir könnten einen Portable-Object-Adaptor implementieren, der das Ressourcenmanagement-Protokoll des Grids beherrscht, um auf Ressourcen zugreifen zu können, die über große VOs verteilt sind. Auf jeden Fall bietet die Nutzung der Grid-Protokolle eine erweiterte Funktionalität (z.B. domänenübergreifende Sicherheit) und ermöglicht die Interoperabilität mit anderen (nicht-CORBA) Clients. Ähnliches kann man im Falle von Java und Jini berichten. Jinis Protokolle und Implementierung sind auf eine kleine Ansammlung von Geräten ausgerichtet. Ein „Grid-Jini", der Grid-Protokolle und -Services nutzt, würde den Einsatz von Jini-Abstraktionen in einer großen, unternehmensübergreifenden Umgebung ermöglichen.

7.4 Internet- und Peer-to-Peer-Computing

Peer-to-Peer-Computing (wie bei den Napster-, Gnutella- und Freenet-Freigabesystemen [24]) und Internet-Computing (wie beispielsweise bei den SETI@home, Parabon- und Entropia-Systemen implementiert) ist ein Beispiel für allgemeinere Sharing-Modalitäten („jenseits von Client-Server") und Rechenstrukturen, wie wir sie bei der Darstellung der VO typifiziert haben. Aus diesem Grunde haben sie mit Grid-Technologien vieles gemeinsam.

In der Praxis stellen wir fest, dass der technische Fokus der Arbeit in diesen Domänen bisher keine wesentlichen Überlagerungen vorweist. Ein Grund dafür ist die Tatsache, dass sich Peer-to-Peer- und Internet-Entwickler bisher gänzlich auf vertikal integrierte (so genannte „Stovepipe"-)Lösungen konzentriert haben, anstatt sich um die Definition von gemeinsamen Protokollen zu kümmern, die eine gemeinsame Infrastruktur und Interoperabilität ermöglichen würden (diese Eigenschaft ist natürlich typisch für neue Marktnischen, in denen die Teilnehmer immer noch auf eine Monopolstellung hoffen). Ein weiterer Grund ist die Tatsache, dass die Art des gemeinsamen Zugriffs, die von verschiedenen Applikationen angepeilt wurde, ziemlich begrenzt ist – zum Beispiel Dateifreigaben ohne Zugriffssteuerung und die gemeinsame Nutzung von Rechenleistung mit einem zentralen Server.

Mit der zunehmenden Komplexität dieser Applikationen wird auch die Notwendigkeit der Interoperabilität offensichtlich, und wir können uns auf eine starke Konvergenz der Interessen zwischen Peer-to-Peer-, Internet- und Grid-Computing freuen [31]. Single-Sign-On-, Delegierungs- und Autorisierungstechnologien sind beispielsweise immer dann wichtig, wenn die rechentechnischen und die Freigabedienste kooperieren müssen und die Richtlinien, die den Zugriff auf die individuellen Ressourcen regeln, komplexer werden.

8 Andere Sichtweisen des Grids

Die Sichtweise des Grids, die wir in diesem Artikel darstellen, ist natürlich nicht die einzig mögliche. Wir fassen an dieser Stelle einige alternative Betrachtungsweisen (in Schrägschrift) zusammen (und kommentieren diese).

Das Grid ist das Internet der nächsten Generation. Das Grid ist keine Alternative zum Internet, sondern eine Reihe von zusätzlichen Protokollen und Diensten, die auf Internet-Protokollen und –Diensten aufbauen, um den Aufbau und die Nutzung von rechen- und datentechnisch gut ausgestatteten Umgebungen zu ermöglichen. Jede Ressource, die „on the Grid" ist, wird per Definition auch „im Internet" sein.

Das Grid ist eine Quelle für kostenlose CPU-Zyklen. Der uneingeschränkte Zugriff auf Ressourcen ist im Grid-Computing nicht implizit. Beim Grid-Computing geht es um die kontrollierte Freigabe. Die Besitzer von Ressourcen werden typischerweise Richtlinien einführen, um den Zugriff auf der Basis einer Gruppenmitgliedschaft, der Zahlungsfähigkeit und so weiter einzuschränken. Daher sind Abrechnungsfunktionalitäten wichtig und die Grid-Architektur muss auf der Ressourcen- und Collective-Ebene Protokolle für den Austausch von Nutzungs- und Kosteninformationen integrieren, die auch zur Analyse dieser Informationen bei der Entscheidung über eine mögliche Freigabe geeignet sind.

Das Grid braucht ein verteiltes Betriebssystem. In dieser Perspektive (z.B. [42]) muss das Grid die Betriebssystemservices definieren, die auf jedem teilnehmenden System installiert sein müssen, wobei diese Dienste die gleiche Funktionalität für das Grid bereit stellen, die das Betriebssystem für einen alleinstehenden Computer bereit stellt – nämlich Transparenz in bezug auf den Standort, Namen, die Sicherheit und so weiter. Anders ausgedrückt: diese Perspektive sieht die Rolle der Grid-Software in erster Linie im Aufbau einer virtuellen Maschine. Allerdings sind wir der Auffassung, dass diese Betrachtungsweise im Konflikt mit unseren primären Zielen, der weitverteilten Umsetzung und Interoperabilität, steht. Unseres Erachtens ist die Internet-Protokollsuite eher das richtige Modell, da sie weitgehend orthogonale Services bereit stellt, die zur Lösung der einmaligen Probleme konzipiert sind, die in einer vernetzten Umgebung auftreten können. Die überwältigende physische und administrative Heterogenität, die für die Grid-Umgebung typisch ist, bedeutet, dass die traditionelle Transparenz unerreichbar ist. Auf der anderen Seite liegt eine Vereinbarung über Standardprotokolle durchaus im Rahmen des Möglichen. Die an dieser Stelle vorgestellt Architektur ist bewusst offen statt präskriptiv; sie definiert eine kompakte und minimale Ausstattung an Protokollen, die eine Ressource beherrschen muss, um „on the Grid" zu sein. Darüber hinaus bemüht sie sich lediglich um ein Framework, innerhalb dessen bestimmte Verhaltensweisen definiert werden können.

Das Grid erfordert neue Programmiermodelle. Die Programmierung in Grid-Umgebungen stellt den Entwickler vor neue Herausforderungen, die in sequenziellen (oder parallelen) Computern nicht anzutreffen sind, so zum Beispiel multiple, administrative Domänen, neue Fehlerzustände und große Abweichungen in der Performance. Allerdings behaupten wir, dass dies eher nebensächliche als zentrale

Themen sind und dass sich die grundsätzliche Problematik der Programmierung im wesentlichen nicht geändert hat. Wie in anderen Kontexten können Abstraktionen und Verkapselung die Komplexität reduzieren und die Zuverlässigkeit erhöhen. Aber wie in anderen Kontexten ist es sinnvoll, den Aufbau einer Vielfalt an Abstraktionen auf übergeordneter Ebene zu ermöglichen, anstatt eine bestimmte Vorgehensweise zu diktieren. Ein Entwickler, der glaubt, ein universelles, verteiltes Shared-Memory-Modell könnte die Anwendungsentwicklung in der Grid-Umgebung vereinfachen, sollte beispielweise dieses Modell in den Begriffen der Grid-Protokolle implementieren, und diese nur dann ausweiten oder ersetzen, wenn sie sich als für seine Zwecke untauglich erweisen. Gleichermaßen muss ein Entwickler, der glaubt, alle Grid-Ressourcen sollten sich dem User als Objekt darstellen, lediglich eine objektorientierte „API" in den Begriffen der Grid-Protokolle implementieren.

Das Grid macht Hochleistungsrechner überflüssig. Die Hunderte, Tausende oder vielleicht Millionen von Prozessoren, die innerhalb einer VO verfügbar sind, können eine bedeutende Quelle der Rechenleistung darstellen, wenn sie auf sinnvolle Art und Weise eingebunden werden können. Damit ist jedoch nicht gesagt, dass traditionelle Hochleistungsrechner obsolet sind. Viele Probleme erfordern eng miteinander verbundene Computer mit niedriger Latenz und hoher Kommunikationsbandbreite. Grid-Computing kann unter Umständen zu einer Zunahme statt einer Abnahme der Nachfrage nach Hochleistungsrechnern führen, weil der Zugriff auf diese Systeme vereinfacht wird.

9 Zusammenfassung

In diesem Artikel haben wir uns um eine kompakte Darstellung der „Grid-Problematik" bemüht, die wir als die gesteuerte und koordinierte Freigabe und gemeinsame Nutzung von Ressourcen innerhalb von dynamischen, skalierbaren, virtuellen Organisationen definieren. Wir haben sowohl die Anforderungen als auch ein Grundgerüst für die Grid-Architektur vorgestellt und die wichtigsten Funktionen identifiziert, die erforderlich sind, um Sharing innerhalb von VOs zu ermöglichen. Außerdem haben wir die Schlüsselbeziehungen zwischen diesen Technologien definiert und zum Schluss detailliert dargestellt, welche Beziehungen zwischen Grid-Technologien und anderen wichtigen Technologien bestehen.

Wir hoffen, dass der Wortschatz und die Struktur, die in diesem Dokument vorgestellt wurden, für die wachsende Grid-Community von Nutzen sein werden, indem sie zum besseren Verständnis unseres Problems führen und eine gemeinsame Sprache für die Beschreibung der Lösungen bereit stellen. Wir hoffen außerdem, dass unsere Analyse den Aufbau von Beziehungen zwischen Grid-Entwicklern und den Befürwortern von ähnlichen Technologien fördern wird.

Die Diskussion in diesem Artikel führt zu einigen wichtigen Fragen. Welche Protokolle sind als Integrid-Protokoll am besten geeignet, um die Interoperabilität der Grid-Systeme zu ermöglichen? Welche Dienste müssen persistent vorhanden sein (anstatt von jeder Applikation dupliziert zu werden), um nutzbare Grids zu erzeugen? Und welche wichtigen APIs und SDKs müssen wir den Usern zur Verfügung stellen, um die Entwicklung und Umsetzung von Grid-Applikationen zu beschleunigen? Wir haben eine eigene Meinung zu diesen Fragen, aber die Antworten bedürfen sicherlich der weiteren Erörterung.

Danksagungen

Wir möchten uns bei zahlreichen Kollegen für Ihre Beiträge zu den Diskussionen bedanken, die an dieser Stelle geführt wurden, insbesondere bei Bill Allcock, Randy Butler, Ann Chervenak, Karl Czajkowski, Steve Fitzgerald, Bill Johnston, Miron Livny, Joe Mabretti, Reagen Moore, Harvey Newman, Laura Pearlman, Rick Stevens, Gregor von Laszewski, Rich Wellner und Mike sowie bei den Teilnehmer am Workshop über Cluster und Computing-Grids für wissenschaftliche Anwendung (Lyon, September 2000) sowie am 4. Grid Forum Meeting (Boston, Oktober 2000), anlässlich dessen eine frühe Version dieser Ideen vorgetragen wurden.

Diese Arbeit wurde zum Teil unterstützt durch das Mathematical, Information and Computer Sciences Division Subprogram vom Office of Advanced Scientific Computing Research, U.S. Department of Energy, unter Vertrag W-31-109-Eng-39, durch die Defense Advanced Research Projects Agency, unter Vertrag N66001-96-C8523, von der National Science Foundation und vom NASA Information Power Grid Program.

Anhang: Definitionen

An dieser Stelle definieren wir vier Begriffe, die für die Diskussion in diesem Artikel zwar ganz wesentlich sind, jedoch oft falsch verstanden und gebraucht werden, nämlich Protokoll, Service (Dienst), SDK und API.

Protokoll: Ein Protokoll ist eine Reihe von Regeln, die von den Endpunkten eines Telekommunikationssystems für den Datenaustausch angewandt werden. Zum Beispiel:

- Das Internet Protocol (IP) definiert ein nicht bestätigtes Paketübertragungsprotokoll.
- Das Transmission Control Protocol (TCP) baut auf IP auf, um ein bestätigtes Datenübertragungsprotokoll zu ergeben.
- Das Transport Layer Security Protocol (TLS) [29] definiert ein Protokoll, das die Vertraulichkeit und Datenintegrität zwischen zwei Applikationen ermöglicht, die miteinander kommunizieren. Es baut auf einem bestätigten Transportprotokoll wie TCP auf.
- Das Lightweight Directory Access Protocol (LDAP) baut auf TCP auf, um ein Query-Response-Protokoll zur Abfrage des Status einer Remote-Datenbank zu ergeben.

Eine wichtige Eigenschaft von Protokollen ist die Tatsache, dass sie multiple Implementierung kennen: zwei Endpunkte müssen lediglich das gleiche Protokoll implementieren, um miteinander kommunizieren zu können. Standardprotokolle sind daher fundamental für die Gewährleistung der *Interoperabilität* in einer verteilten Computing-Umgebung.

Eine Protokolldefinition sagt außerdem nur wenig über das Verhalten einer Entität aus, die das Protokoll beherrscht. Zum Beispiel legt das FTP-Protokolle das Format der Nachrichten fest, mit dessen Hilfe eine Dateiübertragung ausgehandelt wird, aber es legt nicht fest, wie der Empfänger seine Dateien verwalten sollte.

Wie die oben genannten Beispiele verdeutlichen, können Protokolle in den Begriffen anderer Protokolle definiert werden.

Service oder Dienst. Ein *Service* ist eine netzwerkfähige Entität, die eine bestimmte Fähigkeit bereit stellt, zum Beispiel die Fähigkeit, Dateien zu bewegen, Prozesse zu erstellen oder Zugriffsrechte zu verifizieren. Ein Service wird in den Begriffen des Protokolls definiert, das zur Interaktion mit dem Service genutzt wird, sowie in den Begriffen des erwarteten Antwortverhaltens im Falle der verschiedenen Protokolldialoge (d.h. „Service = Protokoll + Verhalten"). Eine Service-Definition kann eine Vielfalt an Implementierungen ermöglichen. Zum Beispiel:

- Ein FTP-Server spricht das File Transfer Protocol und unterstützt den Remote-Lese- und -Schreibzugriff auf eine Ansammlung von Dateien. Eine FTP-Serverimplementierung wird unter Umständen lediglich auf die Festplatte des lokalen Servers schreiben und Dateien von dort lesen, eine andere wird vielleicht auf ein Massenspeichersystem schreiben und Daten dort lesen und die Dateien bei diesen Vorgängen automatisch komprimieren sowie entkomprimieren. Aus der Perspektive der Fabric-Schicht betrachtet, ist das Verhalten dieser beiden Server in Beantwortung einer Anforderung zum Speichern oder Holen von Daten ganz unterschiedlich. Aus der Perspektive eines Clients dieses Dienstes ist jedoch kein unterschiedliches Verhalten festzustellen. Die Speicherung und das Holen der gleichen Datei führen ungeachtet der eingesetzten Serverimplementierung zu den gleichen Ergebnissen.
- Ein LDAP-Server spricht das LDAP-Protokoll und unterstützt die Beantwortung von Abfragen. Eine LDAP-Serverimplementierung wird unter Umständen mit Hilfe einer Informationsdatenbank auf die Abfragen antworten, während ein anderer SNMP-Calls dynamisch generiert, um die benötigten Informationen in Echtzeit zu liefern.

Ein Service kann (muss aber nicht) persistent (d.h. dauerhaft verfügbar) sein, bestimmte Fehler erkennen bzw. korrigieren. Er kann mit Privilegien ausgeführt werden bzw. zwecks einer verbesserten Skalierfähigkeit verteilt implementiert sein. Wenn Varianten möglich sind, sind die *Entdeckungsmechanismen* wichtig, mit deren Hilfe der Client die Eigenschaften einer bestimmten Instanziierung dieses Dienstes erkennt.

Beachten Sie außerdem, dass man unterschiedliche Services definieren kann, die dasselbe Protokoll beherrschen. Im Globus Toolkit nutzen beispielsweise sowohl der Replika-Katalog [4] und der Informationsservice [25] LDAP.

API. Eine Application Program Interface (API) definiert eine Standardschnittstelle (z.B. eine Gruppe von Subroutinen, oder im Falle einer objektorientierten API eine Gruppe von Objekten und Methoden), mit deren Hilfe eine bekannte Funktionalität abgerufen werden kann. Zum Beispiel:

- Die Generic Security Service-(GSS-)API [48] definiert Standardfunktionen, welche die Identität von Dialogteilnehmern verifizieren, Nachrichten verschlüsseln und so weiter.
- Die Message Passing Interface-API [43] definiert Standardschnittstellen in verschiedenen Sprachen, die für die Übertragung von Daten zwischen den Prozessen eines Parallelrechensystems genutzt werden.

Eine API kann Bindungen an mehrere Sprachen definieren oder auf eine Schnittstellendefinitionssprache aufsetzen. Die Sprache kann eine konventionelle Programmiersprache wie C oder Java sein, oder aber eine Shell-Interface. In diesem Fall bezieht sich die API auf eine Definition der Befehlszeilenargumente für das Programm, auf die Ein- und Ausgabe des Programms und den Exit-Status des Programms. Eine API wird normalerweise ein Standardverhalten definieren, aber mehrere Implementierungen zulassen.

Es ist wichtig, die Beziehung zwischen APIs und Protokollen zu verstehen. Eine Protokolldefinition enthält keine Angaben über die APIs, die innerhalb eines Programms aufgerufen werden können, um Protokollnachrichten zu generieren. Ein einzelnes Protokoll kann viele APIs besitzen und eine einzelne API kann in mehreren Implementierungen existieren, die unterschiedliche Protokolle bedienen. Kurz gesagt, Standard-APIs ermöglichen die *Portierfähigkeit* und Standardprotokolle die *Interoperabilität.* Zum Beispiel wurden sowohl Public-Key- und Kerberos-Bindungen für die GSS-API [48] definiert. Daher kann ein Programm, das Authentifizierungsoperationen mit Hilfe von GSS-API-Calls durchführt, sowohl in einer Public-Key- als auch unverändert in einer Kerberos-Umgebung operieren. Wenn wir auf der anderen Seite ein Programm benötigen, das gleichzeitig in einer Public-Key- und einer Kerberos-Umgebung läuft, müssen wir auf ein Standardprotokoll zurückgreifen, das die Interoperabilität dieser beiden Umgebungen ermöglicht (siehe Abbildung 5).

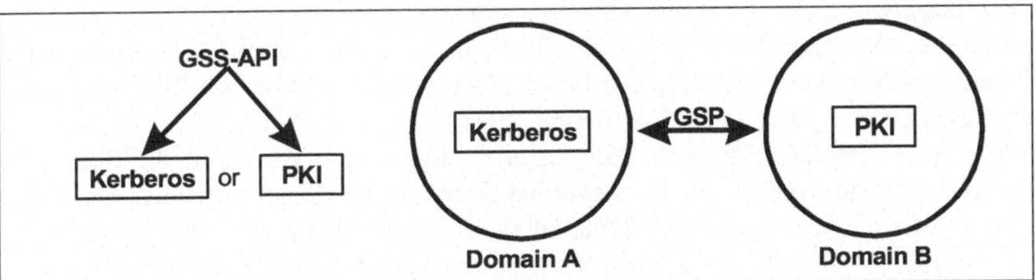

Abb. 5. Links: Eine API wird für die Entwicklung von Applikationen eingesetzt, die mit den Sicherheitsmechanismen von entweder Kerberos oder PKI umgehen können. Rechts: Protokolle (die Grid-Sicherheitsprotokolle, die aus dem Globus Toolkit stammen) werden eingesetzt, um die Interoperabilität zwischen den Kerberos- und PKI-Domänen zu ermöglichen.

SDK. Als Software Development Kit (SDK) wird eine Code-Sammlung bezeichnet, die dafür konzipiert ist (zur Bereitstellung einer bestimmten Funktionalität), mit einem Applikationsprogramm gelinkt zu werden und von dort aus aufgerufen zu werden. Eine SDK implementiert in der Regel eine API. Wenn die API mehrere Implementierungen ermöglicht, sind typischerweise mehrere SDKs für die API verfügbar. Manche SDKs bieten den Zugang zu bestimmten Diensten über ein bestimmtes Protokoll.

Zum Beispiel:

- Die OpenLDAP-Release enthält ein LDAP-Client-SDK, das eine Funktionsbibliothek umfasst, die von C- oder C++-Applikationen genutzt werden kann, um den LDAP-Dienst abzufragen.
- JNDI ist ein Java-SDK, dessen Funktionen in der Lage sind, einen LDAP-Dienst abzufragen.
- Verschiedene SDKs implementieren GSS-API mit Hilfe der TLS- bzw. Kerberos-Protokolle.

Mehrere SDKs, die ein bestimmtes Protokoll implementieren, können von verschiedenen Herstellern verfügbar sein. Darüber hinaus kann es für Client-Server-orientierte Protokolle eigenständige Client-SDKs geben, die auf einen Service zugreifen und Server-SDKs, die bei der Service-Implementierung eingesetzt werden, um ein bestimmtes, angepasstes Verhalten eines Dienstes zu ermöglichen.

Ein SDK muss kein Protokoll beherrschen. Ein SDK, das beispielsweise numerische Funktionen bereit stellt, wird unter Umständen nur lokal auftreten und kann die gewünschten Operationen gewährleisten, ohne sich mit einem Dienst austauschen zu müssen.

Literatur

1. Realizing the Information Future: The Internet and Beyond. National Academy Press, 1994. http://www.nap.edu/readingroom/books/rtif/.
2. Abramson, D., Sosic, R., Giddy, J. und Hall, B. Nimrod: A Tool for Performing Parameterized Simulations Using Distributed Workstations. In Proc. 4th IEEE Symp. On High Performance Distributed Computing, 1995.
3. Aiken, R., Carey, M., Carpenter, B., Foster, I., Lynch, C., Mambretti, J., Moore, R., Strasnner, J. und Teitelbaum, B. Network Policy and Services: A Report of a Workshop on Middleware, IETF, RFC 2768, 2000. http://www.ietf.org/rfc/rfc2768.txt.
4. Allcock, B., Bester, J., Bresnahan, J., Chervenak, A.L., Foster, I., Kesselman, C., Meder, S., Nefedova, V., Quesnel, D. und Tuecke, S., Secure, Efficient Data Transport and Replica Management for High-Performance Data-Intensive Computing. In Mass Storage Conference, 2001.
5. Armstrong, R., Gannon, D., Geist, A., Keahey, K., Kohn, S.,McInnes, L. und Parker, S. Toward a Common Component Architecture for High Performance Scientific Computing. In Proc. 8th IEEE Symp. on High Performance Distributed Computing, 1999.

6. Arnold, K., O'Sullivan, B., Scheifler, R.W., Waldo, J. und Wollrath, A. The Jini Specification. Addison-Wesley, 1999. See also www.sun.com/jini.
7. Baker, F. Requirements for IP Version 4 Routers, IETF, RFC 1812, 1995. http://www.ietf.org/rfc/rfc1812.txt.
8. Barry, J., Aparicio,M., Durniak, T., Herman, P., Karuturi, J.,Woods, C., Gilman, C., Ramnath, R. und Lam, H., NIIIP-SMART: An Investigation of Distributed Object Approaches to Support MES Development and Deployment in a Virtual Enterprise. In 2nd Intl Enterprise Distributed Computing Workshop, 1998, IEEE Press.
9. Baru, C., Moore, R., Rajasekar, A. und Wan, M., The SDSC Storage Resource Broker. In Proc. CASCON'98 Conference, 1998.
10. Beiriger, J., Johnson, W., Bivens, H., Humphreys, S. und Rhea, R., Constructing the ASCI Grid. In Proc. 9th IEEE Symposium on High Performance Distributed Computing, 2000, IEEE Press.
11. Benger, W., Foster, I., Novotny, J., Seidel, E., Shalf, J., Smith, W. und Walker, P., Numerical Relativity in a Distributed Environment. In Proc. 9th SIAM Conference on Parallel Processing for Scientific Computing, 1999.
12. Berman, F. High-Performance Schedulers. In Foster, I. und Kesselman, C. eds. The Grid: Blueprint for a New Computing Infrastructure, Morgan Kaufmann, 1999, 279-309. The Anatomy of the Grid 22
13. Berman, F., Wolski, R., Figueira, S., Schopf, J. und Shao, G. Application-Level Scheduling on Distributed Heterogeneous Networks. In Proc. Supercomputing '96, 1996.
14. Beynon, M., Ferreira, R., Kurc, T., Sussman, A. und Saltz, J., DataCutter: Middleware for Filtering Very Large Scientific Datasets on Archival Storage Systems. In Proc. 8th Goddard Conference on Mass Storage Systems and Technologies/17th IEEE Symposium on Mass Storage Systems, 2000, 119-133.
15. Bolcer, G.A. und Kaiser, G. SWAP: Leveraging theWeb To ManageWorkflow. IEEE Internet Computing,:85-88. 1999.
16. Brunett, S., Czajkowski, K., Fitzgerald, S., Foster, I., Johnson, A., Kesselman, C., Leigh, J. und Tuecke, S., Application Experiences with the Globus Toolkit. In Proc. 7th IEEE Symp. on High Performance Distributed Computing, 1998, IEEE Press, 81-89.
17. Butler, R., Engert, D., Foster, I., Kesselman, C., Tuecke, S., Volmer, J. und Welch, V. Design and Deployment of a National-Scale Authentication Infrastructure. IEEE Computer, 33(12):60-66. 2000.
18. Camarinha-Matos, L.M., Afsarmanesh, H., Garita, C. und Lima, C. Towards an Architecture for Virtual Enterprises. J. Intelligent Manufacturing.
19. Casanova, H. und Dongarra, J. NetSolve: A Network Server for Solving Computational Science Problems. International Journal of Supercomputer Applications and High Performance Computing, 11(3):212-223. 1997.
20. Casanova, H., Dongarra, J., Johnson, C. und Miller, M. Application-Specific Tools. In Foster, I. and Kesselman, C. eds. The Grid: Blueprint for a New Computing Infrastructure, Morgan Kaufmann, 1999, 159-180.
21. Casanova, H., Obertelli, G., Berman, F. und Wolski, R., The AppLeS Parameter Sweep Template: User-Level Middleware for the Grid. In Proc. SC'2000, 2000.
22. Chervenak, A., Foster, I., Kesselman, C., Salisbury, C. und Tuecke, S. The Data Grid: Towards an Architecture for the Distributed Management and Analysis of Large Scientific Data Sets. J. Network and Computer Applications, 2001.

23. Childers, L., Disz, T., Olson, R., Papka, M.E., Stevens, R. und Udeshi, T. Access Grid: Immersive Group-to-Group Collaborative Visualization. In Proc. 4th International Immersive Projection Technology Workshop, 2000.
24. Clarke, I., Sandberg, O., Wiley, B. und Hong, T.W., Freenet: A Distributed Anonymous Information Storage and Retrieval System. In ICSI Workshop on Design Issues in Anonymity and Unobservability, 1999.
25. Czajkowski, K., Fitzgerald, S., Foster, I. und Kesselman, C. Grid Information Services for Distributed Resource Sharing, 2001.
26. Czajkowski, K., Foster, I., Karonis, N., Kesselman, C., Martin, S., Smith, W. und Tuecke, S. A Resource Management Architecture for Metacomputing Systems. In The 4th Workshop on Job Scheduling Strategies for Parallel Processing, 1998, 62-82.
27. Czajkowski, K., Foster, I. und Kesselman, C., Co-allocation Services for Computational Grids. In Proc. 8th IEEE Symposium on High Performance Distributed Computing, 1999, IEEE Press.
28. DeFanti, T. and Stevens, R. Teleimmersion. In Foster, I. und Kesselman, C. eds. The Grid: Blueprint for a New Computing Infrastructure, Morgan Kaufmann, 1999, 131-155. The Anatomy of the Grid 23
29. Dierks, T. und Allen, C. The TLS Protocol Version 1.0, IETF, RFC 2246, 1999. http://www.ietf.org/rfc/rfc2246.txt.
30. Dinda, P. und O'Hallaron, D., An Evaluation of Linear Models for Host Load Prediction. In Proc. 8th IEEE Symposium on High-Performance Distributed Computing, 1999, IEEE Press.
31. Foster, I. Internet Computing und the Emerging Grid. Nature Web Matters, 2000. http://www.nature.com/nature/webmatters/grid/grid.html.
32. Foster, I. und Karonis, N. A Grid-Enabled MPI: Message Passing in Heterogeneous Distributed Computing Systems. In Proc. SC'98, 1998.
33. Foster, I. und Kesselman, C. The Globus Project: A Status Report. In Proc. Heterogeneous Computing Workshop, IEEE Press, 1998, 4-18.
34. Foster, I. und Kesselman, C. (eds.). The Grid: Blueprint for a New Computing Infrastructure. Morgan Kaufmann, 1999.
35. Foster, I., Kesselman, C., Tsudik, G. und Tuecke, S. A Security Architecture for Computational Grids. In ACM Conference on Computers and Security, 1998, 83-91.
36. Foster, I., Roy, A. und Sander, V., A Quality of Service Architecture that Combines Resource Reservation and Application Adaptation. In Proc. 8th International Workshop on Quality of Service, 2000.
37. Frey, J., Foster, I., Livny, M., Tannenbaum, T. und Tuecke, S. Condor-G: A Computation Management Agent for Multi-Institutional Grids, University of Wisconsin Madison, 2001.
38. Gabriel, E., Resch, M., Beisel, T. und Keller, R. Distributed Computing in a Heterogeneous Computing Environment. In Proc. EuroPVM/MPI'98, 1998.
39. Gannon, D. und Grimshaw, A. Object-Based Approaches. In Foster, I. und Kesselman, C. eds. The Grid: Blueprint for a New Computing Infrastructure, Morgan Kaufmann, 1999, 205-236.
40. Gasser, M. und McDermott, E., An Architecture for Practical Delegation in a Distributed System. In Proc. 1990 IEEE Symposium on Research in Security and Privacy, 1990, IEEE Press, 20-30.

41. Goux, J.-P., Kulkarni, S., Linderoth, J. und Yoder, M., An Enabling Framework for Master-Worker Applications on the Computational Grid. In Proc. 9th IEEE Symp. on High Performance Distributed Computing, 2000, IEEE Press.
42. Grimshaw, A. und Wulf, W., Legion -- A View from 50,000 Feet. In Proc. 5th IEEE Symposium on High Performance Distributed Computing, 1996, IEEE Press, 89-99.
43. Gropp, W., Lusk, E. und Skjellum, A. Using MPI: Portable Parallel Programming with the Message Passing Interface. MIT Press, 1994.
44. Hoschek, W., Jaen-Martinez, J., Samar, A., Stockinger, H. und Stockinger, K., Data Management in an International Data Grid Project. In Proc. 1st IEEE/ACM International Workshop on Grid Computing, 2000, Springer Verlag Press.
45. Howell, J. und Kotz, D., End-to-End Authorization. In Proc. 2000 Symposium on Operating Systems Design and Implementation, 2000, USENIX Association. The Anatomy of the Grid 24
46. Johnston, W.E., Gannon, D. und Nitzberg, B., Grids as Production Computing Environments: The Engineering Aspects of NASA's Information Power Grid. In Proc. 8th IEEE Symposium on High Performance Distributed Computing, 1999, IEEE Press.
47. Leigh, J., Johnson, A. und DeFanti, T.A. CAVERN: A Distributed Architecture for Supporting Scalable Persistence and Interoperability in Collaborative Virtual Environments. Virtual Reality: Research, Development and Applications, 2(2): 217-237. 1997.
48. Linn, J. Generic Security Service Application Program Interface Version 2, Update 1, IETF, RFC 2743, 2000. http://www.ietf.org/rfc/rfc2743.
49. Litzkow, M., Livny, M. und Mutka, M. Condor - A Hunter of IdleWorkstations. In Proc. 8th Intl Conf. on Distributed Computing Systems, 1988, 104-111.
50. Livny, M. High-Throughput Resource Management. In Foster, I. und Kesselman, C. eds. The Grid: Blueprint for a New Computing Infrastructure, Morgan Kaufmann, 1999, 311-337.
51. Lopez, I., Follen, G., Gutierrez, R., Foster, I., Ginsburg, B., Larsson, O., S. Martin und Tuecke, S., NPSS on NASA's IPG: Using CORBA and Globus to Coordinate Multidisciplinary Aeroscience Applications. In Proc. NASA HPCC/CAS Workshop, NASA Ames Research Center, 2000.
52. Lowekamp, B., Miller, N., Sutherland, D., Gross, T., Steenkiste, P. und Subhlok, J., A Resource Query Interface for Network-Aware Applications. In Proc. 7th IEEE Symposium on High-Performance Distributed Computing, 1998, IEEE Press.
53. Moore, R., Baru, C., Marciano, R., Rajasekar, A. und Wan, M. Data-Intensive Computing. In Foster, I. and Kesselman, C. eds. The Grid: Blueprint for a New Computing Infrastructure, Morgan Kaufmann, 1999, 105-129.
54. Nakada, H., Sato, Mu and Sekiguchi, S. Design and Implementations of Ninf: towards a Global Computing Infrastructure. Future Generation Computing Systems, 1999.
55. Novotny, J., Tuecke, S. und Welch, V. Initial Experiences with an Online Certificate Repository for the Grid: MyProxy, 2001.
56. Papakhian, M. Comparing Job-Management Systems: The User's Perspective. IEEE Computationial Science & Engineering,(April-June) 1998. See also http://pbs.mrj.com.
57. Sculley, A. und Woods, W. B2B Exchanges: The Killer Application in the Business-to-Business Internet Revolution. ISI Publications, 2000.
58. Steiner, J., Neuman, B.C. und Schiller, J., Kerberos: An Authentication System for Open Network Systems. In Proc. Usenix Conference, 1988, 191-202.

59. Stevens, R., Woodward, P., DeFanti, T. und Catlett, C. From the I-WAY to the National Technology Grid. Communications of the ACM, 40(11):50-61. 1997.
60. Thompson, M., Johnston, W., Mudumbai, S., Hoo, G., Jackson, K. und Essiari, A. Certificate-based Access Control for Widely Distributed Resources. In Proc. 8th Usenix Security Symposium, 1999.
61. Tierney, B., Johnston, W., Lee, J. und Hoo, G. Performance Analysis in High-Speed Wide Area IP over ATM Networks: Top-to-Bottom End-to-End Monitoring. IEEE Networking, 1996. The Anatomy of the Grid 25
62. Vahdat, A., Belani, E., Eastham, P., Yoshikawa, C., Anderson, T., Culler, D. und Dahlin, M. WebOS: Operating System Services For Wide Area Applications. In 7th Symposium on High Performance Distributed Computing, July 1998.
63. Wolski, R. Forecasting Network Performance to Support Dynamic Scheduling Using the Network Weather Service. In Proc. 6th IEEE Symp. on High Performance Distributed Computing, Portland, Oregon, 1997.

Grid Computing-Ansätze für verteiltes virtuelles Prototyping

Thomas Barth, Manfred Grauer

Universität Siegen

1 Einleitung

Für Unternehmen, die einen hohen Anteil von Engineering-Leistungen erbringen, müssen spezifische Anforderungen an die einzusetzenden IT-Lösungen gestellt werden. Zu diesen Anforderungen gehört eine integrierte Datenhaltung, die alle notwendigen Informationen zu einem Produkt über dessen vollständigen Lebenszyklus von der Anfrage über die Konstruktion und ggf. die langjährige Weiterentwicklung bis hin zur Entsorgung enthält (Produktdatenmanagement, PDM, s.z.B. [ES01]). Durch den zunehmenden Einsatz von Simulationstechniken bei der Konstruktion sowohl einzelner Bauteile, Baugruppen als auch des gesamten Produkts ergeben sich darüber hinaus zusätzliche Anforderungen. Integrierte Lösungen für diesen Bereich des sogenannten „Computational Engineering" sind durch die Funktionalität heutiger Hardware/Softwareprodukte noch nicht generell gegeben. Techniken des „Computational Engineering" sind überall dort anwendbar, wo die Analyse eines Systems in der Realität zu teuer (z.B. durch den Bau von Prototypen) bzw. unmöglich ist, im nationalen und internationalen Wettbewerb zu lange dauert („time to market") oder zu gefährlich ist (z.B. bei der Analyse von Umweltsystemen).

In diesem Beitrag werden Anforderungen und Ansätze für Entwurf, Implementierung und Einsatz adäquater Hardware/Software-Systeme für den speziellen Anwendungsbereich „virtuelles Prototyping" in der mittelständischen Industrie vorgestellt. Unter virtuellem Prototyping wird in diesem Kontext die Gesamtheit der Techniken verstanden, die notwendig sind, um die Produktentwicklung weitgehend computer-unterstützt durchführen zu können [KBJK01]. Dazu gehört die Technik der Modellbildung selbst, die ein hohes Maß an Wissen um das reale Produkt und die tatsächlich ablaufenden Produktionsprozesse voraussetzt. Darauf aufbauend ergibt sich die Möglichkeit der Bestimmung optimierter Produkte und Produktionsprozesse, die sich bei Verfügbarkeit eines simulierbaren Modells des Produkts („virtuelles Produkt", [SK97]) bzw. des Produktionsprozesses („virtueller Prozess") computer-unterstützt berechnen lassen. Die wirtschaftliche Motivation des virtuellen Prototyping ist durch den steigenden Wettbewerbsdruck gegeben, der eine möglichst kurze Zeitspanne von der Produktplanung und –entwicklung bis hin zur Produktion erfordert. Durch virtuelles Prototyping wird es Unternehmen ermöglicht, mit erheblich reduziertem Zeit- und Kostenaufwand Varianten eines Produkts zu entwickeln und (durch Simulation) deren Verhalten in der Realität (z.B. unter praxisnahen mechanischen Belastungen) frühzeitig beurteilen zu können.

Durch die steigende Bedeutung der Simulation in diesem Sektor ergibt sich – neben den erheblichen Anforderungen an die einzusetzenden betriebswirtschaftlichen Komponenten – die vergleichsweise neue Anforderung nach großer Rechenleistung der IT-Infrastruktur, um die durch die Simulationen anfallende Rechenlast bewältigen zu können. Bisher war der intensive Einsatz numerischer Simulationstechniken – verbreitet die Methode der Finiten Elemente (FE, vgl. [Bat89]) – auf den Bereich der Großindustrie (z.B. Flugzeugindustrie, Automobilhersteller), der Forschung (z.B. Grundlagenforschung in der Physik oder Chemie, Wetterprognose) oder des Militärs beschränkt.

Mittelständische Unternehmen verfügen im Allgemeinen nicht über die Ressourcen (Großrechner, Hochleistungs-Netzwerk) wie derartige Einrichtungen. Die Lösung von praktischen Problemen, beispielsweise die der Fertigung durch Giessen oder der Metall-Umformung, beruht jedoch auf denselben numerischen Simulationstechniken wie die bereits genannten und impliziert somit vergleichbaren Rechenaufwand. Daher sind entsprechende hardware- und software-technische Lösungen notwendig, um diesen Anwendern unter Beachtung der verfügbaren Ressourcen eine wirtschaftlich sinnvolle Lösung ihrer Problemstellungen zu ermöglichen und die Unternehmen damit wettbewerbsfähig zu erhalten.

Auf der Ebene nationaler und internationaler Forschungseinrichtungen (z.B. EU DataGrid [Seg00], GriPhyN [AF00]) sind zur Bündelung der Rechenleistung und zum Management der anfallenden Datenmengen im Petabyte-Bereich (2^{50} Bytes, 1024 Terabyte) Ansätze verteilter Systeme (weiter-)entwickelt und unter dem Begriff „Grid Computing" zusammengefasst worden. Für den Einsatz dieser Techniken im dargestellten Unternehmens-Umfeld sind die spezifischen Anforderungen zu ermitteln und deren Umsetzbarkeit zu analysieren. Im folgenden Abschnitt werden allgemeine Anforderungen an „Grid Computing"-Systeme für den Einsatz in mittelständischen Unternehmen dargestellt, die sich aus den jeweils anwendungsspezifischen Problemstellungen ergeben. Aus diesen Anforderungen wird eine Grobarchitektur entwickelt, die Funktionalitäten des Produktdatenmanagements in die der verteilten Verarbeitung in einem Informationssystem integriert. Die Machbarkeit und erfolgreiche Anwendbarkeit von Methoden des verteilten wissenschaftlichen Rechnens („Distributed Scientific Computing") auf industrielle Problemstellungen aus drei unterschiedlichen Branchen kann anhand von Beispielen im Anschluss daran dargestellt werden.

2 Anforderungen an integrierte Informations-Systeme für Anwendungen des „Computational Engineering"

Die folgenden Abschnitte sollen die Potentiale für Anwendungen der Simulation und Optimierung im Rahmen des virtuellen Prototyping in solchen industriellen Anwendungsbereichen darstellen, in denen Engineering-Leistungen eine erhebliche Rolle spielen. Wesentliche daraus resultierende Anforderungen an integrierte Informationssysteme lassen sich aus diesen Betrachtungen herleiten. Die im folgenden betrachteten Bereiche sind die der Gestaltung wasserwirtschaftlicher Systeme, insbesondere im Grundwassermanagement, die Flugzeugindustrie und der Bereich der Umformtechnik in der Automobilzulieferindustrie. In einem späteren Abschnitt werden die hier beschriebenen Bereiche anhand konkreter Problemstellungen näher dargestellt.

Umweltrelevante Planungs- und Entscheidungsprobleme sind dadurch gekennzeichnet, dass das zu analysierende Verhalten des Systems (z.B. Strömungs- und Transportprozesse im Grundwasser) durch Zeitkonstanten im Bereich von Stunden oder Jahren (große Trägheit) gekennzeichnet ist (z.B. Altlastensanierung, Hochwasserschutz) [GBKM01]. Da insbesondere in diesem Bereich kaum die Möglichkeit besteht, Analysen etwa zur Ausbreitung von Schadstoffen im Grundwasser im Rahmen einer Sanierung am realen System durchzuführen, ist die Simulation der Prozesse im Grundwasser von zentraler Bedeutung. Anhand eines entsprechenden Modells des zu untersuchenden Gebiets lässt sich durch die Simulation beispielsweise ermitteln, wie sich das Entnehmen von Grundwasser durch Pumpanlagen auf den Grundwasserspiegel auswirkt, oder inwieweit sich durch gezieltes Abpumpen von Grundwasser aus kontaminierten Bodenschichten die Konzentration von Schadstoffen in der Umgebung von Trinkwasserförderanlagen kontrollieren lässt. Durch steigende Anforderungen (Umweltauflagen, Kostendruck) in diesem Bereich ist das Ermitteln einer umweltverträglichen und gleichzeitig kostengünstigen Lösung wesentlich.

Beim Entwurf von Flugzeugen ist die Analyse des Verhaltens durch Simulation etwa der Strukturmechanik und/oder der Strömung (Aerodynamik) von zentraler Bedeutung. Die multidisziplinäre Simulation und Optimierung [CDFL+94, AH97] stellt extrem hohe Anforderungen an die Rechenleistung. Bereits für jede einzelne Simulation können diese Analysen mehrere Tage dauern. Bei der notwendigen Optimierung machen diese Laufzeiten der Simulation eine Verteilung notwendig, um Ergebnisse in einem wirtschaftlich sinnvollen Zeitraum erhalten zu können.

Die von Unternehmen der mittelständischen Automobilzulieferindustrie zu entwickelnden und herzustellenden Produkte werden mit ihren wesentlichen Merkmalen (z.B. mechanische und geometrische Eigenschaften) durch den System- oder Endprodukthersteller (z. B. aus der Automobilindustrie) vorgegeben. Nach diesen Vorgaben und unter Berücksichtigung der Bedingungen des jeweiligen Unternehmens (z.B. Auslegung und Auslastung vorhandener Maschinen) sind daraus die günstigsten Fertigungsbedingungen zu ermitteln. In Zukunft sind aber zusätzlich verstärkt Leistungen seitens der Zulieferindustrie zu erbringen, die über die reine Produktion eines Teils nach festen Vorgaben hinausgehen und eine erhöhte Kompetenz dieser Unternehmen in der Produktentwicklung erfordern. So sind etwa Verbesserungen (z.B. Gewichtseinsparungen, Energieeinsparung, Festigkeitssteigerungen) des Produktes durch den Zulieferer vorzuschlagen, um den Anforderungen des Auftraggebers zu genügen und im Wettbewerb um entsprechende Aufträge bestehen zu können. Diese Verbesserungsmöglichkeiten sind bisher unter Rückgriff auf die Erfahrungswerte der Mitarbeiter durch das personal-, kosten- und zeitintensive Fertigen von Prototypen und deren Auswertung erarbeitet worden. Die Rationalisierungspotenziale dieser Vorgehensweise sind jedoch zum größten Teil ausgeschöpft. Eine systematische Analyse der gesamten „Erfahrung“ eines Unternehmens in Form der Informationen über die hergestellten Produkte und ihre Produktionsprozesse setzt eine konsistente Datenspeicherung voraus. Diese Datenbasis, z.B. in einem PDM-System [ES01,AS01] verwaltet, kann dann zusätzlich mit den Ergebnissen simulations-basierter Optimierungsrechnungen ergänzt werden, um auch dieses Wissen über die Laufzeit eines Projekts oder Auftrags hinaus verfügbar zu halten.

Insgesamt gilt für die hier beschriebenen Anwendungsbereiche, dass die simulations-basierte Optimierung – die Lösung eines im numerischen Sinne definierten Problems mit einem Algorithmus – als Teil des gesamten Komplexes des virtuellen Prototyping in der Regel wiederholt zu lösen ist. Die computer-unterstützte mathematische Lösung eines Problems ist jedoch in diesen komplexen Engineering-Anwendungen immer im Zusammenhang mit der notwendigen Modellbildung zu sehen, die nur bedingt automatisierbar ist und durch den Experten des Problembereichs vorgenommen werden muss. Dieses problem-spezifische Expertenwissen ist nur schwerlich (wenn überhaupt) so zu formalisieren, dass der vollständige Prozess des virtuellen Prototyping „auf Knopfdruck“ automatisch durchgeführt werden kann.

Software-Systeme für diesen Bereich sind daher als Entscheidungsunterstützungs-Systeme zu sehen, durch die auch, aber nicht ausschließlich, Optimierungsprobleme gelöst werden können.

Aus den hier beschriebenen Anwendungsgebieten lassen sich die folgenden Eigenschaften eines integrierten Softwaresystems herleiten:

- **Integration von Simulations- und Optimierungssystemen.** Die softwaretechnische Kopplung von Simulationswerkzeugen und Optimierungssystemen ist die Ausgangsbasis für jede Form einer computer-unterstützten, simulationsbasierten Optimierung [BFGT00b]. Diese Kopplung umfasst die Implementierung von Schnittstellen, die den Datenaustausch zwischen Simulation und Optimierung und die Steuerung der Simulation durch die Optimierung erlaubt. Diese Schnittstellen basieren für die meisten bestehenden Systeme auf dem Austausch von Dateien, die durch die Schnittstelle erzeugt bzw. ausgelesen werden. Aus software-technischer Sicht ist das Ziel dieser Integration das Kapseln („wrapping“) bestehender Systeme („legacy systems“) hinter einer objektorientierten Schnittstelle, die dann zur Kommunikation verwendet wird.

- **Verteilung der Berechnung.** Die hohen Rechenzeiten der Simulation machen einen nicht-sequentiellen Ansatz für die Lösung der Optimierungsprobleme notwendig [BFGT00b]. Die (grob-granulare) Verteilung der notwendigen Simulationsrechnungen, zum Beispiel zwischen den Knoten eines Rechnernetzwerks, ist dabei ein Ansatz, der keine Änderung des Simulationssystems selbst erfordert, sondern den Simulationscode „als Ganzes“ auf einzelnen Rechnern ausführt und über die bereits beschriebenen zu implementierenden Schnittstellen Kommunikation ermöglicht.

- **Integrierte Datenhaltung für Produktdaten und Simulationsergebnisse.** Eine konsistente, redundanzfreie Datenhaltung für alle (betriebswirtschaftlichen und ingenieurtechnischen) Anwendungsbereiche der IT in einem Unternehmen ist auch für den Bereich des virtuellen Prototypings eine Grundlage dafür, die Berechnungsergebnisse zu speichern und damit die darin enthaltenen Informationen extrahieren und weiterverwenden zu können. So ist es auf dieser Basis möglich, etwa im Bereich der Angebotserstellung auf eventuell bereits durchgeführte Simulationen angefragter Produkte zurückzugreifen und auf diese Weise die Zeit von der Anfrage bis zur Abgabe eines Angebots erheblich zu verkürzen („time to market").

Der wirtschaftliche Nutzen optimierter Produkte bzw. Produktionsprozesse ist unmittelbar nachvollziehbar. Es lassen sich durch verbesserte Qualität Vorteile gegenüber Wettbewerbern erzielen, genauso wie durch verbesserte Prozesse Kostensenkungen möglich sind.

Der wirtschaftliche Nutzen integrierter Informations-Systeme im Vergleich zu gekoppelten/kommunizierenden Insellösungen lässt sich durch die möglichen Einsparungen im Bereich der „Kommunikationskosten" im Unternehmen abschätzen (s. Abbildung 1). Diese Kommunikationskosten sind dabei nicht streng technisch als die Kosten für die Übermittlung einer bestimmten Datenmenge zu sehen, sondern umfassen Kommunikation jeder Art, also auch zwischen den Mitarbeitern des Unternehmens, um beispielsweise die Abläufe/Geschäftsprozesse zu durchlaufen. Eine konkrete Bestimmung des individuellen wirtschaftlichen Nutzens („return of investment") ist jedoch vom jeweiligen Tätigkeitsfeld, den Prozessen im Unternehmen und weiteren Faktoren abhängig, die eine Verallgemeinerung bereits innerhalb der hier beschriebenen Branchen verhindert. Aus eigenen konkreten Erfahrungen in mittelständischen Unternehmen lässt sich ein Zeitraum von ein bis vier Jahren nennen, in denen sich die Investitionen in eine integrierte IT-Infrastruktur (z.B. durch Einführung eines PDM-Systems) amortisieren [Gra02].

Im Folgenden wird ein Überblick über industrielle Anwendungen im Gebiet des Engineering von Methoden des verteilten Rechnens und einige für diesen Bereich typische Problemstellungen gegeben. Die Anforderungen an integrierte Anwendungssysteme zur Lösung der beschriebenen Probleme im Sinne der unter dem Oberbegriff „Grid Computing" zusammengefassten Ansätze werden dargestellt. Für einen produktiven Einsatz im Umfeld mittelständischer Unternehmen relevante Anforderungen an eine solche Software-Plattform können anhand von Erfahrungen aus Industrieprojekten in diesem speziellen Bereich der verteilten Verarbeitung in vernetzten Umgebungen konkretisiert werden. Anhand dieser wird eine Grobarchitektur für ein anwendungsspezifisches „Grid" entwickelt, das die prinzipiellen Eigenschaften von „Computational Grids" zur Unterstützung virtueller Organisationen/Unternehmen aufweist [FKT01]. Die hier entwickelte Architektur ist – im Gegensatz zu den eher global ausgerichteten Ausprägungen des „Grid Computing" – darauf ausgerichtet, das für regionale Kooperationen notwendige und realisierbare Maß an Funktionalität bereitzustellen.

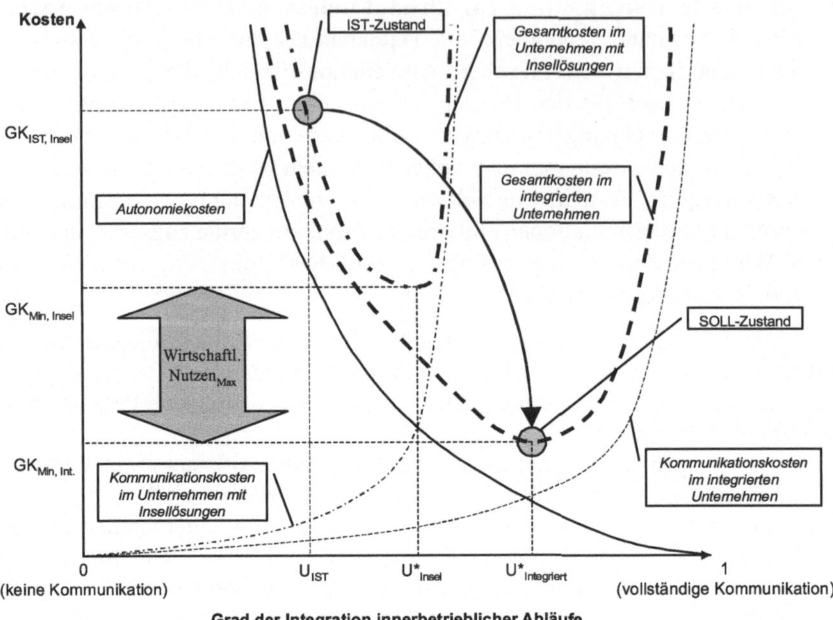

Abb. 1. Wirtschaftlichkeitsbetrachtung für integrierte IT-Systeme, die durch ein PDM-System gekoppelt sind, im Vergleich zu autonomen Insellösungen (in Anlehnung an [ES01])

3 Entwicklung von Lösungsumgebungen vom Parallelrechner zu „Grid Computing"-Systemen

Verteilte Systeme als Plattform für die Parallelverarbeitung können in zunehmendem Maße in Anwendungsbereichen eingesetzt werden, für die bisher dedizierte Spezialhardware (Vektor-, Supercomputer) notwendig war. Probleme aus der Klasse der sogenannten „Grand Challenges" [WA99], aus dem naturwissenschaftlichen (z.B. Wetterprognose) oder ingenieurwissenschaftlichen Bereich (z.B. Crashverhalten von Fahrzeugen), wurden und werden verbreitet auf Supercomputern berechnet. Der Trend der letzten Jahre (s. Abbildung 2) weist jedoch auf eine Konkurrenz dieser Hardware-Plattform durch „Compute Cluster" hin [DMS01], die im Gegensatz zum Einsatz von Spezialhardware im Wesentlichen auf der Verwendung von Standardkomponenten (z.B. Dual-Prozessor-Rechner mit einem Preis von derzeit ca. € 3000 pro Prozessor) sowie breitbandiger Kommunikationsnetzwerke (Gigabit Ethernet, Myrinet) basieren. Einem ähnlichen Ansatz folgen die „Constellation"-Systeme, die aus vernetzten („geclusterten") Mehrprozessor-Systeme bestehen. Die damit erreichbare Rechenleistung in Relation zum Preis ist nicht mehr nur für Forschungseinrichtungen, die Großindustrie oder das Militär verfügbar.

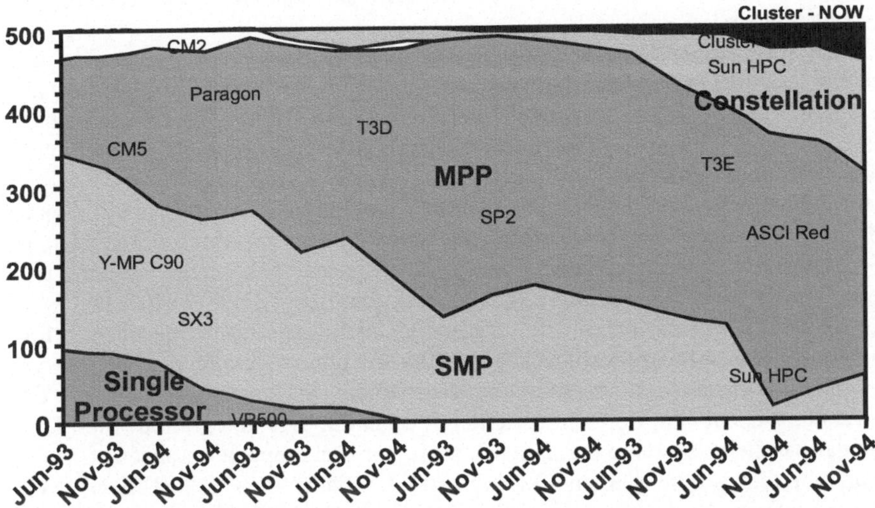

Abb. 2. Entwicklung der Zusammensetzung der Top 500-Liste aufgeschlüsselt nach Architekturen der Rechnersysteme [DMS01] (MPP: Massively Parallel Processing, SMP: Symmetrical Multiprocessing, Constellation: vernetzte/"geclusterte" Multiprozessorsysteme, SIMD: Single Instruction Multiple Data, NOW: Network Of Workstations).

Diese skalierbare, also den individuellen Ansprüchen anpassbare Hardware-Plattform kann damit auch mittelständische Betriebe in die Lage versetzen, die individuellen „Grand Challenges" zu lösen. Alternativ kann es dadurch beispielsweise auch für Application Service Provider wirtschaftlich sein, entsprechenden Kunden diese Rechenleistung anzubieten. Die Anwendungsbereiche liegen, je nach Tätigkeitsfeld des Unternehmens, etwa in der numerisch aufwendigen Simulation eines zu produzierenden Bauteils oder in der Simulation des Produktionsprozesses selbst.

Mit dem Wechsel der Hardware-Plattform ist ebenfalls ein Wechsel im Entwurf und der Implementierung paralleler Systeme eingetreten. Der verbreitete Ansatz beim Entwurf paralleler Algorithmen ist die Transformation ursprünglich sequentieller Programmabläufe (z.B. Matrix- oder Vektoroperationen) in entsprechende parallele Abläufe. Diese Transformation kann implizit durch parallelisierende Compiler (z.B. High Performance Fortran [Lov93]) oder explizit durch den Programmierer unter Verwendung entsprechender Werkzeuge (z.B. Parallel Virtual Machine [Gei94], Message Passing Interface-Implementierungen [GLS94]) vorgenommen werden. Diese Art feingranular-paralleler Verfahren (auch: „data parallel" [BH98]) ist für die Ausführung auf Vektorrechnern oder Shared Memory-Architekturen besonders geeignet, da die dabei auftretende sehr häufige Kommunikation zum Datenaustausch zwischen den Prozessoren effizient nur von Systemen gewährleistet werden kann, die eine hochleistungsfähige Verbindung (Übertragungsgeschwindigkeiten von mehreren Gigabyte/s und Latenzzeiten von wenigen Mikrosekunden) zwischen Prozessoren und Speicher besitzen (eng gekoppelte Systeme).

Weitverbreitete Ansätze zur Leistungsmessung paralleler Verfahren sind in diesem Kontext die Größen Speedup und Effizienz [KGGK95] und darauf aufbauend die durch Amdahl's Gesetz [Amd67] gegebene obere Grenze für die erreichbare Beschleunigung eines Verfahrens durch Parallelisierung des nicht-sequentiellen Anteils im Programmcode.

Im Folgenden wird die Charakterisierung „parallel" für eng gekoppelte Systeme und die darauf eingesetzten feingranular-parallelen Verfahren verwendet. In Abgrenzung dazu wird „verteilt" verwendet, wenn lose-gekoppelte Systeme und grob-granular parallele Verfahren (auch: „task parallel" [BH98]) betrachtet werden. Verteilte Systeme, die auf der Basis der Cluster-Architektur beruhen, erfordern ein anderes software-technisches Umfeld, sowohl im Bereich der betriebssystem-nahen Dienste (z.B. Ressourcen Management Systeme) als auch auf der Anwendungsebene im Bereich verteilter Verfahren. Die Integration eher feingranular paralleler Systeme durch den Einsatz von Dekompositionsansätzen in der Simulation (z.B. Finite Element Tearing and Interconnecting, FETI [FR92]) in ein solches verteiltes System ist weiterhin möglich, unter der Voraussetzung, dass der notwendige Kommunikationsaufwand von dem verfügbaren Netzwerk geleistet werden kann.

Der in diesem Kontext verfolgte verteilte Ansatz basiert auf der Betrachtung, dass eine Simulationsrechnung die Einheit der Verteilung ist. Da der Aufwand jeder einzelnen Simulationsrechnung den Kommunikationsaufwand für die Übertragung der dazu notwendigen Daten – die Parameter des zu simulierenden System wie z.B. die Geometrie eines Bauteils, die Pumpmenge einer Grundwasserförderanlage – zwischen den Knoten des Netzwerks bei weitem übersteigt, ist dieser Kommunikationsaufwand für die Gesamtzeit der Lösung zu vernachlässigen. Beträgt etwa der Aufwand für die Simulation typischerweise mehrere Minuten oder Stunden, liegt die Zeit für die Übertragung der Daten im Bereich weniger Millisekunden. Selbst bei der Übertragung größerer Datenmengen (z.B. komplette FE-Modelle) ist das Verhältnis der Kommunikations- zur Rechenzeit typischerweise im Bereich von 1 zu 1000. Daher kann für einen verteilten Lösungsansatz ein lokales Netzwerk mit Übertragungsbandbreiten im Bereich von 10 bis 100 Megabits pro Sekunde verwendet werden, wie es verbreitet in Unternehmen eingesetzt wird. Dies ermöglicht zusammen mit einer effektiven Ressourcenverwaltung die Nutzung nicht vollständig ausgelasteter Rechenkapazitäten.

Eine verteilte Lösung erfordert Techniken aus mehreren Bereichen:

- Die **numerischen Grundlagen** für ein effizientes Verfahren müssen analysiert werden, um einen adäquaten verteilten Optimierungsalgorithmus entwerfen und implementieren zu können.

- Ein **inhärent verteiltes Verfahren** zur Lösung der analysierten Probleme unterscheidet sich prinzipiell von parallelisierten, ursprünglich sequentiellen Verfahren. Beim Entwurf eines solchen verteilten Verfahrens ist neben der Effektivität bei der Lösung der Problemstellung die Skalierbarkeit und Effizienz in einer verteilten Hardware/Software-Umgebung zu beachten.

Die **software-technischen Mittel** müssen verfügbar sein, um eine verteilte Simulation und Optimierung im Rahmen des virtuellen Prototypings in einem Netzwerk ausführen zu können.

4 Eine Architektur für Software-Systeme zur Unterstützung des virtuellen Prototyping

In diesem Abschnitt soll auf der Basis der seit dem Ende der achtziger Jahre entwickelten Software-Umgebung OpTiX für die Unterstützung des Benutzers bei der Lösung von Optimierungsproblemen die Entwicklung dieses Bereichs des wissenschaftlichen Rechnens dargestellt werden. Die bei der Entwicklung dieses Systems gewonnenen Erfahrungen werden dann genutzt, um die Grundzüge eines Systems zur Unterstützung des virtuellen Prototyping darzustellen, welche die hergeleiteten Anforderungen erfüllt.

4.1 Die verteilte Software-Umgebung OpTiX

Der grundlegende Ansatz für die Entwicklung der unterschiedlichen OpTiX-Generationen war das Ziel, eine Umgebung für die Unterstützung aller Phasen der Optimierung zu bieten:

- Problemdefinition
  In dieser Phase steht die Formulierung des zu lösenden Optimierungsproblems im Vordergrund. Aus mathematischer Sicht müssen dazu die zu optimierenden Variablen (Entscheidungsvariablen) des Problems und die zu minimierende bzw. maximierende Größe (Zielfunktion) vorgegeben werden. Weiterhin können Anforderungen an die Lösung (Nebenbedingungen) oder die Entscheidungsvariablen (Variablengrenzen) angegeben werden.
  Je nach Charakter des Problems kann dies durch entsprechende Editoren (z.B. bei textueller Beschreibung des Problems in einer speziellen Sprache) unterstützt werden. Kann die Problembeschreibung nicht in dieser expliziten Weise vorgenommen werden, sondern sind einzelne Komponenten (z.B. Zielfunktion oder Nebenbedingungen) ausschließlich durch Simulationsrechnungen zu berechnen (z.B. das Gewicht eines Bauteils als Zielfunktion, maximal zulässige Spannungen in einem Bauteil als Nebenbedingungen), erfolgt die Problembeschreibung beispielsweise in einem vorgegebenen Dateiformat des Simulationssystems.
  Die OpTiX-Umgebung erlaubt die Integration beliebiger Problemdefinitionen und setzt lediglich die Implementierung vorgegebener Schnittstellen (z.B. für den Zugriff auf den Wert der Zielfunktion und der Nebenbedingungen).

Spezielle Editoren sind ebenso für die indiviuellen Beschreibungen integrierbar.

- Formulierung einer Lösungsstrategie
  Die Lösung eines Optimierungsproblems ist nicht auf die Anwendung eines Verfahrens beschränkt. Je nach Komplexität der Aufgabenstellung kann es erforderlich sein, beispielsweise Verfahren zu kombinieren (hybrider Ansatz), eine Sequenz von Verfahren zu durchlaufen, die ein Ergebnis weiter verbessern oder das Problem zu dekomponieren. Eine Dekomposition bedeutet dabei die Zerlegung eines „großen“ Problems in mehrere kleinere Teilprobleme, die dann separat und ggf. parallel/verteilt gelöst werden können. Damit kann die Dekomposition die nicht-sequentielle Lösung ermöglichen und die Zeit für die Lösung eines Problems reduzieren.
  Lösungsstrategien dieser Art lassen sich am besten grafisch formulieren. Dazu ist es in OpTiX möglich, sogenannte „Visuelle Optimierungsschemata“ grafisch zu erstellen und damit die hier beschriebenen Ansätze für Lösungsstrategien zu realisieren.

- Berechnung der Lösung
  Die Ausführung einer Lösungsstrategie in einer verteilten Umgebung ist nicht ohne entsprechende software-technische Unterstützung möglich. Die Software-Umgebung muss dazu „Services“ zur Verfügung stellen, welche die Ausführung z.B. einer Simulationsrechnung auf einem entfernten Rechner im Netzwerk ermöglicht und die Kommunikation gewährleistet. Bestehen Abhängigkeiten zwischen unterschiedlichen Rechnungen (z.B. bei einer Sequenz von auszuführenden Verfahren) muss auch diese Kontrolle automatisch erfolgen. Insgesamt sollte der Benutzer von der technischen Realisierung der Verteilung der notwendigen Berechnungsprozesse in einem Netzwerk weitestgehend entkoppelt sein.

Anhand der Entwicklung von OpTiX von einer „Stand alone“-Umgebung hin zu einer verteilten Umgebung in einem Rechnernetz lässt sich auch die Entwicklung der Softwaretechnik in Richtung verteilter Systeme darstellen.

Die erste Version von OpTiX war eine Umgebung zur Formulierung und Lösung von Optimierungsproblemen auf einem, nicht notwendigerweise vernetzten, Rechner [GAF89]. Für die verteilte Lösung von Optimierungsproblemen wurde in der nachfolgenden Version [Bod96] der Mechanismus des Prozeduraufrufs auf entfernten Rechnern („Remote Procedure Call“, RPC) unter dem Betriebssystem Sun OS verwendet. In OpTiX war es damit möglich, auch fein-granular parallele Optimierungsverfahren zu verwenden, die auf Basis des RPC-Mechanismus implementiert waren (z.B. parallele Quasi-Newton-Verfahren). In der nächsten Weiterentwicklung [Brü97] wurde der zum damaligen Zeitpunkt (und auch derzeit noch weitverbreitet angewendete) de facto-Standard für Implementierungen auf Basis von Nachrichtenaustausch („Message Passing“) verwendet: Parallel Virtual Machine (PVM [Gei94]). Diese Bibliothek erlaubt das Starten von Prozessen und deren Kommunikation sowohl auf den CPUs eines Parallelrechners als auch auf entfernten Rechnern in einem Netzwerk. Die Verfügbarkeit dieses Werkzeugs für nahezu alle Unix-basierten Plattformen ermöglicht auch die Realisierung verteilter Applikationen in einem heterogenen Netzwerk.

Nachteil dieser Art der Implementierung ist der Bruch zwischen dem ursprünglich objekt-orientierten Entwurf dieser OpTiX-Version und dem prozeduralen Ansatz von PVM: Ein Aufruf einer Methode auf einem entfernten Objekt bedeutet das Packen der Parameter, deren Übertragung auf den Zielrechner, das Identifizieren der aufzurufenden Methode und schließlich den Aufruf selbst. Dieses vergleichsweise starre Schema legt die Verwendung einer objekt-orientierten Verteilungsplattform („Middleware") wie beispielsweise Implementierungen der Common Object Request Broker Architecture (CORBA [Obj97]) der Object Management Group nahe.

4.2 Ein „Commodity Grid"-System zum virtuellen Prototyping in verteilten Umgebungen

Die aktuelle Weiterentwicklung des vorgestellten OpTiX-Konzepts geht über Re-Design und Re-Implementierung auf der Basis von CORBA hinaus. OpTiX wird als eine Menge von „Services" verstanden, die als Grundlage für eine Integration von Optimierungsverfahren, Simulationssystemen und Verteilungsfunktionalität (z.B. Lastverteilung, Lastbalancierung, Fehlertoleranz) verwendet werden können. Dieser Ansatz entspricht der Idee der „Commodity Grids" (CoG, „CoG Kits" [LFGL+01]), die sich aus der Verbindung von Werkzeugen zur „komfortableren" Implementierung („Commodity Computing") verteilter Software-Systeme (z.B. CORBA) mit dem Ansatz des „Grids", als Infrastruktur für Anwendung des Höchstleistungsrechnens ergibt. Mit derartigen CoG Kits sollen die Entwickler in die Lage versetzt werden, grundlegende Basisdienste des „Grids" auf einer Abstraktionsebene verwenden zu können, die dem eigentlichen Anwendungsbereich näher liegt.

Für den hier diskutierten Anwendungsbereich wären Basisdienste etwa solche, die Prozesse starten und eine Lastverteilung sowie –balancierung in der verteilten Umgebung realisieren. Für den Entwickler einer Problemlösungsumgebung wie OpTiX wäre eine Funktionalität notwendig, welche die langlaufenden Simulationsrechnungen im lokalen Netzwerk verwaltet. Diese Verwaltung sollte Dienste umfassen, die für die Prozesse die optimale Ressource zur Ausführung bestimmen, die Ausführung selbst überwachen und – im Fehlerfall – eine Berechnung neu starten oder eine Berechnung auf einen anderen Rechner verlagern, falls die Lastsituation dies erfordert.

In Abbildung 3 ist das Schema einer Architektur für eine derartige Lösungsumgebung dargestellt, welche die bereits beschriebene Integration leistet und auf einer Menge adäquater Services aufbaut. Die für das virtuelle Prototyping notwendigen Daten (CAD-Zeichnungen als Eingabe und Simulationsergebnisse als Ausgaben von z.B. Finite Elemente-Simulationssystemen) werden über die entsprechenden Schnittstellen im PDM-System abgelegt. Die während der Optimierung generierten Daten (unterschiedliche Varianten eines Produkts bzw. Prozesses) werden ebenfalls über Schnittstellen im PDM-System verwaltet. Die Gesamtheit dieser Daten (Daten von tatsächlich hergestellten Produkten und Daten virtueller Produkte) kann die Grundlage für weitergehende Analysen der Datenbestände, z.B. bei der Bearbeitung neuer Anfragen, sein. Die Funktionalität des verteilten virtuellen Prototyping basiert auf einer Menge von Diensten, die beispielsweise eine Lastverteilung der Simulationsrechnungen im Netzwerk zur Verfügung stellen. Diese Dienste werden durch das „Grid" bzw. durch das anwendungsspezifische „Commodity Grid" für das Prototyping implementiert.

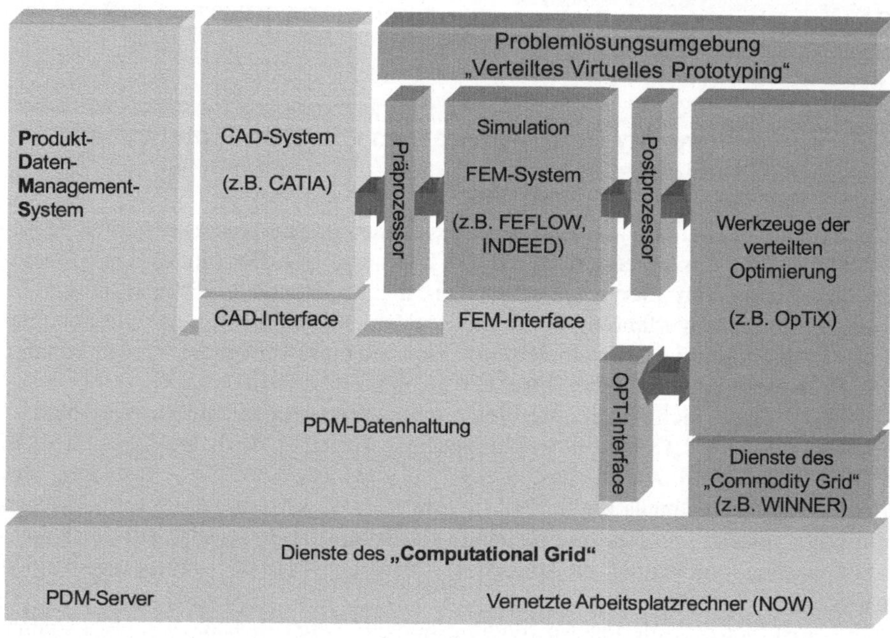

Abb. 3. Überblick über die Komponenten einer integrierten Problemlösungsumgebung zum verteilten virtuellen Prototyping.

5 Industrielle Aufgabenstellungen für „Grid Computing"-Umgebungen

In der industriellen Praxis sind permanent Probleme zu lösen, die sich mathematisch-formal als Optimierungsprobleme unterschiedlicher Ausprägungen (Klassen) identifizieren lassen. Entscheidungen über den effizienten Einsatz etwa von Transportmitteln in einer Spedition, die Belegung von Maschinen in der Produktion oder den Einsatz von Personal sind formal gesehen Probleme der diskreten oder kombinatorischen Optimierung. Die Auslegung von Pumpanlagen im Grundwassermanagement, etwa zum Schutz von Bauwerken gegen Vernässung in Folge von Bergschäden oder Eingriffen in Flussläufe, gehört aus mathematischer Sicht in die Klasse der nicht-linearen, statischen, kontinuierlichen Probleme. Die Auslegung von Werkzeugen und Produktionsprozessen zur Herstellung etwa von Großserienteilen in der Automobilzulieferindustrie gehört demgegenüber zur Klasse der mehrstufigen Optimierungsprobleme.

Insbesondere Probleme der beiden letztgenannten Klassen sind dadurch gekennzeichnet, dass eine computer-basierte Lösung die Existenz eines Modells bedingt, anhand dessen durch Techniken der numerischen Simulation das Verhalten des realen Systems annäherungsweise berechnet werden kann. So kann beispielsweise das Verhalten einer mechanischen Komponente eines Autos (z.B. ein Fahrwerksteil) mittels Simulation berechnet werden, ohne aufwendige Prototypen zu bauen und etwa in Crashtests zu erproben. Analog der Simulation des Verhaltens eines fertigen Teils kann auch dessen Produktionsprozess selbst Gegenstand der Simulation sein und es damit dem Nutzer ermöglichen, sowohl das Produkt als auch dessen Herstellungsprozess a priori berechnen und damit beurteilen zu können. Mit der Verfügbarkeit eines berechenbaren Modells („virtuelles Produkt", „virtueller Prozess") sind dann auch Verfahren der mathematischen Optimierung computer-unterstützt anwendbar. Diese Klasse der Optimierungsprobleme wird im Folgenden als *simulations-basierte Optimierungsprobleme* bezeichnet. Da die zugrunde liegenden Simulationsrechnungen extrem zeitaufwendig sind (Rechenzeiten pro Simulation(!) von mehreren Stunden sind üblich, bis zu mehreren Tagen möglich), ist der Zeitaufwand für die Optimierung mit vielen hundert oder tausend auszuwertenden Lösungen, beispielsweise Varianten eines Bauteils, extrem hoch. Darüber hinaus sind die mathematischen Eigenschaften der Menge der möglichen Lösungen eines derartigen Problems dergestalt, dass verbreitete Annahmen z.B. über die Differenzierbarkeit und Stetigkeit von Zielfunktion und Nebenbedingungen nicht zutreffen und auf diesen Annahmen aufbauende Verfahren daher nicht anwendbar sind.

Für die meisten praxisrelevanten simulations-basierten Optimierungsprobleme dieser Art sind keine mathematischen Verfahren bekannt, die – computer-unterstützt – das Optimum in realistischen Zeitspannen berechnen können. Aussagen zur notwendigen Materialdicke eines Bauteils mit einem Verfahren zu erstellen, dessen Laufzeit mehrere Monate beträgt, macht etwa in der Phase der Angebotserstellung in einem Unternehmen keinen Sinn. Verbreitet werden diese Probleme derzeit in der Praxis nicht computer-unterstützt gelöst, sondern durch das Wissen und die Erfahrung von Mitarbeitern, die in der Lage sind, eine ausreichend gute Lösung des jeweiligen Problems zu erstellen. Dieser pragmatische Ansatz hat den Nachteil, dass Unternehmen zum einen in eine erhebliche Abhängigkeit von diesen Mitarbeitern geraten; zum anderen kann vorhandenes Potential zur Verbesserung der betrieblichen Abläufe (z.B. durch verbesserte Disposition, verbesserte Produkte oder Prozesse) bei steigenden Anforderungen im Wettbewerb unter Umständen nicht erkannt und genutzt werden.

Insgesamt ist darüber hinaus festzustellen, dass dieser pragmatische Ansatz an die Grenzen seiner Anwendbarkeit stößt, wenn die Komplexität der zu betrachtenden Systeme steigt. Auch mit erheblichem Wissen und Erfahrung im jeweiligen

Problembereich ist es nicht mehr möglich eine gute Lösung für ein Problem zu ermitteln, wenn die Abhängigkeiten und Wechselwirkungen in einem System zu komplex werden. Sind etwa umweltrelevante Planungs- und Entscheidungsprobleme im Bereich des Grundwassermanagements zu lösen, bei denen die optimale Platzierung von Pumpanlagen in einem mehrere Quadratkilometer großen Areal zu ermitteln ist, um die Trinkwasserförderung gegenüber industriellen Altlasten (Giftstoffen) durch gezieltes Abpumpen von Grundwasser zu schützen, kann auch ein Experte in diesem Problemfeld eine gute Lösung auch heuristisch nicht mehr ermitteln, ohne zeitaufwendige Parameterstudien durchführen zu müssen.

Um diese Nachteile beseitigen zu können, ist eine computer-unterstützte Lösung der anfallenden Probleme notwendig, die jedoch durch die bereits erwähnten Schwierigkeiten beim Einsatz adäquater Verfahren erschwert wird. Ersatzweise werden in diesen Fällen heuristische Verfahren eingesetzt, um eine mehr oder weniger gute Lösung in der zur Verfügung stehenden Zeit zu erhalten. (Die Beurteilung der Qualität einer Lösung ist hierbei ebenso schwierig, da „die" optimale Lösung, falls überhaupt existent, im Allgemeinen unbekannt ist.) Eine weitere Möglichkeit, einen computer-unterstützten Lösungsansatz zu beschleunigen ist der Einsatz paralleler oder verteilter Optimierungsverfahren.

5.1 Aufgabenstellungen aus dem Bereich der Wasserwirtschaft

Ein Beispiel eines statischen, d.h. nicht zeitabhängigen, Optimierungsproblems ist die optimale Auslegung einer Grundwasserförderanlage mit vier Pumpen zur Kontrolle des Grundwasserspiegels im Park des Charlottenburger Schlosses in Berlin [GBKM99,Bar01]. Im Zuge des Neubaus einer Spreeschleuse soll in diesem Szenario der Spreeverlauf verlegt werden, woraus ein Anstieg des Grundwasserspiegels resultiert, der die im benachbart gelegenen Park befindlichen Baumbestände gefährdet. Um dies zu vermeiden, wird als Auflage ein maximal zulässiger Anstieg des Grundwasserspiegels in fünf Messstellen um 10 cm gefordert. Die Aufgabenstellung besteht nun darin, die optimalen Fördermengen der vier Pumpanlagen festzulegen, die eine Einhaltung der Auflagen gewährleisten. Optimal bedeutet in diesem Kontext die minimale Fördermenge als Maß für die Betriebskosten der Anlage.

In einer manuell durchgeführten Parameterstudie durch Experten auf dem Gebiet der Wasserwirtschaft wurde die Pumpmenge von 400 m^3/h für jede Pumpanlage ermittelt. Eine als Machbarkeitsstudie durchgeführte Optimierung nutzte, analog zur Parameterstudie, das Simulationssystem für Wärme-, Strömungs- und Stofftransportprozesse im Grundwasser FEFLOW [Die98]. Als Optimierungsalgorithmus wurde dabei zuerst eine Implementierung eines im Bereich der simulations-basierten Optimierung verbreitet eingesetzten Verfahrens eingesetzt [Box65]. Mit diesem System einer software-technischen Kopplung von Simulation und Optimierung [BFGT00b] wurde eine Gesamtfördermenge von insgesamt 1195 m^3/h ermittelt, was eine Verbesserung um ca. 25% bedeutet. Die Berechnung dieser Lösung dauerte 6.5 Stunden auf einem Rechner. Durch die Lösung derselben Problemstellung mit dem verteilten Polytop-Verfahren [BFGT00a,Bar01] wurde eine qualitativ nahezu identische Lösung berechnet. Die Rechenzeit ließ sich dadurch auf einem typischen lokalen Netzwerk auf 15 Rechnern desselben Typs um ca. 80% auf 1,3 Stunden reduzieren.

Auf Basis dieser Kopplung von Simulation und Optimierung wurden weitere Probleme im Bereich Grundwassermanagement gelöst. Für ein zeitabhängiges Problem, der Ermittlung einer optimalen Steuerungsstrategie für eine Pumpanlage, können vergleichbare Beobachtungen bezüglich der Lösungsqualität und der Laufzeitreduzierung durch einen verteilten Lösungsansatz gemacht werden [GBKM01]. Der prinzipielle Nutzen einer Softwareumgebung zur simulationsbasierten Optimierung kann ebenso anhand einer grundwasserstandsgeregelten Förderanlage [BFGT00a] gezeigt werden. Hierbei kann die Problematik spezifischer Charakteristika des jeweiligen Optimierungsproblems (komplexe Topologie des Suchraums) auf den Lösungsprozess dargestellt werden, die eine Anpassung der Strategie notwendig machen können, um überhaupt eine Lösung berechnen zu können [Bar01].

Durch Ausnutzung auch in mittelständischen Unternehmen verbreitet vorhandener Ressourcen ist eine essentielle Reduzierung des Zeitaufwands zur Lösung komplexer Probleme möglich. Neben der Beschleunigung des Berechnungsprozesses ist im Vergleich zur manuellen Durchführung von Parameterstudien eine qualitativ erheblich bessere Lösung erreichbar. Durch diese quantitativen und qualitativen Verbesserungen lässt sich für diesen Anwendungsbereich die Machbarkeit und der Nutzen einer Lösungsumgebung zeigen, die entsprechende Ansätze des „Grid Computing“ realisiert.

5.2. Aufgabenstellungen aus dem Bereich der Luftfahrtindustrie

Auch im Bereich der Luftfahrtindustrie ist eine Entwicklung weg von der Nutzung eines Großrechners und hin zur Ausnutzung lokal (abteilungsweit) vorhandener Ressourcen festzustellen. Ein weiterer Lösungsansatz, der für die Anwendung auf verteilten Systemen dieser Art geeignet ist, kann anhand des folgenden Beispiels demonstriert werden [SvDBH+01, SBSG+01]: Das im Rahmen einer europäischen Kooperation spezifizierte Beispiel eines regionalen Transportflugzeugs ist ein international verwendetes Benchmark-Problem für die Optimierung in diesem Anwendungsfeld [SvDKS99]. Ein Teilproblem beim Entwurf eines Flugzeugs ist die optimale (hier: gewichtsminimale) Auslegung des Flügelkastens, der tragenden Struktur des Flügels. Dabei müssen bestimmte Anforderungen an die Stabilität und das Flugverhalten bei unterschiedlichen Fluggeschwindigkeiten eingehalten werden. Das für dieses Beispiel formulierte multidisziplinäre Optimierungsproblem hat 75 Entscheidungsvariablen, die beispielsweise die Dicken der Flügelbeplankung repräsentieren.

Zur Lösung dieses Problems wurde eine weitere verteilte Lösungsstrategie angewendet, die auf der Kombination mehrerer unterschiedlicher Optimierungsverfahren beruht. Bei dieser sogenannten hybriden Strategie werden auf mehreren Rechnern Verfahren gestartet, die verschiedene Suchstrategien nach dem Optimum verwenden und die während der Optimierung ihre jeweiligen Lösungen austauschen können. Dies wird durch die Integration des Simulations- und Optimierungswerkzeuges LAGRANGE [Zot93] in der Softwareumgebung OpTiX realisiert. Dieser heuristische Ansatz hat zum Ziel, eine bessere Lösung dadurch zu berechnen, dass ein Verfahren durch eine Lösung, die von einem parallel dazu gestarteten Verfahren berechnet wurde, selbst von dieser Lösung ausgehend eine Lösung berechnen kann, die eine Verbesserung der „eigenen" Lösung darstellt und die evtl. mit der Strategie des Verfahrens nicht hätte erreicht werden können. Dadurch sollen die Verfahren von den jeweils anderen profitieren können.

Im vorgestellten Anwendungsbeispiel wurde die im Rahmen der Arbeitsgruppe GARTEUR berechnete optimale Lösung für die Auslegung des Flügelkastens als Referenzlösung verwendet. Durch die bei der hybriden Strategie eingesetzte Kombination von drei Verfahren wurde in einer Rechenzeit von ca. sieben Stunden auf drei Rechnern eine Lösung berechnet, die das durch die Referenzlösung gegebene Optimum (ein Gewicht des Flügelkastens von 692,3 kg) um 3,25% verbesserte (Gewicht 669,8kg). Darüber hinaus ergab die Analyse des Ergebnisses, dass neben der quantitativen Verbesserung auch eine qualitative Verbesserung des Verhaltens des Flugzeugs während des Fluges erreicht wurde.

5.3 Aufgabenstellungen aus dem Bereich der Umformtechnik in der Automobilzulieferindustrie

In diesem von mittelständischen Unternehmen geprägten Wirtschaftssektor steigt die Bedeutung der Anwendung von Simulationstechniken stark an. Dies ist zum einen die unmittelbare Folge der Anforderungen der Automobilhersteller nach Simulationsergebnissen zum Nachweis der Einhaltung der Vorgaben (z.B. für Materialstärke, Festigkeit) für ein angefragtes Produkt. Zum anderen ist die Simulation im Rahmen des virtuellen Prototyping die Basistechnologie, welche die Unternehmen in die Lage versetzt, die Zeiten beispielsweise für die Angebotserstellung oder die Konstruktion eines Neuteils essentiell zu reduzieren. Auf diesem Wege lässt sich der Durchsatz an beantworteten Angeboten erhöhen und der Aufwand in der Konstruktion und dem physikalischen Prototypbau verringern.

Das hierbei zu lösende mehrstufige Problem [GBBB+01] beinhaltet aus mathematischer Sicht sowohl kontinuierliche Parameter (z.B. Niederhalterkräfte, Blechstärken, Werkzeuggeometrien) als auch diskrete Parameter, die nur die Auswahl aus einer vorgegebenen Wertemenge gestatten (z.B. Blechstärken aus einem gegebenen Sortiment), sowie die Problematik der Mehrstufigkeit ähnlich der Probleme der dynamischen Programmierung [Bel57].

6 Zusammenfassung und Ausblick

In diesem Beitrag wurden Aspekte dargestellt, die beim Einsatz verteilter Hardware- und Software-Systeme für das virtuelle Prototyping von Relevanz sind. Wesentliche Aspekte dieser Art verteilter Systeme sind unter dem Begriff „Grid Computing" zusammengefasst worden. Anhand der Anforderungen, die in diesem

Anwendungsbereich an integrierte System zu stellen sind, wurde eine Architektur für einen Teilbereich eines solchen „Computational Grids" entwickelt, das den Bereich der verteilten simulations-basierten Optimierung von Produkten und Produktionsprozessen auf der Plattform verteilter Arbeitsplatzrechner abdeckt.

Der Vorschlag einer Architektur für dieses Anwendungsfeld hat sich aus den Erfahrungen entwickelt, die in industriellen Projekten zum Themengebiet verteilte simulations-basierte Optimierung und Produktdatenmanagement gesammelt werden konnten. Die im Rahmen dieser Projekte identifizierten Problemklassen und die Lösungen exemplarischer Probleme aus den Bereichen Entwurf wasserwirtschaftlicher Systeme, Flugzeugentwurf und Umformtechnik wurden dargestellt, um die notwendigen Charakteristika für integrierte Systeme identifizieren zu können.

Die Ansätze des „Grid Computing" sind zum aktuellen Zeitpunkt noch nicht soweit konkretisiert und realisiert, dass sie in kommerziellen Produkten bereits verfügbar wären. In diesem Beitrag konnten bei weitem nicht alle für eine tatsächliche Nutzung eines solchen Systems in Unternehmen relevante Aspekte gleichrangig dargestellt werden. Neben der isoliert betrachtet bereits anspruchsvollen Aufgabe der Modellierung von Produkten und Prozessen und der Realisierung von Ansätzen zur Optimierung sind vor allen Dingen nicht-technische Aspekte wie Datensicherheit, Lizenzierung und Leistungsabrechnung essentiell. Da insbesondere die in diesem Zusammenhang betrachteten Daten (z.B. Modelle von Produkten und Produktionsprozessen) für die Unternehmen größte wirtschaftliche Bedeutung haben und demzufolge als „Betriebsgeheimnisse" behandelt werden, ist eine beliebige Verteilung dieser sensiblen Daten über Netzwerke bzw. das gesamte Internet unrealistisch und erfordert mindestens eine effektive Zugangskontrolle und Absicherung der Dokumente.

Weiterhin problematisch ist die Verfügbarkeit der notwendigen Simulationssysteme in einem verteilten Umfeld. Auch wenn ein „Computational Grid" prinzipiell die Rechenleistung vieler hundert oder tausend leistungsfähiger Rechner verfügbar macht, ist es darüber hinaus notwendig, lizenzrechtlich die Ausführbarkeit der Simulationssysteme auf allen diesen Rechnern zu gewährleisten. Bei Kosten in fünf- bis sechsstelliger Höhe pro Lizenz eines typischen Simulationssystems ist dieser Aspekt für den wirtschaftlichen Einsatz im Umfeld mittelständischer Unternehmen entscheidend.

Wird die in einem „Grid" kumulierte Rechenleistung solchen Unternehmen etwa durch einen Application Service Provider bereitgestellt, ergibt sich daraus das Problem der Abrechnung dieser Leistung. Der genaue Modus einer solchen Abrechnung (z.B. nach CPU-Zeit, Datenmenge) ist dann für den individuellen Fall zu klären und entsprechend zu implementieren.

Insgesamt betrachtet sind die unter dem Begriff „Grid Computing" zusammengefassten Ansätze für den in diesem Beitrag skizzierten Anwendungsbereich eine konzeptionelle Basis, die wesentliche technische Aspekte der Verteilung, aber auch nicht-technische Aspekte wie Abrechnung behandelt. Die vollständige Umsetzung aller Aspekte für ein weltweites „Internet Computing" ist jedoch sicherlich noch von der kommerziellen Verwendbarkeit entfernt, falls überhaupt realisierbar und mit den Anforderungen späterer kommerzieller Nutzer übereinstimmend. Die Verwendung der Ansätze im Intranet-Bereich ist dahingegen naheliegender und kann mindestens prinzipiell durch die in diesem Beitrag vorgestellten Beispiele bestätigt werden.

Literatur

[AF00] Avery, P., Foster, I., The GriPhyN Project: Towards Petascale Virtual-Data Grids, NSF award ITR-0086044, 2000.

[AH97] Alexandrov, N., Hussaini, M. (Hrsg.), Multidisciplinary Design Optimization, SIAM Press, 1997

[Amd67] Amdahl, G., Validity of the Single-Processor Approach to Achieving large Scale Computing Capabilities. In: AFIPS Conf. Proceedings, Seiten 483-485. AFIPS Press, 1967.

[AS01] Abramovici, M., Sieg, O., PDM-Technologie im Wandel – Stand und Entwicklungsperspektiven, industrie management, Nr 3, S.71-75, 2001.

[Bar01] Barth, T., Verteilte Lösungsansätze für simulations-basierte Optimierungsprobleme, Wissenschaftlicher Verlag Berlin, 2001.

[Bat89] Bathe, K.-J., Finite-Elemente-Methoden. Springer-Verlag, 1989.

[Bel57] Bellman, R., Dynamic Programming, Princeton University Press, 1957.

[BFGT00a] Barth, T., Freisleben, B., Grauer, M., Thilo, F., Distributed Solution of Optimal Hybrid Control Problems on Networks of Workstations. In: Proc. IEEE International Conference on Cluster Computing (Cluster 2000), Chemnitz/Deutschland, S. 162-169, 2000.

[BFGT00b] Barth, T., Freisleben, B., Grauer, M., Thilo, F., Verteilte Lösung Simulationsbasierter Optimierungsprobleme auf Vernetzten Workstations. In: Proc. 30. Jahrestagung der Gesellschaft für Informatik (Informatik 2000), Berlin/Deutschland, S. 274-292, 2000.

[BH98] Bal, H., Haines, M., Approaches for Integrating Task and Data Parallelism. IEEE Concurrency, S. 74-84, Juli-September 1998.

[Bod96] Boden, H., Multidisziplinäre Optimierung und Cluster Computing. Physica Verlag, 1996.

[Brü97] Brüggemann, F., Objektorientierte und verteilte Lösung von Optimierungsproblemen. Physica Verlag, 1997.

[CDFL+94] Cramer, E., Dennis, J., Frank, P., Lewis, R., Shubin, G., Problem Formulation for Multidisciplinary Optimization, SIAM Journal on Optimization, Bd. 4, S.754-776, 1994.

[Die98] Diersch, H.-J., Interactive Graphics-based Finite-Element Simulation System FEFLOW for Modeling Groundwater Flow Contaminant Mass and Heat Transport, 1998.

[DMS01] Dongarra, J., Meuer, H., Strohmeier, E., http://www.top500.org, 2001

[ES01] Eigner, M., Stelzer, R., Produktdatenmanagement-Systeme, Springer-Verlag, 2001.

[FK98] Foster, I., Kesselman, C., Computational Grids, Morgan Kaufman, 1998.

[FKT01] Foster, I., Kesselman, C., Tuecke, S., The Anatomy of the Grid – Enabling Scalable Virtual Organizations, International Journal of Supercomputer Applications, 15 (3), S. 200-222, 2001.

[FR92] Farhat, C., Roux, F., An Unconventional Domain Decomposition Method for an Efficient Parallel Solution of Large-Scale Finite Element System, Comput. Meths. Appl. Mech. Engrg., Bd. 113, S.367-388, 1992.

[GAF89] Grauer, M., Albers, S., Frommberger, M., Concept and First Experiences with an Object-Oriented Interface for Mathematical Programming. In: Sharda, R., B. Golden, E. Wasil, O. Blaci und W. Stewart (Herausgeber): Impacts of Recent Computer Advances on Operations Research, S. 474-483. North-Holland, 1989.

[GBBB+01] Grauer, M., Barth, T., Beschorner, C., Bischopink, J., Neuser, P., Distributed Scalable Optimization for Intelligent Sheet Metal Forming, in: Meech, J., Veiga, S., Veiga, M., LeClair, S., Maguire, J. (Hrsg.) Proc. 3rd Int'l Conference on Intelligent Processing and Manufacturing Material 2001 (IPMM'2001), Vancouver/Canada, 2001

[GBKM99] Grauer, M, Barth, T., Kaden, S. Michels, I., Decision Support and Distributed Computing in Groundwater Management. In: Savic, D. und G. Walters (Herausgeber): Water Industry Systems: Modelling and Optimization Applications, S. 23-38. Research Studies Press, 1999.

[GBKM01] Grauer, M., Barth, T., Kaden, S., Michels, I., Zur verteilten Lösung von FEFLOW-basierten Optimierungsproblemen i. Grundwassermanagement, in: Diersch, H.-J., Kaden, S., Michels, I., (Hrsg.), Wasserbewirtschaftung im neuen Jahrtausend – Grundwasser, Oberflächenwasser, Geoinformationssysteme, S. 72-82, 2001.

[Gei94] Geist, A., PVM: Parallel Virtual Machine – A Users Guide and Tutorial for Network Parallel Computing, 1994.

[GLS94] Gropp, W., Lusk, E. Skjellum, A., Using MPI: Portable Parallel Programming with the Message-Passing Interface. MIT Press, 1994.

[Gra02] Grauer, M., Produktdatenmanagement – Bedeutung für den Mittelstand, Vortrag, 2002.

[KBJK01] Krause, F.-L., Baumann, R., Jansen, H., Kaufmann, U., Innovationspotentiale in der Produktentstehung, industrie management, Nr.3, S.14-19, 2001.

[KGGK95] Kumar, V., Grama, A., Gupta, A., Karypis, G., Introduction to Parallel Computing – Design and Analysis of Algorithms. The Benjamin/Cummings Publishing Company Inc., 1995.

[LFGL+01] von Laszewski, G., Foster, I., Gawor, J., Lane, P., Rehn, N., Russell, M., Designing Grid Based Problem Solving Environments, Proc. 34. Hawai'i International Conference on System Science, Maui/USA, 2001.

[Lov93] Loveman, D., High Performance Fortran. IEEE Parallel and Distributed Technology, 1(1), S.25-42, 1993.

[Obj97] Object Management Group: A Discussion of the Object Management Architecture.
(ftp://ftp.omg.org/pub/docs/formal/00-06-41.pdf) (07.08.2001), 1997.

[SBSG+01] Schneider, G., Barth, T., Stettner, M., Grauer, M., Hörnlein, H., Kereku, E., Multidisciplinary Design Optimisation of an Aircraft Wing by Applying a Hybrid Optimisation Strategy, erscheint in: Proc. of Optimisation in Industry III, Barga/Italien, 2001.

[Seg00] Segal, B., Grid Computing: The European Data Project, IEEE Nuclear Science Symposium and Medical Imaging Conference, Lyon, 2000.

[SK97] Spur, G., Krause, F., Das virtuelle Produkt – Management der CAD-Technik, Hanser-Verlag, 1997.

[SvDBH+01] Schneider, G., van Dalen, F., Barth, T., Hörnlein, H., Stettner, M., Determining Wing Aspect Ratio of a Regional Aircraft with Multidisciplinary Optimisation, CEAS Conference on Multidisciplinary Aircraft Design and Optimization 2001, Köln/Deutschland, 2001.

[SvDKS99] Schneider, G., van Dalen, F., Krammer, J. Stettner, M., Multidisciplinary Wing Design of a Regional Aircraft regarding Aeroelastic Constraints. In: Proc. of Optimization in Industry II, S. 351-359, 1999.

[WA99] Wilkinson, B., Allen, M., Parallel Programming – Techniques and Applications Using Networked Workstations and Parallel Computers", Prentice Hall, New Jersey, USA, 1999.

[Zot93] Zotemantel, R., MBB-LAGRANGE: A Computer-Aided Structural Design System. In: Hörnlein, H.R.E.M., K. Schittkowski (Herausgeber): Software Systems for Structural Optimization, Int. Series of Numerical Mathematics, S. 143-158. Birkhäuser Verlag Basel-Boston-Berlin, 1993.

ZetaGrid

Sebastian Wedeniwski

IBM Deutschland Entwicklung GmbH

1 Ungenutzte Ressourcen

1.1 Große Organisationen und Firmen

In großen Organisationen oder Firmen wie zum Beispiel der IBM Corporation werden die Prozessorleistungen moderner Büroarbeitsplätze zu höchstens 20% genutzt, trotz aller Klagen, dass der verwendete Rechner für bestimmte Anwendungen zu langsam sei, wie zum Beispiel eine Anwendung zu starten, ein Spielprogramm zu verwenden oder eine Datei zu öffnen. Die meiste Zeit nämlich, beispielsweise bei Meetings, Surfen im Web oder bloßem Tippen von Dokumenten, nutzt der Rechner seine Prozessorleistung kaum, bei Pausen wird ein Teil sogar für nett gestaltete Bildschirmschoner verbraucht. Neben den Büroarbeitsplätzen gibt es selbstverständlich auch noch größere Server-Rechner, die entweder Dienste anbieten oder als Rechenknechte intensiv eingesetzt werden; aber selbst hier fällt auf, dass diese Rechner oft zwar 24 Stunden am Tag laufen, doch kaum während der gesamten Betriebszeit genutzt werden. Ja noch schlimmer, da sie im Gegensatz zu den Büroarbeitsplätzen nicht abgeschaltet werden, sind sie je nach Aufgabenfeld vor allem an Feiertagen und Wochenenden vollkommen ungenutzte Ressourcen.

1.2 Netzwerke bilden den mächtigsten Leerlauf-Computer der Welt

Netzwerke bieten heutzutage deutlich mehr Flexibilität und Datendurchsatz als die früheren Terminals, die nur an einen Host-Rechner angeschlossen waren und deshalb Prozesse nur zentral ablaufen lassen konnten, was diesen zentralen Host fast immer überlastet hat. Mit dem Aufkommen der PCs hat sich dann schnell die Client/Server-Architekur durchgesetzt, um Prozessabläufe dezentralisieren und besser parallelisieren zu können. Früher waren dabei die zentralen Server die eindeutig leistungsstärkeren Rechner, weil jegliche Kommunikation über sie lief und wesentliche Informationen auf ihnen konzentriert wurden; die Clients agierten dabei überwiegend als komfortable Benutzerschnittstellen. Heute werden dagegen aufgrund der neuen Anforderungen, die Ressourcen flexibel einsetzen zu können, oft Querverbindungen zwischen verschiedenen Clients gesetzt, was durch die bessere Ausstattung der Clients ermöglicht wird. So kann mittlerweile jeder handelsübliche PC, der mit einem modernen Betriebssystem läuft, problemlos fast alle Dienste erfüllen, die früher nur ein Server bieten konnte. Jeder PC kann somit sowohl Dienste als Server anbieten als auch gleichzeitig als Client die Dienste anderer Rechner im Netz nutzen, was unter dem Begriff der Peer-to-Peer Architektur (P2P) zusammengefasst wird. Dieser Begriff und diese Architektur sind also nicht neu,[1] neu ist lediglich die eingesetzte Masse an Einzelressourcen innerhalb der Architektur. In solch einer mächtigen, aber auch komplexen P2P-Architektur entstehen neben den neuen Möglichkeiten aber auch neue Probleme, wie zum Beispiel, wenn – wie meist der Fall – die beteiligten PCs nur zeitweise zur Verfügung stehen: Sie fallen dementsprechend als (alleinige) Server aus, es sei denn, man nutzt die vorhandene Redundanz an Ressourcen für einen hintereinandergeschalteten Sicherungsmechanismus, der bisher erstaunlich gut funktioniert. Die uns zur Verfügung stehenden Netzwerke vereinigen also die einzelnen PCs zu einem mächtigen System, das von keinem einzelnen Supercomputer übertroffen werden kann – mit dem wesentlichen Unterschied, dass die Ressourcen eines Supercomputers nahezu ausgelastet sind. Auch wenn sich auf dem Gebiet der besseren Ressourcennutzung in den letzten Jahren viel bewegt hat (siehe zum Beispiel [2] oder [5]), gibt es noch einiges zu tun, was sich besonders daran zeigt, dass es zum Beispiel noch keinen einheitlichen Standard für ein Kommunikationsprotokoll gibt.

1.3 Computeranwendungen in Forschung und Wirtschaft

Der Fokus lösungsorientierter Organisationen wie IBM Global Services ist ein ganz anderer als der forschungsorientierte, wie er an Universitäten üblich ist. Eine Anwendung, die in einer forschungsorientierten Organisation entwickelt wird, setzt in der Regel ihren Schwerpunkt darauf, die besten Algorithmen zu finden und den Code in jedem Detail auszufeilen. Diese Punkte werden selbstverständlich auch innerhalb eines Firmenprojektes mit einem Geschäftskunden berücksichtigt, doch wird der Projektverlauf insgesamt wesentlich mehr von der zur Verfügung stehenden Zeit und den entstehenden Kosten beeinflusst. Denn in der Regel interessiert sich der Kunde mehr dafür, dass die entwickelte Lösung stabil läuft und vor allem bezahlbar ist, als für technische Einzelheiten. Existiert zum Beispiel ein bereits etablierter Algorithmus, der vor mehreren Jahren vielleicht sogar noch in Cobol geschrieben wurde, nun jedoch seine Aufgaben für den Kunden zu langsam erfüllt, so werden meist eher schnellere Rechner eingesetzt beziehungsweise ein Netzwerk von mehreren Rechnern aufgebaut, um den Durchsatz zu erhöhen, als dass dieser Algorithmus im Code verbessert oder sogar komplett neu entwickelt wird. Dieser Ansatz ist in den meisten Fällen – besonders in einer Client/Server-Architektur – korrekt, weil er deutlich weniger Risiken enthält und geringere Kosten beim Kunden verursacht, falls nicht zusätzliches Personal für

[1] Diese Systemarchitektur prägte sogar die Anfänge des Internets Ende der 60er Jahre (siehe [5]).

neue Hardware eingesetzt werden muss. Aber gerade dadurch entsteht ein Netz mit vielen leistungsstarken Ressourcen, die gar nicht mehr vollständig durch ihre eigentliche Aufgabe ausgelastet sind und somit sehr hohe Leerlaufzeiten haben.

1.4 Die Nutzung freier Ressourcen für ungelöste Probleme

An diesen Punkt wurde nun angesetzt, um eine flexible und einfache Möglichkeit zu schaffen, die Rechner besser auszunutzen. Es geht dabei nicht darum, den Rechner mit fremden Diensten vollständig zu blockieren, sondern lediglich eine entstehende Leerlaufzeit durch Aufgaben auszutauschen, so dass der Benutzer weiterhin immer über die volle Leistung seines Rechners verfügt. Des Weiteren ist es hierbei wichtig, dass die Aufgabenstellung flexibel und der Verwaltungsaufwand gering ist. Kurz gesagt: Der Ressourcen-Anbieter will keine Kenntnisse über Netzwerke und großflächig verteilte Berechnungen haben müssen, dagegen aber Vorteile für die Bereitstellung seiner Dienste erhalten und die Zugriffsrechte und den Preis mitbestimmen können.

Prinzipiell sind für die Freigabe von eigenen Ressourcen zwei verschiedene Ansätze vorstellbar: Erstens kann der Bildschirmschoner im Betriebssystem durch ein Programm ersetzt werden, das sich für den Benutzer genauso wie ein Bildschirmschoner verhält, dabei aber die zur Verfügung stehenden Ressourcen zur Lösung von Problemen nutzt; denn genau dann, wenn der Bildschirmschoner aktiv ist, wird der Rechner ja gewöhnlich nicht genutzt, falls er nicht schon für andere Rechner Dienste anbietet oder mit einer größeren lokalen Aufgabe beschäftigt ist. Die zweite Möglichkeit besteht darin, im Hintergrund einen permanenten Prozess als Dienst im Betriebssystem oder als Befehl in der Eingabeaufforderung laufen zu lassen, der nur die kontinuierlich vorhandene Leerlaufzeit in Anspruch nimmt und daher ebenso wenig den Benutzer in seinem Ablauf stört. Bei der bisherigen Installation von ZetaGrid in der IBM Deutschland Entwicklung GmbH hat sich gezeigt, dass sich Manager eher für die erste Lösung und Entwickler eher für die zweite Lösung entschieden haben.

So verlockend sich die theoretischen Vorteile solch eines Netzwerkes auch anhören, in dem eine große Anzahl verschiedener Ressourcen, die sich zudem in unterschiedlichen Organisationen befinden und nur zeitweise im Internet zur Verfügung stehen, um die Lösung einer flexiblen Aufgabe kümmern, ist in der Praxis doch mehr nötig als nur die einzelnen Bausteine zusammenzusetzen. Mein Ansatz ist daher, sich den Aufbau eines solchen „Grid“[2] als eine Vier-Stufen-Pyramide vorzustellen (siehe Abbildung 1).

Die unterste und einfachste Ebene besteht aus den Ressourcen einer Einzelperson, für die lediglich notwendig ist, dass die zu lösende Aufgabe stabil läuft. Sonstige Kriterien sind meist weniger wichtig, weil dieses Projekt nur nebenher laufen soll. Die zweite Ebene umfasst die Ressourcen der gesamten Firma, welche intern angesprochen werden können. Hierfür ist neben der Voraussetzung der ersten

[2] Es gibt unterschiedlich strenge Definitionen von dem, was heute mit Grid bezeichnet wird; die auch im folgenden verwendete ursprüngliche Definition ist in [2] vorgestellt.

Ebene nötig, das Vertrauen der einzelnen Ressourcen-Anbieter in die zu installierende Software und die mit ihr zu verrichtenden Aufgaben zu gewinnen, also im wesentlichen die Furcht vor ungewolltem oder unkontrolliertem Zugriff auf die eigene Ressource zu beseitigen. Eine weitere Absicherung wie zum Beispiel vor Sabotageakten ist in diesem durch die Firmenzugehörigkeit geschützten Rahmen weniger gefordert, weil derartiges in aller Regel zur fristlosen Kündigung führt und damit eine genügend große „Firewall" darstellt. Die dritte Ebene wird von Kunden der Firma gebildet, die in der Regel leichter erreicht werden können als völlig fremde Ressourcen-Anbieter im Internet, weil die Infrastruktur und die verantwortlichen Vertragspartner bekannt sind. Für den Kunden müssen jedoch wesentliche Vorteile wie zum Beispiel Kostenreduzierungen, Produktionsverbesserungen oder neue Absatzmärkte entstehen, damit er auch Interesse hat, seine Ressourcen einzubinden. Zusätzlich gilt spätestens ab dieser dritten Ebene, dass die Datenumgebung geschützt sein muss. Im Internet Beteiligte sind in einer übergeordneten vierten Ebene angesiedelt, die sich nur schwer einschätzen lässt, weil hier zu viele unterschiedliche Interessen präsent sind. Neben den Voraussetzungen der vorigen drei Ebenen gilt aber hier grundsätzlich, die Privatsphäre des einzelnen von Seiten der Software oder Hardware zu sichern, um Hackern keinen Einlass zu bieten.

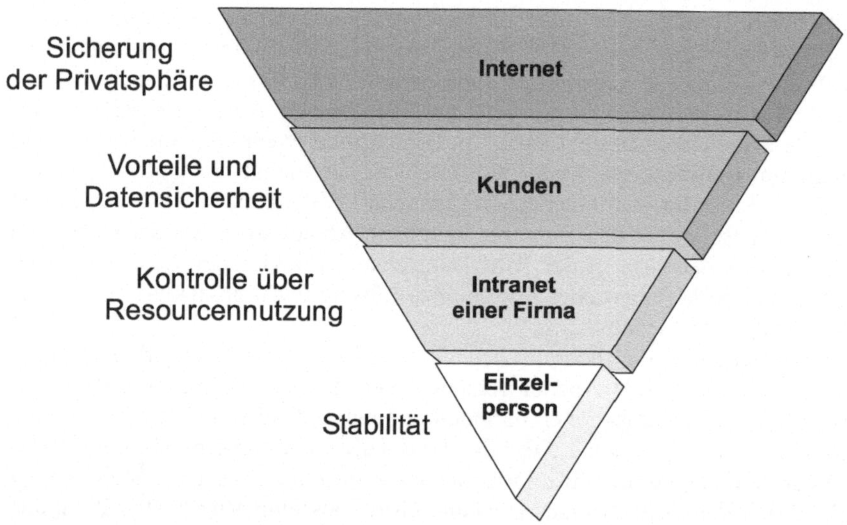

Abb. 1. Ressourcen-Pyramide

Seit mehreren Jahren existieren Clients im Netz, die sich auf eine bestimmte Aufgabe spezialisiert haben. Das bekannteste öffentlich erreichbare Projekt ist SETI@home (www.setiathome.ssl.berkeley.edu), das Funksignale aus dem Äther filtert, um außerirdisches Leben ausfindig zu machen; eine Liste weiterer Projekte findet sich unter www.rechenkraft.de. Diese Clients schützen aber höchstens die beim Server abgelieferten Ergebnisse und auch das nur sehr simpel; die Privatsphäre des Ressourcen-Anbieters auf der Client-Seite bleibt ungeschützt. So öffnet der Client für die Kommunikation zwar eine Socket-Verbindung zum Server, überprüft aber nicht, ob die hereinkommenden Daten authentisch und gegen in der Kryptoanalyse bekannte Attacken resistent sind. Dieser Punkt ist für größere Organisationen wie IBM jedoch entscheidend, wenn Aufgaben nicht mehr lokal von einem Anbieter gelöst werden, sondern auf sehr viele verteilt werden sollen.

2 ZetaGrid als ein IBM-Beispiel für die Nutzung freier Ressourcen

IBM glaubt, dass Grid-Computing in den kommenden Jahren eine große Marktchance darstellt. Dementsprechend werden Initiativen von Mitarbeitern auf diesem Gebiet nicht nur gern gesehen, sondern auch gefördert, was auch ZetaGrid den entscheidenden Auftrieb gegeben hat. Die Anwendung beschäftigt sich zur Zeit damit, grundlegende Erkenntnisse über die Riemannsche Hypothese zu sammeln,[3] was ursprünglich noch auf meine Promotionsarbeit [7] zurückgeht.

Im folgenden werden deshalb zunächst in Grundzügen die Geschichte und die mathematischen Grundlagen der Riemannschen Hypothese dargelegt und gezeigt, warum sie sich als Beispiel für Grid Computing geradezu anbietet, bevor im nächsten Abschnitt der Fokus auf der technischen Realisierung von ZetaGrid liegt.

2.1 Die Riemannsche Hypothese

Die Riemannsche Hypothese besagt, dass alle nichttrivialen Nullstellen der analytischen Fortsetzung der Riemannschen Zeta-Funktion

$$\zeta(s) = \sum_{k=1}^{\infty} \frac{1}{k^s} = \prod_{p \in P}^{\infty} \frac{1}{1 - p^{-s}}$$

auf der kritischen Geraden ½+*it* liegen, wobei *t* eine reelle Zahl, *s* eine komplexe Zahl mit einem Realteil größer als 0 und *P* die Menge alle Primzahlen ist. Diese Hypothese schreibt durch die folgenden Zeilen von B. Riemann [6] seit 1859 mathematische Geschichte: „...es ist sehr wahrscheinlich, dass alle Wurzeln reell sind. Hiervon wäre allerdings ein strenger Beweis zu wünschen; ich habe indess die Aufsuchung desselben nach einigen flüchtigen vergeblichen Versuchen vorläufig bei Seite gelassen, da er für den nächsten Zweck meiner Untersuchung entbehrlich schien."

Seit nun über 140 Jahren ist es noch niemandem gelungen, diese grundlegende Vermutung zu beweisen oder zu widerlegen. Bisher wurde erstens gezeigt, dass unendlich viele nichttriviale Nullstellen der Zeta-Funktion auf der kritischen Geraden liegen, und zweitens, dass mindestens 40% aller nichttrivialen Nullstellen

[3] Zur praktischen Bedeutung der Hypothese siehe das Kapitel „Nutzen der Nullstellenberechnung und der Riemannschen Hypothese".

auf dieser Geraden liegen. Mittlerweile gehen viele Mathematiker davon aus, dass die Vermutung korrekt ist.

Da es eines der wichtigsten Probleme der modernen Mathematik ist, hat im Jahr 2000 das Clay Mathematics Institut einen Preis von $1.000.000 für den Beweis der Riemannschen Hypothese ausgesetzt (http://ww.claymath.org/prizeproblems/-riemann.htm).

2.2 Empirische Grundlagenforschung

Der einfachste Weg, diese Vermutung zu widerlegen, besteht darin, eine nichttriviale Nullstelle zu finden, die nicht auf der kritischen Geraden liegt, womit sie also einen Realteil ungleich ½ hat. Dieser Weg, nämlich Gegenbeispiele für eine Vermutung zu finden, ist sehr verbreitet nach dem Motto „Ein Beispiel ist kein Beweis, aber ein Gegenbeispiel ist ein Gegenbeweis", weil es oft einfacher ist, eine falsche mathematische Aussage anhand eines Gegenbeispiels zu widerlegen, als eine richtige zu beweisen.[4] Gerne setzt man dafür Computer ein, bei denen man sich darauf verlassen kann, dass sie auch bei langwierigen und stupiden Rechnungen nicht nachlässig werden.

Für die Riemannsche Zeta-Funktion sind beispielsweise als die ersten vier nichttrivialen Nullstellen berechnet worden

$$\begin{aligned}\rho_1 &\approx \tfrac{1}{2} + 14{,}135i\\ \rho_2 &\approx \tfrac{1}{2} + 21{,}022i\\ \rho_3 &\approx \tfrac{1}{2} + 30{,}011i\\ \rho_4 &\approx \tfrac{1}{2} + 32{,}935i.\end{aligned}$$

Wie die folgende Tabelle zeigt, ist das Interesse an dieser Nullstellenberechnung im letzten Jahrhundert kontinuierlich gestiegen. Dabei gibt n die Anzahl der ermittelten Nullstellen an, die sich im positiven Imaginärteil befinden und fortlaufend hintereinander liegen.

Jahr	Autor	n
1903	J. P. Gram	15
1914	R. J. Backlund	79
1925	J. I. Hutchinson	138
1935	E. C. Titchmarsh	1.041
1953	A. M. Turing	1.104
1955	D. H. Lehmer	10.000
1956	D. H. Lehmer	25.000
1958	N. A. Meller	35.337

[4] Daneben hilft die Suche nach einem Gegenbeispiel manchmal dabei, eine Idee für einen Beweis zu finden.

1966	R. S. Lehman	250.000
1968	J. B. Rosser, J. M. Yohe, L. Schoenfeld	3.500.000
1977	R. P. Brent	40.000.000
1979	R. P. Brent	81.000.001
1982	R. P. Brent, J. van de Lune, H. J. J. te Riele, D. T. Winter	200.000.001
1983	J. van de Lune, H. J. J. te Riele	300.000.001
1986	J. van de Lune, H. J. J. te Riele, D. T. Winter	1.500.000.001
2001	J. van de Lune, S. Wedeniwski	10.118.665.300
2002	S. Wedeniwski	50.631.912.399

Da weitere Details und mathematische Grundlagen zu diesem Gebiet den vorliegenden Beitrag sprengen würden, verweise ich an dieser Stelle Interessenten auf die Web-Seite [8] des ZetaGrid-Projektes, auf der auch weiterführende Literatur zu finden ist.

2.3 Nutzen der Nullstellenberechnung und der Riemannschen Hypothese

Eine Frage, die sich bei diesem Thema sofort stellt, ist: Warum ist die Riemannsche Hypothese überhaupt so wichtig und welcher Nutzen entsteht durch die Ermittlung vieler Nullstellen?

Die letzte Frage ist schnell beantwortet: Je mehr Nullstellen berechnet werden, desto größere Bereiche kann man eingrenzen, innerhalb derer die Hypothese sicher gilt. Entweder man weitet den Umfang des gültigen Bereichs also irgendwann soweit aus, dass die Korrektheit der Riemannschen Hypothese insgesamt für einige Theoreme nicht mehr so entscheidend ist, oder es wird ein Gegenbeispiel gefunden, wodurch sich das Problem (zumindest vordergründig) erledigt hat.[5] Der praktische Nutzen der Gültigkeit der Riemannschen Hypothese liegt, grob gesagt, auf dem wichtigen und immer größer werdenden Gebiet der Datensicherung. Für mathematisch Versierte kann hinzugefügt werden, dass die Riemannsche Zeta-Funktion im Bereich der Zahlentheorie grundlegend ist, und zwar für Primzahlen, ohne die zum Beispiel in der Kryptographie elliptische Kurven nicht korrekt verwendet werden könnten oder der RSA-Algorithmus zu leicht zu entschlüsseln wäre.

Da es schwierig und zeitintensiv ist, beliebig viele Primzahlen zu erzeugen und zu testen, werden stattdessen bei der praktischen Umsetzung eines kryptographischen Systems „Pseudoprimzahlen" verwendet, von denen bekannt ist, dass sie mit sehr hoher Wahrscheinlichkeit Primzahlen sind. Die dadurch entstehenden Unsicherheitsfaktoren und Probleme gäbe es nicht, wenn die Erweiterte Riemann-

[5] Natürlich entstehen dadurch wieder andere Schwierigkeiten, die aber hier nicht das Thema sind.

sche Hypothese[6] korrekt wäre, weil dann der schnellste zur Zeit bekannte Primzahltest [4] verwendet werden könnte.[7] Doch bisher geht man dieses Risiko ein, da erstens die Wahrscheinlichkeit gering genug ist, dass eine solche Pseudoprimzahl in der Praxis einen schweren Fehler bewirkt, und zweitens eine absolute Sicherheit sowieso nie zugesagt werden kann. Wenn man also die Rechenkraft vieler Computer dazu einsetzt, durch Berechnung der Nullstellen der Riemannschen Zeta-Funktion die Gültigkeit der Riemannschen Hypothese zu erweitern, leistet man einen aktiven Beitrag zur allseits geforderten Datensicherheit.[8]

2.4 Wie die Nullstellen ermittelt werden

In der Numerischen Mathematik und speziell bei der Kurvendiskussion in der Analysis gibt es verschiedene Verfahren, die Nullstellen einer Kurve zu ermitteln. Die einfachste Regel, die wir für reelle und stetige Funktionen kennen, ist, dass mindestens eine Nullstelle zwischen einem positiven und negativen Funktionswert liegen muss. Diese Regel ist auch für unsere Anwendung grundlegend, weil wir nicht eine genaue Nullstelle ermitteln wollen, sondern nur ermitteln wollen, dass in bestimmten Intervallen auch eine bestimmte Anzahl von Nullstellen liegen. In einem Theorem hat A. M. Turing[9] gezeigt, wie viele Nullstellen in einem bestimmten Intervall liegen müssen, damit die Riemannsche Hypothese für dieses Intervall bewiesen ist.[10]

Außerdem hat bereits 1903 J. Gram festgestellt, dass der Vorzeichenwechsel der Kurve der Riemannschen Zeta-Funktion (siehe Abbildung 2), der, wie oben erwähnt, mindestens eine Nullstelle verursacht, fast immer an ganz bestimmten Punkten festgestellt werden kann. Diese Gram-Punkte beginnen mit der Folge 9,67, 17,85, 23,17 usw. und werden durch eine Funktion beschrieben. Diese Feststellung ist in insgesamt 68% der Fälle richtig, wobei sie zu Beginn stets stimmt und erst ab dem 126. Punkt Ausnahmen aufweist. Diese Regel wurde 1969 von J. B. Rosser derart erweitert, dass nun mehrere Gram-Punkte gleichzeitig in einem Block betrachtet werden können, wodurch in 99,9991% aller auftretenden Fälle die fehlenden Nullstellen schnell gefunden werden können, wenn die Regel von Gram nicht zutrifft.[11] Die Regel wurde hier dahingehend erweitert, dass bei der

[6] Die Erweiterte Riemannsche Hypothese ist eine Verallgemeinerung der Riemannschen Hypothese, sie macht also die gleiche Aussage wie für die Zeta-Funktion, nur dass die verwendete Funktion allgemeiner gefasst ist.

[7] Eine genauere Auseinandersetzung mit Primzahlen, Primzahltests und der Notwendigkeit der Riemannschen Hypothese findet in [7] statt.

[8] Andere grundlegende Theoreme der Mathematik und Physik, die nur dann korrekt sind, wenn die Riemannsche Hypothese korrekt ist, finden sich zum Beispiel in [1].

[9] Informatikern bekannt sein dürfte die Turingmaschine, die 1936 vom britischen Mathematiker A. M. Turing (1912-1954) als universelles Automatenmodell vorgeschlagen wurde.

[10] Falls also weniger Nullstellen in einem Intervall empirisch gefunden werden, wäre ein Gegenbeispiel zur Riemannschen Hypothese gefunden.

[11] Die erste Ausnahme der Regel von Rosser tritt beim 13999525. Punkt auf.

jetzigen Aufgabe von ZetaGrid mehrere dieser Blöcke gleichzeitig betrachtet werden, weil selbst diese wenigen Ausnahmen bei einer Berechnung von mehreren Milliarden Nullstellen sehr störend sind. Selbst nach 25 Milliarden Nullstellen gab es noch keine Ausnahme zu dieser Erweiterung.

Somit liegt der größte Aufwand der momentanen Aufgabe von ZetaGrid darin, den Funktionswert der Zeta-Funktion an den verschiedenen Gram-Punkten bzw. den wenigen dazwischen liegenden Punkten zu berechnen. Empirisch hat sich dabei gezeigt, dass nach durchschnittlich 1,22 Funktionsberechnungen eine Nullstelle gefunden wird.

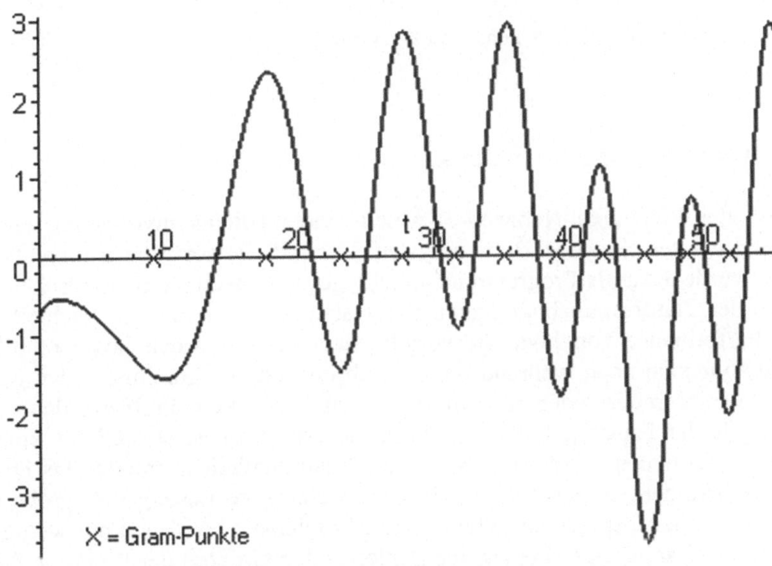

Abb. 2. Graph der Funktion $t \mapsto \zeta(1/2 + it)e^{i(\mathrm{Im}(\ln(\Gamma(1/4 + t/2 i))) - t/2 \cdot \ln(\pi))}$

3 Technische Aspekte von ZetaGrid

Die ZetaGrid Web-Seiten [8] spielen eine entscheidende Rolle in diesem Projekt. Auf diesen Seiten können Nutzer den Kernel herunterladen, genauere Informationen über ZetaGrid bekommen und aktuelle Statistiken wie den Stand der Berechnung überwachen. Die Seiten werden durch Servlets und andere zusätzliche Programme erzeugt, welche die aktuellen Informationen aus der zentralen Datenbank herausholen.

Der Client von ZetaGrid besteht aus einem Kernel in Java, einer Bibliothek, die sich um die Kryptographie kümmert und den authentifizierten öffentlichen

Schlüssel enthält, [12] und einem austauschbaren Paket, das sich um die Lösung der verteilten Aufgabe kümmert. Diese Schichten sind folgendermaßen aufgebaut:

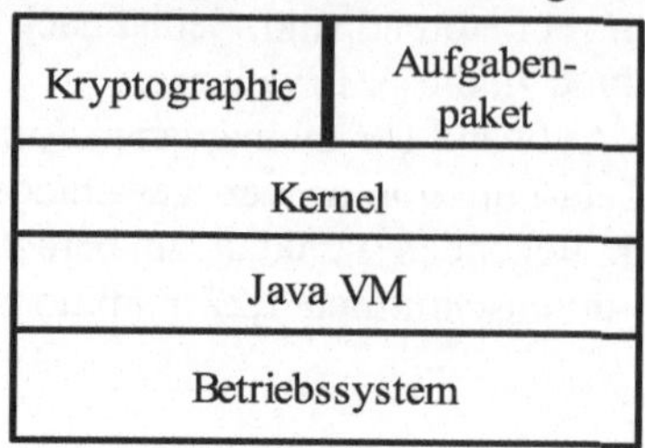

Abb. 3. Schichtenmodell des Clients von ZetaGrid

3.1 Kernkomponente in Java

Große oder komplexe Netzwerke, welche viele Clients involvieren, enthalten automatisch verschiedene Betriebssysteme und Prozessorarchitekturen. Bei ZetaGrid wurde Java als Programmiersprache gewählt, weil sie den entscheidenden Vorteil der Plattformunabhängigkeit hat. Dabei ist die immer als Nachteil diskutierte Performance von Java, die vorgibt, dass der durch den Java-Compiler erzeugte Bytecode noch während der Ausführung des Programms in den Maschinencode interpretiert oder compiliert werden muss, kein Problem, denn in der Praxis gilt die Faustregel: Die Performance von Java ist schnell für komplexe Systeme, bei denen mindestens 80% der Gesamtlaufzeit in mindestens 80% des Codes stattfindet. Demnach liefert Java also eine gute Lösung für „große dünne Probleme", aber weniger für „kleine dicke Probleme", bei denen nur wenige Zeilen Code (oft sogar nur eine einzige Schleife) den Großteil der Programmlaufzeit in Anspruch nehmen. Für diese Art von Problemen liefern C/C++ oder Fortran meist die schnelleren Ergebnisse, wobei dann aber sichergestellt sein muss, dass der Code für alle verwendeten Prozessoren und Betriebssysteme stets auf den neuesten Stand gebracht wird.

Der Kernel von ZetaGrid kümmert sich um die folgenden beiden Aufgaben:

1. Der erste Teil bereitet alles für die zu erledigenden Arbeitseinheiten vor. Hierbei wird eine Anforderung in HTTP an ein Servlet des Aufgabenservers geschickt und auf eine unverschlüsselte Zip-Datei als Antwort gewartet. Diese Zip-Datei enthält als ersten Eintrag eine Datei mit den digitalen Signaturen aller weiteren Dateien der übertragenen Zip-Datei. Anhand des lokalen öffentlichen Schlüssels und der übertragenen digitalen Signaturen werden dann diese Dateien verifiziert, bevor sie zur Vorbereitung der Arbeitseinheiten auf die lokale Platte geschrieben werden. Die hierfür verwendete Schlüssellänge und das Verfahren wird weiter unten im Unterkapitel „Die Sicherheitsaspekte" besprochen.

[12] Da die Bibliothek eine Public-Key-Infrastruktur bildet, ist nur der öffentliche Schlüssel freigegeben; der geheime Schlüssel verbleibt beim Autor der Bibliothek.

2. Der zweite Teil kümmert sich um die gesamte Verwaltung der vorgesehenen Arbeitseinheiten. Dazu gehört, die Bereiche, die berechnet werden sollen, über Anweisungen in HTTP an bestimmte Servlets vom Aufgabenserver zu holen und die abgeschlossenen Arbeitseinheiten an den Ergebnisserver zu liefern. In diesem Teil des Kernels kann der Ressourcen-Anbieter auch einstellen, wie viele Arbeitseinheiten er reservieren will und ob er sie nacheinander oder (bei Multiprozessoren) gleichzeitig verarbeiten will, bevor sich der Kernel wieder mit dem Server verbindet, um neue Arbeitseinheiten anzufordern; denn während der gesamten Berechnung, die vom Kernel über eine Schnittstelle aufgerufen wird, besteht keine Verbindung zum Server. Zusätzlich kann auch die Größe der zu berechnenden Bereiche definiert werden, die, in fünf Stufen gegliedert, zwischen einer und fünf Stunden für einen Intel Pentium III mit 800 MHz pro Arbeitseinheit liegen kann, wodurch die unterschiedlichen Computer flexibel eingebunden werden. Die abgeschlossenen Arbeitseinheiten werden vor der Übertragung komprimiert und mit einem öffentlichen Schlüssel kodiert, der sich nach jeder Transaktion automatisch ändert. Für die Komprimierung wird der Algorithmus des Tools bzip2[13] verwendet. Diese Komprimierung reduziert die Ergebnisdatei um einen Faktor vier, wodurch die Netzbelastung besonders bei Modems deutlich verringert wird; so ist zum Beispiel die Ergebnisdatei einer mittelgroßen Arbeitseinheit etwa 7,2 MB groß, nach der Komprimierung demnach nur noch knapp 1,8 MB. Auch die hierfür verwendete Schlüssellänge und das Verfahren selbst werden im Unterkapitel „Die Sicherheitsaspekte" weiter unten besprochen.

3.2 Die zentrale Datenbank und die eingeschränkten Zugriffe

Die relationale Datenbank ist der zentrale Punkt dieses Projektes, da sie die Daten enthält, die für dieses Projekt relevant sind. Der Grund für diese Organisation der Daten in einer Datenbank ist, dass dadurch die Transaktionen stabil erfolgen und die Skalierbarkeit der persistenten Daten sowie die Performance des Systems ausbaufähig ist. Die Datenbank verwaltet im wesentlichen sechs voneinander getrennte Tabellen, die für verschiedene Serveraufgaben zuständig sind und auch nur bestimmte Zugriffsrechte besitzen. Diese Tabellen umfassen die Verwaltung der Arbeitseinheiten, der Ergebnisse, der Ressourcen-Anbieter, der involvierten Ressourcen, des vom Betriebssystem abhängigen Aufgabenpools[14] und der Systemparameter.

Kein Client hat direkten Zugriff auf den Datenbankserver; der Zugriff auf ihn ist nur über den Web-Server möglich. Kein Server oder andere Beteiligte im Netzwerk haben Löschrechte auf irgendeine Tabelle des Systems. So kann der Aufgabenserver beispielsweise nur Arbeitseinheiten erzeugen, nicht aber löschen oder

[13] Das Tool bzip2 ist unter der Adresse http://sourceware.cygnus.com/bzip2/ erhältlich und mittlerweile Bestandteil jeder neueren Linux-Installation.

[14] Der Aufgabenpool enthält die nach Plattformen aufgeteilten Bibliotheken, die als Umgebung zur Lösung der ausgewählten Aufgabe benötigt werden.

oder ändern. Änderungsrechte bestehen für einen Kunden lediglich im Aufgabenpool und der Verwaltung der beteiligten Computer. Falls trotz aller Vorsichtsmaßnahmen ein Hacker dennoch diese Sicherheitsvorkehrungen durchbrechen sollte und Änderungen an den beiden Tabellen vornehmen könnte, hätte er trotzdem keinerlei Einfluss auf die beteiligten Clients, die ja nur den authentifizierten Kernel verwenden (siehe das Unterkapitel „Die Sicherheitsaspekte").

Die Hauptaufgabe der Datenbank ist die Verwaltung der Ergebnisse, welche eine Datenmenge von mehreren Gigabytes am Tag darstellen, die deshalb auch nur komprimiert im System vorkommt. Für diese Verwaltung und Überprüfung der Ergebnisse existiert im System ein separater Server (Ergebnisprüfer); er liest in definierten Zeitintervallen (zur Zeit alle 30 Minuten) alle neu eingetroffenen Ergebnisse aus der Datenbank und entfernt sie aus der Datenbank, wenn sie einige Prüfungen durchlaufen haben und auf anderen Medien im Archiv gesichert wurden.

Bildlich lässt sich der beschriebene Ablauf mit der folgenden Skizze darstellen:

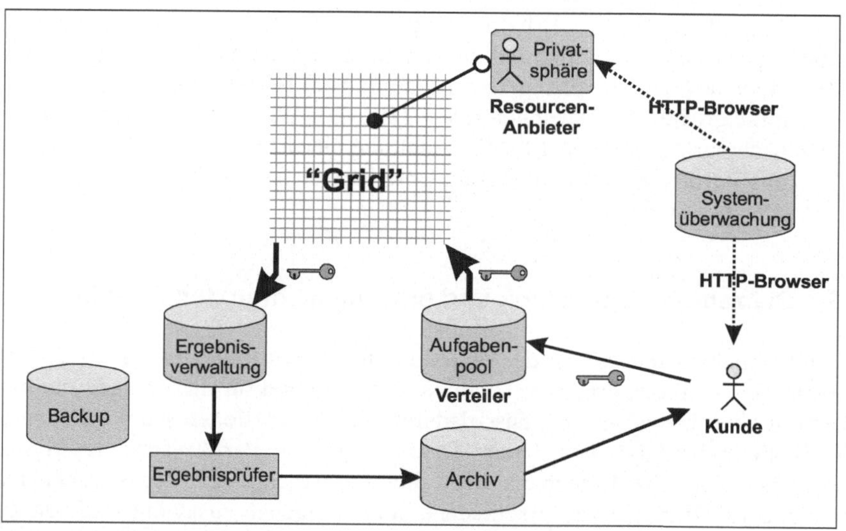

Abb. 4. Die Architektur von ZetaGrid

3.3 Berechnung der Nullstellen der Riemannschen Zeta-Funktion in C++ oder Java?

Die erste Aufgabe von ZetaGrid wurde in C++ geschrieben, da ich im Jahr 2000 noch davon überzeugt war, dass diese Sprache zwar einen höheren Verwaltungsaufwand für mehrere Plattformen mit sich bringt, aber die beste Performance erreicht; der Source-Code besteht nämlich aus etwa 3000 Zeilen Code, wobei 99,3% der Laufzeit in einer Schleife von 20 Zeilen Code stattfinden, womit diese Aufgabe ein Paradebeispiel für ein „kleines dickes Problem" ist (siehe oben).

Auch wenn ich von der Leistung der verwendeten C++-Compilern sehr überzeugt bin, wurde ich beim Performancevergleich von Java und C++ auf verschiedenen Plattformen überrascht: So benötigt das Programm in Java[15] zum Beispiel unter Windows NT nur 64% der Laufzeit des Programms, dessen Code in C++ geschrieben und mit Microsoft Visual C++ 6.0 erzeugt wurde; fast dasselbe Ergebnis lieferte der durch Intel C++ 5.0.1 erzeugte Code. Noch deutlicher war der Unterschied mit Java unter AIX (PowerPC) im Vergleich mit dem C++-Code, der durch GNU C++ 2.9 erzeugt wurde: Hier benötigte das Programm mit Java nur noch 31% der Laufzeit des Programms, dessen Code in C++ geschrieben wurde. Der größte mir bekannte Unterschied ist auf den Mainframe-Rechnern S/390 unter Linux aufgetreten; hier benötigte das Java-Programm nur 21% der Laufzeit des C++-Programms, das mit GNU-C++ 2.95.2 erzeugt wurde. Eine Ausnahme trat unter Linux (x86) mit dem Compiler GNU C++ 2.95.3 auf, bei dem die C++-Version nur 91% der Laufzeit der Java-Version benötigt, weswegen speziell für diesen Prozessor der durch die verschiedenen Compiler erzeugte Maschinen-Code untersucht wurde. Unter Verwendung dieser Ergebnisse gibt es nun für die 20 Zeilen, die fast die gesamte Laufzeit des Programms beanspruchen, eine etwas aufwändigere Assembler-Version,[16] die speziell für den Pentium-Prozessor optimiert wurde und nur noch 72% der Laufzeit der Java-Version benötigt.

Als Konsequenz dieser Erkenntnisse wird es im ZetaGrid-Projekt bald nur noch eine reine Java-Version geben.

3.4 Die Qual der Wahl: Bildschirmschoner oder permanenter Prozess?

Eine der wichtigsten und kniffligsten Eigenschaften, die eine Aufgabe in einem verteilten System besitzen muss, in dem die einzelnen Ressourcen sich beliebig ein- und auskoppeln können, ist, dass sie zu jeder Zeit sofort beendet werden kann und deshalb in der Lage sein muss, intern eigenständig Check-Points zu verwalten, damit die Berechnung zu einem späteren Zeitpunkt an derselben Stelle fortgeführt werden kann.

Bei ZetaGrid kann der Ressourcen-Anbieter wählen, ob er die Aufgabe in Form eines Bildschirmschoners oder eines permanenten Prozesses laufen lassen möchte.

Die Option des Bildschirmschoners wurde durch zwei Voraussetzungen ermöglicht: Erstens wurde diese Lösung als ein dem Kernel vorgeschalteter Prozess realisiert, der sich nur um die vom Betriebssystem abhängigen Eigenschaften des Bildschirmschoners[17] kümmert und den Kernel als separaten Prozess startet; da-

---

[15] Verwendet wurde die IBM Java VM 1.3 auf den Plattformen AIX, Linux und Windows: Classic VM (build 1.3.0, J2RE 1.3.0 IBM build cx130-20010626 (JIT enabled: jitc)).

[16] Als Vorlage wurde der vom Intel-Compiler erzeugte Assembler-Code übernommen, weil er bis auf einige externe Funktionsaufrufe für viele Fließkommaoperationen sehr gute Ergebnisse liefert.

[17] Hierzu gehört zum Beispiel auch die optionale Anmeldemaske unter Windows 98, die von Windows NT/2000 selber verwaltet wird.

durch wird der Gesamtaufwand für beide Optionen gering gehalten. Zweitens wurde die Aufgabe so formuliert, dass sie tatsächlich jederzeit sofort beendet werden kann und selbst intern Check-Points setzt, um zu einem späteren Zeitpunkt die Aufgabe an derselben Stelle fortführen zu können. Dieser Mechanismus von Check-Points ist plattformunabhängig und funktioniert auch, wenn die Maschine abstürzt oder der Prozess durch das System "abgeschossen" wird.

Die beiden Vorteile dieser Option liegen darin, dass der Berechnungsprozess mit normaler Priorität im System laufen kann und es bisher nur hier möglich ist, den Ressourcen-Anbieter nebenher über den aktuellen Stand seiner Berechnung zu informieren.

Die Lösung als permanenter Prozess kann nur mit geringerer Priorität laufen, da die Ressource gleichzeitig auch für andere Zwecke verwendet werden soll. Hierbei hat sich gezeigt, dass zusätzliche Pausen im Prozess eingebaut werden sollten, um den Prozessor nicht zu 100% zu belasten. Denn gerade bei Notebooks würde dadurch die Platte oder der Lüfter während der ganzen Zeit laufen, wodurch störende Nebengeräusche verursacht werden. Wir haben festgestellt, dass sich bei einer Belastung von 40-60% des Prozessors dieser unerwünschte Nebeneffekt vermeiden lässt.

3.5 Die Sicherheitsaspekte

Das Ziel eines geschützten Systems sollte sein, soviel Vertrauen und Sicherheit bei einem Ressourcen-Anbieter zu gewinnen, dass er einer Beteiligung bei ZetaGrid genauso traut, wie seiner Steckdose: es wird erstens immer genau 220V Strom geliefert und zweitens auch nur der tatsächliche Verbrauch abgerechnet. Sicherheit meint dabei heutzutage nicht, möglichst geschickt Bits zu vertauschen und ggf. den Algorithmus dafür geheim zu halten. Man versteht darunter vielmehr ein Verfahren, das durch einen mathematisch fundierten Beweis unter vorgegebenen Annahmen in seiner Sicherheit bewiesen ist. Zusätzlich wird dabei das enorme Potential der Öffentlichkeit ausgenutzt, um etwaige Schwachstellen zu finden. Insgesamt lautet die Devise also nicht wie früher, die Codierung als ganzes geheim zu halten, sondern sie im Gegenteil gerade öffentlich zu machen und dadurch zu sichern, dass viele Köpfe überprüft haben, dass das mathematische System schlüssig ist Zugegeben, dieser Ansatz verlangt eine gehörige Portion Vertrauen in die Mathematik als Hilfsmittel – aber genau dafür ist sie unter anderem ja konstruiert worden.

Das Anliegen eines Ressourcen-Anbieters liegt darin, die richtigen Daten von der richtigen Quelle auf gesichertem Wege zu erhalten und seine vollbrachte Leistung honoriert zu bekommen. Hierbei reicht es also nicht, nur den Datenkanal zwischen der Quelle und der Senke zu verschlüsseln, weil es einem Hacker vielleicht gelingen könnte, direkt auf den Server zuzugreifen, sondern es muss auch sichergestellt werden, dass nur die gewünschten Daten und auch nur von dem vorgesehenen Absender beim Empfänger ankommen. Dieses Problem wird innerhalb von ZetaGrid durch digitale Signaturen gelöst, was bedeutet, dass jedes Aufgabenprogramm vor der Übertragung vom Aufgabensteller anhand seines privaten

Schlüssels signiert wurde, den kein Server oder anderer Client im Netzwerk kennt. Der Client akzeptiert nur Programme, welche die Signatur des autorisierten Aufgabenstellers besitzen und zum lokalen öffentlichen Schlüssel passen. Dabei wird das ElGamal-Signaturverfahren mit einer Schüssellänge von 1024 Bit verwendet, welches mathematisch stabil ist und sich als sehr sicher etabliert hat.[18]

Demjenigen, der die Aufgabe stellt, ist es dagegen wichtig, dass die Ergebnisse vom richtigen Client erzeugt und korrekt übertragen werden. Um dies zu kontrollieren, gibt es leider zur Zeit nur eingeschränkte Möglichkeiten, weil man postuliert, dass das Netz nur gering belastet wird und außer einem PC beim Ressourcen-Anbieter keine zusätzliche Hardware notwendig sein soll. Hierfür ist das ElGamal-Key-Agreement Protokoll geeignet, weil der Client so mit demselben lokalen öffentlichen Schlüssel ständig andere Verschlüsselungen erzeugen kann und nur der Server in der Lage ist, die Entschlüsselung durchzuführen, ohne dass der Client den Schlüssel übertragen muss. Auch dieses Protokoll verwendet eine Schlüssellänge von 1024 Bit.[19] Im Grunde wäre es gut, wenn alle temporären Daten durch dieses Verfahren geschützt würden, bevor sie auf die lokalen Platte geschrieben werden. Doch hätte diese Sicherheit auch Nachteile, falls eine Arbeitseinheit einer Aufgabe vor einem Abschluss noch einmal komplett durchlaufen werden muss, wie es zum Beispiel bei den ermittelten Nullstellen geschieht, um die Datenmenge auf Redundanz zu überprüfen. Denn dazu müsste der Client die Daten auch entschlüsseln können, was aber in dieser Lösung nicht vorgesehen ist. Indem auf diesen Zusatz verzichtet wurde, ist die zu sendende Datenmenge neben der Komprimierung auf 25% der Gesamtmenge (siehe oben das Unterkapitel „Kernkomponente in Java“) nochmals um mindestens 22% reduziert.

4 ZetaGrid in der Praxis

In die Praxis umgesetzt wurde die Idee von ZetaGrid erstmals im Februar 2001 auf meinem eigenen Rechner; ab August 2001 lief es dann mit Genehmigung von IBM erstmals auf 10 verschiedenen Computern einer Abteilung, womit die Anwendung auf der ersten Ebene der Ressourcen-Pyramide (siehe Abbildung 1) hinreichend getestet und im kleinen Rahmen der Übergang zur zweiten Ebene vorbereitet werden konnte. Allein über Mundpropaganda und die ZetaGrid-Seite im Intranet weitete sich dann der Benutzerkreis bis Anfang Januar 2002 auf 46 Kollegen mit insgesamt 225 Computern aus.

Aufgrund dieser Resonanz und da das System ohne größere Probleme reibungslos lief, wurde seit Mitte Januar unter anderem durch Vorträge die Anwendung im gesamten IBM Labor Böblingen verbreitet, so dass bis Anfang April für die Berechnung von mehr als 50 Milliarden Nullstellen der Riemannschen Zeta-Funktion über 100.000 Arbeitseinheiten auf 550 Computern unter 4 Plattformen und 224

---

[18] Details zu diesem Signaturverfahren können beispielsweise in [3] nachgeschlagen werden.

[19] Eine genauere Beschreibung findet man in [3].

Ressourcen-Anbietern für ZetaGrid verteilt worden sind, was mehr als $5 \cdot 10^{17}$ Fließkommaoperationen entspricht.

Damit durchläuft ZetaGrid nun laborintern eine größere Testphase, bevor es auf die gesamte IBM Deutschland ausgedehnt wird. Daneben wird bereits analysiert, wie sich der Kern von ZetaGrid für andere Aufgaben bei Kunden einsetzen lässt, so dass auch die letzten beiden Ebenen greifbare Ziele darstellen. Interessenten können sich bis zur Realisierung dieser auf der Web-Seite [8] über den jeweils aktuellen Entwicklungsstand informieren.

Danksagung

Die vielen Berechnungen, wie auch die Umsetzung von ZetaGrid in der Praxis, waren nur mit Unterstützung der IBM Deutschland Entwicklung GmbH möglich.

Für mich ist es auch eine große Freude, den Einsatz vieler Personen zu erwähnen, die sich an der Entwicklung von ZetaGrid beteiligt haben. Zuallererst danke ich meinen Managern Herbert Kircher, Jörg Thielges, Reinhold Krause und Ralf Grohmann, die diese Berechnungen ermöglichten.

Ich möchte meiner Frau Esther, sowie Tilman Rau und Ralf Grohmann meinen Dank für Ihre Kommentare und Korrekturen zu den Entwürfen dieses Artikels aussprechen.

Schließlich möchte ich all jenen danken, die sich an ZetaGrid durch die Bereitstellung von Berechnungsressourcen beteiligt haben (siehe [8]).

Literatur

[1] H. M. Edwards, *Riemann's Zeta Function*, 1974.

[2] I. Foster, C. Kesselman, *The Grid – Blueprint for a New Computing Infrastructure*, 1999.

[3] A. J. Menezes, P. C. van Oorschot, S. A. Vanstone, *Handbook of Applied Cryptography*, 1997.

[4] G. L. Miller, *Riemann's Hypothesis and Tests for Primality*, Journal of Computer and System Sciences 13 (1976), 300-317.

[5] A. Oram (Hrsg.), *Peer-to-peer: Harnessing the Power of Disruptive Technologies*, 2001

[6] B. Riemann, *Ueber die Anzahl der Primzahlen unter einer gegebenen Grösse*, Monatsberichte der Berliner Akademie, November 1859.

[7] S. Wedeniwski, *Primality Tests on Commutator Curves*, Dissertation Tübingen, 2001.

[8] S. Wedeniwski, *ZetaGrid – Verification of the Riemann Hypothesis*, zu finden unter http://www.hipilib.de/zeta/index.html.

Gnutella

Gene Kan

Sun Microsystems

Gestatten Sie mir, mich vorzustellen: Ich bin Computerprogrammierer. Meine Rolle bei Gnutella begann ein paar Tage nach seiner Veröffentlichung am 14. März 2000. Man könnte sagen, dass ich zur richtigen Zeit am richtigen Ort war. Captain Bry (Bryan Mayland) hatte das Gnutella-Protokoll – welches ursprünglich von Justin Frankel und Tom Pepper, den Gründern von Nullsoft, entwickelt worden war – bereits überarbeitet. Ian Hall-Beyer und Nathan Moinvaziri hatten eine Website eingerichtet, die dem Gebrauch und der Entwicklung von Gnutella gewidmet war. Mein Beitrag bestand darin, in Zusammenarbeit mit meinem langjährigen Freund Spencer Kimball Gnubile zu entwickeln, eine Gnutella-kompatible *quick & dirty* Lösung für Unix. Ron Harris' (Associated Press) Artikel über Gnutella führte dazu, dass ich mich de facto in der Rolle des öffentlichen Vertreters der Technologie wiederfand.

Gnutella, sollten Sie davon noch nicht gehört haben, wird allgemein als eine Alternative zu Napster dargestellt. Eine Art schattige Unterwelt für Sonderlinge, die Dateien austauschen möchten. Seine soziale Bedeutung lag im Fehlen einer Postanschrift, seine technische Bedeutung in seiner Naivität.

Ziele

Worin die ursprünglichen Ziele von Gnutella bestanden, ist schwer zu sagen. Gnutellas Entstehungsgeschichte bleibt geheimnisvoll verschleiert, und die Erinnerungen sind nach zwei Jahren Internetzeit verschwommen. Aber von einer zuverlässigen Quelle weiß ich, dass Frankel und Pepper ein System im Sinn hatten, mit dem ein paar Dutzend ihrer besten Freunde Dateien austauschen könnten.

Um die Probleme, welche mit dem Betrieb eines Severs einhergehen, zu vereinfachen, eliminierte Gnutella einfach den Server und lief damit völlig dezentralisiert. Dieser Durchbruch hatte wichtige technische und soziale Auswirkungen, die erst jetzt langsam erforscht werden.

Distributed Computing

Meiner Meinung nach können zwei grundlegende Aspekte verteilter Verarbeitung identifiziert werden: Dezentralisierte System und Verteiltes Rechnen. Obwohl diese beiden Aspekte völlig unabhängig voneinander sind, wäre das Ergebnis einer Integration beider ein sehr leistungsfähiges System. Würde man den Nutzen eines solchen Systems als Funktion des Integrationsgrades dieser beiden Aspekte in einem System darstellen, würde man die bekannte "Hockey Stick"/J-Funktion erhalten. Der Integrationsgrad derzeitig verfügbarer System ist allerdings noch zu gering, um den möglichen Nutzen annähernd zu erreichen.[1]

Verteilte Datenverarbeitung

Das grundsätzliche Datenverarbeitungsmodell sieht heutzutage etwa folgendermaßen aus: Man hat einen Prozessor. Man füttert ihn mit Dingen, über die er nachdenken soll. Wenn er fertig ist, kann man ihm andere Dinge zum Nachdenken geben. *Ad infinitum.* Aber wäre es nicht toll, wenn man zwei Prozessoren hätte? Dann könnte man über zwei Dinge gleichzeitig nachdenken. Oder vielleicht drei? Und so weiter.

Jeder mir bekannte Hobby-Computerwissenschaftler träumt von dem Tag, an dem das Ideal der verteilten Datenverarbeitung Wirklichkeit wird. Wir könnten endlich Moores Geschwindigkeitsregler umgehen, indem wir einfach einen Haufen Prozessoren in eine Kiste werfen und damit unendliche Rechnerkraft zur freien Verfügung haben. Oder zumindest mieten können. Die ideale verteilte Datenverarbeitung sähe folgendermaßen aus:

Ein Prozessor schafft eine Geschwindigkeit von X. Zwei Prozessoren in einer Kiste bilden einen Computer, der 2X schafft. Drei: 3X. Und so weiter.

In der Hoffnung, dies erreichen zu können, teilte sich die Welt der verteilten Datenverarbeitung in vier getrennte Bereiche auf: Massively Parallel Processing (MPP), Clustering, Symmetric Multiprocessing (SMP) und Widely Distributed Computing.[2]

MPP-Firmen wie Thinking Machines und nCube konzentrierten sich darauf, eine riesige Anzahl von mickrigen Prozessoren in ein einziges System zu packen. Sie versuchten, die Prozessoren auf seltsame Weise miteinander zu verbinden - dabei spielen Grids, Würfel und Hyperwürfel eine wichtige Rolle. Ziel war es dabei, die Kommunikation zwischen diesen Armeen von schwachen Prozessoren zu maximieren. Die zugrundeliegende Idee war, dass Programmierer ihre Probleme

---

[1] Mit anderen Worten: Der derzeitige Stand der Entwicklung solcher integrierten Systeme ist noch vor dem Wendepunkt dieser J-Funktion angesiedelt.

[2] Leider hat keiner dieser Ansätze bisher zu einer linearen Leistungssteigerung im Verhältnis zur Anzahl der eingesetzten Prozessoren geführt. Anstatt dass zwei Prozessoren doppelt so schnell wären, sind sie vielleicht 1.8 mal so schnell. Vier Prozessoren sind etwa dreimal so schnell. Acht Prozessoren viermal so schnell. Sechzehn Prozessoren fünfmal so schnell. Etwa in dieser Größenordnung.

in Häppchen zerkleinern würden, von denen jedes von den kleinen Prozessoren leicht verdaut werden könnte. Man füttert dann die Prozessoren parallel mit den Problemen, und *voila*, es erscheint die Lösung in einem Bruchteil der Zeit, die ein einzelner Prozessor brauchen würde. In der Praxis war MPP schwierig zu handhaben und eignete sich nur für eine begrenzte Anzahl von wissenschaftlichen Problemen, die auf die richtige Weise zerkleinert werden konnten. Unpassende Probleme mussten auf die herkömmliche Art gelöst werden, nämlich einspurig. Die Maschinen waren teuer und haben – soviel ich weiß – die Hoffnungen nicht erfüllt[3]. Internet-Domainnamen sind vielleicht nicht der beste Maßstab, aber sie geben Hinweise auf Schicksale: nCube.com ist eine Streaming-Media-Firma, und ThinkingMachines.com ist von einer Internet-Registrierungsfirma besetzt. Das traurige Ende einer hoffnungsvollen Ära.

Clustering und SMP spielen nach wie vor eine eine Rolle. IBM, Sun, Linux, Oracle und andere verwenden Cluster von Rechnern, von denen jeder einen oder mehrere Prozessoren hat, um das, was sie nun gerade tun, schneller zu tun. Clustering hat dabei einige Erfolge gefeiert, vor allem seit es von Oracle unterstützt wird. Hier gibt es nicht viel, worüber man reden könnte. Cluster werden vor allem verwendet, um irgendeine überladene Ressource zu virtualisieren. Wenn die CPU die überlastete Ressource ist, wird SMP hinzugefügt. Bedauerlicherweise sind die heutigen SMPs winzig und nicht vernünftig skalierbar. Lineare Skalierung über vier Prozessoren hinaus ist schon ein Glücksfall; die Millionen, von denen Computer-Science-Fiction-Autoren träumen, kann man getrost vergessen. Clustering und SMP sind in heutigen Datenzentren gang und gäbe, aber die zukünftigen Anforderungen lassen die Serverlieferanten schier verzweifeln.

Betrachten wir abschließend Widely Distributed Computing: Ich bin mir nicht sicher, ob es dafür einen allgemein anerkannten Namen gibt, also können wir es hier genauso gut als WDC bezeichnen. Irgendwo in der Welt des WDC gibt es Peer-to-Peer, oder P2P, und viele hoffen, dass das El Dorado auch nicht weit ist. Pioniere auf dem Gebiet sind z.B. SETI@Home und Distributed.net. Diese zwei Projekte verwenden Millionen von Computern überall auf der Welt (darunter auch Ihren Computer, falls Sie die entsprechende Software installiert haben), um nach Außerirdischen zu suchen und um Verschlüsselungsexperten zu blamieren. Beachten Sie, dass diese zwei Probleme auch für MPP-Systeme sehr geeignet sind. Ich würde sogar vermuten, dass die meisten Probleme, die auf MPP-Systeme zugeschnitten sind, durch WDC gut abgedeckt werden.

Die Vorteile von WDC sind offensichtlich. Das Verkaufsargument war elementar: Sie kaufen den Computer, und wir verwenden ihn, um damit unsere Probleme zu lösen. Mit anderen Worten: Sie tragen die Kosten unserer Problemlösung. Ein Ansatz, der den MBAs von Harvard das Wasser im Mund zusammenlaufen ließ. Technisch gesehen ist WDC interessant, da diese Millionen Computer zusammen agieren, um einen Computer zu bilden, der eine bisher nie da gewesene Rechenleistung entfaltet. Thinking Machines et al. konnten von so massiver Rechenleistung nur träumen, und auch in ihren wildesten Träumen war sie sogar für Regie-

[3] Die kalifornische Universität in Berkeley etwa hat (oder hatte) einen CM5 von Thinking Machines, den wenige Leute benutzt haben.

rungen noch zu teuer. SETI@Home und dergleichen machten es wirtschaftlich möglich, diese enormen Datensätze zu analysieren, indem sie außerhalb herkömmlicher Muster dachten. Stellen Sie sich 100,000 oder 1,000,000 Pentium III Computer vor, die zusammen Außerirdische jagen. Die Außerirdischen haben Grund genug, sich Sorgen zu machen.

Grand unified Distributed Computing

Am besten wäre es, die funktionierenden Teile der drei Lager zusammenzumischen, einmal umzurühren und daraus etwas Herausragendes zu destilieren. Die utopische Idealvorstellung, die man auf Internetseiten wie Slashdot, dem Zuhause der träumenden Computerfanatiker, findet, lässt sich wie folgt zusammenfassen:

> Alle Computer der Welt klinken sich in ein gigantisches Rechennetzwerk ein. Alle kommunizieren mit unendlicher Geschwindigkeit und Kapazität miteinander. Wenn ein Computer ausfällt, fällt es nicht weiter auf, weil die aktuelle Aufgabe übergangslos an andere Computer im globalen Cluster weitergegeben wird. So wie man dem Netzwerk Computer hinzufügt, nimmt seine Nutzleistung linear zu. Und zur Krönung wäre dieses Netzwerk für die Banditen unantastbar, die derzeit die Hersteller von vernetzter Software blamieren.

Leider – und es ist nicht so, als würden wir es nicht versuchen – könnte es Generationen dauern, bevor wir das Ideal der verteilten Datenverarbeitung erreichen. Der Tag liegt in ferner Zukunft, an dem wir alle drei Arten von verteilter Datenverarbeitung vereinigen können und alles so einfach ist wie bei einem Computer mit einem einzigen Prozessor.

Depression

In Ermangelung einer praktikablen Möglichkeit, Prozessoren auf der ganzen Welt zuverlässig so zu verknüpfen, dass durchschnittliche Softwareentwickler davon Gebrauch machen können, verfielen Computerentwickler in Depressionen und versuchten, ihren Gemütszustand aufzuheitern, indem sie das verbesserten, was sie kannten: Client-Server. Womit sie im Grunde genommen ein rundes Rad noch runder machten.

Client-Server begann als Verbindung eines Großrechners mit „dummen" Endgeräten. Zu dieser Zeit war das wirklich der einzige Weg, da Computerkomponenten makroskopisch und teuer waren, und die Vernetzung von Rechnern serielle Verkabelung bedeutete. In den Achtzigern und Neunzigern wurden Computerkomponenten billiger, und PCs waren der heißeste Trend. Computerwissenschaftler reagierten darauf, indem sie sich sagten: „Wir könnten einige der Aufgaben des Großrechners an die inzwischen leistungsfähigen Endgeräte übertragen." Und genau das taten sie auch. Client-Server bedeutete im Großen und Ganzen, dass der Server nicht länger die gesamte Show alleine veranstaltete, sondern dass der Client auch mitsingen konnte. Der Client konnte eine ganze Menge alleine tun, und den Server nur einbeziehen, um Transaktionen zu vervollständigen.

Schließlich, zu einer Zeit, als Computervernetzung CAT5 und IP bedeutete, verhalf das World Wide Web dem Client-Server-Gedanken zum Durchbruch. Tim Berners-Lee entwickelte ein einfaches Konzept. Die Grundidee bestand darin, einen Server einzurichten, der Dateianforderungen von Clients auf Basis von standardisierten Kommunikationsprotokollen (TCP/IP) annimmt und beantwortet. Eine typische Web-Interaktion (HTTP) sieht etwa wie folgt aus:

1. Client: „Gib mir die Datei XYZ.jpg."
2. Server: „Okay, es folgt XYZ.jpg. Die Datei ist 4010 Bytes lang."

Es ist ziemlich elementar. Client und Server wurden zu Basiselementen in ihrer Reinstform destilliert. Der Server war einfach nur der Datenanbieter. Er tat nichts weiter, als Dateianforderungen zu beantworten und sich höflich zu entschuldigen, wenn die Datei auf dem Server nicht gefunden wurde. Die Aufgabe des Clients bestand darin, die vom Server verschickte Datei anzunehmen und auf den Bildschirm des Anwenders zu zaubern. Marc Andreessen, einer der Gründer von Netscape, pflegt zu sagen, dass der Webbrowser das „dumme" Terminals der Neunziger ist. Sorgsam führt er die Anweisungen des Servers aus, weiter nichts.

Heutzutage besteht die Welt der Datenverarbeitung größtenteils aus Client-Server-Systemen und umfasst zwei Service-Klassen. In der ersten Klasse fahren die Server, die stolz mit Apache und Oracle ausgestattet sind. In den Abteilen der zweiten Klasse befinden sich die Desktops und das sämtliche übrige Allerlei an Rechengeräten, das zum Bedienen (d.h. als „Server") ungeeignet ist.

Gnutella

Vorab möchte ich einen wichtigen Aspekt betonen. Verteilt ist nicht gleichbedeutend mit dezentralisiert. Datenverarbeitung kann verteilt und zentralisiert durchgeführt werden (wie etwa bei Napster oder DNS). Sie kann aber auch verteilt und dezentralisiert durchgeführt werden.

Dezentralisiert heißt, dass es keinen zentralen Server gibt. Gnutella ist dezentralisiert. Es ist nicht das erste System, das den dezentralisierten Ansatz wählt. IRC und NNTP sind zum Beispiel ziemlich dezentralisiert. Es handelt sich dabei um Netzwerke von fast-autonomen Servern, die einander als Peers (d.h. ebenbürtig) behandeln. Es sollte aber beachtet werden, dass weiterhin das Konzept des Servers bestehen bleibt. End-Nutzer in IRC- oder NNTP-Netzwerken sind Bürger zweiter Klasse. End-Nutzer Clients müssen den Server anbetteln, damit er ihnen Zugang gewährt, was jeder bestätigen kann, der in den vergangenen Jahren versucht hat, IRC oder NNTP zu benutzen. Gnutella wählte als eines der Ersten – wenn nicht sogar als Erstes – einen völlig gleichberechtigten Ansatz. Jeder Teilnehmer oder Knotenpunkt im Gnutella-Netzwerk ist zugleich Client und Server. Inzwischen mag das für niemanden mehr eine Neuigkeit sein, aber als Gnutella entstand, war es nicht üblich. An der Universität lernte ich sehr wenig über dezentralisierte[4] Systeme. Ich erinnere mich daran, einen Abschnitt über Leslie Lamports Abstimmungsalgorithmus für Entscheidungen in dezentralisierten Systemen gelesen zu haben, aber das war's auch schon. Dezentralisierte Systeme waren berüchtigt für ihre Komplexität und schienen auch nicht wirklich zu funktionieren. Niemand war erfolgreich die zahllosen Probleme dezentralisierter Systeme angegangen.

Den Grund, warum die einheitliche Lösung für dezentralisierte Systeme in so weiter Ferne zu liegen schien, kannte ich damals nicht. Er liegt in dem, was Theoretiker von Technikern unterscheidet: Gründlichkeit. Und Gründlichkeit trennt die zwei Gruppen um philosophische Lichtjahre. Was Theoretiker nach jahrzehntelanger Arbeit als ungelöst eingestuft hatten – oder vielleicht einfach als unlösbar – war aus der „ungeschulten" Sicht von Justin Frankel nichts weiter als eine reine Design-Entscheidung.

Und das war auch schon alles. Gnutella vermied die traditionellen Anforderungen einer perfekten Allwetterlösung, indem stattdessen einfach einige bewährte Techniken zusammengeführt wurden, mit denen eine Lösung gebildet wurde, die gerade gut genug für eine winzige Untermenge des Dezentralisierungsproblems war. Dafür, dass Gnutella endlich die Tür zur verteilten Datenverarbeitung aufgestoßen hatte, erntete es wie Galileo Spott und Abneigung von denjenigen, die „schon viel mehr über das Problem nachgedacht hatten". Glücklicherweise beginnt sich auch die dot-edu Welt langsam für Gnutella zu erwärmen, und vielleicht werden wir noch Vorteile aus ihren fruchtbaren Gedanken ziehen.

Eine andere Frage beantworten

Wissenschaftler, die das Problem der dezentralisierten Datenverarbeitung analysierten, versuchten sich an der Lösung von kniffligen Problemen wie zum Beispiel der Kohärenz verteilter Datenbanken. Ihre Problemformulierung lautete in etwa: „Wir haben hier ein Problem, dass mit einem zentralisierten Ansatz leicht zu lösen ist, aber mit einer dezentralisierten Lösung richtig schwierig ist. Versuchen wir, die Nuss zu knacken." Gnutellas Problemformulierung erschien mehr als: „Wir möchten Dateien austauschen. Wir wissen alles über den zentralisierten Ansatz. Er ist langweilig. Es wäre aufregend, den Server zu eliminieren. Welche Werkzeuge stehen uns zur Verfügung, um das zu erreichen? Broadcast? Probieren wir es einfach aus."

Gnutella hat bisher noch keines der größeren Probleme der verteilten Datenver-

[4] Ich möchte darauf hinweisen, dass dezentralisierte Systeme *verteilte* Systeme genannt wurden, als ich um 1995 davon hörte. Wahrscheinlich werden sie noch immer so genannt. Aber allein das zeigt schon die Strenge und Einfallslosigkeit auf, die akademisches Lernen definieren. Zentralisierte Systeme waren notwendigerweise reine Client-Server-Systeme, wobei der Client wenig mehr tat, als die Daten des Servers für menschliche Aufnahme darzustellen. Verteilte Systeme mussten notwendigerweise dezentralisiert sein, da sie in ihrer Reinform existieren mussten, also ohne Server. Aber wenn man ein wenig die Fantasie spielen lässt, entstehen natürlich Phänomene wie Napster, die sowohl zentralisiert als auch verteilt sind. Bisher stand das noch nicht einmal zur Debatte.

arbeitung gelöst, jedenfalls nicht, indem es elegante Lösungen konstruiert hätte. Die Problembereiche, in denen es am aktivsten ist, sind verteiltes Speichern (*distributed storage)* und Netzwerktopologie. Der Bezug zum verteilten Speichern ist offensichtlich. Der Bezug zur Netzwerktopologie besteht vor allem darin, dass Gnutella als Erstes ein so ungeordnetes Netzwerk in einem so großen Maßstab einrichtete. Gegenwärtig ist es Gegenstand intensiver akademischer Untersuchungen, die zu verstehen versuchen, warum Gnutella überhaupt funktioniert und wieso es trotz seiner Beschaffenheit so gut funktioniert.

Verteilte Speicherung

Unter den vielen verschiedenen Problemen, die sich aus der verteilten Datenverarbeitung ergeben, ist die Datenkohärenz eines der heikelsten. Das zugrundeliegende Konzept lautet wie folgt: Wenn es zwei Computer gibt, von denen jeder eine Kopie derselben Datei hat, und wir eine der Kopien bearbeiten, wie regeln wir dann, welche Datei die „Richtige" ist? Allgemeiner: Was passiert, wenn es Millionen Computer gibt, von denen jeder Kopien derselben Datei hat? Das ist kein Problem, wenn es eine zentrale Autorität gibt, da der Computer, der gerade die Datei bearbeitet, dem Server einfach mitteilen kann, dass seine Kopie aktueller ist als die anderen. Aber ohne den zentralen Server ist die technische Vorgehensweise nicht eindeutig, vor allem wenn wir an die Fallstricke der verteilten Datenverarbeitung denken, wie zum Beispiel ein instabiles Netzwerk. Sie sehen, wo die Probleme liegen.

Gnutella löst diese Probleme nicht. Es versucht es nicht einmal.

Das bekannteste Problem, das man heutzutage in der post-P2P-Ära zu lösen versucht, ist das Problem des „kollaborativen Filterns". So bezeichnet man den Sachverhalt, wenn vernetzte Rechner „enger zusammenrücken", falls sie feststellen, dass ihre Benutzer ähnliche Interessen haben. Wenn das Netzwerk irgendwie wüsste, dass Sie etwas Bestimmtes besonders gerne mögen, würde es es Ihnen dies vielleicht einfach liefern. So lautet die Überlegung. Im Fall von Gnutella würde das bedeuten, dass alle diejenigen, die besonders gerne Heavy Metal mögen, eng miteinander verbunden wären, aber weniger eng mit denjenigen, die Gangster Rap mögen. Eine solche geschmacksbasierte Verbindungsstrategie sollte theoretisch eine bessere Netzwerkdynamik liefern.

Gnutella-Software filtert nicht kollaborativ.

Wenn Gnutella keine interessanten wissenschaftlichen EDV-Probleme löst, was tut es dann überhaupt? Anstatt die Probleme anzusprechen, die Computerwissenschaftler und Industrieexperten beschäftigen, beschäftigt sich Gnutella mit der einfacheren Frage, Anfragen nach Dateien zu beantworten, die vielleicht online sind – oder auch nicht. Nicht einmal das tut Gnutella aber zufriedenstellend. Tatsächlich lautet eine der häufigsten Beschwerden über Gnutella, dass das Programm nicht zwischen einer Suche, die ohne Ergebnis verläuft, und einer Suche, die eine längere Zeit braucht, um Ergebnisse aufzutreiben, unterscheiden kann.

Es stellt sich heraus, dass Gnutella überhaupt keine echten Probleme löst. Es vermeidet sie einfach, indem es dem menschlichen Anwender die Entscheidungsfindung überlässt. Und dadurch löst es das größte Problem: Das Bedürfnis des Anwenders, eine Datei zu finden, die mit seinen Suchkriterien übereinstimmt. Beachten Sie, dass Gnutella nicht garantiert, dass es genau *diejenige* Datei aufspürt, die der Anwender sucht. Es findet viele Dateien und zwingt dann den Anwender, selbst auszuwählen. Wenn der Anwender mit der Auswahl unzufrieden ist, kann er eine andere Datei auswählen, solange, bis er zufrieden ist.

Darin liegt also die Lösung: Die Erwartungen des Anwenders werden mit den Möglichkeiten der Technologie in Übereinstimmung gebracht, anstatt zu versuchen, eine Technologie zu entwickeln, die sich den Erwartungen der anspruchsvollsten Computerwissenschaftler anpasst.

Bei Gnutella gibt es kein Datenäquivalenzkonzept oder Versionsmanagement, und diese weiche Problemformulierung führt dazu, dass Gnutella funktionstüchtig ist. Kein Computerwissenschaftler würde im Traum daran denken, einen Menschen so viel arbeiten zu lassen, wenn es einen Computer im Raum gibt, der die ganze Arbeit für den Menschen verrichten sollte. Andererseits hätte auch kein Wissenschaftler diese Entdeckung gemacht, da sie so unwissenschaftlich ist.

Die Skalierung von unicast Broadcasting

Technisch gesehen ist jeder Gnutella-Knotenpunkt sowohl ein Client als auch ein Server innerhalb derselben Softwareeinheit. Diese Softwareeinheit verhält sich wie ein Paket-Router, ein http-Server und ein http-Client. Man kann sie also verwenden, um das Netzwerk zu betreiben, um Dateien zuzuweisen und um Dateien herunterzuladen.

Erlauben Sie mir, auf die Einzelheiten einzugehen. Gnutella ist ein sogenanntes *broadcast network*. Es hofft (ohne allzu große Zuversicht), dass jeder Knotenpunkt im Netzwerk jeden anderen Knotenpunkt im Netzwerk hören kann. Sie erinnern sich: Jeder Knotenpunkt ist gleichberechtigt. Denken Sie mal für einen Augenblick darüber nach. Stellen Sie sich vor, Sie stehen in einer vollgepackten Bar und sollen zweihundert verschiedenen Unterhaltungen Aufmerksamkeit schenken. Erstens ist das unmöglich. Zweitens würde es einen sehr aufmerksamen Zuhörer erfordern. Und deshalb haben die Akademiker gelacht.

Dieses Broadcastschema funktionierte gut, solange es nicht zu viele Unterhaltungen gab. Frankel stellte sich einige Dutzend oder vielleicht ein paar Hundert Knotenpunkten pro Netzwerk vor. In den Anfangstagen gab es etwa so viele Benutzer des Systems, und es funktionierte überraschend gut. Ich erwartete zweifelsohne das Schlimmste, und hielt die binäre Eimerbrigade, die Gnutella benutzte, für eine lächerliche Idee. Aber wie es sich herausstellte, hatte ich Unrecht. Bis zur Fertigstellung von Gnubile – etwa zehn oder fünfzehn Tage nach der Veröffentlichung von Version 0.56 von Gnullsoft Gnutella – gab es einige Hundert gleichzeitige Benutzer von Gnutella. Sie waren alle im gleichen Netzwerk (das damals als das Gnet bezeichnet wurde) aktiv, aber es schien stabil zu sein.

Anfangs war das unerklärlich. Clay Shirky pflegt zu sagen: „Es funktioniert in der Praxis hervorragend, aber in der Theorie überhaupt nicht." Doch dann ergab sich eine dieser kleinen Erleuchtungen von der Art, wie sie Schrödinger vermutlich hatte, als er seine Katze betrachtete. Gnutella verwendet eine Eigenschaft, die TTL heißt, oder Time To Live. TTL gibt es auch im allgegenwärtigen IP (Internet Protokoll, das jeder Kommunikation im Internet zugrunde liegt), wo es auf eine lange und erfolgreiche Geschichte zurückblickt. Gnutella setzt TTL genau so wie IP ein: die TTL wird mit irgendeinem Wert initialisiert (bei Gnutella 0.56 war es sieben), und für jede Übertragung eines Datenpakets wird seine TTL um eins reduziert. Wenn die TTL null erreicht, „stirbt" das Paket und wird nicht länger weitergereicht. TTL war die spezifizierte Technik, mit deren Hilfe das Gnutella-Netzwerk Broadcaststürme – plötzliche Eruptionen von Unterhaltung, die den gesamten Sauerstoff im Netzwerk aufbrauchen – vermeiden sollte. Wie Jordan Ritter in seiner Veröffentlichung bemerkte, lässt sich Gnutella jedoch schlecht skalieren, wenn nur TTL als Verkehrsmanagementsystem verwendet wird[5]. Angenommen, jeder Knotenpunkt ist mit vier weiteren Knotenpunkten verbunden, dann würde sich nach sieben Übertragungen ein einziges Broadcastpaket in 16384 Pakete verwandeln. Bei solchen Zahlen war es klar, dass Gnutella nicht lange durchhalten würde.

Es hat sich jedoch herausgestellt, dass es mein Fehler war, einfache Arithmetik anzuwenden, und der Fehler kostet Jordan Ritter weiterhin Nerven. Meine Erleuchtung bestand in der Erkenntnis, dass die Gnutella-Implementierung, anstatt erfolgreich das Unmögliche zu tun und ein einziges Paket über sechzehntausend Mal zu vervielfältigen, aus praktischen Gründen von ihrer offensichtlichen Spezifizierungen abwich. An Gnutellas Spezifizierung zu glauben heißt zu glauben, dass es einfach nicht funktionieren kann. Aber ein kurzer Blick auf die Implementierung zeigt, dass ein vielbeschäftigter Gnutella-Knotenpunkt, anstatt gemäß seines Vertrages brav Pakete einzureihen und weiterzuleiten, einfach seinen Verpflichtungen nicht nachkommt, wenn sie unangenehm werden, und Pakete entsorgt, mit denen er nichts zu tun haben will. Diese Faulheit ist es, die Gnutella funktionieren lässt, und erst als ich Gnubile implementierte, bemerkte ich diesen wesentlichen Taschenspielertrick.

Auf dem Papier sieht Gnutella ordentlich, aber unmöglich aus. In der Wirklichkeit ist Gnutella ein chaotisches Durcheinander, funktioniert aber.[6] Shirky hatte Recht.

---

[5] Ritters Veröffentlichung ist unter http://www.darkridge.com/~jpr5/doc/gnutella.html abrufbar. Siehe auch Mikhail Kabanovs sorgfältige Analyse von Ritters Veröffentlichung unter http://www.gnutellameter.com/gnutella-editor.html. Siehe auch Matei Ripeanus (Gewinner des LimeWire Challenge) Studie über das Gnutella-Netzwerk unter http://people.cs.uchicago.edu/~matei/PAPERS/.

[6] Kabanov weist auch darauf hin, dass Gnutellas Netzwerk sehr zyklisch ist – ein weiterer wichtiger Beitrag zu Gnutellas Skalierbarkeit. Das ist aus zwei Gründen wichtig. Erstens tendiert Verkehr innerhalb eines Zyklus dazu, sich innerhalb des Zyklus zu lokalisieren. Zweitens werden Pakete innerhalb eines Zyklus nicht unnötigerweise neu versandt, da sie, wenn sie bereits einmal empfangen und versandt worden sind, nicht wieder versandt werden. Je mehr Zyklen es im Netzwerk gibt, desto weniger tatsächlichen Verkehr gibt es.

Dezentralisierung führt zu Anarchie

Eines der entscheidenden Probleme von dezentralisierten Systemen wie Gnutella ist, dass es keine Autorität und keine Rechenschaft gibt. Es gibt keinen Polizisten, der dafür sorgt, dass jeder die Regeln befolgt. Wie kann man in der Anarchie Ordnung herstellen? Als digitale Banditen begannen, Gnutellas Bürger zu belästigen, griffen die Entwickler von Gnutella auf das zurück, was jede Gesellschaft verwendet, wenn sie mit Anarchie konfrontiert wird: Selbstjustiz.

Als Spammer das Netzwerk angriffen, verfolgten Gnutella-Aktivisten sie und zwangen sie, das Internet zu verlassen, indem sie die Service-Provider der Spammer benachrichtigten. Als Hacker versuchten, das Netzwerk zu überlasten, um es außer Gefecht zu setzen, erstellten die Entwickler Profile der Angriffe und trennten alle Knotenpunkte, die mit dem Profil übereinstimmten. Es dauerte nur ein paar Tage nach jedem Angriff, bis das Netzwerk ihn los war. Und das alles funktionierte, ohne dass eine Autorität irgendeiner Art eingerichtet worden wäre.

Andererseits hat alles seine positive Seite. Gnutellas unkoordinierte Anarchie war eine wichtige Waffe gegen diejenigen, die es wirklich ausschalten wollten. Ohne einen zentralen Server gab es keine Möglichkeit, das Gnutella-Netzwerk abzuschalten. Außerdem war die Betriebsart kein Geheimnis, so dass es unmöglich war, Entwickler daran zu hindern, weitere und bessere Gnutella-Software zu entwickeln. Napster, ein zentralisierter Dienst für den Dateienaustausch, war solchen Angriffen ausgesetzt, und erlitt aufgrund der Klagen, die im Briefkasten der Zentrale landeten, ein bedauernswertes Schicksal. Gnutella hat keine Zentrale, kein Büro und keinen Briefkasten.

Aus der soziologischen Perspektive erstreckt sich die Bedeutung von Gnutella über die Gemeinschaft der Entwickler und Unterstützer des Systems hinaus. Sie zeigt uns, dass ein dezentralisiertes System weniger angreifbar ist gegenüber dem, was die Computerwissenschaftler oft nicht berücksichtigen: Der Außenwelt.

Abschließende Bemerkungen und neue Fragen

Gnutella hat uns als Menschen und als Computerwissenschaftler viele Dinge gelehrt. Als Erstes, dass die „richtige" Lösung nicht immer die beste ist. Etwas, was einfach funktioniert, ungeachtet der Anzahl von Problemen, die es löst, ist einfacher zu bewerkstelligen und wird wahrscheinlich auch eher angenommen. Kürzlich hat dieser Protest gegen sorgfältige Problemformulierung und sorgsame Problemlösung zur Entstehung eines Begriffs geführt, der mir gut gefällt: „overscienced"[7]. Gnutella ist jedenfalls nicht „overscienced".

Zweitens müssen sich die sozialen Auswirkungen von Gnutella erst noch entfalten. Vielleicht entsteht aus der Anarchie eine Art von Gemeinschaftsbildung, wie wir sie während der frühen Tage von Gnutella beobachten konnten. Viele Soziologen haben die Frage bereits gestellt, und jetzt läuft das Experiment in der

---

[7] Anm. des Übersetzers: In etwa „verwissenschaftlicht", oder „von wissenschaftlichen Vorgehensweisen überbestimmt".

Wirklichkeit ab. Die Dezentralisierung von Gnutella hat auch viele neue Fragen hervorgebracht. Es Leuten zu ermöglichen, Dateien auszutauschen, ist relativ harmlos, aber wie steht es mit zukünftigen kriminellen Aktivitäten, die mithilfe von dezentralisierten Computernetzwerken ausgeführt werden? Nun, da wir erkannt haben, dass Dezentralisierung funktionieren kann, haben wir vielleicht Pandoras Büchse geöffnet.

Was Computersoftware betrifft, hat Gnutella neue Wege eingeschlagen, und einer der Wege führte in ein Land, das wenige im letzten Jahrzehnt besucht haben, nämlich in das Land der Programme, die weniger als 100 KB groß sind. Heutzutage verfügen Computer über mehrere Hundert Megabyte Arbeitsspeicher und mehrere Hundert Gigabyte Speicherplatz auf der Festplatte. Computerprogrammierer scheinen darauf erpicht, Wege zu ersinnen, wie man diese Ressourcen konsumieren kann. Es gab aber einmal eine Zeit, in der die Computerprogramme, die unser Leben unterstützen, mit weniger als 64 KB auskamen. Tatsächlich wurden die Apollo-Missionen mithilfe von 32 KB Maschinen durchgeführt. Das war für heutige Programmierer ein fremder Gedanke, bis Gnutella kam. Die geringe Größe von Gnutella ermöglichte ein schnelles Herunterladen der Datei, so dass die Möglichkeit sogar Modemnutzer ansprach. Diese Akzeptanz war ein wesentlicher Beitrag zum Erfolg von Gnutella und ist für Zweifler der schlagende Beweis dafür, dass Gnutella so funktioniert, wie es beworben wird.

Project JXTA

Tom Groth

Sun Microsystems GmbH

1 Komplettzugriff auf ein erweitertes Web

Project JXTA ist eine branchenweite Forschungsinitiative unter Federführung von Sun. Sie soll den Komplettzugriff auf das Web ermöglichen, das zunehmend an Breite und Tiefe gewinnt.

Zielsetzung: Project JXTA soll eine allgemeine Methode bereitstellen, die jedem vernetzten Knoten den Zugriff auf alle Daten, Inhalte und anderen Knoten ermöglicht, erläuterte Bill Joy, Cheftechnologe von Sun. Zukünftig wird das Web seine Reichweite vergrößern und fundiertere Inhalte bereithalten.

1.1 Applikationen und Services eines neuen Typs

Project JXTA begründet eine neue Form des Distributed Computing sowie neuartige Applikationen und Services. Sie bieten dem Anwender die folgenden Möglichkeiten:

- *Find it:* Suche der gewünschten Informationen im gesamten Web und auf allen vernetzten Geräten, nicht nur auf Servern.
- *Get it:* Speicherung von Dateien und Informationen nicht nur auf lokalen Festplatten, sondern an verteilten Standorten im Netz.
- *Use it:* Gemeinsame Nutzung von IT-Ressourcen wie etwa Prozessorzyklen oder Storage-Systemen unabhängig vom Standort des jeweiligen Systems.

1.2 Beteiligung von Sun

Sun wird sich aktiv an der Entwicklung des JXTA Modells beteiligen und sicherstellen, dass auch in Zukunft Beiträge aus unterschiedlichen Quellen in die Project JXTA Technologie einfließen können. Sun sponsert die Entwicklung der JXTA Shell für Peer-Befehle, die im Netz die Kontrolle und Steuerung der Peers übernehmen.

Sun vereinfacht die Entwicklung der JXTA Protokolle für die plattformneutrale Kommunikation. Sie fördern die Interoperabilität und Skalierbarkeit durch die Integration vorhandener Silos und Softwarestapel. Zu den wichtigsten Komponenten des JXTA Modell gehören:

- *Peer Groups:* Gruppen dynamisch, flexibel und fließend einrichten sowie Inhalte logisch und kohärent aggregieren.
- *Peer Pipes:* Verbindung der Peers untereinander und gemeinsamer, netzwerkweiter Informationszugriff auf verteilter Basis .
- *Peer Monitoring:* Kontrolle der Interaktionen sowie Einrichten von Steuerungs-Policies für die Interaktionen der Peers.
- *Sicherheit:* Privacy, Vertraulichkeit, Identität und kontrollierter Servicezugriff.

Im Rahmen der Sun Project JXTA Software Lizenz, die auf einer Open-Source-Lizenz nach dem Vorbild von Apache basiert, gewährt Sun freien Zugriff auf die Project JXTA Technologie und auf Ressourcen von CollabNet. Die von Sun gesponserte jxta.org Website hält Code, FAQ-Seiten, technische White Papers und Online-Diskussionsforen für die Ingenieure von Sun und externe Anbieter bereit. Der JXTA.org Initiative haben sich bereits mehrere Dutzend Softwarehäuser angeschlossen. Viele von ihnen befassen sich aktiv mit der Entwicklung von Applikationen und Services auf Basis von Project JXTA Technologien.

2 Project JXTA – Offene, innovative Kooperation

2.1 Einführung

Innovative Technologien haben sozusagen über Nacht die Dimension des Internets vergrößert. Über verteilte Applikationen wie SETI@home können Millionen Anwender ihre IT-Ressourcen in eine gemeinsame Rechenanalyse einbringen. Während Instant Messaging Services die Kommunikation und Kooperation in Echtzeit ermöglichen, eröffnen Peer-to-Peer (P2P) Applikationen wie Napster, Gnutella oder Freenet faszinierende Möglichkeiten für den unmittelbaren, intuitiven Zugriff auf gemeinsame Ressourcen – meist ohne Beteiligung einer zentralen Institution oder eines Servers. Diese Applikationen sind in neue Dimensionen vorgestoßen, decken jedoch in der Regel nur eine einzige Funktion ab und sind vorwiegend auf nur einer einzigen Plattform lauffähig. Auch ist kein direkter Datenaustausch mit ähnlichen Applikationen möglich.

Suns Cheftechnologe Bill Joy hat erkannt, welches Potential das P2P Computing für den Zugriff auf ein Web mit größerer Breite und Tiefe bietet. Um die Möglichkeiten des gegenwärtigen Modells auszuweiten, hat er mit Project JXTA ein kleines Forschungsprojekt gestartet. In Zusammenarbeit mit Entwicklern fördert Project JXTA die Realisierung einer gemeinsamen Plattform. Sie vereinfacht die Entwicklung verteilter Services und Applikationen, die jedes Gerät als gleichrangigen Peer adressieren können und dafür sorgen, dass die Peers die Grenzen zwischen den Domains überbrücken können. Die Project JXTA Technologien vereinfachen die Entwicklung verteilter, flexibler und interoperabler Software, die im erweiterten Web jedem Peer zur Verfügung steht.

2.2 Evolution der Internet-Nutzung

Obwohl das Internet als flach strukturierter Zusammenschluss mehrerer Netze konzipiert ist, werden Netzwerkapplikationen seit rund zwanzig Jahren in Anlehnung an das Client/Server-Modell vorwiegend hierarchisch entwickelt. Die zunächst in lokalen Netzen eingesetzten Client/Server-Applikationen erforderten ursprünglich homogene Client- und Serversysteme. Die Interoperabilität der Applikationen war allenfalls ansatzweise gegeben. Illustriert werden nicht physische, sondern logische Verbindungen. Das World Wide Web machte das Client/Server Computing allgemein verfügbar, denn ein universeller Client, der Webbrowser, nutzt mit HTTP ein standardisiertes Kommunikationsprotokoll. Es kann in einem Standardformat (HTML) beschriebene Informationen darstellen und Applikationen ausführen, die in den Programmiersprachen Java oder Extensible Markup Language (XML) geschrieben sind. Dieses Modell steht jedem offen, der ein beliebiges webfähiges Gerät – vom PC bis zum Mobiltelefon – mit einem Webserver verbindet, dessen Namen und Standort er kennt. Die modernen P2P Filesharing-Programme haben einfache Benutzeranforderungen berücksichtigt und mit ihrem Erfolg unsere Sichtweise der Internet-Nutzung grundlegend verändert. Entsprechend der ursprünglichen Struktur des Internets können die Nutzer ohne den Umweg über einen Webserver, einen Chatroom-Moderator oder ein schwarzes Brett direkt miteinander kommunizieren. Plötzlich wirkt das Web breiter und tiefer, denn die Informationsverarbeitung neuen Stils kommt auch ohne hierarchisch strukturierte Clients und Server aus.

Die rasche Verbreitung verteilter Applikationen und Services steht ganz im Zeichen eines Modells, welches das Client/Server-Modell ergänzt und zugleich dafür sorgt, dass die Nutzer nicht nur von den Internet-Randbereichen aus mit Internet-zentrischen Servern kommunizieren, sondern vor allem auch mit anderen Nutzern direkt in Kontakt kommen. Clients und Server stehen nicht mehr in einer vertikalen Beziehung, sondern agieren trotz unterschiedlicher Performance-Eigenschaften als gleichrangige Peers. Weil außerhalb der Rechenzentren Benutzer in aller Welt über extrem viel Rechenleistung, Plattenspeicherkapazität und Netzwerkbandbreite verfügen, beschleunigt die gemeinsame Nutzung persönlicher Ressourcen im allgemeinen Interesse die Verbreitung dieser Technologien.

2.3 Suche und gemeinsame Nutzung

Die Faszination des P2P Computing liegt darin, dass es ein intuitives Modell für die grundlegenden Internet-Aktionen bietet: für die Suche und die gemeinsame Nutzung. Auch wenn mit den heutigen Applikationen vorwiegend Mediendateien gesucht, abgerufen und genutzt werden, lassen sie schon erahnen, was der Komplettzugriff auf das Web zukünftig alles leisten kann:

- Ressourcen, die Informationen und Rechenleistung beinhalten, können von ihren Besitzern unmittelbar auch für diejenigen freigegeben werden, die sie benötigen. Dokumente lassen sich so administrieren und verschlüsseln, dass sie jederzeit irgendwo im Netz anonym und sicher aufbewahrt werden können.

- Die verteilten, parallelen und asynchronen P2P Suchvorgänge loten auch die Tiefen des Internets aus und liefern innerhalb kurzer Zeit aktuelle Ergebnisse. Den heute von den Internet-Suchmaschinen durchgeführten Suchvorgängen sind Grenzen gesetzt, weil ihre Crawler Monate brauchen, um die indizierten Sites zu durchlaufen. P2P Suchergebnisse sind aktueller und lassen sich stärker fokussieren. Die Qualifikation von Peer Group und Suche kann in einem wesentlich größeren Suchbereich genauere Resultate liefern.
- Über verteilte Suchvorgänge können Instant Messaging Systeme die Nutzer im Nu lokalisieren und ohne Zutun von Service Providern die direkte Kommunikation der Nutzer untereinander ermöglichen.
- Käufer und Verkäufer können über P2P Auktions- und Transaktionsservices direkt Kontakt aufnehmen, und neben dem bereits verfügbaren Search for Extraterrestrial Intelligence Tool (SETI@home) werden Werkzeuge neuerer Generationen die Nutzung verteilter Ressourcen organisieren.
- Über Peer Shells und einfache Skriptsprachen werden Anwender und Entwickler mit neuen Applikationen experimentieren und Prototypen bauen. Für die Administration der Applikationen und ihrer Peer Groups können Befehlszeilen-basierende Administrationstools eingesetzt werden.

Das P2P Computing ebnet den Weg für kooperative Applikationen, die kommunikationszentrisch und eher wahrscheinlichkeitsorientiert denn deterministisch sind. Für dieses Modell eignen sich vor allem Anwendungen, die das Kommen und Gehen der einzelnen Peers tolerieren können. Der Nutzer kann später einen weiteren Versuch unternehmen, wenn ein Ergebnis seinen Erwartungen nicht entspricht. Obwohl die in P2P Umgebungen kommunizierte Information aktuell und präzise ist, können die Ergebnisse von Mal zu Mal unterschiedlich ausfallen, je nachdem welche Mitglieder einer Peer Group gerade verfügbar sind. Für Hochverfügbarkeit sorgt die Präsenz mehrerer Peers pro Gruppe. Aller Wahrscheinlichkeit nach kann stets ein Peer der Gruppe eine Benutzeranfrage zufriedenstellend beantworten. Im Gegensatz dazu stellen traditionelle IT-Modelle die Hochverfügbarkeit über komplexe Schemata für Load Balancing und Applikations-Failover sicher. Das P2P Computing nutzt die auf weltweit verteilten Systemen verfügbare Performance, Storage-Kapazität und Bandbreite. Es funktioniert, weil es für den Einzelnen vorteilhaft ist, seine Ressourcen mit anderen zu teilen, um dann auch auf deren Ressourcen zurückgreifen zu können, wenn er selbst sie braucht. In vielfacher Hinsicht steht die Welt des P2P Computing neben dem hierarchischen Client/Server-Modell. Vom englischen *juxtapose* (nebeneinander stellen) ausgehend wurde daher auch der Name Project JXTA gewählt. Kooperative, kommunikationsorientierte Applikationen können die Internet-Nutzung natürlicher und intuitiver gestalten.

2.4 Die Vision für Project JXTA

Indem JXTA das P2P Computing erweitert, schafft es die Voraussetzungen für diverse verteilte Applikationen und sprengt die engen Grenzen vieler aktueller P2P Applikationen. Angestrebt wird die Lauffähigkeit neuer Applikationen auf allen digital getakteten Geräten, insbesondere auf Desktopsystemen und Servern, PDAs, Mobiltelefonen und anderen vernetzten Geräten. Nach Einschätzung von Sun kann ein offener, kooperativer Entwicklungsprozess die Akzeptanz neuer Softwaretechnologien am besten fördern. Dieser Ansatz basiert auf zwei Voraussetzungen: Zum einen ist außerhalb der Unternehmen eine riesige Programmierexpertise verfügbar, und zum anderen sind geniale Programmierer nicht das Monopol eines einzigen Unternehmens.

Die an Project JXTA beteiligten Unternehmen unterstützen das Open-Source-Modell, investieren in P2P Technologie und ermöglichen den gemeinsamen Zugriff auf ihre Ergebnisse, um spezifisches Fachwissen in die Entwicklung neuer, reichhaltiger Peer Services und Applikationen einzubringen. Die Projekt-Website http://www.jxta.org präsentiert die Ergebnisse und ermöglicht den gemeinsamen Zugriff auf die von der Community entwickelte Software. Die Software-Lizensierung nach dem Vorbild von Apache vereinfacht den Zugriff der Entwickler. Interessenten mit ähnlichen Visionen für das P2P Computing sind eingeladen, sich der Peer Group dieser Website anzuschließen, den Entwicklungsfortschritt zu begleiten und Ideen einzubringen. P2P ist eine wichtige Network Computing Technologie, die sowohl Client/Server- als auch webbasierte Paradigmen ergänzt. Mit isolierten Client/Server Applikationsstacks, Plattformunabhängigkeit, Sicherheit und Administrationswerkzeugen ist die Problematik hier wie dort ähnlich gelagert.

Die von Project JXTA entwickelte Network Computing Technologie liefert eine Reihe kleiner, einfacher und flexibler Mechanismen, die das P2P Computing jederzeit, überall und auf jeder Plattform unterstützen können. Auf die Verallgemeinerung der P2P Funktionalität folgt die Entwicklung einer Coretechnologie, die die derzeitigen Beschränkungen für das P2P Computing überwindet. In erster Linie geht es darum, Basismechanismen zu erstellen und die Policy-Auswahl der Anwendungsentwicklung zu überlassen. Die JXTA Technologie nutzt XML, die Java Technologie sowie andere offene Standards. Schlüsselkonzepte wie etwa die Fähigkeit der Shells, zur Bewältigung schwieriger Aufgaben mehrere Befehle über Pipes zu verbinden, machen das Betriebssystem UNIX so leistungsstark und flexibel. Bereits vorhandene, erprobte Technologien und Konzepte liefern ein P2P System, das den Entwicklern vertraut ist und sich problemlos weiterverwenden lässt. Wenige, zur Unterstützung von P2P Applikationen erforderliche Basisfunktionen dienen als Bausteine für höhere Funktionen. Im Core werden die folgenden Fähigkeiten benötigt: Einrichten und Löschen von Peer Groups, Präsentation der Gruppen bei potentiellen Mitgliedern, Finden der Gruppen sowie Ein- und Austritt von Peers. Auf der nächsthöheren Ebene lassen sich mit Hilfe der Corefähigkeiten Peer Services zum Beispiel für Indizierung, Suche und Filesharing einrichten, die dann ihrerseits die Entwicklung von Peer Applikationen ermöglichen. Peer Befehle und eine Peer Shell liefern ein Fenster zu dem auf der JXTA Technologie basierenden Netzwerk.

2.5.1 JXTA Core

Das JXTA Core liefert die Coreunterstützung für P2P Services und Applikationen. In einer plattformneutralen, sicheren Ausführungsumgebung werden die Mechanismen für Peer Groups, Peer Pipes und Peer Monitoring bereitgestellt:

- Peer Groups stellen Gruppen zusammen und liefern Policy-Mechanismen für Einrichten, Löschen, Beitritt, Präsentation und Erkennen anderer Peer Groups und Peer Nodes, aber auch für Kommunikation, Sicherheit und den gemeinsamen Zugriff auf Inhalte.
- Peer Pipes liefern die Kanäle für die Kommunikation zwischen den Peers. In Peer Pipes verschickte Nachrichten werden durch XML strukturiert. Der protokollneutrale Transfer von Daten, Inhalten und Code ermöglicht verschiedene Optionen für Sicherheit, Integrität und Privacy.
- Das Peer Monitoring steuert das Verhalten und die Aktivität der Peers einer Peer Group und ermöglicht die Implementierung von Peermanagement-Funktionen einschließlich Zugangskontrolle, Priorisierung, Nutzungsmessung und Bandbreitenabstimmung.

Die Coreschicht unterstützt Wahlmöglichkeiten wie zum Beispiel anonymer/registrierter Nutzer oder verschlüsselter/lesbarer Text, ohne den Entwickler auf bestimmte Policies festzulegen. Die Policies werden auf den Service- und Applikationsebenen ausgewählt und, wenn nötig, auch implementiert. So lassen sich Applikationsservices wie die Akzeptanz bzw. Ablehnung der Mitgliedschaft in einer Peer Group mit Funktionen der Coreschicht implementieren.

2.5.2 JXTA Services

Ähnlich wie die verschiedenen Bibliotheken der UNIX Betriebssysteme höherrangige Funktionen unterstützen als der Kernel, erweitern JXTA Services die Corefähigkeiten und vereinfachen die Anwendungsentwicklung. Die Mechanismen dieser Schicht decken die Suche, gemeinsame Nutzung, Indizierung und Cachespeicherung von Code und Inhalten ab, so dass Dateien auch die Grenzen der einzelnen Applikation überschreiten können. Verteilte, parallele Suchvorgänge in mehreren Peer Groups werden durch den Vergleich der XML Darstellung einer Abfrage mit den von jedem Peer gelieferten Darstellungen der Antworten vereinfacht. Die Bandbreite reicht von einfachen Fällen wie etwa der Suche in einem Peer Repository bis zur komplexeren Suche in dynamisch generierten Inhalten außerhalb der Reichweite konventioneller Suchmaschinen. P2P Suchvorgänge im gesamten Intranet eines Unternehmens können die benötigten Informationen in einer sicheren Umgebung schnell lokalisieren. Die strenge Kontrolle der Mitgliedschaft in den Peer Groups und die Verschlüsselung der Kommunikation zwischen den Peers ermöglicht die Ausweitung dieser Fähigkeit auf das Extranet eines Unternehmens, wobei Geschäftspartner, Berater und Lieferanten als Peers aufgenommen werden können. Dieselben Mechanismen, die Suchvorgänge innerhalb der Peer Group vereinfachen, können als Brücke Internet-Suchergebnisse sowie Daten außerhalb des Peer-eigenen Repository einschließen – etwa für die Suche auf der Festplatte eines Peers. Die Peer Serviceschicht kann auch andere kunden- und applikationsspezifische Funktionen unterstützen, zum Beispiel ein sicheres Peer Messagingsystem für die Anonymisierung der Herkunft und einen persistenten Messagespeicher. Mit den Mechanismen der Peer Serviceschicht lassen sich solch sichere Werkzeuge entwickeln. Die spezifischen Policies werden vom Entwickler selbst festgelegt.

2.5.3 JXTA Shell

Die JXTA Shell überwindet die Grenzen zwischen Services und Applikationen. So können die Entwickler und Anwender mit den Fähigkeiten der JXTA Technologie experimentieren, Prototypen entwickeln und die Peer Umgebung steuern. Die Peer Shell enthält eingebaute Funktionen, die den Zugriff auf Corefunktionen über eine Befehlszeilenschnittstelle erleichtern, und externe Befehle, die sich nach dem Vorbild einer UNIX Shell über Pipes assemblieren lassen, um komplexere Funktionen zu realisieren. So kann zum Beispiel eine Shell die verfügbaren Peers einer Gruppe auflisten. Weitere Fähigkeiten beinhalten den Befehlszeilenzugriff auf die Peer Discovery, den Ein- und Austritt aus einer Peer Group oder den Nachrichtenaustausch zwischen den Peers. Künftig werden Befehle auf Shell-Ebene auch die administrative Steuerung der Peer Groups ermöglichen und dabei unter anderem festlegen, wer welcher Gruppe beitreten und welche Ressourcen nutzen darf.

2.5.4 JXTA Applikationen

JXTA Applikationen werden mit Hilfe von Peer Services und der Coreschicht erstellt. Das Projekt zielt auf eine breite Unterstützung der grundlegenden Ebenen ab und geht davon aus, dass weitere Peer Services und Applikationen durch die P2P Entwickler-Community beigesteuert werden.

Mit Hilfe der Core und Peer Services Schichten realisierte Peer Applikationen beinhalten P2P Auktionen, die Käufer und Verkäufer direkt in Kontakt bringen. Die Käufer können ihre Bietstrategien über eine einfache Skriptsprache programmieren. Applikationen mit gemeinsamem Ressourcen-Zugriff wie etwa SETI@home lassen sich schneller und einfacher entwickeln, wobei heterogene Peer Groups weltweit vom ersten Tag unterstützt werden. Services für Instant Messaging, Mail und Kalenderverwaltung erleichtern die Kommunikation und Zusammenarbeit innerhalb sicherer, von Service Providern unabhängiger Peer Groups.

2.6 Eine neue Generation

Die JXTA Technologie löst mit grundlegenden Mechanismen viele Probleme moderner verteilter IT-Applikationen und begründet eine neue Generation sicherer, universell einsetzbarer, interoperabler und heterogener Applikationen. Derzeit werden sowohl Java-basierende Plattformen als auch Systeme ohne Java Technologie unterstützt, künftig aber auch kleine Mobilgeräte mit begrenzter Speicherkapazität. Durch die Kombination von Java Technologien mit XML Datenrepräsentationen sorgt die JXTA Software für Flexibilität, Leistungsstärke und eine gegenüber der heutigen P2P Software verbesserte Interoperabilität vertikaler Applikationen. Und weil die Komponenten der JXTA Technologie so einfach und handlich sind, braucht der Entwickler kein eigenes Framework zu entwerfen, sondern kann sich voll und ganz auf die Realisierung innovativer, verteilter Applikationen konzentrieren.

Sicherheitsaspekte von P2P Anwendungen in Unternehmen

Herbert Damker

DETECON Consulting GmbH

1 Einleitung

Sicherheit ist ein wichtiges Thema für jeden Einsatz von Informationstechnik im Unternehmen – der Einsatz von P2P-Anwendungen bildet dabei keine Ausnahme. Es ist jedoch offensichtlich, dass die speziellen Eigenschaften von P2P-Systemen neue Herausforderungen an die Sicherheit stellen, sowohl im Unternehmensnetzwerk als auch in der Kommunikation mit externen Partnern. Dieser Beitrag analysiert die in diesem Band betrachteten P2P-Anwendungen (File Sharing, Grid Computing, Collaboration, Instant Messaging und Web Services) anhand der allgemeinen Schutzziele von Informationssicherheit auf ihre wichtigsten Risiken und stellt einige Lösungsansätze vor. Letztere können in diesem Beitrag nicht umfassend behandelt werden, es wird nur ein erster Eindruck gegeben werden, ob und inwieweit die jeweiligen Anwendungen schon für einen Einsatz im Unternehmen und über Unternehmensgrenzen hinweg gerüstet sind.

2 Sicherheitsziele

Sicherheitsmaßnahmen sind nie Selbstzweck sondern orientieren sich immer an Schutzzielen. Eine gängige Gliederung von Schutzzielen unterscheidet Vertraulichkeit, Integrität, Verfügbarkeit und Zurechenbarkeit.

Jedes dieser Schutzziele kann sich auf verschiedene Objekte eines P2P-Systems beziehen. Die folgende Aufzählung soll an Beispielen mögliche Ausprägungen der Schutzziele in einem P2P-System verdeutlichen (vgl. Rannenberg et al. 1999):

Vertraulichkeit

- In einem P2P-System ausgetauschte Nachrichteninhalte sollen vor allen anderen Parteien außer den Kommunikationspartnern vertraulich bleiben.
- Daten auf dem Peer eines P2P-Nutzer sollen vor allen anderen Parteien außer dem Nutzer des Gerätes vertraulich bleiben – Übertragungen im P2P-System dürfen also nur mit dem Einverständnis des Nutzers erfolgen.

- Nutzer eines P2P-Systems sollen als Sender oder Empfänger einer Nachricht vor den anderen Nutzern anonym sein können, und Unbeteiligte sollen nicht in der Lage sein, die Tatsache einer Kommunikation zu beobachten.[1]

Integrität

- Fälschungen von Nachrichteninhalten, die zwischen Peers ausgetauscht werden, sollen erkannt werden
- Unberechtigte Änderungen von Daten, die auf einem Peer abgelegt sind, sollen erkannt und verhindert werden
- Unberechtigte Änderungen des Peers – des Betriebssystems und der P2P-Software – sollen erkannt und verhindert werden

Verfügbarkeit

- Die Funktionalität des P2P-Systems steht jedem, der dies verlangt (und dem es nicht verboten ist) zur Nutzung zur Verfügung.
- Das P2P-System schränkt die Nutzung der übrigen Ressourcen eines Peer-Rechners nicht mehr ein, als der Nutzer des Rechners dies erlaubt hat.

Zurechenbarkeit

- Der Empfänger einer Nachricht im P2P-System soll gegenüber Dritten nachweisen können, dass die Nachricht von einer bestimmten Instanz gesendet wurde.
- Der Sender einer Nachricht soll nachweisen können, dass eine bestimmte Nachricht gesendet wurde – möglichst sogar den Empfang der Nachricht.
- Niemand soll einem Dienstanbieter (Peer oder Systembetreiber) Entgelte für erbrachte Dienstleistung verweigern können – zumindest erhält der Dienstanbieter bei Lieferung ausreichende Beweismittel für die erbrachte Leistung.

Es wird deutlich, dass die Ausprägungen der Schutzziele je nach betrachteten Objekten und beteiligten Subjekten ein breites Spektrum von Anforderungen ergeben. Erst die Betrachtung der jeweiligen Anwendung und ihrer Akteure führt zu einer konkreten Einschätzung der möglichen Angreifer und Angriffe, die wiederum eine Auswahl von zu implementierenden Sicherheitsfunktionen ermöglicht.

Bei den am häufigsten benötigten und eingesetzten *Sicherheitsgrundfunktionen* unterscheiden sich P2P-Systeme nicht von „klassischen" Systemen der Informationstechnik. Akteure müssen *identifiziert* werden, die *Authentizität* von Akteuren und Daten muss sichergestellt werden, Aktionen der Akteure müssen vor einem Objektzugriff *autorisiert* werden. Daten werden verschlüsselt übertragen, um ihre Vertraulichkeit und Integrität beim Transport über unsichere Netze zu gewährleisten. Übertragene Daten, Dokumente und Objektzugriffe können durch *digitale Signaturen* zurechenbar gemacht werden. Jede dieser Grundfunktionen kann mit einer Vielzahl technischer Sicherheitsmaßnahmen erreicht werden, auf die in diesem Beitrag nicht im Einzelnen eingegangen wird.

---

[1] Dieser Punkt, hinter dem eine Vielzahl von Technologien und realisierten Systemen stehen, wird in diesem Beitrag nicht weiter betrachtet. Siehe auch Pfitzmann (1999) und in Bezug auf P2P die zahlreichen Beiträge in Oram (2001).

3 Spezielle Herausforderungen in P2P-Systemen

3.1 Peers sind schwach geschützt

In einem Peer-to-Peer-Netzwerk bieten die beteiligten Peers gegenseitig Dienste an. Ein persönlicher Rechner (PC) oder ein anderes persönliches Gerät agiert im Netzwerk also nicht nur als Client, sondern bietet als Peer auch Dienste an. Der Peer öffnet somit seine „Tore" (Ports) für Verbindungen, die von anderen Peers initiiert wird – aus dem persönlichen Arbeitsplatzrechner wird im P2P-Netzwerk ein Server. PC-Betriebssysteme sind ursprünglich nur als Einzelplatzsysteme ohne Netzwerkanbindung konzipiert worden, die spätere Einbindung in Netzwerke wurde schrittweise und ohne grundsätzliche Lösungen der dadurch entstehenden Sicherheitsprobleme ergänzt. Es fehlen wichtige Eigenschaften eines Server-Betriebssystems, wie die strikte Trennung von Arbeitsbereichen und ein umfassendes Auditsystem. Zudem werden Server meist dediziert für wenige Dienste eingesetzt, entweder für unternehmsinterne *oder* –externe Dienste, alle anderen Dienstzugänge sind dagegen gesperrt. Dadurch ist auch für den Fall, dass ein externer Server korrumpiert wird, sichergestellt, dass keine weiteren Dienste im Unternehmen betroffen sind, außerdem ist die Zahl der Angriffsmöglichkeiten reduziert. Arbeitsplatzrechner dagegen nutzen meist mehrere interne *und* externe Dienste gleichzeitig – ein erfolgreicher Angriff über den extern angebotenen P2P-Dienst ermöglicht somit eventuell auch einen Zugriff auf andere unternehmensinterne Dienste (z.B. Fileserver). Die Vielzahl der Anwendungen und Dienste auf einem Arbeitsplatzrechner und deren Anzahl macht außerdem das zeitnahe Schließen von Softwarefehlern und Sicherheitslücken annähernd unmöglich. Solche Sicherheitslücken aufgrund von Softwarefehlern tauchen jedoch regelmäßig auf – aktuelle Beispiele sind die Vielzahl von Sicherheitsupdates für den Microsoft Internet Explorer – und sind auch bei P2P-Software zu erwarten.

Aufgrund der Sicherheitsschwächen werden PCs in Unternehmen grundsätzlich nur in geschützten Netzwerken, vom Internet durch Firewalls getrennt, betrieben. Das Sicherheitsmodell ist also analog zu dem einer mittelalterlichen Stadtmauer, die Bedrohungen von den schlecht geschützten Häusern der Bewohner fernhalten soll. Inwieweit P2P-Systeme dieses Sicherheitsmodell außer Kraft setzen, ist im nächsten Abschnitt behandelt.

Festzuhalten bleibt, dass PCs heute nicht für den Einsatz in einer unsicheren Umgebung konzipiert sind. PCs fehlen wichtige Eigenschaften wie eine *Trusted Computing Base,* auf die sich Sicherheitsmechanismen abstützen könnten. Auch ein Ansatz wie die *Sandbox* der Java Virtual Machine kann ohne eine solche Basis nur einen teilweisen Schutz beim Ausführen von unbekannten Programmen bieten. Die Konzeption von sicheren Betriebssystemen für persönliche Rechner ist ein offenes Forschungsthema. Insbesondere muss dabei berücksichtigt werden, dass Benutzer von PCs keine Sicherheitsexperten sind und somit keine administrativen Aufgaben wahrnehmen können, die Fachwissen erfordern. Ein gutes Beispiel sind hierbei die immer wieder auftauchenden Email-Würmer, deren Datei-Anhänge aktive Inhalte transportieren und meist vom Benutzer erst aktiviert und damit weiterverbreitet werden. Durch die Nutzung von falschen Dateinamen und -endungen hat ein Nutzer häufig wenig Möglichkeiten, solche schädlichen Programme rechtzeitig zu erkennen. P2P-Anwendungen bieten neue Transportwege für solche Inhalte – insbesondere bei File Sharing- und Instant Messaging-Diensten.

3.2 P2P überwinden Sicherheitssysteme an den Unternehmensgrenzen

Wie beschrieben, geschieht der Schutz der „schwachen PCs" meist dadurch, dass um das Firmennetzwerk eine „Stadtmauer" gezogen wird – mit kontrollierten Zugängen zum firmeninternen Netzwerk. Ein wichtiger Schutz-Mechanismus ist dabei die Transformation von internen in externe IP-Adressen durch die Firewall. Dadurch, dass so die Adressen der Rechner im Firmennetz nie nach außen gegeben werden, ist es auch nicht möglich, sie von außen direkt über das Internetprotokoll (IP) zu erreichen. Außerdem kontrolliert die Firewall, über welche Protokolle die internen Rechner Kontakt mit der Außenwelt aufnehmen. Meist erlaubt die Sicherheitspolitik eines Unternehmens nur wenige, etablierte Protokolle, wie z.B. das Webprotokoll HTTP. Zusätzlich können die übertragenen Daten häufig noch auf Applikationsebene auf schädliche Inhalte überprüft werden. Regelmäßig geschieht dies inzwischen bei den in Emails übertragenen Dateien, die bereits vor der Verteilung an die Arbeitsplatzrechner auf Viren und Würmer überprüft werden.

P2P-Systeme haben dagegen mehrheitlich gerade das Ziel, die direkte Kommunikation zwischen Rechnern auch über Firmengrenzen hinweg zu ermöglichen (Hurwicz 2002). Da die verwendeten Protokolle noch nicht etabliert sind, können die Entwickler von P2P-Systemen nicht davon ausgehen, dass Administratoren von Firewalls entsprechende Änderungen vornehmen würden, um diese Protokolle zu erlauben. Deshalb haben fast alle P2P-Systeme eine Möglichkeit implementiert, ihre Protokolle in das etablierte Protokoll HTTP einzubetten. Die Hürde, dass Rechner hinter einer Firmen-Firewall nur von innen nach außen kommunizieren können, wird durch sogenannte Relay-Server gelöst. Diese Relay-Server können explizit existieren (z.B. bei Napster, Groove oder den Instant Messaging Systemen) oder die entsprechende Funktion wird von Peers übernommen, die sich im „freien" Internet befinden (z.B. bei Gnutella). Die Peer-Applikation auf einem Firmenrechner baut nach dem Start eine Verbindung zu einem (oder mehreren) solchen Relay-Server auf und macht sich über diese Verbindungen im P2P-Netzwerk bekannt. Über Verbindungswünsche anderer Peers wird die Anwendung vom Relay-Server informiert.

Danach gibt es verschiedene Ansätze: entweder baut der angefragte Peer eine Verbindung von innen nach außen zum anfragenden Peer auf (Beispiel Napster) oder die gesamte Peer-to-Peer Kommunikation läuft über den Relay-Server (Beispiel Instant Messaging). Wenn beide Peers zu verschiedenen Firmennetzwerken gehören, ist letztere die einzige Möglichkeit (sogenanntes „Double Firewall Problem" für P2P-Systeme).

Die Folgen für die Sicherheit des Unternehmensnetzwerkes sind gravierend:

- Die Peer-Applikation untertunnelt quasi die Firmen-Firewall und ermöglicht externen Peers, direkte Verbindungen zu Arbeitsplatzrechnern zu bekommen. Identifizierung, Authentifizierung und Autorisierung der Kommunikationspartner wird allein von der Peer-to-Peer-Anwendung (im besten Fall nach den Vorgaben des Nutzers) durchgeführt. Die Durchsetzung von Sicherheitspolitiken an der Unternehmensgrenze wird somit komplett umgangen und die Sicherheit auch des Unternehmensnetzwerkes hängt von der sicheren Implementierung der P2P-Anwendung und dem schwachen Schutz eines PC-Betriebssystems ab.
- Da die Inhalte – insbesondere aktive Inhalte – innerhalb des Transportprotokolls HTTP zusätzlich in das entsprechende P2P-Protokoll kodiert sind, findet eine Prüfung solcher Inhalte durch die Firewall nicht mehr statt.

Eine mögliche Gegenmaßnahme wäre, die im HTTP transportierten Inhalte auf der Firewall vollständig inhaltlich zu kontrollieren und so – zumindest bekannte – P2P-Protokolle zu unterbinden. Dafür sind jedoch erhebliche Ressourcen für die Firewall notwendig. P2P-Protokolle könnten auch diese Hürde umgehen und schließlich werden so auch sinnvolle P2P-Anwendungen verhindert (Berg 2001).

Sinnvoller ist es, die Realität von P2P-Anwendungen rechtzeitig in die Sicherheitspolitik eines Unternehmens zu integrieren. Dazu kann gehören:

- Installation und Konfiguration von P2P-Anwendungen auf den Arbeitsplatzrechnern, die bereits mit integrierten Sicherheitsmaßnahmen konstruiert sind und für Unternehmen zusätzliche serverbasierte Sicherheitslösungen anbieten, die die Einhaltung von Sicherheitspolitiken an den Unternehmensgrenzen ermöglichen.
- Verhinderung oder Verbot der Installation anderer P2P-Anwendungen.
- Ausbildung und Training der Mitarbeiter in den Gefahren von P2P-Anwendungen (und des Internets allgemein) sowie deren sicherer Nutzung.
- Investitionen in eine tragfähige Sicherheitsinfrastruktur, beginnend mit zentralen Nutzerverzeichnissen (Directories) bis hin zu einer Public-Key-Infrastruktur (PKI).

Nicht betroffen sind von diesen Überlegungen P2P-Systeme, die nur innerhalb der Unternehmensgrenzen genutzt werden. An sie ist nur die Forderung zu stellen, dass sie vom Sicherheitsniveau nicht unter dem bereits eingesetzter Anwendungen liegen und sie sich in vorhandene Sicherheitsinfrastrukturen (beispielsweise eine zentrale Nutzerverwaltung) integrieren lassen.

3.3 Identität in P2P-Netzwerken

Die Authentifizierung von Nutzern und Daten und die Autorisierung von Aktionen basieren auf *Identitäten*. Eine Identität ist die Verbindung zwischen einem Namen und bestimmten Attributen. Einige Beispiele für Identitäten im Internet (Beatty et al 2002):

- Ein Account bei Yahoo! bindet einen Benutzernamen an ein Profil, eine Email-Box und einen Instant Messaging Endpunkt
- Eine eBay-Identität bindet ein Pseudonym an eine Historie von Käufen und Verkäufen sowie an eine Reputation aus diesen Aktionen
- Ein X.509-Zertifikat bindet einen *Distinguished Name* (eine Position im hierarchischen X.500-Verzeichnis) an Attribute wie eine Email-Adresse und den öffentlichen Teil eines Public-Private Schlüsselpaares.

Identitäten ermöglichen die Nutzung von Diensten (beispielsweise die eingegangene Mail bei Yahoo zu lesen) und den Aufbau von Vertrauen zwischen Nutzern (eBay-Nutzer treffen Kaufentscheidungen aufgrund der mit einem Pseudonym verbundenen Reputation). Verbunden mit öffentlichen Schlüsseln sind Identitäten die Grundlage des sicheren Schlüsselaustausch für Zwecke der Verschlüsselung und digitalen Signatur.

Authentifizierung ist der Nachweis einer behaupteten Identität durch einen Nutzer gegenüber einem Dienst. Dies kann auf sehr verschiedene Weise geschehen, beispielsweise durch die Kenntnis eines Passwortes, das Vorhandensein einer biometrische Eigenschaft oder durch den Nachweis, dass der Nutzer den passenden privaten Teil zu einem öffentlichen Schlüssel kennt.

Die Autorisierung ist dann die Entscheidung über einen Dienstzugriff aufgrund der Identität des Aufrufers und vorher festgelegter Regeln.

Bei einem zentral organisierten Dienst wie Yahoo! oder eBay wird auch die Authentifizierung und Autorisierung zentral durchgeführt und die Authentifizierungsinformation in der gleichen Domäne genutzt. Wie jedoch kann dies in dem dezentralen Umfeld eines P2P-Systems organisiert werden?

3.3.1 Zentrale Authentifizierung

Technisch einfach zu handhaben ist der Weg über einen zentralen Authentifizierungsdienst, dem alle Peers vertrauen. Dieser Dienst authentifiziert die Nutzer (beispielsweise über Name und Passwort) und teilt die erfolgreiche Authentifizierung den Peers direkt oder indirekt mit. Da die Peers dem Authentifizierungsserver in der Durchführung der Authentifizierung vertrauen, ist der Nutzer so auch gegenüber allen Peers authentifiziert. Dieses Prinzip wird beispielsweise bei den etablierten Instant Messaging-Diensten, bei Napster und als Grundlage des Microsoft *Passport*-Dienstes[2] verwendet. Abhängig von der Art der verwendeten Protokolle (und der Authentifizierungsmechanismen) ist dieses Verfahren mehr oder weniger sicher. Microsoft wird zukünftig zusätzlich das Kerberos-Protokoll anbieten, um eine höhere Sicherheit als bei der rein browser-basierten Weitergabe von Authentifizierungsbestätigungen zu erreichen.

Schwieriger zu lösen sind allerdings die organisatorischen und politischen Fragen im Zusammenhang mit zentralisierten Authentifizierungsdiensten: Wie etabliert sich das Vertrauen von P2P-(Web)-Diensten und Nutzern in einen Authentifizierungsdienst? Wie verletzlich ist solche Struktur durch die Unentbehrlichkeit

[2] http://www.passport.com/

des Authentifizierungsdienstes? Welche Missbrauchsmöglichkeiten liegen in der Sammlung von Nutzeridentitäten und der dazugehörigen Attributen bei einem zentralen Dienst?

3.3.2 Dezentrale Authentifizierung

Für eine dezentrale Authentifizierung in einem Peer-to-Peer-System – also die gegenseitige Authentifizierung der Peers untereinander – kann die einfache Methode mit Name und Passwort ganz offensichtlich nicht genutzt werden: Zur Überprüfung müsste ja jeder Peer jedes Passwort kennen, könnte also ebenso gut auch für jede Identität das richtige Passwort präsentieren.

Die Lösung liegt in der Public-Key-Kryptographie, da der Beweis der Kenntnis des passenden privaten Schlüssels ohne dessen Preisgabe erfolgen kann. Hier muss der den Beweis empfangene Peer jedoch erst sicher sein können (sprich „vertrauen"), dass der öffentliche Schlüssel, mit dem er diesen Beweis überprüft, auch wirklich authentisch ist, d.h. wirklich zu der angegebenen Identität gehört. Diese Zusammengehörigkeit wird regelmäßig durch ein *Zertifikat* gesichert, ein elektronisches Dokument, dass den Zusammenhang einer Identität und den damit verbundenen Attributen (einschließlich des öffentlichen Schlüssels) bestätigt und von einer vertrauenswürdigen Zertifizierungsinstanz (Certification Authority, CA) durch eine *digitale Signatur* gesichert ist. Für die Vertrauensinfrastruktur, die hinter diesen Zertifikaten stehen muss, die *Public-Key-Infrastruktur (PKI)*, gibt es zentralisierte, hierarchische und transitive Ansätze („web of trust"). Nicht für alle P2P-Anwendungen ist eine vollständige PKI, die alle potentiellen Peers umfasst, notwendig, stattdessen lässt sich ein „Vertrauensspektrum" aufspannen (Yeager, Altman 2002):

- Für einfache Anwendungen, bei denen ein Peer nur sicherstellen will, dass niemand anders behaupten kann, die gleiche Identität zu besitzen – zum Beispiel einem Chat oder bei Spielen – reicht es aus, dass der Peer sein Zertifikat *selbst signiert*. Dies kann er mit demselben Schlüssel tun, der auch im Zertifikat bestätigt wird. Dadurch ist zumindest die Integrität des Zertifikats gesichert – eine nachträgliche Veränderung des mit dem öffentlichen Schlüssel verbunden Pseudonyms durch Dritte ist nicht mehr möglich.
- Wenn Kommunikationspartner gegenseitig einen sicheren Kanal etablieren wollen, zum Beispiel für Diskussion oder den sicheren Austausch von Dateien, reicht es, wenn sie sich gegenseitig Zertifikate ausstellen. Dafür müssen sie die selbstsignierten Zertifikate beispielsweise physikalisch direkt austauschen oder über einen Kanal, der die sichere Identifikation erlaubt, beispielsweise am Telefon, gegenseitig den sogenannten Fingerprint des öffentlichen Schlüssels überprüfen. Diese Methode kann auch von Gruppen angewendet werden, diese dürfen jedoch nicht zu groß sein, da sonst die Zahl der notwendigen paarweisen Überprüfungen zu groß wird (n*(n-1)).
- In einer definierten Gruppe von Peers können ein oder mehrere Mitglieder der Gruppe die Aufgabe einer Zertifizierungsinstanz übernehmen. Mit jedem ausgestelltem Zertifikat führen diese so ein neues Mitglied in die Gruppe ein

(*Introducer*). Jedes Mitglied muss in diesem Fall nur noch einen Zertifikatsaustausch vornehmen (insgesamt also n) und den zertifizierenden Mitgliedern vertrauen.

- Erst für große Institutionen und Gruppen von Institutionen ist der Aufbau und/oder die Nutzung einer zentralen oder hierarchischen PKI notwendig und sinnvoll. Diese Zertifikate sind in der Regel mit Kosten verbunden, insbesondere, wenn dafür ein Dienstleister in Anspruch genommen wird (beispielsweise Verisign[3]).

Ein Standard für Zertifikatsstrukturen sollte diese vier verschiedenen Ausprägungen berücksichtigen, um ein Nebeneinander und die Integration der verschiedenen Vertrauensmodelle zu ermöglichen. Nutzer sollten autonom, dezentral und in ihrer Peergruppe ohne Kosten beginnen können und die erreichte Struktur später mit einer PKI integrieren können.

Eine abschließende Bemerkung zur Validierung von Zertifikaten ist noch notwendig: Der Sicherheitsgewinn durch eine Vertrauensinfrastruktur kann nicht höher sein als die Sorgfalt, mit der die Nutzer die Zertifikate bei Empfang überprüfen (zum Beispiel auf Einschränkungen, die darin vermerkt sind). Dies bleibt immer in der Verantwortung der Nutzer – Ausbildung und Training können hier wichtige Beiträge zur Sicherheit leisten.

4 Risiken, Anforderungen und Sicherheitslösungen spezifischer P2P-Anwendungsfelder

4.1 File Sharing

Die populärsten P2P-Systeme sind Filesharing-Anwendungen für Endnutzer im Internet. Bekannte Namen sind hier Napster, Gnutella, KaZaa und viele andere, die von großen Massen von Nutzern genutzt werden, um Mediendateien (Audio, Video, Programme u.a.) auf den eigenen PC zu laden und im Gegenzug wieder zum Download durch andere Nutzer zur Verfügung zu stellen. Diese Anwendungen sind durchweg ohne aufwändige Sicherheitsmechanismen entwickelt und schon deshalb für den Einsatz im Unternehmen nicht geeignet. Installieren Mitarbeiter in einem Unternehmen Peer-Applikationen für diese Netzwerke, so gibt es eine Reihe von Risiken:

- Die Integrität des PCs ist nicht mehr gewährleistet. Wie oben beschrieben, schaffen diese Filesharing-Anwendungen einen Kanal durch die Firewall eines Unternehmens, der nicht kontrolliert werden kann. Auch die Filesharing-Anwendungen selbst sind ein Risiko, da sie im Internet häufig in verschiedenen modifizierten Varianten zur Verfügung stehen, deren Authentizität nicht geprüft werden kann.

[3] http://www.verisign.com/products/pki/index.html

- Die Vertraulichkeit von Dateien auf dem (Firmen-)PC ist nicht mehr gewährleistet. Die Filesharing-Anwendungen erlauben es durch einfache Fehlkonfiguration ganze Verzeichnisse oder Verzeichnisbäume des PCs zum „Tausch" zur Verfügung zu stellen. Aktive Inhalte als Trojaner können als Schadfunktion beispielsweise diese Konfiguration ändern und somit über das P2P-Programm einen Zugang zu Firmendaten schaffen. Eine Authentifizierung und Autorisierung von Peers findet in der Regel vor einem Zugriff nicht statt, so dass im Schadensfall auch kein Nachweis möglich ist.
- Die Authentizität der transportierten Daten kann nicht überprüft werden. Die Dateien werden in diesen offenen Filesharing-Netzwerken nur anhand der Dateinamen und weniger weiterer Attribute (beispielsweise Dateilänge) identifiziert. Weiterhin wird weder die Vertraulichkeit noch die Integrität der Daten bei der Übertragung gesichert.
- P2P-Filesharing-Netzwerke sind bereits zum Transportmedium von *Würmern* geworden, die sich allerdings beide vorerst nur als „Proof of Concept" verstanden. Im Juni 2000 versteckte sich hinter interessanten Dateinamen der „Gnutella Worm" (VBS.GVW). Es waren mehrere aktive Schritte des Nutzers zur Verbreitung notwendig (Download und Aufruf der VBS-Datei), dann allerdings änderte der Wurm die Konfiguration der Filesharing-Anwendung und exportierte weitere Verzeichnisse und Dateitypen. Im Februar 2001 sorgte der „Gnuman" (W32.Gnuman) für größere Verbreitung, indem er auf Suchanfragen antwortete und seinen eigenen Programmcode mit den angefragten Begriffen als Dateinamen zum Download anbot (Hurwicz 2002). Die Verbreitung war in beiden Fällen auf das Gnutella-Netzwerk beschränkt.
- Die starke Verteilung von Suchanfragen im P2P-Netzwerk (z.B. bei Gnutella) kann zu einer hohen Belastung des einzelnen Peers und seines Netzwerkes führen und somit die Verfügbarkeit der Unternehmensressourcen für andere Anwendungen gefährden.
- Die Teilnahme von Mitarbeitern eines Unternehmens an P2P-Netzwerken kann für ein Unternehmen dann problematisch werden, wenn die Mitarbeiter auf Firmenrechnern durch Urheberrechte geschützte Dateien zum Download anbieten.

Die beliebten P2P-Filesharing-Anwendungen, wie sie heute allen Nutzern im Internet offen stehen, sind also mit hohen Risiken bei einer Anwendung im Firmennetzwerk behaftet.

Sinnvolle Anwendungen der P2P-Technologie für den Austausch und die Verteilung von Dateien müssen für den Einsatz im Unternehmen eine Reihe von Sicherheitsmaßnahmen realisieren, um die obigen Risiken auszuschließen (Chien 2001):

- Identifizierung und Authentifizierung der Peers
- Individuelle und gruppen-basierte Zugriffsrechte. Bei einer auf ein Unternehmen beschränkten Lösung sollten diese Rechte auch zentral verwaltet werden können.
- Autorisierung der Dateiübertragungen

- Sicherheitsauditmaßnahmen (beispielsweise Logs der Autorisierungen, erfolgreiche und erfolglose Dateiübertragungen etc.)
- Sicherung von Vertraulichkeit und Integrität der Daten bei der Übertragung
- Identifikation von Urheberrechten, beispielsweise durch eine Schnittstelle zu zukünftigen Digital Rights Management Systemen, um die Einhaltung der Urheberrechte zu gewährleisten.

Bis auf den letzten Punkt bieten inzwischen mehrere Firmen Produkte, die diese Sicherheitsmaßnahmen integrieren. Zwei Beispiele seien an dieser Stelle kurz vorgestellt.

Magi Enterprise[4] von Endeavors Technologies basiert auf Zertifikaten, dem *Secure Socket Layer (SSL) Protokoll* und Webstandards (HTTP, WebDAV[5]). Identitäten im Netzwerk sind „Buddies", ein Zugriff auf Dateien ist erst möglich, wenn beide Partner sich gegenseitig als Buddies akzeptiert haben – das Vertrauensmodell entspricht also dem oben als gegenseitige Zertifizierung vorgestellten. Dateien sind grob in private, öffentliche und „shared" eingeteilt. Der Zugriff auf die letztere Kategorie kann durch die Definition von Gruppen von Buddies genauer spezifiziert werden. Ziel von Magi Enterprise ist es, auf einfache Art und Weise eine sichere Umgebung für die Zusammenarbeit auch über Unternehmensgrenzen hinweg anzubieten. Durch die Nutzer gesteuertes, individuelles Filesharing ist dabei der Kern, ergänzt wird dieser durch Instant Messaging- und Chat-Funktionalitäten, die auch auf die sichere Identifikation der Kommunikationspartner zurückgreifen. Die Verwendung offener Standards soll die leichte Erweiterung der Plattform mit weiteren Diensten ermöglichen.

Kontiki[6] der gleichnamigen Firma ist ein software-basiertes Content Delivery Network (CDN), das nach dem P2P-Prinzip funktioniert. Nutzer können nicht gezielt mit anderen Peers Dateien austauschen, sondern nur Dateien beziehen, die von Content-Besitzern in das Netzwerk eingespeist werden. Diese werden dann von den jeweils nächstliegenden Peers bezogen, bei denen die Inhalte bereits vorhanden sind. Zielgruppe sind Unternehmen, die große Medien-Dateien zu Informations- und Fortbildungszwecken im Unternehmen oder extern an Partner und Kunden verteilen wollen. Die folgenden Sicherheitseigenschaften werden dabei hervorgehoben:

- Nur von berechtigten Content-Besitzern eingespeiste Inhalte werden von den Peers transportiert – dies wird durch digitale Signaturen sichergestellt. Diese Signatur sichert auch die Integrität der Inhalte beim Transport.
- Die Beschränkung der Distribution basiert zur Zeit auf dem bereits etablierten Zugriffsschutz im Intra- oder Extranet (für Partner) auf Webseiten und der Tatsache, dass private (d.h. für geschlossene Nutzergruppen vorgesehene) Inhalte nicht in das durchsuchbare Verzeichnis von Kontiki aufgenommen. Eine Integ-

[4] http://www.endeavors.com/enterprise.html

[5] Web-based Distributed Authoring and Versioning (WebDAV): Ein Satz von Ergänzungen des HTTP-Protokolls. Siehe www.webdav.org und www.ietf.org/rfc/rfc2518.txt.

[6] http://www.kontiki.com

ration von Kontiki mit existierenden Nutzerverzeichnissen in Unternehmen und eine daraufbasierende Zugriffskontrolle ist erst für die Zukunft geplant.

- Für den weiteren Schutz der Inhalte verweist Kontiki auf die Digital Rights Management Systeme der marktführenden Media-Player (Microsoft, Real, Apple Quicktime). Zusätzlich bietet Kontiki die Möglichkeit, festzulegen, dass bestimmte Mediendateien vom Nutzer nicht weitergereicht werden können sollen und nur eine festgelegte Anzahl von Abspielvorgängen zulassen. Diese beiden Fähigkeiten sind allerdings nicht durch Sicherheitsmaßnahmen geschützt, sondern nur durch das Verbergen der Dateien durch das Betriebssystem und die Wahl von „obskuren" Dateinamen.
- Das Netzwerk wird zentral überwacht und gesteuert. Dies geschieht mit verschlüsselten und signierten Kontrollnachrichten, die eine Fremdnutzung des Netzwerkes verhindern sollen. Insbesondere besitzt auch jeder Client (Peer) einen eigenen privaten Schlüssel, um Kontrollnachrichten sichern zu können. Damit ist jeder Client im Kontiki Netzwerk allerdings auch eindeutig identifizierbar – und ermöglicht Kontiki die Nutzung verschiedener Medienangebote miteinander in Verbindung zu bringen und auszuwerten, ohne dass dies dem Nutzer bewusst sein muss.

Einige der Sicherheitseigenschaften von Kontiki sind zur Zeit offensichtlich noch durch „Obscurity" statt „Security" realisiert. Das starke Management-Team von Kontiki und die aktuellen Partner (u.a. Verisign und McAfee) lassen aber vermuten, dass es sich dabei nur um Zwischenlösungen handelt. Die Abstützung auf Digital Rights Management Systeme ist allerdings kritisch zu sehen (Federrath 2002). DRM-Systeme müssen Inhalte in potentiell „feindlicher" Umgebung schützen. Reine Software-Lösungen können dies prinzipiell nicht leisten. Hardwarebasierte Lösungen sind teuer, da ein hoher physikalischer Schutz der notwendigen Geheimnisse erreicht werden muss und bei Videodaten gleichzeitig hohe Anforderungen an die Performance der Systeme bestehen. Der schon einige Jahre anhaltende Wettlauf zwischen Anbietern und Crackern von DRM-Systeme ist Ausdruck dieser prinzipiellen Probleme.

4.2 Grid Computing

Bei Grid Computing – dem Lösen rechenintensiver Aufgaben durch die Verteilung dieser Aufgaben auf Tausende oder gar Millionen von Rechner, die ihre freien Rechenkapazitäten zur Verfügung stellen – muss bei der Betrachtung der Sicherheitsrisiken wiederum zwischen dem populären Einsatz zur Lösung eher philantrophischer Probleme und einem kommerziellen Einsatz z.B. im Bereich der Biomedizin oder Pharmazeutik unterschieden werden.

Seti@Home[7] ist sicher die bekannteste der populären Initiativen. Durch die Installation eines Bildschirmschoners werden die überflüssigen Rechenzyklen in den Dienst der Suche nach den Kommunikationssignalen extraterrestrischer Intelli-

[7] http://setiathome.ssl.berkeley.edu/

genz gestellt. Zwar hat es innerhalb von zwei Jahren kaum sicherheitsrelevante Zwischenfälle gegeben (Berg 2001), trotzdem sind laut Aussage des Direktors des Projekts 50 Prozent der Ressourcen auf die Beschäftigung mit Sicherheitsrisiken entfallen (Kahney 2001). Ein großer Teil davon entfiel auf den Schutz der zentralen Serverinfrastruktur. Ein weiteres Problem waren veränderte Versionen der Seti@Home-Software. Einige der Änderungen waren positiver Art, beispielsweise verbesserte Performance auf bestimmten Plattformen, andere zielten darauf ab, einen höheren Durchsatz an berechneten Aufgabenpaketen vorzutäuschen, um in den Ergebnislisten weiter oben zu stehen.

Für ein Unternehmen stellt die fehlende Möglichkeit, die Authentizität der installierten Grid Computing Anwendungen festzustellen oder gar auf ihre Funktionalität hin zu analysieren, das größte Risiko dar. Ein vorstellbares Risiko-Szenario ist eine versteckte Funktion, die durch ein bestimmtes Datenpaket aktiviert wird. Sie würde es beispielsweise erlauben alle im Grid teilnehmenden Rechnern fast schlagartig gleichzeitig außer Betrieb zu setzen. Unternehmen sollten also die Installation von solchen Anwendungen zum reinen Zeitvertreib im internen Netzwerk untersagen und dies auch durch geeignete Maßnahmen durchsetzen.

Anders sieht es aus, wenn ein Unternehmen die Grid Computing Technologie nutzen möchte. Die beteiligten Parteien sind dabei die Nutzer der Rechenleistung (also die Lieferanten der zu lösenden Probleme), die Betreiber der Grid Computing Plattform (die zentralen Dienste und die auf den PCs installierte Softwarebasis) sowie die regulären Nutzer der Peer-Rechner, die im Grid die Rechenleistung zur Verfügung stellen. Dann ergeben sich die folgenden Sicherheitsanforderungen (s.a. Chien 2001):

- Identifizierung und Authentifizierung der Nutzer der Rechenleistung
- Autorisierung des Zugriffs auf das Netzwerk durch die Nutzer der Rechenleistung
- Integrität und Vertraulichkeit des Anwendungscodes - d.h. der für ein Problem spezifischen Software
- Integrität und Vertraulichkeit der Plattform, d.h. der Ausführungsplattform für den Anwendungscode und damit der Ausführung selbst
- Vertraulichkeit und Integrität der Kommunikation der Ergebnisse von den Peers zum Betreiber
- Audit der Nutzung von Rechenkapazität, Zurechenbarkeit gelieferter Rechenleistung
- Verfügbarkeit der Peer-Ressourcen für den eigentlichen Nutzer

Ein positives Beispiel für die Umsetzung dieser Sicherheitsmaßnahmen ist die *Meta Processor Platform*[8] der Firma United Devices. Sie wird u.a. in einem Projekt der Oxford University im Bereich der Krebsforschung, aber auch vom Department of Defense in der Anthrax-Forschung eingesetzt. Die komplette Kommunikation ist verschlüsselt. Auf den Peers werden die Daten nur verschlüsselt abgelegt, der Anwendungscode läuft in einer geschützten Umgebung ab, die die

[8] http://www.ud.com/products/mp_platform.htm

Integrität der Peers sichert. Die Ergebnisdaten werden verschlüsselt und mit Prüfsummen versehen. United Devices führt den Gewinn der Pharmazeutischen Forschung von Novartis als Kunden u.a. auf diese ausgeprägten Sicherheitseigenschaften der Plattform zurück.

4.3 Collaboration

P2P-Systeme, die den Anwendungsbereich Collaboration adressieren, sind in der Mehrzahl mit dem Ziel gestaltet, eine Arbeitsumgebung für die Kooperation von Gruppen auch über Unternehmensgrenzen hinweg zu bieten. Sicherheit hat dabei schon bei der initialen Gestaltung einen hohen Stellenwert, weil erst die Vertraulichkeit einer geschlossenen Arbeitsumgebung den Nutzwert für die Kooperation in der Gruppe gibt. Bei bekannten Beispielen für P2P-Collaboration-Anwendungen sind deshalb die wichtigsten Sicherheitsmaßnahmen bereits umgesetzt (s.a. Chien 2001):

- Identifizierung und Authentifizierung der Peers. Dies verhindert die Vortäuschung von Identitäten, um Zugang zum geschützten Bereich zu bekommen. Neben der Identität von Individuen ist auch die Identität von Unternehmen und die Zugehörigkeit von Personen zu Unternehmen wichtig.
- Autorisierung auf der Basis der definierten Arbeitsgruppen. Besonders wichtig ist die Autorisierung für die gemeinsame Nutzung von Anwendungen, da hier Peers gegenseitigen direkten Zugriff auf ihre Ressourcen bekommen
- Sicherung der Vertraulichkeit und Integrität von übertragenen Daten – außer den beteiligten Gruppenmitgliedern soll niemand Kenntnis über die ausgetauschten Informationen bekommen.
- Sicherung der Vertraulichkeit und Integrität der im jeweiligem Arbeitsbereich gehaltenen Daten.

Ein Beispiel ist das bereits als Filesharing-Anwendung vorgestellte *Magi Enterprise*, das von Endeavors auch als Collaboration-Anwendung positioniert wird. Das bekannteste Beispiel der P2P-Collaboration-Systeme ist jedoch *Groove*[9] der Firma Groove Networks. Die Sicherheitsarchitektur von Groove ist ausführlich in (Udell 2001) dargestellt. Wesentliche Zusicherungen, die durch die Sicherheitsmaßnahmen von Groove erreicht werden, sind:

- Die starken Sicherheitsmaßnahmen sind jederzeit aktiv – sie können weder von Nutzer noch von Administratoren außer Kraft gesetzt werden.
- Jeder Groove-Nutzer kann mehrere Identitäten haben, für die jeweils eigene Schlüsselpaare existieren. Die Schlüssel werden zum Schutz von Einladungen in Gruppen und von Instant Messages zwischen Groove-Identitäten genutzt.
- Zu jeder Identität wird ein Fingerprint des Schlüsselsatzes gebildet. Diese Zahlenfolge dient den Groove-Teilnehmern dazu, Peers eindeutig zu authentifizie-

[9] http://www.groove.net

ren. Dafür muss der Fingerprint außerhalb des Systems – per Telefon oder in einem persönlichen Treffen – gegenseitig ausgetauscht werden.

- Jede Identität kann an mehreren Shared Spaces teilnehmen – für jede Teilnahme werden entsprechende Schlüssel generiert, die zum Austausch von Gruppenschlüsseln in den geteilten Arbeitsbereichen dienen.
- Zwischen den Instanzen der geteilten Arbeitsbereiche werden bei Veränderungen Delta-Nachrichten ausgetauscht. Diese Nachrichten werden im einfachen Fall (*Mutually-trusting shared spaces*) durch einen Gruppenschlüssel geschützt, der sicherstellt, dass die Nachrichten nur von Gruppenmitglieder gelesen werden können und authentisch von (irgend)einem Gruppenmitglied stammt. Im komplizierteren Fall (*Mutually-suspicious shared spaces*) wird auch die Urheberschaft unter den Gruppenmitgliedern geschützt.
- Alle Daten, die lokal abgelegt werden, werden getrennt nach Shared Spaces verschlüsselt gespeichert. So werden die einzelnen Arbeitsbereiche auch auf dieser Ebene in verschiedene Sicherheitsdomänen getrennt.
- Alle Schlüssel sind letztlich im Account des *Nutzers* gespeichert. Dieser Speicherbereich ist mit Hilfe eines Schlüssels verschlüsselt, der aus der Passphrase, die sich der Nutzer selber wählt, errechnet wird.

Die Autoren (Udell 2001) bemerken zu recht, dass eine Kooperation in der Gruppe mit Groove in mehrfacher Hinsicht deutlich sicherer ist, als dies beim Einsatz von Email als Kommunikationsmittel der Fall ist. Auch die Hürden für den Nutzer, diese starke Sicherheit auch einzusetzen, sind deutlich geringer als z.B. bei einer Verschlüsselung von Email mit S/MIME. Letztlich hängt die Sicherheit von Groove aber doch von der Sorgfalt der Nutzer ab. Das schwächste Glied in der Kette ist die Passphrase, die der Nutzer wählt, um seinen Account zu verschlüsseln. Ist diese initiale Authentifizierungsinformation gegenüber der eigenen Groove-Instanz leicht zu erraten, bricht die Sicherheitskette der diversen Schlüssel zusammen. Dies ist insbesondere bedenklich, da die Accountdaten auch auf Servern des Groove-Systems gespeichert werden können, um sie auf andere Rechner (normalerweise des gleichen Nutzers) zu transferieren. Eine andere Schwäche, die Nutzer in das System tragen können, ist eine sorglose Übernahme von neuen Identitäten in das eigene Verzeichnis. Erfolgt hier keine Überprüfung der Authentizität der erhaltenen öffentlichen Schlüssel durch einen externen Abgleich des Fingerprints, so sind alle weiteren Zusicherungen des Systems in bezug auf die Authentizität von Nachrichten nicht aussagekräftig. Um jedoch keine Missverständnisse aufkommen zu lassen: die Sicherheitsfunktionen von Groove sind gegenüber vergleichbaren Anwendungen vorbildlich integriert und extrem leicht zu bedienen, da sie nur wenig Mitarbeit erfordern. Die Grenzen sind trotzdem immer dort erreicht, wo die Sorgfalt der Nutzer entscheidend für die Sicherheit wird. Eine weitere Grenze ist die Integrität des PCs, auf dem Groove installiert ist – ein Trojaner, der die Tastatureingaben mitliest, könnte z.B. die Passphrase ermitteln (Berg 2001).

Für die sichere Integration in Unternehmensnetzwerke wird zusätzlich der *Groove Enterprise Manager* angeboten. Er erlaubt die zentrale Festlegung von Sicherheitsrichtlinien (u.a. Regeln für die Auswahl der Passphrase), die Wahl der erlaubten Werkzeuge in Shared Spaces und die Einbindung von existierenden Nutzerverzeichnissen (Active Directory). Eine Übernahme von Schlüsseln aus einer existierenden PKI ist erst in einer späteren Version nach Groove 2.0 geplant.

4.4 Instant Messaging

Während die in Groove integrierte Instant Messaging (IM)-Funktionalität deutlich mehr Vertraulichkeit und Authentizität als die klassische Email-Kommunikation bietet, so ist dies bei den bekannten Instant Messaging Systemen leider umgekehrt. Keines der vier bekanntesten IM-Systeme (AOL Instant Messenger, ICQ, MSN Messenger und Yahoo! Messenger) ergreift irgendeine Maßnahme, um die Vertraulichkeit der Nachrichten bei der Übertragung zu schützen (Frase 2002). Außerdem werden die Nachrichten immer vom Client zu den zentralen Servern geschickt und von dort erst zum Client des Peers. Zwei Mitarbeiter des gleichen Unternehmens, die über ein solches IM-System korrespondieren, werden sich in den wenigsten Fällen darüber bewusst sein, dass ihre vermeintlich firmeninterne Korrespondenz zweimal das Internet ungeschützt durchläuft. Neben diesem offensichtlichen Vertraulichkeitsproblem ergeben sich beim Einsatz der genannten IM-Systemen noch weitere Risiken (Frase 2002, Berg 2001):

- Die IM-Clients sind sehr gut darin, Maßnahmen zur Kontrolle des IM-Datenverkehrs an der Firewall zu umgehen.
- Die IM-Clients selbst enthalten Fehler, die als Angriffspunkte dienen können. Ein bekanntes Beispiel ist der AOL Instant Messenger (AIM) vor der Version 4.3.2229. Er enthält einen Buffer Overflow Fehler, der es erlaubt, beliebigen Code auf dem Rechner auszuführen – nur indem der Nutzer einen Link anklickt, der vom AIM dann interpretiert wird und den Buffer Overflow auslöst.
- Mit Kenntnis eines *screen name* (dem im IM-System verwendetem Pseudonym) und dem dazugehörigen Passwort ist es von jedem Rechner der Welt aus möglich, die Identität eines IM-Nutzers zu übernehmen. Passwörter können zum Beispiel durch Keylogger oder durch Auslesen der Registry, in der das Passwort für den automatischen Start häufig abgelegt wird, erlangt werden.
- Die Risiken, die daraus folgern, dass ein IM-Client auch den Austausch von Dateien anbietet, sind bereits im Abschnitt File Sharing erwähnt. Für die Verbreitung von Trojanern sind IM-Clients bieten IM-Systeme deswegen eine geeignete Plattform, weil die Buddy-Listen der Nutzer quasi vorbereitete Adresslisten für die Weiterverbreitung darstellen.

Die vorgestellten IM-Netzwerke sind nicht für den Einsatz im Unternehmen entworfen worden und haben heute noch solch erhebliche Sicherheitsmängel, dass der Einsatz in einem Unternehmensnetzwerk nicht anzuraten ist, keinesfalls jedoch sind sie für den Einsatz im Zusammenhang mit unternehmenskritischer Kommunikation geeignet.

Für die Einsatzbereiche, in denen Instant Messaging im Unternehmen als sinnvolle Kommunikationsform unterstützt werden soll, empfiehlt sich der Einsatz eines IM-Systems, das die notwendigen Maßnahmen für einen sicheren Nachrichtenaustausch anbietet. Als Beispiel können hier nochmals Groove und Magi Enterprise dienen, die beide durch ihre gegenseitige Authentifizierung der Kommunikationspartner außerhalb des Systems und die vollständige Verschlüsselung der Kommunikation eine sicherere Kommunikationsplattform auch für Instant Messages darstellen.

4.5 Web Services

Es gibt große Konvergenzen in den zugrundeliegenden Technologien und Architekturen von dezentral orientierten P2P-Anwendungen und eher zentral orientierten Web Services (Schneider 2001). Beide Architekturen sind dienstorientiert und stehen vor ähnlichen technischen Herausforderungen. Es ist deshalb nur naheliegend, dass die Basisprotokolle der Web Services (XML, SOAP[10], WSDL[11] und UDDI[12]) auch als zugrundeliegende Standardtechnologien für zukünftige P2P-Anwendungen gehandelt und zum Teil schon eingesetzt werden. Ein deutliches Indiz ist hierfür der Identitätsdienst *Passport* von Microsoft, der einerseits als zentraler Web Services positioniert ist und gleichzeitig als zentrales Nutzerverzeichnis für den Instant-Messaging-Dienst von Microsoft fungiert.

Offensichtlich ist Sicherheit für Web Services mindestens ein eben so großes Thema wie für P2P-Anwendungen, da hier unternehmenskritische Anwendungen als Dienste auch außerhalb des Unternehmens angeboten werden sollen. Eine Umfrage unter den 700 Teilnehmern der Infoworld Next Generation Web Services Conference setzte dann auch Sicherheits- und Authentifizierungsfragen mit 45,5% an die erste Stelle der Implementierungshürden von Web Services (Fontana 2002). Trotz dieser noch nicht zufriedenstellenden Situation kann ein Blick auf die aktuellen und zukünftigen Standards für Sicherheit im Bereich Web Services auch Hinweise darauf geben, welche standardisierten Bausteine den Architekten von P2P-Anwendungen zur Verfügung stehen werden.

Die heutige Basis von Web Services, das Tupel XML, SOAP, WSDL und UDDI, klammert das Thema Sicherheit im wesentlichen aus. So heißt es in den „Security Consideration" der SOAP 1.1 Spezifikation „Such issues will be addressed more fully in future version(s) of this document.", auch die in der Abstimmung befindliche Version 1.2 adressiert dieses Thema nicht. Die einzige heute direkt umsetzbare Möglichkeit, Web Services zumindest mit einfacher Sicherheit zu implementieren, stellt Verwendung eines gesicherten Transportprotokolls dar. Am häufigsten wird dabei HTTPS (HTTP über SSL) eingesetzt, dass auch die Authentifizierung von Clients erlaubt. Weiterhin vorgeschlagen werden die Verwendung von gesicherten Nachrichtentransportsystemen (beispielsweise MQ Series von IBM)[13] oder die Beschränkung von Web Services auf ein etablier-

---

[10] Simple Object Access Protocol, http://www.w3.org/TR/SOAP/

[11] Web Services Description Language, http://www.w3.org/TR/wsdl

[12] Universal Description, Discovery, and Integration, http://www.uddi.org/

[13] Womit zusätzlich des Problem der Zuverlässigkeit des Datentransport gelöst wird, d.h. dass eine Nachricht garantiert und garantiert nur einmal zugestellt wird. HTTP ist in die-

tes VPN (Virtual Private Network) oder geschlossenes Firmennetzwerk (Dyck 2002). Allgemein wird empfohlen, Web Services zuerst in nichtkritischen Anwendungen zu erproben und den Bereich des Firmennetzes dabei vorerst nicht zu verlassen (Olavsrud 2002). Mit der Stabilisierung der notwendigen Sicherheitsstandards und ihrer Implementierungen wird in den nächsten 18 Monaten nicht gerechnet.

Dieser Ausblick begründet sich auch damit, dass es zur Zeit noch eine Vielzahl von Initiativen und Organisationen gibt, die teilweise miteinander, häufig aber nebeneinander „Standards" für die Sicherheit von Webservices definieren und versuchen diese im Markt zu etablieren (Olavsrud 2002, Fernandez 2002). Am weitesten entwickelt sind dabei die grundlegenden Standards für Signaturen und Verschlüsselung in XML, am entferntesten ist zur Zeit noch eine übergreifende Sicherheitsarchitektur für Web Services, die beschreibt, wie diese Einzellösungen zu einer sicheren Gesamtlösung integriert werden sollen.

Folgende Standards sind zur Zeit vielversprechend und zumindest schon in Vorversionen von Produkten umgesetzt:

- *XML-Signature*[14] ist eine vom W3C und der IETF bereits verabschiedeter Standard für Signaturen in XML. Er beschreibt, wie Signaturen für beliebige Daten einschließlich XML gebildet und in XML ausgedrückt werden. Die Signaturen können im selben Dokument wie die Daten enthalten sein (*enveloped*) oder in einer separaten Datei abgelegt sein (*detached*). Der Standard beschränkt sich darauf, wie ein Signierschlüssel mit den signierten Dateien verbunden wird – er macht keine Aussagen darüber, wie der Zusammenhang von Schlüsseln und beispielsweise Personen sichergestellt werden kann. XML Signaturen sind die Basis für die Sicherung der Integrität und Authentizität einer Nachricht und ein wichtiger Grundbaustein XML basierender Sicherheitsprotokolle.
- *XML-Encryption*[15] ist zur Zeit beim W3C in der finalen Abstimmung und definiert, wie beliebige Daten einschließlich XML verschlüsselt werden und das Ergebnis in XML kodiert wird. Dabei können in einem XML Dokument einzelne XML Elemente oder auch nur die Daten eines Elements verschlüsselt werden.
- *SAML*[16] *– Security Assertion Markup Language* wird von der OASIS definiert und erlaubt die Kodierung von Authentifizierungs- und Autorisierungszusicherungen in XML. Diese Sprache bietet damit u.a. einen Standard für die Kommunikation zwischen einem zentralen Authentifizierungsdienst und den darauf vertrauenden Peers.

ser Hinsicht für unternehmenskritische Anwendungen ungeeignet. Deswegen der Vorschlag von IBM für Reliable HTTP (HTTP-R) (http://www-106.ibm.com/developerworks/webservices/library/ws-httprspec/)

[14] http://www.w3.org/TR/xmldsig-core/ und http://www.ietf.org/rfc/rfc3275.txt

[15] http://www.w3.org/TR/xmlenc-core/

[16] http://www.oasis-open.org/committees/security/

- *XACML*[17] – *XML Access Control Markup Language* ist ebenfalls bei der OASIS in der Entwicklung und ermöglicht die Definition von Zugriffskontrollregeln in XML und kann damit Grundlage für die Entwicklung verteilter Autorisierungsdienste sein.
- *XKMS*[18] – *XML Key Management Specification* ist zur Zeit in der Diskussion beim W3C. In Ergänzung zum XML-Signature und dem kommenden XML-Encryption Standard definiert die XKMS Web Service-Protokolle für die Verteilung und Registrierung von öffentlichen Schlüsseln. Zwei Dienste sind spezifiziert, der XML Key Information Service (X-KISS) und der XML Key Registration Service (X-KRSS). X-KISS definiert einen Web Service, der es den Clients erlaubt, Schlüsselinformationen in der verwendeten Public-Key-Infrastruktur auflösen und prüfen zu lassen, ohne selbst die Syntax und komplexen Protokolle dieser Infrastrukturen implementieren zu müssen. X-KISS bietet also ein standardisiertes Protokoll für den Zugriff auf PKIs verschiedenster Art (als Beispiele werden X.509/PKIX, SPKI und PGP benannt). X-KRSS beschreibt einen Web Services, der die einfache Registrierung von (neuen) öffentlichen Schlüsseln in diesen Infrastrukturen erlaubt.
- *WS-Security*[19] wurde gemeinsam von Microsoft, IBM und Verisign im April 2002 vorgestellt und beschreibt Erweiterungen von SOAP Nachrichten durch Verschlüsselungs-, Signatur- und andere Sicherheitsinformationen (Authentifizierungsinformationen und Zertifikate). Für Verschlüsselung und Signaturen greift die Definition auf die oben erwähnten XML-Standards zurück. Die Authentifizierungsinformationen und Zertifikate sind absichtlich offen spezifiziert, sodass hier beispielsweise die Elemente der SAML aber auch binäre X.509-Zertifikate eingebettet werden können.

WS-Security wurde von Microsoft und IBM zusammen mit einem Entwicklungsplan für eine umfassende Sicherheitsarchitektur für Web Services vorgestellt (IBM, Microsoft 2002). Im nächsten Schritt sollen Beschreibungen für *WS-Policy*, *WS-Trust* und *WS-Privacy* vorgestellt werden und geeigneten Standardisierungsgremien übergeben werden. Da auch die ursprünglichen Vorschläge für die Basisstandards von Web Services aus einer Kooperation von IBM und Microsoft stammen und durchgesetzt wurden, ist es nicht unwahrscheinlich, dass so schrittweise eine vollständige Sicherheitsarchitektur für Web Services entsteht. Dazu passend wurde die *Web Services Interoperability Organization*[20] gegründet, der sich inzwischen schon mehr als 100 Firmen angeschlossen haben. Ihr Hauptziel ist die Konsolidierung von WS-Standards, speziell die Förderung der Interoperabilität zwischen verschiedenen Implementierungen der Standards. In der ersten Phase wird nur ein *Basic Profile,* bestehend aus den Standards XML Schemata, SOAP, WSDL und UDDI, definiert und betrachtet. Erst in der zweiten Phase sollen dann die Themen Security und Reliability angegangen werden (Olavsrud 2002) – also

[17] http://www.oasis-open.org/committees/xacml/
[18] http://www.w3.org/TR/xkms2/
[19] http://www-106.ibm.com/developerworks/library/ws-secure/
[20] http://www.ws-i.org

erst zu einem Zeitpunkt, an dem schon klarer erkennbar sein wird, welche Standards sich in diesem Bereich durchsetzen konnten.

5 Fazit

Die Sicherheitsaspekte von P2P-Systemen sind denen von etablierten IT- und Kommunikationssystemen ähnlich. In allen P2P-Anwendungsbereichen werden bereits Produkte angeboten, die die wesentlichen Sicherheitsanforderungen für den Einsatz im Unternehmen erfüllen können. Vorsicht ist geboten bei P2P-Anwendungen, die für den breiten Einsatz im Internet konzipiert wurden und wenige oder keine Sicherheitsmechanismen integriert haben. Sie können erhebliche zusätzliche Risiken in ein Unternehmensnetzwerk bringen.

Spezielle Herausforderungen in Bezug auf die Sicherheit von P2P-Systemen bestehen mindestens in den drei folgenden Bereichen:

Alle Sicherheitsmaßnahmen von P2P-Anwendungen auf Seiten der Peers können sich nur auf die relativ schwache Basis von PC-Betriebssystemen abstützten. Es fehlt eine *Trusted Computing Base* auch für persönliche Rechner und Systeme, die wesentlich über das Prinzip der *Sandbox* von Java hinaus geht. Dies bedeutet ein Umdenken in der Gestaltung von Betriebssystemen von persönlichen Rechnern und Geräten, das sich von der Vorstellung verabschiedet, dass PCs nur in vertrauenswürdigen Umgebungen betrieben werden.

Zusätzlich werden der Einsatz von Sicherheitsmechanismen an Unternehmensgrenzen und die Kontrolle von Sicherheitspolitiken im Unternehmen von P2P-Systemen zur Zeit unzureichend unterstützt. P2P-Systeme müssen dafür mit zusätzlichen zentralisierten Diensten ergänzt werden – wie dies in einzelnen Produkten bereits umgesetzt oder zumindest geplant ist.

Zur Zeit etabliert fast jede P2P-Anwendung eine eigene Identitätsverwaltung mit dem dazugehörigen Zertifizierungs- und Vertrauensmodell. Allein schon durch die Anzahl von verschiedenen Identitäten und Vertrauensbeziehungen, die ein Nutzer dieser Anwendungen deshalb überblicken und verwalten muss, ergeben sich Sicherheitsrisiken. Die Etablierung von standardisierten Infrastrukturen für die Identifizierung und Authentifizierung auch über Unternehmensgrenzen hinweg ist deshalb dringend notwendig. Diese sollte die Vielfalt von Vertrauen in sozialen Netzwerken berücksichtigen – Vertrauen als notwendige Voraussetzung jeder sicheren Interaktion ist und bleibt eine zutiefst dezentrale und individuelle Angelegenheit. Dies ist aber auch ein Indiz dafür, dass P2P-Systeme zumindest aus Sicherheitssicht besser als zentral kontrolliert Systeme geeignet sein können, die Anforderungen an eine globale Informationsinfrastruktur zu erfüllen.

Literatur

Beatty JD, Faybishenko Y, Waterhouse S (2002) Distributed Identity: Principles and Applications. Presentation at JavaOne Conference 2002, http://servlet.java.sun.com/javaone/sf2002/conf/sessions/display-3046.en.jsp, Abruf am 14.04.2002.

Berg A (2001) P2P, or not P2P? Information Security, February 2001, http://www.infosecuritymag.com/articles/february01/cover.shtml, Abruf am 15.04.2001

Chien AA (2001) Security Requirements Document, Version 0.9.2. Peer-to-Peer Working Group, http://www.peer-to-peerwg.org/tech/security/index.html, Abruf am 03.01.2002

Dyck T (2002) Here Be Dragons: Web Services Risks. eWeek, 25.3.2002, http://www.eweek.com/article/0,3658,s=702&a=24451,00.asp, Abruf am 1.5.2002

Federrath H (2002) Scientific Evaluation of DRM Systems. Vortragsfolien, Tagung Digital Rights Management, 29.01.2002, http://www.inf.tu-dresden.de/~hf2/publ/2002/FederrathDRM20020129.pdf, Abruf am 2.5.2002

Fernandez EB (2002) Web Services Security – Current status and the future. www.webservicesarchitect.com/content/articles/fernandez01print.asp, 13.3.2002.

Fontana J (2002) Top Web Services worry: Security. Network Work, 21.1.2002, http://www.nwfusion.com/news/2002/0121webservices.html, Abruf am 1.5.2002

Frase D (2002) The Instant Messaging Menace: Security Problems in the Enterprise and Some Solutions. SANS Institute, 31.01.2002, http://rr.sans.org/threats/IM_menace.php, Abruf am 16.04.2002

Hurwicz M (2002) Emerging Technology: Peer-To-Peer Networking Security, www.networkmagazine.com/article/NMG20020206S0005, 06.02.2002, Abruf am 15.04.2002

IBM, Microsoft (2002) Security in a Web Services World: A Proposed Architecture and Roadmap. A joint security white paper from IBM Corporation and Microsoft Corporation, Version 1.0, 07.04.2002, www-106.ibm.com/developerworks/webservices/library/ws-secmap/

Müller G, Rannenberg K (Hrsg.) (1999) Multilateral Security in Communications. Addison-Wesley, München, Reading, Massachusetts

Olavsrud et al (2002) Web Services Moving Beyond the Hype. http://www.internetnews.com/ent-news/article/0,,7_990981,00.html, 13.03.2002, Abruf am 09.04.2002

O'Neill M (2002) Securing Web Services – A new software paradigm that offers new efficiencies – and new security challenges. Web Services Journal, March 2002. Im Internet erhältlich unter http://www.sys-con.com/webservices/article.cfm?id=184.

Oram A (Hrsg.) (2001) Peer-to-Peer: Harnessing the Benefits of a of Disruptive Technologies. O'Reilly & Associates, Sebastopol

Pfitzmann A (1999) Technologies for Multilateral Security. In: (Müller, Rannenberg 1999), S. 85-91.

Rannenberg K, Pfitzmann A, Müller G (1999) IT Security and Multilateral Security. In: (Müller, Rannenberg 1999), S. 21-29

Schneider J (2001) Convergence of Peer and Web Services. http://www.openp2p.com/pub/a/p2p/2001/07/20/convergence.html, 20.07.2001, Abruf am 30.4.2002

Udell U, Asthagiri N, Tuvell W (2001) Security. In: (Oram 2001), S. 354-380

Yeager B, Altman J (2002) Project "JXTA" Security: A Java™ Technology-based, Virtual Transport Implementation of Transport Layer Security. Presentation at JavaOne Conference 2002, http://servlet.java.sun.com/javaone/sf2002/conf/sessions/display-3075.en.jsp, Abruf am 14.04.2002

Vertrauen und Reputation in P2P-Netzwerken

Holger Eggs*, Stefan Sackmann+, Torsten Eymann+, Günter Müller+

+ Albert-Ludwigs-Universität Freiburg, * SerCon GmbH

1 Der Stellenwert von Vertrauen für die wirtschaftliche Nutzung von P2P-Netzwerken

Die Frage der Sicherheit spielt im Bezug auf die breite Nutzung, Akzeptanz und vor allem für den zukünftigen (ökonomischen) Erfolg von P2P-Netzwerken eine zentrale Rolle. Immer wieder auftauchende Warnungen über Sicherheitslücken und „Spyware" sind dafür verantwortlich, dass sich die Technologie von ihrem „Stallgeruch der Hackerszene" noch nicht befreien konnte. Sichere Kommunikation (Müller u. Rannenberg 1999) alleine liefert jedoch keine Gewähr dafür, dass sich Kommunikations- bzw. Transaktionspartner in einer wechselseitig vorhersagbaren Weise verhalten. Dies erfordert die Schaffung und Aufrechterhaltung von Vertrauen als zusätzliches, zur technischen Sicherheit komplementäres Erfordernis (Eggs 2001).

Die Vernachlässigung dieser nicht-technischen Dimension wird den Einsatz von P2P-Netzwerken und die Nutzung der damit verbundenen Potentiale in wirtschaftlichen Bereichen verhindern, da Vertrauensprobleme allgemein im Electronic Commerce zu den größten Hürden zählen (Eggs u. Englert 1999; Schoder u. Müller 1999). Die Nutzung von P2P-Netzwerken bietet zwar eine enorme Zunahme möglicher „Win-Win-Situationen", jedoch steigen dagegen die Kosten der Evaluation und Kontrolle unbekannter Transaktionspartner in einem a priori anonymen P2P-Netzwerk. Vertrauen könnte sich als ein möglicher Mechanismus etablieren, um diese Evaluations- und Kontrollkosten zu reduzieren (Eggs 2001).

Der vorliegende Beitrag hat zum Ziel, die Rolle von Vertrauen jenseits der rein technischen Sicherheit für eine kommerzielle Nutzung von P2P-Netzwerken herauszuarbeiten. Aus den besonderen, vertrauensrelevanten Bedingungslagen der häufig globalen und anonymen Transaktionsbeziehungen im Digitalen Wirtschaften wird die Hypothese abgeleitet, dass für eine weitere Realisierung der ökonomischen Potentiale des E-Commerce im Allgemeinen der Aufbau und die Aufrechterhaltung von Vertrauen in potentielle Transaktionspartner maßgeblich ist und dass die für den E-Commerce gezeigten Umstände durchaus auf die ökonomische Nutzung von P2P-Netzen übertragen werden kann. Ausgehend von diesen Tatbeständen ist zu vermuten, dass Märkte für Infrastrukturen und Dienstleistungen entstehen, welche die Vertrauensgenese unterstützen.[1]

---

1 Der vorliegende Beitrag stellt die Ergebnisse von (Eggs 2001) dar und überträgt diese auf P2P-Netzwerke.

Nach der Definition des Vertrauensbegriffes und der damit verbundenen Konzepte im Rest dieses ersten Abschnittes, wird anschließend auf Reputationsdienste, sowie auf Inspektions- und Empfehlungsdienste eingegangen.

1.1 Ökonomische Nutzung von P2P-Netzen

Der Einsatz von P2P-Netzwerken ist im status quo hauptsächlich als „anonyme Tauschbörse" realisiert und baut auf der Freiwilligkeit der Teilnehmer auf: erst der ungeschriebene Verhaltenskodex „wer Inhalte nachfragt, muss auch Inhalte anbieten" ermöglicht den Tausch. Teilnehmer, die sich nicht an diese Norm halten, können nur selten identifiziert und kaum durch Sanktionsmaßnahmen ausgeschlossen werden. Diese Eigenschaft ist aus ökonomischer Sicht problematisch, da damit die Möglichkeit gegeben ist, an dem System als Trittbrettfahrer (free rider) teilzunehmen. Dies lässt die Integration der P2P-Technologie in die Sphäre des Digitalen Wirtschaftens ohne entsprechende Modifikationen unattraktiv werden und die damit verbundenen Potentiale ungenutzt verpuffen.

Eine effiziente Nutzung der P2P-Netze erfordert die Umwandlung des kollektiven Tauschgedanken „Ware gegen Ware", bzw. der individuellen Nutzung „Ware ohne Gegenleistung" in einen geldwirtschaftlichen Ansatz „Ware gegen Geld" und damit eine Transformation der Tauschbörsen in so genannte Bezahlsysteme. Das Entwicklungskonzept der Musikbörse „Napster" ist hierfür ein hervorragendes Beispiel und spiegelt diesen Zusammenhang wider, unabhängig von den Problemen der konkreten Vorgehensweise. Bezahlsysteme bieten sich vorrangig als effiziente Transaktionsform für niedrigpreisige digitale Produkte an. Ihr Erfolg basiert vor allem auf dem Vertrauen der Transaktionspartner in die gegenseitige, konfliktfreie Erbringung von Leistungen. Der Einsatz expliziter, teurer Konfliktlösungsdienste ex-post der Transaktion sind in der Regel nicht rentabel. Zur Genese und Aufrechterhaltung von Vertrauen müssen vielmehr automatisierte Mechanismen eingesetzt werden, die ex-ante der Transaktion genutzt werden können und zum Ziel haben, unkooperative Transaktionspartner vom Marktgeschehen wirksam auszuschließen.

1.2 Inhaltliche Bestimmung von Vertrauen

Vertrauensprobleme können ökonomisch theoretisch als ein Resultat aus asymmetrisch verteilten, transaktionsrelevanten Informationen (Hirshleifer u. Riley 1979) sowie der Möglichkeit opportunistischen Verhaltens (Williamson 1985) und beschränkter Rationalität (Simon 1957) der Akteure betrachtet werden. In P2P-Netzen befindet sich das Wissen über die Qualität der angebotenen Daten bei den verteilten Anbietern; es gibt keine zentrale Stelle, welche über diese Qualität informieren könnte. Hier entsteht das Paradoxon, dass erst durch die Durchführung der Transaktion diese Informationsasymmetrie aufgelöst werden kann, obwohl die Information zur Entscheidung über die Durchführung selbst benötigt wird. Ohne

Information keine Transaktion – ohne Transaktion keine Information. Es bleibt nur das Vertrauen in die Integrität und Reputation des Transaktionspartners.

Vertrauen wird in unterschiedlichen wissenschaftlichen Disziplinen jedoch vielschichtig verstanden, so dass eine Vielfalt teils widersprüchlicher Verwendungen des Vertrauensbegriffes gegeben ist.[2] Aus den verschiedenen theoretischen Ansätze lassen sich jedoch die folgenden drei gemeinsamen Grundelemente des Vertrauens ableiten (Lane 1998):

- Interdependenz zwischen Treugeber und Treuhänder,
- Risiko und Unsicherheit in Austauschbeziehungen,
- Erwartung der Vertrauensrechtfertigung.

1.2.1 Interdependenz zwischen Treugeber und Treuhänder

Der Treugeber vertraut dem Treuhänder, d.h. der Treugeber ist im Ergebnis seiner Handlungen von den Handlungen des Treuhänders abhängig, die er nicht vollständig kontrollieren kann. Vertrauensobjekte sind beispielsweise Fragen des Verbraucherschutzes, der Lieferzeiten und –gebiete sowie des Schutzes privater, personenbezogener Daten. Weitere offene Fragen resultieren aus Unklarheiten der Vertragsdurchsetzung und der rechtlichen Abdeckung von elektronisch durchgeführten Transaktionen, beispielsweise der Gültigkeit digital signierter Verträge und des Rechtsstandes (vgl. z.B. Coppel (2000)).

Die soziale Komplexität, die durch Vertrauen reduziert werden soll, ist insofern „doppelt kontingent“[3], als dass sowohl das Verhalten des Treugebers als auch dasjenige des Treuhänders nur bedingt vorhersagbar und in ihrem Ergebnis wechselseitig voneinander abhängig sind (Luhmann 1979; Dasgupta 1988).

1.2.2 Risiko und Unsicherheit in Austauschbeziehungen

Für Vertrauenssituationen ist nicht das externe Risiko – im Sinne von Zufall – von Bedeutung, das von keinem der Transaktionspartner beeinflusst werden kann. Ausschlaggebend ist vielmehr das Verhaltensrisiko, das sich aus Verhaltensmerkmalen der Partner ergibt, die diese selbst zwar kennen, dem jeweils anderen aber anfänglich oder nachhaltig verborgen bleiben. Vertrauen ist dann ein Problem der „riskanten Vorleistung“ (Luhmann 1989) und „bezieht sich also stets auf eine kritische Alternative, in der der Schaden beim Vertrauensbruch größer sein kann als der Vorteil, der aus dem Vertrauenserweis gezogen wird“ (Luhmann 1989).

---

[2] Ein Überblick über verschiedene Begriffsbestimmungen findet sich bei (Barber 1983), (Hosmer 1995) und (McKnight u. Chervany 1996).

[3] Alles „auf andere Menschen bezogene Erleben und Handeln ... [ist] darin doppelt kontingent, daß es nicht nur von mir, sondern auch von anderen Menschen abhängt, den ich als alter ego, daß heißt als ebenso frei und ebenso launisch wie mich selbst begreifen muß. Meine an einen anderen adressierten Erwartungen erfüllen sich nur, wenn ich und er die Voraussetzungen dafür schaffen.“ (Luhmann 1971).

Die Reduktion des Risikos über vollständige Kontingenzverträge[4] und eine strikte Kontrolle des Kooperationspartners entfällt häufig aufgrund beschränkter Rationalität und den daraus resultierenden Kosten- und Zeitgründen (Williamson u. Ouchi 1981). Darüber hinaus fehlt juristischen Regelungen häufig die zeitliche und sachliche Flexibilität. Vertrauen bezieht sich also auf die Tatbestände, die nicht durch vertragliche Sicherungen erfasst wurden.[5] Vertrauen ist demnach keine Option, um Risiko zu verringern, sondern eine Verhaltensoption trotz Risikos, bei der soziale Komplexität dadurch reduziert wird, dass vorhandene Informationen überzogen und Verhaltenserwartungen generalisiert werden (Luhmann 1989). Die Gefahr, dass die vertrauensvolle, aber riskante Vorleistung des Treugebers opportunistisch durch den Treuhänder ausgenutzt wird, steigt dabei mit wachsender Plastizität[6] der ausgetauschten Waren, Leistungen, Informationen oder Emotionen (Sydow 1996).

1.2.3 Erwartung der Vertrauensrechtfertigung

Der Treugeber erwartet, dass der Treuhänder seinen Vertrauensvorschuss nicht missbraucht.[7] Die Vertrauensbereitschaft, die immer ein „Überziehen der jeweils vorhandenen Information" (Luhmann 1989) darstellt, resultiert nicht aus „einer Steigerung von Sicherheit unter entsprechender Minderung von Unsicherheit; es liegt umgekehrt in einer Steigerung tragbarer Unsicherheit auf Kosten von Sicherheit" (Luhmann 1989). Auch wenn grundsätzlich von der Möglichkeit opportunistischer Einstellungen der Akteure ausgegangen wird und die egoistische Nutzenmaximierung nicht zugunsten einer kollektiven Orientierung aufgegeben wird (Thorelli 1986), wird der Treugeber bei der Vergabe von Vertrauen erwarten, dass der Treuhänder auf opportunistisches Verhalten verzichtet (Ripperger 1998; Vogt 1997).

---

[4] „Der Kontingenzvertrag geht von einer vollständigen Liste aller Umweltzustände oder Ereignisfolgen aus, die überhaupt eintreten könnten. Der Kontingenzvertrag beschreibt dann für jeden Zustand, für jede Entwicklung und für jedes Ereignis detailliert und genau die jeweilige Gegenleistung nach Qualität und Quantität", (Spremann 1990), S. 624).

[5] „Thus trust covers expectations about what others will do or have done ... in circumstances that are not explicitly covered in the agreement" (Dasgupta 1988).

[6] Die Plastizität einer Ressource wird durch alternative Verwendungsmöglichkeiten sowie durch die zur Verfügung stehenden Kontrollmöglichkeiten bestimmt. Eine hohe Plastizität ist bspw. gegeben, wenn Kooperationsteilnehmer den Prozess und das Ergebnis der Kooperation zu ihren Gunsten manipulieren können, ohne dass der Kooperationspartner dies beobachten kann. Vgl. zur Plastizität (Alchian u. Woodward 1988).

[7] Zur Antizipation vertrauensrechtfertigender Handlungen trotz Unsicherheit vergleiche (Barber 1983), (Baier 1985), (Misztal 1996).

1.2.4 Definition von Vertrauen

Diese drei Aspekte finden sich in der Vertrauensdefinition wieder, die diesem Beitrag zugrunde liegt. In ihr resultiert eine Vertrauenshandlung des Treugebers aus seiner Vertrauenserwartung gegenüber dem Treuhänder:[8]

Tabelle 1. Definition von Vertrauen (Ripperger 1998)

Vertrauen ist ...	
Vertrauenshandlung	... die freiwillige Erbringung einer riskanten Vorleistung unter Verzicht auf explizite rechtliche Sicherungs- und Kontrollmaßnahmen gegen opportunistisches Verhalten...
Vertrauenserwartung	... in der Erwartung, dass der Vertrauensnehmer freiwillig auf opportunistisches Verhalten verzichtet.

2 Vertrauensgenese im Phasenmodell wirtschaftlicher Transaktionen

Die Bedeutung von Vertrauen in der traditionellen Ökonomie wurde zum ersten Mal von Adam Smith thematisiert. Er kam zu dem Ergebnis, dass der Arbeitslohn um so höher ist, je größer das Vertrauen ist, das in die Arbeitskraft gesetzt wird (Smith 1776, S. 90f, vgl. auch (Tullock 1997). Neuere Arbeiten untersuchen den Einfluss von Vertrauen auf die Wettbewerbsfähigkeit von Unternehmen sowie die Effizienz von Märkten. In Unternehmenskooperationen wurde Vertrauen als Erfolgsfaktor postuliert (Brusco 1986; Powell 1996; Smitka 1991). Während zahlreiche theoretische Arbeiten über mögliche ökonomische Auswirkungen von Vertrauen vorliegen, sind empirische Arbeiten hierzu rar.[9]

Die Spezifika des P2P lassen vermuten, dass sich die Vertrauensproblematik in besonderer und im Vergleich zum traditionellen Wirtschaften verschärfter Weise stellt. Wirtschaftliche Transaktionen können in verschiedene zeitlich aufeinander folgende Phasen eingeteilt werden, wie in Abbildung 1 dargestellt:

- Anbahnungsphase:
  In der Anbahnungsphase gilt es, potentielle Transaktionspartner zu finden und zu bewerten, um geeignete Partner auszuwählen oder ungeeignete Partner zu meiden. In der Anonymität der P2P-Netze mit ihrer rasch wachsenden Anzahl global verteilter Akteure ist die Wahrscheinlichkeit, auf unbekannte Transaktionspartner zu stoßen, höher als in traditionellen Wirtschaftsräumen. Dement-

[8] Die Definition wurde in Anlehnung an (Ripperger 1998) gewählt.

[9] Vgl. zu dieser Einschätzung auch (Sako 1998).

sprechend kann auf die Reputation des Gegenübers häufig nicht ohne weiteres zugegriffen werden.[10]

- Verhandlungs- und Durchführungsphase:
  In der Verhandlungsphase werden die Güter- und Transaktionsspezifika ausgehandelt. Im Zusammenhang mit der Aufdeckung von Fehlverhalten oder Fehlleistungen ist die räumliche und zeitliche Distanz der Transaktionspartner von entscheidender Bedeutung. Daten- und Transaktionsqualität können vor der Transaktion häufig nur sehr schlecht eingeschätzt werden. Die Bewertung der Daten/Güter vor dem Kauf durch Augenschein und Inspektion entfällt. Darüber hinaus ergeben sich aus den kulturellen und soziologischen Unterschieden zwischen den Beteiligten eher Schwierigkeiten, die gewünschten Leistungen oder Verhaltensweisen zu spezifizieren, so dass Fehlverhalten auch häufiger aufgrund von Missverständnissen zustande kommt.[11] Rechtliche Absicherungen von Transaktionen bieten sich aufgrund finanzieller und zeitlicher Umstände von gerichtlichen Auseinandersetzungen für P2P-Netzwerke häufig nicht an.[12]

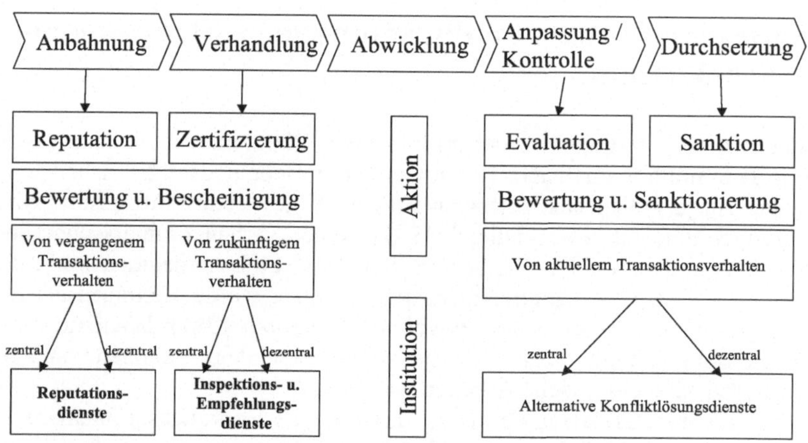

Abb. 1. Transaktionsphasenabhängige Vertrauensgenese (Eggs 2001)

[10] Die Reputation bezeichnet dabei eine Menge von Eigenschaften, die einem Transaktionssubjekt aufgrund seiner Historie zugeschrieben und als Indikativ für dessen zukünftiges Verhalten betrachtet wird, vgl. (Wilson 1985).

[11] Zur Bedeutung der kulturellen Nähe in internetbasierten Kooperationen vgl. die empirischen Ergebnisse der Electronic Commerce Enquête II (ECE II) in (Eggs u. Englert 2000).

[12] Zum zurückhaltenden Gebrauch rechtlicher Absicherungen in internetbasierten Kooperationen vgl. die empirischen Ergebnisse der ECE II in (Eggs u. Englert 2000).

Vertrauensunterstützende Institutionen helfen, vertrauensrelevante Informationen aufzudecken, zu bewerten und zu kommunizieren. Neben den Informationswirkungen, die aus dem Abbau asymmetrischer Informationen resultieren, machen vor allem Sanktionswirkungen den Mehrwert vertrauensunterstützender Institutionen aus. Durch die glaubwürdige Kommunikation von Fehlverhalten eines Akteurs wird dessen Reputation nicht nur innerhalb der ursprünglichen Transaktion gemindert, sondern innerhalb einer Gruppe potentieller künftiger Transaktionspartner. Somit steigen die Opportunitätskosten fehlerhaften Verhaltens. Vertrauensunterstützende Institutionen lassen sich, wie in Abbildung 1 dargestellt, transaktionsphasenabhängig strukturieren (Eggs 2001).

Der Aufbau und die Aufrechterhaltung von Vertrauen kann durch verschiedene Bedingungen und Dienste erleichtert werden. Im Weiteren wird der Fokus auf *Reputationsdienste*, sowie *Inspektions- und Empfehlungsdienste* gerichtet sein, da sie vor der Transaktion in Anspruch genommen werden können und sich auf die Transaktionssubjekte beziehen. Sie erleichtern die Einschätzung der subjektiven Vertrauenswürdigkeit der Transaktionspartner, indem sie glaubhafte Aussagen über vergangenes Verhalten von Transaktionspartnern treffen. Die existierenden Beispiele sind dem Bereich des Electronic Commerce entnommen; es wird angenommen, dass noch zu entwickelnde Reputations- und Empfehlungsdienste in P2P-Netzwerken sehr ähnliche Charakteristika aufweisen werden.

3 Reputationsdienste

Grundsätzlich ermöglichen Reputations- und Qualitätssicherungsdienste immer nur Aussagen, die sich auf ganz konkrete, vergangene Transaktionssituationen beziehen. Die konkrete Transaktionssituation, in der sich ein ratsuchender, potentieller Treugeber befindet, wird durch die dokumentierte Reputationshistoric dcs potentiellen Treuhänders eventuell gerade nicht abgedeckt. Für den Treugeber stellt sich dann die Frage, ob die Ähnlichkeit der bisherigen Transaktionssituationen ausreicht, um Rückschlüsse auf das Verhalten des Treuhänders in der neuen Situation zu ermöglichen. Andernfalls erhält er durch die dezentralen Reputationsdienste keine verwertbaren Informationen.

3.1 Negative Reputationsdienste (Black lists)

Bricht ein Treuhänder das Vertrauen in einer bilateralen Transaktionsbeziehung, so erzeugt er damit zunächst nur eine negative Erfahrung beim Treugeber. Sein Ruf in der für ihn relevanten Community ist hierdurch noch nicht beeinträchtigt. Erst wenn es dem enttäuschten Treugeber gelingt, das Fehlverhalten des Treuhänders glaubhaft und umfangreich zu kommunizieren, ist auch der gute Ruf des Treuhänders gefährdet. Eine Möglichkeit, kostengünstig Fehlverhalten zu kommunizieren, besteht in der Erstellung negativer Reputationssysteme im Internet. Ein negatives Reputationssystem verteilt in „schwarzen Listen“ Informationen über vertrauensunwürdige Akteure und stellt damit eine Art „elektronischen Pran-

ger" dar. Ein Beispiel hierfür sind die „Watchlists"[13] von *Webassured*. Auf dieser Seite werden Unternehmen aufgelistet, die gegen die von *Webassured* aufgestellten Grundsätze korrekten Geschäftsverhaltens verstoßen, den Verstoß nicht mit Hilfe des Konfliktlösungsverfahrens von *Webassured* revidiert haben und daher als nicht vertrauenswürdig eingestuft werden.
Die Reputationswirkungen von schwarzen Listen sind umso gravierender, und schwarze Listen wirken daher ex-ante umso disziplinierender,

- je größer die Reputation derjenigen Instanz ist, welche die schwarze Liste betreibt. Ist diese Bedingung nicht gegeben, so ist es schwierig abzuschätzen, ob Einträge auf der Liste gefälscht oder zurückgehalten werden.
- je größer die Reputation desjenigen ist, der das Fehlverhalten beurteilt und die Einträge auf der schwarzen Liste vornimmt. Dies setzt voraus, dass die Eintragenden nicht anonym bleiben, was den Anteil des berichteten Fehlverhaltens reduzieren dürfte.
- je größer der Anteil von Fehlverhalten ist, der auf der schwarzen Liste kommuniziert wird. Wird nur ein geringer Anteil kommuniziert, so geben nur Einträge in der schwarzen Liste Hinweise auf mangelnde Vertrauenswürdigkeit. Im umgekehrten Fall, bei einer „weißen Weste" kann dann aber nicht zwischen dauerhaftem Wohlverhalten und nicht berichtetem Fehlverhalten unterschieden werden.
- je höher der Anreiz ist, Fehlverhalten zu kommunizieren. Die Veröffentlichung von Fehlverhalten ist mit Kosten (Evaluation von Fehlverhalten, Bericht erstellen, Risiko der Revanche etc.) verbunden und nützt vor allem denjenigen, die diese Kosten nicht aufzubringen haben. Es werden somit positive externe Effekte erzeugt, die ein Unterangebot an Berichten erwarten lassen. Ein geeignetes Entlohnungs- und Preissystem müsste auch hier einen Ausgleich finden, um effiziente Anreizstrukturen zu etablieren.
- je überprüfbarer das Fehlverhalten ist. Ist Fehlverhalten für alle leicht überprüfbar, sinken die Aussichten, Fehlverhalten zu vertuschen oder in fälschlicher und diffamierender Weise zum Vorwurf zu erheben.
- je größer der Anteil der Community ist, der die schwarze Liste konsultiert. Berücksichtigt lediglich ein kleiner Anteil die schwarze Liste, so wird der gute Ruf nicht innerhalb der gesamten Community zerstört.

In P2P-Netzen ergibt sich die Chance der kostengünstigen Verbreitung von schwarzen Listen. Die Unübersichtlichkeit des Internet für viele Themen macht es jedoch schwierig, hinreichend viele Mitglieder der jeweiligen (großen) Community zu erreichen. Dieses Problem lässt sich dadurch lösen, dass man geschlossene Benutzergruppen einführt, in denen eine eindeutige Authentifizierung aller Teilnehmer erforderlich ist. Fehlverhalten würde dann, soweit es sich auf diesen geschlossenen Markt bezieht, abgedeckt.[14] Durch die Authentifizierung könnte man auch der Möglichkeit eines Akteurs begegnen, bei zu vielen negativen Einträgen

---

[13] http://www.webassured.com/watchlist/watchlist.cfm am 4.3.2002

[14] Die Schließung von Märkten hat allerdings Effizienzeinbußen zur Folge (Smith 1776).

in seiner „schwarzen Liste“ einfach die Identität zu wechseln.[15] Andererseits wird bei ökonomischen Transaktionen häufig auch Anonymität gewünscht, so dass ein Trade-off zwischen Authentifizierung, Zurechenbarkeit und Anonymität zu lösen ist.[16]

3.2 Positive Reputationsdienste

Bei positiven Reputationslisten wird lediglich korrektes Verhalten berichtet. Der wesentliche Vorteil gegenüber negativen Reputationslisten ist darin zu sehen, dass die Gefahr, dass durch einen Wechsel der elektronischen Pseudonyme Reputation abgestreift wird und nicht mehr einem realen Akteur zugeordnet werden kann, nicht gegeben ist. Der Akteur würde lediglich seine positive Reputation verlieren, sich also schlechter stellen.

Ein Beispiel verteilter positiver Reputationslisten ist auf der nicht-kommerziellen Tauschplattform *The Gathering Trading Post* für „Magic“-Spielkarten realisiert (Burrows 1997). Tauschpartner geben bei ihren Angeboten eine Liste zufriedener Referenten von bereits abgeschlossenen Transaktionen an. Der Austausch ist so organisiert, dass derjenige, der eine kürzere Referentenliste besitzt, in Vorleistung gehen muss, indem er seine Spielkarten zuerst versendet.

Voraussetzung positiver Reputationssysteme ist, dass Akteure nicht die Reputationslisten anderer kopieren und als ihre eigene ausgeben können. Problematisch bei diesem Verfahren ist die Möglichkeit, seine Reputation zu „melken“ (Kollok 1999): Ist der Betrug bei einer Transaktion besonders lohnend, so besteht der Anreiz zu betrügen, da man nur eine Referenz verliert (bzw. nicht neu gewinnt), ohne aber die gesamte bisher aufgebaute Reputation auf das Spiel zu setzen.

3.3 Gemischte Reputationsdienste

Unter gemischten Reputationsdiensten werden solche Reputationsdienste verstanden, bei denen sowohl positive als auch negative Transaktionserfahrungen berücksichtigt werden. Als Beispiel soll der Reputationsdienst des Online-Auktionshauses *eBay*[17] vorgestellt und diskutiert werden. Im September 1995 gegründet, bezeichnet sich *eBay* heute als größten Online-Handelsplatz, auf dem derzeit täglich bis zu 4 Mio. Auktionen abgewickelt werden. Privatpersonen können dabei sowohl beliebige Leistungen anbieten als auch Gebote für Leistungen abgeben. Die Auktionen finden vollautomatisch statt: Der Anbieter gibt Mindestgebot und

---

[15] „With name changes people can easily shed negative reputations. ... On the internet nobody knows that yesterday you were a dog and therefore should be in the doghouse today“, (Friedman u. Resnick 1998).

[16] Vgl. zu diesem Konflikt auch (Marx 1999), (Nissenbaum 1999). Einen Kompromiss mit Hilfe dauerhafter, lebenslanger und situationsabhängiger Pseudonyme, die von Trusted Third Parties zugeordnet und verwaltet werden, schlagen Friedman und Resnick (Friedman u. Resnick 1998) vor.

[17] http://www.ebay.de am 4.3.2002.

Endzeitpunkt der Auktion vor, für die Bieter werden Agenten eingesetzt, um ihre Gebote in Mindestschritten bis maximal zum Höchstgebot der Bieter zu erhöhen.

3.3.1 Dezentrales Bewertungsverfahren

Ebay legt für jeden Teilnehmer, der schon einmal eine Auktion durchgeführt hat, ein sog. Bewertungsprofil an, das die Reputation des Teilnehmers in der *eBay*-Community widerspiegeln soll. Im Bewertungsprofil können der Anbieter und der Bieter, der den Zuschlag erhält, die Qualität der Leistung, der Transaktion sowie der Zahlung bewerten. Die Abgabe der Bewertung ist freiwillig und wird in keiner Weise vergütet. Sind einmal Bewertungen abgegeben worden, so können diese nur in sehr seltenen Ausnahmefällen wieder revidiert werden.[18] Als Kommentare werden zum einen freie Textkommentare zugelassen, zum anderen ein numerisches Rating (+1 für positive Bewertung, -1 für negative Bewertung, 0 für neutrale Bewertung). Obwohl jedes Mitglied mehrere Bewertungen zu einem anderen Mitglied abgeben kann, ändert sich dessen Rating nur um einen Punkt. Hierdurch soll verhindert werden, dass ein Rating in betrügerischer Weise entweder diffamierend verschlechtert oder unzulässig verbessert wird. Darüber hinaus ist die Reputation der Bewertenden aufgelistet, so dass man einen gewissen Indikator für die Glaubwürdigkeit der Bewertungen erhält.

Das Bewertungsprofil eines jeden Teilnehmers listet die Gesamtanzahl der positiven, der negativen und der neutralen Bewertungen auf, wobei jeweils angegeben wird, wie viele Bewertungen von einzelnen Teilnehmern in das Rating einflossen. Die zeitliche Verteilung der Bewertungen wird dadurch verdeutlicht, dass die Übersicht die Auktionen der letzen 7 Tage, des letzten Monats und der vergangenen 6 Monate separat auflistet. Die Auswirkungen einzelner negativer Ratings oder Textkommentare sind bei einer ansonsten positiven Reputation überproportional einzuschätzen, weshalb Anbieter mit positiver Reputation überproportional hohe Anstrengungen unternehmen, um die erste negative Bewertung zu vermeiden (vgl.Kollok 1999). Hat ein Mitglied 4 negative Bewertungen, so wird es automatisch von der weiteren Teilnahme an *eBay* ausgeschlossen.

3.3.2 Ergänzende Maßnahmen von eBay

Reputationsmechanismen können nur greifen, wenn die Reputation eindeutig einem Akteur zuzuordnen ist. Steigern und versteigern können daher nur angemeldete Mitglieder, die sich entweder durch eine gültige Kreditkartennummer oder eine beglaubigte Kopie ihres Personalausweises identifiziert haben. Die Überprüfung durch *eBay* erstreckt sich damit nicht auf das Transaktionsverhalten der Mitglieder, sondern lediglich auf die Zuordnung eines Mitgliedsnamens zu einer realen Person. Das Transaktionsverhalten und die Qualität der gelieferten Produkte wird ausschließlich mit Hilfe der dezentralen Reputationsmechanismen durch die jeweiligen Transaktionspartner bewertet.

---

[18] http://pages.ebay.de/help/buyerguide/feedback.html am 4.3.2002

Die Betrugsstatistiken sprechen dafür, dass die Reputationsmechanismen in der Lage sind, betrügerisches oder regelwidriges Verhalten zu reduzieren. Gemäß einem Bericht von *eBay* aus dem Jahre 1997 standen lediglich 27 der über 2 Millionen Auktionen im Verdacht, Betrugsfälle zu sein. Negatives Feedback beschränkt sich bei *eBay* auf weniger als 1 Prozent aller Rückmeldungen (Hughes 1997).

3.3.3 Ein gemischter Reputationsdienst in einer Online-Community

Advogato[19] ist eine Gemeinschaft von Entwicklern von kostenloser Software. Die dezentral generierte Reputation bei Advogato richtet sich weniger auf die Vermeidung opportunistischen Verhaltens als vielmehr auf die Kompetenz der Mitglieder. Jedes Mitglied kann andere Mitglieder nach Einschätzung ihrer Kompetenz als „Apprentice", „Journeyer" oder „Master" zertifizieren.[20] Dabei können Mitglieder nur Reputation weitergeben, die maximal ihrer eigenen akkumulierten Reputation entspricht. Ein „Apprentice" kann folglich keine besseren Bewertungen vergeben als wiederum „Apprentice", wohingegen ein „Master" beliebige Bewertungen vergeben kann.

Die Rechte, die ein Mitglied hat, beispielsweise einen Beitrag auf der Homepage von Advogato zu veröffentlichen, hängen von seinem erzielten Vertrauensniveau ab. Bei Fehlverhalten eines Mitgliedes können die „Trust-certificates" von den anderen Mitgliedern wieder zurückgezogen werden, so dass das sanktionierte Mitglied an Vertrauen und damit an Rechten verliert. Das Problem, dass Ringe untereinander bekannter Akteure betrügerisch ihre Reputation heraufsetzen, wird dadurch etwas gemildert, dass man keine bessere Reputation vergeben kann als man selbst besitzt. Eine besondere Art, vertrauensfördernde Informationen aufzudecken, besteht darin, dass die Mitglieder von Advogato persönliche Informationen in Form von Tagebüchern auf den Webseiten von Advogato veröffentlichen.

3.3.4 Missbrauchsmöglichkeiten von Reputationsdiensten

Problematisch gerade bei Auktionsplattformen ist die Tatsache, dass man durch exorbitante Gebote seine eigenen Artikel ersteigern und sich dann selbst hohe Reputationen zuschreiben kann. Diese Vorgehensweise kann auch von betrügerischen Ringen von Akteuren durchgeführt werden, die gegenseitig fingierte Auktionen gewinnen und sich wechselseitig gut bewerten, um auf diese Weise rasch eine gute Reputation aufzubauen. Diese Reputation wird dann in einer werthaltigen Auktion mit einem Fremden ausgenutzt, um diesen zu betrügen. Im B2B E-Commerce Bereich wurde von Openratings[21] ein dezentraler Reputationsdienst angekündigt, der in der Lage sein soll, betrügerische oder vergeltende Bewertungen automatisch aus den zuverlässigen herauszufiltern. Der hierfür geplante Algorithmus ist jedoch nicht veröffentlicht.

---

19 http://www.advogato.com am 4.3.2002

20 http://www.advogato.com/trust-metric.html am 4.03.2002

21 http://www.openratings.com am 4.3.2002

Auch in einer Online-Community besteht diese Möglichkeit, seine Reputation gegenseitig hoch zu treiben. Bei Advogato genügt ein einziges kompromittierendes Mitglied der „Master"-Ebene, um beliebigen Teilnehmern eine beliebige Reputationsebene zu ermöglichen. Erst die tatsächliche Interaktion mit fremden Teilnehmern führt dann zu einer Korrektur dieser Reputationseinschätzung, immer jedoch zu Lasten des Transaktionspartners.

3.4 Formalisierung eines gemischten Reputationsdienstes

Als Beispiel für die mögliche Formalisierung eines gemischten Reputationsdienstes sei das folgende Modell vorgestellt, welches eine teilweise automatisierte Verarbeitung von Reputationsinformationen zulässt. Es wurde in einem agentenbasierten elektronischen Marktplatz realisiert, der gedanklich ohne weiteres in ein P2P-Netzwerk übertragen werden kann (Padovan et al. 2001). Die eigennützigen Software-Agenten, die Güter ein- und verkaufen, entsprechen den „Peers", die Daten ein- und verkaufen. Ein Unterschied besteht in der automatisierten Verhandlung, die in dieser Form in P2P-Netzen zwischen den Netzwerkknoten noch nicht stattfindet.

Jeder automatisierte Reputationsmechanismus muss folgende fünf Aufgaben lösen (Padovan 2000), die in den folgenden Abschnitten detailliert vorgestellt werden:

1. *Erfassung:* Nach der Durchführung einer Transaktion wird das jeweilige Kooperationsverhalten des Partners erfasst.
2. *Bewertung:* Das erfasste Verhalten wird bewertet.
3. *Speicherung:* Die Bewertungen werden gespeichert. Je nach Implementation kann diese Speicherung bei einem der Beteiligten der Transaktion, aber auch bei einer dritten Partei stattfinden.
4. *Abfrage:* Vor der Durchführung einer neuen Transaktion werden die Bewertungen abgerufen und verarbeitet, respektive das Verhalten der Transaktionspartner durch diese Information entsprechend beeinflusst.
5. *Anpassung:* In dieser Phase kann der Transaktionspartner aufgrund der erhaltenen Informationen die eigene Verhandlungsstrategie entsprechend modifizieren.

Im einfachsten Fall bestehen nur zwei Verhaltensalternativen, Kooperation und Defektion. Nach erfolgreichem Abschluss einer Transaktion muss Geld gegen Daten getauscht werden. Ein Netzwerkknoten, der kooperiert, zahlt bzw. liefert nach Vereinbarung. Ein Netzwerkknoten oder Agent, der defektiert, zahlt oder liefert nicht. Welches Verhalten ein Agent an den Tag legt, kann von dem Transaktionspartner ex-ante nur geschätzt werden.

Der *Reputationskoeffizient* ist ein Schätzwert eines anderen Agenten für eine als konstant angenommene Wahrscheinlichkeit vertrauensvollen Verhaltens, welche aus dem tatsächlichen Verhalten über mehrere Transaktionen hinweg angenähert wird. Jeder Agent führt prinzipiell für jeden möglichen Transaktionspartner einen eigenen Reputationskoeffizienten mit. Dieser Wert kann an andere Agenten weitergegeben werden. Der Reputationskoeffizient wird formal beschrieben durch:

> $R^X{}_Y$, wobei X die Identität des bewertenden Agenten darstellt und Y die Identität des bewerteten Agenten; dieser Wert ist die Einschätzung der Wahrscheinlichkeit des zukünftigen Kooperationsverhaltens von Y durch X und liegt zwischen

$$0 \leq R_Y^X \leq 1, \text{ wobei } \quad R_Y^X = 1 \text{ eine gute Reputation und} \qquad (1.)$$
$$R_Y^X = 0 \text{ eine schlechte Reputation darstellt.}$$

3.4.1 Erfassung des Kooperationsverhaltens

Nach dem Abschluss einer Transaktion erfassen die beteiligten Transaktionspartner ihr Verhalten gegenseitig mit dem Faktor r_j (j als Transaktionsindex). Im vorliegenden Modell gibt es nur die binären und objektiv mess- und bewertbaren Fälle „Daten/Geld erhalten (kooperiert)" und „Daten/Geld nicht erhalten (defektiert)". War eine Transaktion aufgrund betrügerischen Verhaltens eines Transaktionspartners nicht erfolgreich, erhält dieser eine Bewertung von $r_j = 0$. Eine erfolgreiche Transaktion führt zu $r_j = 1$.

3.4.2 Bewertung und Speicherung des Kooperationsverhaltens

Das erfasste Kooperationsverhalten r_j führt zu einer Aktualisierung der Reputationskoeffizienten beider beteiligten Transaktionspartner, wofür beispielsweise ein exponentiell gewogener Mittelwert berechnet werden kann, der den zeitlichen Verlauf des Kooperationsverhaltens einbezieht. Damit ist der Mechanismus für Szenarien offen, in denen das Kooperationsverhalten der Transaktionspartner über die Zeit wechselt. Zur Berechnung des neuen Reputationskoeffizienten $R^X{}_{Y j}$ nach einer erfassten Transaktion (mit X als Index für den bewertenden Transaktionspartner und Y als Index für den bewerteten Transaktionspartner) wird die Abweichung zwischen dem erwarteten Kooperationsverhalten $R^X{}_{Y j-1}$ und dem tatsächlichen Kooperationsverhalten r_j mit einem Faktor α gewichtet. Der aktualisierte Reputationskoeffizient ergibt sich als:

$$R_{Y\ j}^X = R_{Y\ j-1}^X + \alpha \cdot \left(r_j - R_{Y\ j-1}^X\right) \qquad (2.)$$

Wird der Reputationskoeffizient nicht bei den Transaktionspartnern selbst, sondern durch eine dritte Partei, beispielsweise einer Ratingagentur bewertet, so berücksichtigt diese auch die jeweilige Vertrauenswürdigkeit der Bewertungsinformation der beteiligten Transaktionspartner $r^V{}_j$ (V = X, Y). Entsprechend berechnen sich die Reputationskoeffizienten dann wie folgt:

$$R_{Xj} = R_{X\,j-1} + \beta \cdot \left(r_j^Y - R_{X\,j-1}\right) \text{ mit } \beta = \alpha \cdot R_{Y\,j-1} \text{ , bzw.}^{22} \quad (3.)$$

$$R_{Yj} = R_{Y\,j-1} + \beta \cdot \left(r_j^X - R_{Y\,j-1}\right) \text{ mit } \beta = \alpha \cdot R_{X\,j-1} \quad (4.)$$

wobei der Gewichtungsfaktor β und damit die Bedeutung der Gewichtung von der Reputation des bewertenden Transaktionspartners abhängt. Implizit wird hiermit die Annahme getroffen, dass das Kooperationsverhalten und das Bewertungsverhalten der Transaktionspartner identisch ist.

Für den speziellen Fall, dass vor der Transaktion keinerlei Informationen über den zu bewertenden Transaktionspartner existierte, ergibt sich folgende Bewertungsformel:

$$R_{X1} = R_{X0} + \beta \cdot \left(r_j^Y - R_{X0}\right) \text{ mit } \beta = \alpha \cdot R_{Y\,j-1} \quad (5.)$$

Friedman und Resnick (Friedman u. Resnick 1998) argumentieren, dass Agenten durch minimale anfängliche Reputation, also $R_{X0} = 0$, davon abgehalten werden können, sich zunächst unkooperativ zu verhalten und anschließend die Identität zu wechseln. Im vorliegenden Modell wird von einer bestehenden Identifizierungsmöglichkeit ausgegangen (beispielsweise auch durch Pseudonyme), so dass der anfängliche Reputationskoeffizient auf Basis des arithmetischen Mittels $R_{X0} = \overline{R}$ der bekannten Reputationskoeffizienten berechnet werden kann. Unbekannte Transaktionspartner erhalten somit einen Vertrauensvorschuss. Es ergibt sich für diesen Fall abgeleitet aus der Gleichung (4):

$$R_{X1} = \overline{R} + \beta \cdot \left(r_j^Y - \overline{R}\right) \text{ mit } \beta = \alpha \cdot R_{X\,j-1} \quad (6.)$$

3.4.3 Abfrage von Reputationsinformationen

Es gibt verschiedene Möglichkeiten, wie ein Transaktionspartner X Reputationsinformationen über einen anderen Transaktionspartner Y, mit dem eine Transaktion geplant ist, beziehen kann. Diese hängen von der Bekanntheit des Y ab:

- **Fall 1**: Es existieren keinerlei Reputationsinformationen über den Transaktionspartner Y: der Transaktionspartner Y ist X weder unmittelbar noch über eine X zugängliche dritte Instanz mittelbar bekannt. Der Reputationskoeffizient wird dann als Mittelwert aller ihm (oder der dritten Partei) bekannten Reputationskoeffizienten $R_{Y0}^X = \overline{R}$ gebildet (s.o.).
- **Fall 2**: Transaktionspartner Y ist zwar X selbst unbekannt, jedoch über einer X bekannten dritten Instanz mittelbar bekannt. In diesem Fall kann X die von der dritten Instanz zur Verfügung gestellten Reputationsinformationen nutzen und entsprechend $R_{Y0}^X = R_Y$ setzen.

[22] Die quasi spiegelbildliche Berechnung des Reputationskoeffizienten von Käufer und Verkäufer wird im restlichen Teil des Beitrags nicht weiter ausgeführt.

- **Fall 3**: Der Transaktionspartner *X* hat bereits Transaktionen mit *Y* durchgeführt und kann daher seine eigenen Erfahrungen mit der Kooperativität von *Y* zur Einschätzung dessen Kooperationsverhaltens nutzen.[23]

3.4.4 Anpassung des Verhaltens an Reputationsinformationen

In Abhängigkeit der zur Verfügung stehenden Reputationsinformationen können die Transaktionspartner ihr Verhalten anpassen, beispielsweise durch Berücksichtigung von Erwartungswerten. Vorliegende Transaktionsangebote bewertet der Transaktionspartner mit den zur Verfügung stehenden Reputationsinformationen, indem er zusätzlich zum geforderten Preis p_i den Erwartungswert des Verlustes in seine Entscheidung mit einfließen lässt. Dazu berechnet er einen modifizierten Angebotspreis p_i^* entsprechend der Gleichung:

$$p_i^* = p_i + \left(R_{Yi}^X \cdot 0 + \left(1 - R_{Yi}^X\right) \cdot p_i\right) = p_i \cdot \left(2 - R_{Yi}^X\right) \qquad (7.)$$

Dieser modifizierte Angebotspreis ist dann die Grundlage für die Anbahnung einer Transaktion über das P2P-Netzwerk.

Erfahrungen mit dem vorgestellten Reputationsmechanismus in dezentralen und offenen agentenbasierten Marktplätzen (Padovan et al. 2001) lassen auch für P2P-Netzwerke erwarten, dass der Einsatz einer dezentralen Realisierung über einen längeren Zeitraum eine Sanktionierung betrügerischer Transaktionspartner ermöglicht. Obwohl keine explizite Sanktionsinstanz implementiert wurde, kommt es zu einer Relegation der betrügerischen Transaktionspartner. Die ehrlichen Transaktionspartner bilden untereinander ein „Netzwerk des Vertrauens". Eine zentrale Realisierung durch eine dezidierte Reputationsinstanz bringt ein im Vergleich schnelleres Ergebnis, da die Information über die Betrügereigenschaft eines Transaktionspartners unmittelbar systemweit zur Verfügung gestellt wird. Die Wirkung der in einem offenen P2P Netzwerk zunächst nur bilateral vorhandenen Reputationsinformation kann somit durch zentrale, Vertrauen schaffende Institutionen durchaus verbessert werden.

3.5 Vergleich zentraler und dezentraler Reputationsdienste

Dezentrale Reputationsdienste, die sich ausschließlich auf positive oder negative Aussagen beschränken, verzichten auf reputationsrelevante Informationen. Ein umfassenderes Bild von Akteuren kann über sie nicht erhalten werden. Da durch die Verarbeitung und Wiedergabe sowohl positiver als auch negativer Rückmeldungen keine zusätzlichen variablen Kosten entstehen, sind gemischte Reputationsdienste vorzuziehen.

---

[23] Eventuell kann *X* zusätzlich die Dienste einer dritten Instanz in Anspruch nehmen und deren Reputationsinformationen mit den eigenen Erfahrungen kombinieren; dieser Fall wird hier jedoch nicht betrachtet.

Beim Vergleich dezentraler Reputationsdienste fällt auf, dass lediglich diejenigen Anbieter wie bspw. *eBay*, die sich auf geringwertige Transaktionen mit in der Regel häufig wechselnden Transaktionspartnern konzentrieren, sich auf rein dezentrale Verfahren beschränken. Plattformen, bei denen Transaktionspartner bewertet werden, die in der Regel höherwertige Transaktionen durchführen (in der Regel also Unternehmensbewertungen), ergänzen die dezentralen Reputationsaussagen durch zentrale, von ihnen selbst beschaffte und bewertete reputationsrelevante Informationen (Padovan 2000). Für die dezentrale Bewertung solcher konstanter Leistungsanbieter (in der Regel spezieller Intermediäre, vergleichbar der SCHUFA oder Creditreform) bietet es sich auch an, von zentraler Stelle Kriterien vorzugeben, anhand derer dann die dezentrale Bewertung erfolgt. Die Bewertungen werden dadurch vergleichbarer, und es können statistische Verfahren angewendet werden, um zu differenzierten Gesamtaussagen zu gelangen.

Für dezentrale Reputationsdienste ergeben sich ähnliche offene Fragen wie für dezentrale Empfehlungsdienste (siehe folgender Abschnitt). Hierzu gehören bspw. die Fragen, wer Bewertungen abgeben darf, nach welchem Verfahren aus einzelnen Reputationsaussagen aggregierte Aussagen gebildet werden, ob hierbei bspw. eine zeitliche Dimension berücksichtigt wird und ob die Reputation desjenigen, der eine Bewertung abgibt, berücksichtigt wird.

4 Inspektions- und Empfehlungsdienste

Bei *zentralen Inspektions- und Empfehlungsdiensten* wird in der Regel versucht, einen möglichst umfangreichen Kriterienkatalog zu erarbeiten und dessen Einhaltung zu überwachen. Damit soll ein korrektes Anbieterverhalten und der Schutz des Verbrauchers in möglichst vielen Situationen gewährleistet werden (vgl. bspw. OECD 2000, Verbraucherzentrale NRW 2000). Zentrale Institutionen werden eingesetzt, um vertrauensrelevante Informationsasymmetrien abzubauen. Die Zentralität von Inspektionsdiensten ergibt sich aus der zentralen Generierung der zugrunde gelegten Kriterien, ihrer Überwachung und Bewertung sowie der Veröffentlichung der Prüfergebnisse durch eine zentrale Instanz. Die glaubwürdige Veröffentlichung bilateraler Erfahrungen durch Institutionen bewirkt eine Veränderungen des Rufs des beurteilten Akteurs. Da der Ruf eine höhere Informationswirkung und härtere Sanktionierungsmöglichkeiten beinhaltet als die bilaterale Erfahrung, kann durch den Einsatz von Institutionen die Vertrauensbildung unterstützt werden. Zentrale Dienstleister müssen sich Vertrauen systematisch erarbeiten und bündeln das Vertrauen vieler Kunden. Entscheidend für die Vertrauenswürdigkeit zentraler Vertrauensinstitutionen ist deren Unabhängigkeit (Louveaux et al. 1999) und die Effektivität ihrer Kontrollen, insbesondere die der Inspektionsdienste. Hier müssen zunächst die überprüften Kriterien auf verständliche Weise veröffentlicht werden (Eggs 2001).

Dezentrale Ansätze zur Unterstützung der Vertrauensbildung zeichnen sich dadurch aus, dass die vertrauensrelevanten Informationen nicht von einer einzigen Instanz eruiert und evaluiert werden. Anstatt dessen sind eine Vielzahl von Akteuren mit diesen vertrauensgenerierenden Aufgaben beschäftigt. Insbesondere die Aufdeckung und Bewertung von vertrauensrelevanten Informationen erfolgt dezentral durch die gleichgestellten Transaktionsbeteiligten selbst. Die so gewonnenen Informationen können dann an Interessenten, d.h. potentielle Treugeber entweder im „Rohzustand“ oder mit Hilfe statistischer Verfahren zu Gesamturteilen aufbereitet weitergegeben werden.

Werden die vertrauensgenerierenden Aussagen der Akteure nicht anonymisiert, so kann ein Ratsuchender im Laufe der Zeit diejenigen Akteure identifizieren, die für ihn besonders wertvolle Aussagen gemacht haben, d.h. denen er vertraut. Geben diese Akteure ihrerseits die Personen bekannt, denen sie vertrauen, so kommt ein mehrstufiger Prozess in Gang und man erhält ein „Vertrauensnetzwerk“, durch das der Mechanismus von Mund-zu-Mund Propaganda bzw. von Gerüchten nachgebildet wird (vgl. Abbildung 2). Je weiter man sich vom Ratsuchenden entfernt, desto unwahrscheinlicher ist es, dass die gegebenen Empfehlungen für den Ratsuchenden von Nutzen sind. Voraussetzung für dieses „Vertrauensnetzwerk“ ist eine zumindest „bedingte Transitivität“ des Vertrauens (Abdul-Raman u. Hailes 1997). Den Mitgliedern in der zweiten Ebene wird der Ratsuchende etwas weniger vertrauen als denjenigen der ersten Ebene.

Dezentrale Verfahren und insbesondere die verwendeten statistischen Berechnungen erfordern eine ausreichend große Anzahl an Einzelbewertungen. Durch den ständigen Wechsel der Kommunikationspartner in dezentralen P2P-Netzwerken ist dies fundamental gegeben. Hier eröffnen sich daher Möglichkeiten zur dezentralen Vertrauensunterstützung, die im traditionellen Wirtschaften nicht gegeben sind.

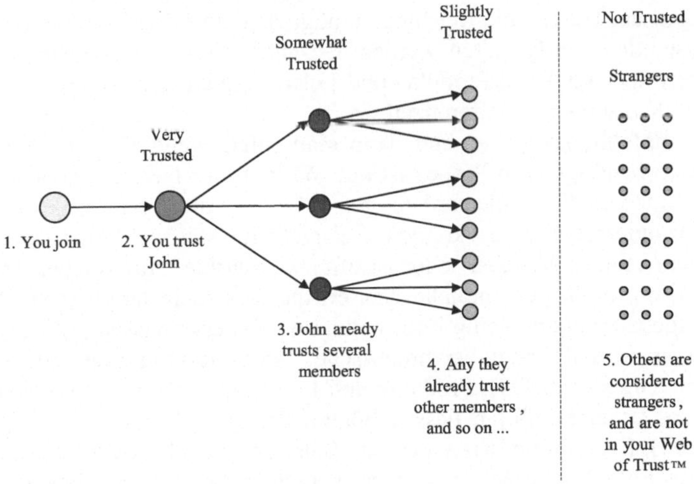

Abb. 2. Transitives Vertrauen im Vertrauensnetzwerk[24]

[24] nach www.epinions.com/help/index.html?show=web_of_trust am 10.11.2000, nicht mehr verfügbar.

5 Zentrale vs. Dezentrale Realisierung von Vertrauens-institutionen

Abdul-Rahman und Hailes (Abdul-Raman u. Hailes 1997) argumentieren, dass zentrale Ansätze zum Aufbau von Vertrauen nicht geeignet seien. Eine vertrauenswürdige *Trusted Third Party* widerspreche der Subjektivität von Vertrauen. Darüber hinaus sei eine *Trusted Third Party* nicht in der Lage, für alle Akteure in großen Systemen Empfehlungen auszusprechen. Die Empfehlungen würden immer zweifelhafter, je größer die zu beurteilende Anzahl von Akteuren wird. Der erste Einwand von Abdul-Rahman und Hailes scheint wenig stichhaltig zu sein. Die Versorgung des Treugebers mit objektiven Informationen über den Treuhänder ändert nichts an der Subjektivität der Einschätzung der Vertrauenswürdigkeit und steht auch nicht im Widerspruch mit dieser. Sie erleichtert diese Einschätzung lediglich. Der zweite Einwand ist insofern nicht von der Hand zu weisen, als der Aufwand der Evaluation mit der Anzahl der Akteure steigt. Andererseits trifft diese Herausforderung auch für dezentrale Ansätze zu. Die zentralen Ansätze sind hier eher im Vorteil, da sie Fixkostendegressionen und Skalenerträge realisieren können, was bei dezentralen Ansätzen nicht der Fall ist (vgl.Reichmann 1983).

Zentrale Dienste sind nur dann sinnvoll, wenn die Transaktionssituationen entsprechend homogen sind und von den Transaktionspartnern auch entsprechend wahrgenommen werden. Der Verzicht auf explizite Aussagen bezüglich der Qualität von Gütern- und Leistungen bzw. ihrer Übereinstimmung mit den Konsumentenpräferenzen ist einer der Nachteile zentraler elektronischer Dienste zur Qualitätseinschätzung. Sie machen in der Regel lediglich Aussagen darüber, dass die Beschreibungen der Güter- und Leistungen möglichst zutreffend sind und gewisse Transaktionsstandards eingehalten werden. Dezentrale Dienste hingegen machen auch Aussagen über konkrete Produkt- und Leistungsqualitäten sowie deren Entsprechung mit Konsumentenpräferenzen.

Zentrale Empfehlungsdienste sind dann sinnvoller, wenn für die Bewertung Expertenwissen benötigt wird.[25] Dies ist auf Märkten der Fall, auf denen Käufer hohe Investitionen in Humankapital tätigen müssen, um ex-ante objektive Produktqualitäten unterscheiden zu können. Beispiele für solche Märkte sind Juwelen-, Gebrauchtwagen-, Münzen- oder Briefmarkenmärkte. Auf solchen Märkten ist die Inspektion durch gewöhnliche Käufer, die sich nicht langfristiges Expertenwissen aufgebaut haben, wenig informativ, und Expertenwissen stellt demnach einen Mehrwert für den Abbau asymmetrischer Information und den Aufbau von Vertrauen dar (Biglaiser 1993). Produkte und Leistungen, die von Experten empfohlen werden, erzielen infolge dessen höhere Preise und eine höhere Qualität (Biglaiser 1993). Da Expertenwissen einen Mehrwert darstellt, ist hierfür auch ein entsprechendes Entgelt zu erzielen, so dass es nicht in dezentralen Diensten eingesetzt wird, die meist nur ein geringes oder kein Entgelt für die Bewertungen bieten.

[25] Mitnick (Mitnick 1984) spricht bei der Einschaltung externer Experten von „contentful agency".

Zur ex-ante Unterscheidung zwischen gewünschten und benötigten Produkteigenschaften können dezentrale Empfehlungsdienste beitragen. Sie ermöglichen personalisierte Empfehlungen von Produkten mit Produkteigenschaften, die vom Ratsuchenden nicht in Erwägung gezogen worden sind, also auch nicht gewünscht waren, sich aber als sinnvoll und benötigt herausgestellt haben. Mit Hilfe dezentraler Empfehlungsdienste lassen sich zudem subjektive und nicht überprüfbare Faktoren, wie z.B. persönlicher Geschmack, Modetrends etc. berücksichtigen, was bei zentralen Diensten nicht möglich ist. Eine entsprechende Personalisierung ist mit zentralen Empfehlungsdiensten ebenfalls nicht möglich (Eggs 2001).

5.1 Kosten

Zentrale Reputationsdienste sind mit hohen Kosten für die Erstellung von Kriterien, die Evaluierung sowie die Zertifizierung verbunden, die alle von zentraler Stelle aufgebracht werden müssen. Diese Kosten hat in der Regel der zertifizierte Anbieter in Form von Preisen für das Zertifikat zu bezahlen. Die Zertifizierungsleistung wird sich für den Anbieter nur dann lohnen, wenn er sie durch erhöhte Umsätze amortisieren kann. In P2P-Netzwerken, die sich durch heterogene, geringwertige und seltene Kauf- oder Verkaufsaktivitäten der einzelnen Akteure auszeichnen wird es daher nicht möglich sein, die Zertifizierungskosten zu amortisieren. Entsprechend kommen hier dezentrale Reputationsmechanismen zum Tragen.[26]

5.2 Unparteilichkeit

Da bei zentralen Reputationsdiensten die Bewertung von einer zentralen Stelle durchgeführt wird, besteht die Gefahr, dass diese manipulativen Einflüssen ausgesetzt wird. Die Überprüfung und Bewertung von Verhalten ist in der Regel Ermessenssache und daher der Korruption ausgesetzt. Um eine genauere Einschätzung der Vertrauenswürdigkeit des Transaktionspartners zu gewinnen, muss sich der Treugeber auf Aussagen des Zertifizierers verlassen. Er nimmt dann diesem gegenüber die Stellung eines Treugebers ein.[27]

Bei dezentralen Bewertungen, die nach Abgabe nicht mehr verändert werden können, stellt sich das Problem der manipulativen Einflussnahme dann nicht, wenn potentiell viele Teilnehmer des Systems Bewertungen abgeben können.[28] Derjenige, der manipulieren möchte, wüsste a priori nicht, wen er bestechen soll, da nur eine sehr geringe Menge der Teilnehmer auch tatsächlich Bewertungen abgibt. Allerdings ergeben sich auch bei dezentralen Reputationsdiensten Manipu-

[26] Vgl. ähnlich die Äußerung von eccelerate.com http://www.eccelerate.com/what/powering_ecommerce.html am 02.11.2000

[27] Shapiro überschreibt dieses Problem mit der Frage „Who guards the guardians?". „But, by and large, the guardians and trustees of trust simply demand a higher order of trust" (Sharpio 1987).

[28] Wie beispielsweise bei Amazon, ciao, epinions oder dooyoo.

lationsmöglichkeiten, die an der zentralen Datenhaltung ansetzen. Im Übrigen können die Bewertenden selbst, bspw. durch die Bildung von Betrugsringen, ihre Reputation manipulieren.

5.3 Aktualität

Bei zentralen Inspektionsdiensten erfolgt die Evaluation des Verhaltens bzw. der Produkt- oder Transaktionsqualität einmalig, beispielsweise beim Erwerb eines Zertifikates und anschließend in größeren zeitlichen Abständen. Fraglich ist, inwiefern durch die seltenen Prüfsituationen auch zukünftiges Verhalten vorhergesagt werden kann, insbesondere dann, wenn der Bewertete berechtigte Vermutungen über den Zeitpunkt der nächsten Evaluation anstellen kann (Hirsch 1976).

Dezentrale Reputationsdienste sind hingegen zeitlich kontinuierlicher. Nach jeder Transaktion, die bewertet wird, verändert sich sofort die Reputation des Bewerteten. Darüber hinaus ist der Verlauf der Bewertungen stetiger, da jede einzelne Bewertung in die Gesamtbewertung eingeht. Bei zentralen Inspektionsdiensten werden demgegenüber lediglich Anreize gesetzt, den Mindestanforderungen für den Erhalt des Zertifikates zu genügen. Anstrengungen, die weitere Qualitätsverbesserungen zur Folge haben könnten, werden nicht honoriert.

6 Zusammenfassung und Ausblick

Die wesentlichen Unterschiede zwischen zentralen und dezentralen Vertrauensdiensten sind noch einmal in Tabelle 2 zusammengefasst. Von der technischen Konfiguration eines P2P-Netzwerkes ausgehend wird schnell deutlich, dass vor allem dezentrale Dienste für die Generierung von Vertrauen in P2P-Netzen in Frage kommen werden. Vor allem die geringen Transaktionshäufigkeiten und –werte im Einsatzbereich sowie die hohe Aktualität von P2P-Netzen passen zu den dezentralen Vertrauensdiensten.

Aus der Tabelle ergibt sich aber auch, dass die mangelnde Unparteilichkeit in diesen Netzen zu dezentralen Betrugsmöglichkeiten geradezu einlädt. Wenn jeder Teilnehmer nur auf seinen eigenen Vorteil bedacht ist, basiert die Funktionsfähigkeit und der Erfolg von P2P-Netzen vor allem auf dem Vertrauen der Transaktionspartner in die gegenseitige, konfliktfreie Erbringung von Leistungen. Der Einsatz expliziter, teurer Konfliktlösungsdienste ex-post der Transaktion dürfte aufgrund der geringen Güterwerte kaum rentabel sein. Zur Genese und Aufrechterhaltung von Vertrauen müssen vielmehr automatisierte Mechanismen eingesetzt werden, die ex-ante der Transaktion genutzt werden können und zum Ziel haben, unkooperative Transaktionspartner vom Marktgeschehen wirksam auszuschließen. Um eine automatisierte Sanktionierung betrügerischen Verhaltens in offenen Systemen wie z.B. P2P-Netzen zu erreichen, muss es eine Rückkopplung von der Durchsetzungs- zur Anbahnungsphase geben, die Erfahrungen aus der Abwicklungsphase einer wirtschaftlichen Transaktion zur automatischen Modifikation von Auswahlentscheidungen in zukünftigen Informationsphasen nutzt. Es lässt sich zeigen, dass ohne den Einsatz eines solchen Reputationsmechanismus betrügerische Transaktionspartner einen Nutzen aus Transaktionen ziehen und die Koordination über das gesamte Netzwerk hinweg zusammenbrechen kann (Padovan 2001).

Zum gegenwärtigen Zeitpunkt ist eine umfangreiche ökonomische Nutzung von P2P-Netzen nicht möglich, da es sowohl an der Automatisierung von Wertaustauschverfahren als auch des Güteraustausches selbst fehlt. Es ist zu erwarten, dass diese eher technischen Probleme in nächster Zukunft gelöst werden und für den P2P-Commerce damit die Problematik des gegenseitigen Vertrauens und deren Lösungen über zentrale und dezentrale Reputations- oder Inspektions- und Empfehlungsdienste in den Fokus rücken.

Tabelle 2. Vergleich zentraler und dezentraler Vertrauensdienste (Eggs 2001)

		Zentrale Dienste	Dezentrale Dienste
Einsatzbereich	Expertenwissen benötigt	Ja	Nein
	Personalisierung möglich	Nein	Ja
	Aussagen über Produktqualität möglich	Nein	Ja
	Transaktionshäufigkeit	Hoch	Gering
	Transaktionswert	Hoch	Gering
	Transaktionsgleichartigkeit	Hoch	Gering
Kosten		Hoch	Niedrig
Unparteilichkeit		Identifizierbarer Angriffspunkt	Dezentrale Betrugsmöglichkeiten
Aktualität		Gering	Hoch
		Diskrete Anpassungen	Stetige Anpassungen

Literatur

Abdul-Raman A, Hailes S (1997) A Distributed Trust Model. Proceedings of the Workshop on New Security Paradigms. ACM Press, Cumbria, UK, S 48-60.

Alchian A, Woodward S (1988): The firm is dead, long live the firm. A review of Oliver E. Williamson's The Economic Institutions of Capitalism. Journal of Economic Literature Vol. 26 : 65-79.

Baier M (1985): Trust and Antitrust. Ethics 96 : 231-260.

Barber B (1983): The Logic and Limits of Trust. Rutgers University Press, New Brunswick, NJ.

Biglaiser G (1993): Middlemen as experts. RAND Journal of Economics Vol. 24 (2) : 212-223.

Brusco S (1986) Small Firms and Industrial Districts. In: Keeble D, Weever FH (Hrsg) New Firms and Regional Development in Europe. Croome Helm, London.

Burrows D (1997): Dave's Magic: The Gathering Trading Post. http://www.forest-elves.com/magic.htm am 4.3.2002.

Coppel J (2000): E-Commerce: Impacts and Policy Challenges. Economics Department OECD Working Papers No. 252 Paris, www.olis.oecd.org/olis/2000doc.nsf/linkto/eco-wkp(2000)25 am 4.3.2002.

Dasgupta P (1988) Trust as a Commodity. In: Gambetta DH (Hrsg) Trust: Making and Breaking Cooperative Relations. Basil Blackwell, Oxford, New York, S 49-72.

Eggs H, Englert J (1999) Inter-organizational Networking of Small and Medium-Sized Enterprises - A Framework and Hypotheses-Based Case Studies. Orlando, Florida, S 346-354.

Eggs H, Englert J (2000): Electronic Commerce Enquête II - Business to Business Electronic Commerce, Empirische Studie zum EBusiness-to-Business Electronic Commerce im deutschsprachigen Raum. Konradin-Verlag, Stuttgart. http://www.iig.uni-freiburg.de/ am 4.3.2002.

Eggs H (2001): Vertrauen im Electronic Commerce: Herausforderungen und Lösungsansätze. Dissertation, Universität Freiburg. Deutscher Universitäts Verlag, Wiesbaden.

Friedman EJ, Resnick P (1998): The Social Cost of Cheap Pseudonyms. School of Information, University of Michigan, Ann Arbor. www.si.umich.edu/~presnick/papers/identifiers/index.html.

Hirsch Av (1976): Doing Justice: The Cohice of Punishments. Hill Wang, New York.

Hirshleifer J, Riley JG (1979): The Analytics of Uncertainty and Information - An Expository Survey. Journal of Economic Literature XVII : 1375-1421.

Hosmer LT (1995): Trust: the connecting link between organizational theory and philosophical ethics. Academy of Management Review 20 : 379-403.

Hughes GP (1997): Auctionland Online Report. www.neomax.com/online_auctions.htm am 4.3.2002.

Kollok P (1999) The Production of Trust inOnline Markets. In: Lawler EJ, Macy M, Thyne S, Walker HAH (Hrsg) Advances in Group Processes, Vol. 16. JAI Press, Greenwich.

Lane C (1998) Introduction: Theories and Issues in the Study of Trust. In: Lane C, Bachmann R (Hrsg) Trust within and between organizations: conceptual issues and empirical applications. Oxford University Press, Oxford, S 1-30.

Louveaux S, Salatün A, Poullet Y (1999): User Protection in Cyberspace. info 1 (6) : 521-537.

Luhmann NH (1971) Sinn als Grundbegriff der Soziologie. In: Habermas J, Luhmann NH (Hrsg) Theorie der Gesellschaft oder Sozialtechnologie. Frankfurt, S 25-100.

Luhmann NH (1979): Trust and Power. Wiley and Sons, Chichester.

Luhmann NH (1989): Vertrauen: Ein Mechanismus der Reduktion sozialer Komplexität. (3. durchges. Aufl.), Ferdinand Encke Verlag, Stuttgart.

Marx G (1999): What's in a name? Some reflections on the sociology of anonymity. The Information Society 15(2).

McKnight DH, Chervany NL (1996): The Meanings of Trust. Techical Report 94-04, Carlson School of Management, University of Minnesota.

Misztal BA (1996): Trust in Modern Societies: The Search for the Base of Social Order. Polity Press, Cambridge.

Mitnick BM (1984) Agency Problems and Political Institutions. Chicago University Press, Chicago.

Müller G, Rannenberg K (1999): Multilateral Security in Communications. Addison Wesley Longman, München.

Nissenbaum H (1999): The meaning of anonymity in an information age. The Information Society 15 : 141-144.

Padovan B, Sackmann S, Pippow I, Eggs H (2001) Automatisierte Reputationsverfolgung auf einem agentenbasierten elektronischen Marktplatz. In: Buhl H-U, Huther A,.Reitwiesner B (Hrsg) Information Age Economy, Proc. 5. Internationale Tagung Wirtschaftsinformatik 2001. Physica Verlag, Heidelberg, S 517-530.

Padovan B (2000): Ein Reputationsmechanismus für offene Multi-Agenten-Systeme. Dissertation, Universität Freiburg.

Powell WW (1996) Trust-Based Forms of Governance. In: Kramer RM, Tyler TRH (Hrsg) Trust in Organizations: Frontiers of Theory and Research. S 51-67.

Ripperger T (1998): Ökonomik des Vertrauens – Analyse eines Organisationsprinzips. Mohr Siebeck, Tübingen.

Sako M (1998) Does Trust Improve Business Performance? In: Lane C, Bachmann RH (Hrsg) Trust within and between organizations: conceptual issues and empirical applications. Oxford University Press, Oxford, S 88-117.

Schoder, D.; Müller, G. (1999): Potentiale und Hürden des Electronic Commerce. Eine Momentaufnahme, in: Informatik Spektrum, Band 22, Heft 4, August 1999, S. 252-260.

Sharpio S (1987): The Social Control of Impersonal Trust. American Journal of Sociology Vol. 93 (3) : 623-658.

Simon HA (1957): Models of Man - Social and Rational. John Wiley & Sons, New York.

Smith A (1776): An inquiry into the nature and causes of the wealth of nations. Printed for W. Strahan and T. Cadell, London.

Smitka M (1991): Competitive Ties: Subcontracting in the Japanese Automotive Industry. Columbia University Press, New York.

Spremann K (1990): Investition und Finanzierung. 3. Aufl. München.

Sydow J (1996): Virtuelle Unternehmung - Erfolg als Vertrauensorganisation. Office Management 7-8: 10-13.

Thorelli HB (1986): Networks: Between Markets and Hierarchies. Strategic Management Journal 7 : 31-51.

Tullock G (1997) Adam Smith and the Prisoners' Dilemma. In: Klein DBH (Hrsg) Reputation: Studies in the Voluntary Elicitation of Good Conduct. The University of Michigan Press, Ann Arbor, S 21-28.

Verbraucherzentrale NRW (2000): Qualitätskriterien der Verbraucher-Zentrale NRW e.V. für den Wareneinkauf im E-Commerce. (Rev. 01.1 vom 15.8.2000, http://www.vz-nrw.de am 4.3.2002).

Vogt J (1997): Vertrauen und Kontrolle in Transaktionen: Eine institutionenökonomische Analyse. Gabler, Wiesbaden.

Williamson OE, Ouchi WG (1981) The Markets and Hierarchies Program of Research: Origins, Implications, Prospects. In: Van de Ven A, Joyce WH (Hrsg) Perspectives on Organization Design and Behavior. New York, S 347-370.

Williamson OE (1985): The Economic Institutions of Capitalism. Free Press, New York.

Wilson R (1985) Reputation in games and markets. In Roth AE (Hrsg) Game theoretic models of bargaining. Cambridge University Press, Cambridge, pp 27-62.

Teil VI

Die juristische Perspektive

Urheberrecht und Peer-to-Peer-Dienste

Thomas Hoeren

Westfälische Wilhelms-Universität Münster

Die Einrichtung von Peer-to-Peer-Diensten greift sehr weitgehend in das Urheberrecht ein. Die Content-Industrie verwendet derzeit noch unbefangen Werke Dritter. Musik, Texte, Fotografien werden digitalisiert und in ein Online-System integriert, ohne dass auch nur ein Gedanke an die rechtliche Zulässigkeit eines solchen Procederes verschwendet wird. Diese Rechtsblindheit kann sich, wie im Weiteren dargelegt werden soll, als höchst gefährlich erweisen. Jedem Hersteller drohen zur Zeit zivil- und strafrechtliche Sanktionen, sofern er in seinem Werk auf fremdes Material zurückgreift.

Der Onlineanbieter muss sich zunächst durch den Dschungel des Immaterialgüterrechts wühlen, bevor er mit einem Projekt beginnen kann.[1] Dabei ist vor allem die Abgrenzung von Urheber- und Patentrecht wichtig. Das Urheberrecht schützt künstlerische oder wissenschaftlich-technische Leistungen, die eine gewisse Originalität und Kreativität repräsentieren. Der Schutz besteht unabhängig von einer Registrierung, eines Copyright-Vermerks oder anderer Formalitäten. Der Schutz beginnt mit der Schöpfung des Werkes und endet 70 Jahre nach dem Tod des Urhebers. Neben dem Urheberrecht steht das Patentrecht, das den Schutz innovativer Erfindungen regelt (siehe dazu unter XI.). Für den patentrechtlichen Schutz ist die Anmeldung und Registrierung beim Deutschen (oder Europäischen) Patentamt erforderlich. Der Schutz besteht auch nur für 20 Jahre ab Anmeldung; danach ist die Erfindung zur Benutzung frei. Neben dem Urheber- und Patentrecht bestehen noch weitere Schutzsysteme, die aber hier allenfalls am Rande erwähnt werden. Dazu zählen

- das Geschmacks- und Gebrauchsmusterrecht
- der ergänzende Leistungsschutz über § 1 UWG
- der Geheimnisschutz (§ 17 UWG)
- der deliktsrechtliche Schutz über § 823 Abs. 1 BGB
- die Möglichkeit einer Eingriffskondiktion (§ 812 Abs. 1 S. 1, 2. Var. BGB).

Geregelt ist das Urheberrecht im Urheberrechtsgesetz aus dem Jahre 1965, einem Regelwerk, das schon aufgrund seines Alters nicht auf das Internet bezogen sein kann. Daher müssen neuere Bestimmungen, insbesondere des internationalen Ur-

---

[1] Zum Patentschutz von Geschäftsideen siehe Markus Hössle, Patentierung von Geschäftsmethoden – Aufregung umsonst?, in: Mitteilungen der deutschen Patentanwälte 2000, 331.

heberrechts, ergänzend hinzugenommen werden. Dabei handelt es sich vor allem um WCT, WPPRT und die sog. InfoSoc-Richtlinie der EU.

Beim WCT und WPPRT handelt es sich um zwei völkerrechtliche Verträge, die im Rahmen der WIPO im Dezember 1996 ausgehandelt worden sind. Sie sehen ein weites Vervielfältigungsrecht und ein neues „right of making available to the public" vor (siehe dazu unten). Die Vorgaben dieser Verträge sollen nunmehr EU-einheitlich durch die Richtlinie zum Urheberrecht in der Informationsgesellschaft umgesetzt werden.[2] Im Dezember 1997 hatte die Kommission einen ersten „Vorschlag für eine Richtlinie des Europäischen Parlamentes und des Rates zur Harmonisierung bestimmter Aspekte des Urheberrechts und verwandter Schutzrechte in der Informationsgesellschaft" vorgelegt[3]. Dieser Entwurf wurde Anfang 1999 vom Parlament ausführlich diskutiert und mit einer Fülle von Änderungsvorschlägen versehen[4]. Am 21. Mai 1999 veröffentlichte die Kommission dann ihren geänderten Vorschlag, der einige der Parlamentsvorschläge integrierte, im Wesentlichen aber dem ursprünglichen Text entsprach[5]. Nach weiteren Zwischenentwürfen kam es dann im Rat am 28. September 2000 zur Festlegung eines gemeinsamen Standpunktes[6], der dann – nach kleineren Änderungen[7] – am 14. Februar 2001 auch vom Parlament akzeptiert wurde. Die Regierungen der Mitgliedsstaaten haben den Text am 9. April 2001 angenommen. Am 22. Juni 2001 ist sie im Amtsblatt der EU veröffentlicht worden und damit mit gleichem Datum in Kraft getreten.[8] Die Umsetzungsfrist läuft damit am 21. Juni 2003 ab.

Die Richtlinie zielt auf die Harmonisierung der urheberrechtlichen Standards und der verwandten Schutzrechte in der Informationsgesellschaft ab. Sie befasst sich mit den zentralen Ausschließlichkeitsrechten des Urhebers, also dem Vervielfältigungsrecht, dem Verbreitungsrecht sowie dem Recht der öffentlichen Wiedergabe. Der Schwerpunkt liegt hierbei auf dem Vervielfältigungsrecht, dem im digitalen Zeitalter die größte Bedeutung zukommt. Ein Anliegen ist es auch, dieses in Einklang mit den WIPO-Verträgen von 1996 zu bringen.

---

2 Siehe dazu auch Hoeren, MMR 2000, 515.

3 Entwurf vom 10. Dezember 1997 - COM (97) 628 final, Abl. C 108 vom 7. April 1998, 6. Siehe dazu Dietz, MMR 1998, 438; Flechsig, CR 1998, 225; Haller, Medien und Recht 1998, 61; Lewinski, MMR 1998, 115; Reinbothe, ZUM 1998, 429.

4 Der unveröffentlichte Endbericht des Parlaments datiert auf den 10. Februar 1999 (Aktz. A4-0026/99).

5 Entwurf vom 21. Mai 1999 - KOM (99) 250 endg., Abl. C 150/171 vom 28. Mai 1999. Der Text kann über das Internet abgerufen werden unter http://europa.eu.int/comm/dg-15/de/intprop/intprop/copy2.htm.

6 Gemeinsamer Standpunkt (EG) Nr. 48/2000, Abl. C 3441/1 vom 1. Dezember 2000.

7 Siehe die Legislative Entschließung des Parlaments vom Januar 2001, A%-0043/2001.

8 ABl. L 167 v. 22.06.01, S. 10 ff.; http://europa.eu.int/eur-lex/de/oj/2001/l_16720010622-de.html oder http://europa.eu.int/eur-lex/en/oj/2001/l_16720010622de.html (engl. Version).

I Kollisionsrechtliche Fragen

Die Informationsindustrie ist ein in sich international ausgerichteter Wirtschaftssektor. Informationen sind ihrer Natur nach ubiquitär, d. h. überall verbreitet. Sie können ohne hohen Kostenaufwand reproduziert und – zum Beispiel über internationale Datennetze – in wenigen Sekunden transferiert werden. Gerade Phänomene wie die Satellitenübertragung oder das Internet zeigen, dass nationale Grenzen keine besondere Bedeutung mehr haben. Daher stellt sich vorab die Frage, ob und wann das deutsche Urheberrecht bei Informationsprodukten zur Anwendung kommt.

Das anwendbare Recht kann (scheinbar) vertraglich durch eine Rechtswahlklausel geregelt werden. Die Parteien vereinbaren die Anwendung einer bestimmten Urheberrechtsordnung auf ihre Rechtsbeziehungen. Nach Art. 27, 28 EGBGB unterliegt ein Vertrag vorrangig dem von den Parteien gewählten Recht[9]. Treffen die Parteien demnach eine Vereinbarung darüber, welches Recht Anwendung finden soll, ist diese immer vorrangig zu beachten. Dabei kommt sogar die Annahme einer konkludenten Rechtswahl in Betracht. Insbesondere die Vereinbarung eines Gerichtsstandes soll ein (widerlegbares) Indiz für die Wahl des am Gerichtsort geltenden materiellen Rechts sein[10]. Das deutsche Urheberrechtsgesetz enthält jedoch zwingende Regelungen zugunsten des Urhebers, die nicht durch eine Rechtswahlklausel ausgehebelt werden können[11]. Hierzu zählen die Regelungen über Urheberpersönlichkeitsrechte, der Zweckübertragungsgrundsatz, die Unwirksamkeit der Einräumung von Nutzungsrechten nach § 31 IV UrhG, die Beteiligung des Urhebers bei einem besonders erfolgreichen Werk (§ 36 UrhG) sowie das Rückrufsrecht wegen gewandelter Überzeugung (§ 41 UrhG). Ferner gilt eine Rechtswahlklausel von vornherein nicht für das Verfügungsgeschäft, also die rechtliche Beurteilung der Übertragung von Nutzungsrechten und die Ansprüche eines Lizenznehmers[12]. Wenngleich den Parteien also die Möglichkeit eingeräumt wird, das auf ihre vertraglichen Beziehungen anwendbare Recht zu bestimmen, gibt es viele Bereiche, die sich einer derartigen Rechtswahl entziehen.

Darüber hinaus ist zu beachten, dass das gewählte Recht allein für die vertraglichen Rechtsbeziehungen entscheidend ist. So werden die oftmals auftretenden deliktischen Rechtsfragen nicht dem gewählten Vertragsstatut unterstellt, sondern nach dem Deliktsstatut beurteilt. Wenngleich umstritten ist, ob bei Urheberrechtsverletzungen direkt auf die 1999 eingefügte Tatortregel des Art. 40 I EGBGB zurückgegriffen werden kann oder ob die Ausweichklausel des Art. 41 EGBGB zur Anwendung gelangt[13], gilt hier, dem geistigen Eigentum Rechnung tragend, nach

---

9 Vgl. zum vertraglichen Kollisionsrecht die Ausführungen unter § 9 I.

10 So BGH, JZ 1961, 261; WM 1969, 1140, 1141; OLG Hamburg, VersR 1982, 236; OLG Frankfurt, RIW 1983, 785.

11 Vgl. hierzu auch Hoeren/Thum, in: Dittrich (Hg.), Beiträge zum Urheberrecht V, Wien 1997, 78.

12 Siehe auch BGH, MMR 1998, 35 - Spielbankaffaire m. Anm. Schricker.

13 Vgl. hierzu Rolf Sack, WRP 2000, 269, 271.

allgemeiner Meinung das Schutzlandprinzip[14]. Anwendbar ist danach das Recht des Staates, für dessen Gebiet Schutz gesucht wird, die sog. lex loci protectionis[15]. Anders als bei der Verletzung von Sacheigentum richten sich bei der Verletzung von Immaterialgüterrechten auch die kollisionsrechtlichen Vorfragen nach der lex loci protectionis[16]. Hierzu zählen die Entstehung des Urheberrechts[17], die erste Inhaberschaft am Urheberrecht und die Frage, ob und welche urheberrechtlichen Befugnisse übertragbar sind[18]. Die Geltung des Schutzlandprinzips bereitet den Rechteverwertern im Internetbereich große Probleme. Diejenigen, die sich rechtmäßig verhalten wollen, müssen ihre Online-Auftritte nach den Urheberrechtsordnungen all derjeniger Staaten ausrichten, in denen ihr Angebot abrufbar ist, da jeder dieser Staaten potentiell als Schutzland in Betracht kommt[19]. Damit wird aber der Internetauftritt zu einem rechtlich unmöglichen Unterfangen; denn zu einer effektiven Kontrolle der Rechtmäßigkeit des Auftritts müssten alle weltweit bekannten Urheberrechtsordnungen (technisch gesehen alle Rechtsordnungen der Welt) berücksichtigt werden. Eine Änderung der kollisionsrechtlichen Anknüpfungspunkte ist nicht in Sicht. Die Regelung in der Satellitenrichtlinie 93/83/EWG[20] führt zwar faktisch zu einer Anknüpfung an das Herkunftslandprinzip[21]; diese ist aber auf den Bereich der Satellitenausstrahlung beschränkt. Im (geänderten) Vorschlag für eine Richtlinie zu rechtlichen Fragen des elektronischen Handels[22] hat man es jedenfalls abgelehnt, die satellitenrechtlichen Prinzipien auf das Internet zu übertragen. Daher ist das Immaterialgüterrecht weiträumig von der Geltung des in Art. 3 II des Entwurfs verankerten Ursprungslandprinzips ausgenommen worden[23]. Man kann allerdings daran zweifeln, ob diese Entscheidung richtig ist. Die Harmonisierung des Urheberrechts hat ein Ausmaß erreicht, das eine Anwendung des Ursprungslandsprinzips rechtfertigt. Die Unterschiede erstrecken sich allenfalls noch auf den Bereich der (nicht von der Regelungskompetenz der europäischen Organe) umfassten Urheberpersönlichkeitsrechte. Aber selbst hier besteht

---

[14] RGZ 129, 385, 388; BGHZ 118, 394, 397 f. BGHZ 126, 252, 255; BGHZ 136, 380, 385 f.; Staudinger/v.Hoffmann (1998), Art. 38 EGBGB, Rdnr. 574.

[15] Sack, WRP 2000, 269, 270.

[16] Seit langem schon anderer Ansicht ist Schack, zuletzt in MMR 2000, 59, 63 f.

[17] So auch BGHZ 49, 331, 334 f.; BGH, IPRax 1983, 178; OLG Frankfurt, BB 1983, 1745; OLG München, GRUR Int. 1990, 75.

[18] BGH, Urteil vom 2. Oktober 1997 - I ZR 88/95, MMR 1998, 35 - Spielbankaffaire mit Anm. Schricker.

[19] Zu den damit verbundenen Haftungsproblemen siehe allgemein Decker, MMR 1999, 7 und Waldenberger, ZUM 1997, 176.

[20] Vom 27.09.1993, Abl. EG Nr. L 248, S. 5.

[21] Tatsächlich ist nur auf der Ebene der Sachvorschriften einheitlich definiert worden, dass sich der Verletzungsort im Sendeland befindet, vgl. Katzenberger in Schricker, vor § 120 ff UrhG, Rdnr. 142.

[22] Siehe hierzu der geänderte Vorschlag vom 1. September 1999. Der Vorentwurf stammt vom 18. November 1998 - Dok. KOM (98) 586 end, Abl. C 30 vom 5. Februar 1999, S. 4. Siehe hierzu auch Hoeren, MMR 1999, 192; Maennel, MMR 1999, 187; Waldenberger, EuZW 1999, 296.

[23] Hoeren, MMR 1999, 192, 195 f.

durch die internationalen Urheberrechtsverträge, voran die revidierte Berner Übereinkunft, ein Mindestmaß an EU-einheitlichen Schutzrechten. Neuere Forschungsarbeiten zeigen, dass selbst in Großbritannien ein Mindestschutz auf dem Gebiet der Urheberpersönlichkeitsrechte etabliert worden ist. Daher erscheint es jedenfalls gerechtfertigt, über eine Regelung nachzudenken, wie sie für die ähnlich gelagerten Fälle der Satellitennutzung besteht[24]. Nicht gelöst wäre damit allerdings das Problem der Drittstaaten. Im Verhältnis zum Nicht-EU-Ausland würden die Rechteverwerter weiterhin damit konfrontiert, dass sie ihre Handlungen potentiell an allen Rechtsordnungen der Welt messen lassen müssten.

Im Übrigen könnte sich die Lage grundlegend durch den im Dezember 1996 auf WIPO-Ebene verabschiedeten World Copyright Treaty (WCT) geändert haben[25]. Art. 8 des Vertrages hat innerhalb eines weitgefassten Rechts auf öffentliche Wiedergabe ein ausschließliches Recht des „making available to the public" eingeführt. Im parallel dazu verabschiedeten World Performers and Producers Rights Treaty (WPPT) wird das Recht auf öffentliche Wiedergabe separat vom neuen Recht auf „making available to the public" geregelt (Art. 10, 14 und 15 WPPT). Die Rechtsnatur dieses Rechts ist unklar. Es wird nicht deutlich, inwieweit dieses neue Online-Recht im Verhältnis zum allgemeinen Recht der öffentlichen Wiedergabe als eigenständiges Aliud anzusehen ist. Bislang kaum diskutiert sind auch die kollisionsrechtlichen Konsequenzen der beiden WIPO-Verträge. Der Akt des „making available to the public" findet technisch am Serverstandort statt. Das neue Recht könnte damit eine Vorverlegung der kollisionsrechtlichen Anknüpfung dergestalt mit sich bringen, dass ein Inhaltsanbieter nur noch das Recht am jeweiligen Standort des Servers zu beachten hat. Man kann aber auch darauf abstellen, dass dieses Recht im WCT und WPPT dahingehend konkretisiert worden ist, dass „members of the public may access these works from a place and at a time individually chosen by them". Es könnte also auch weiterhin die Wertung getroffen werden, dass der einzelne Abruf durch den User als Teil des Bereitstellungsvorgangs anzusehen ist. Letztere Haltung dürfte die herrschende Auffassung sein. Insbesondere die Europäische Kommission interpretiert im Entwurf zur Multimediarichtlinie den Art. 8 WCT in dieser Weise. Zwar greift sie in Art. 3 des Entwurfs lediglich die WIPO-Formulierungen auf, ohne deren kollisionsrechtliche Bedeutung im Detail zu diskutieren. Einleitend setzt sie sich jedoch noch einmal mit der Frage des IPR auseinander und betont, dass aus der Anwendung des Schutzlandprinzips die Konsequenz folge, dass „several national laws may apply in general"[26]. Im Übrigen lehnt die Kommission im gleichen Zusammenhang jede Anwendung an den Serverstandort als nicht sachgerecht ab. Dies führe „to a delocalisation of services being provided from the country with the lowest level of protection for copyright and related rights". Es bedarf daher weiterer Diskussion, insbesondere im Rahmen der Umsetzung der Richtlinie, inwieweit das neue „making-available-right" kollisionsrechtliche Auswirkungen hat.

---

24 Es könnte auf sachrechtlicher Ebene definiert werden, dass der Verletzungsort sich in dem Land des Einspeisungsortes befindet.

25 Vgl. hierzu Vinje, EIPR 5 (1997), 230.

26 Kapitel 2 II 8, S. 11.

II Schutzfähige Werke

Wenn das deutsche Urheberrecht kollisionsrechtlich also Anwendung findet, fragt sich als nächstes, welche Werke urheberrechtlich überhaupt schutzfähig sind.

1 Der Katalog geschützter Werkarten

Nach § 1 UrhG erstreckt sich der Schutz auf Werke der Literatur, Wissenschaft und Kunst. Der Katalog ist insoweit abgeschlossen; Werke, die nicht unter diese drei Kategorien werden nicht vom UrhG umfasst. Damit stellt sich die Frage, ob bei neuen Werkarten, wie etwa Multimediaprodukten, eine Änderung des UrhG vonnöten ist. Entsprechende Diskussionen sind jedoch unnötig. Durch eine extensive Auslegung der Begriffe Literatur, Wissenschaft und Kunst ist es bislang immer gelungen, neue Formen der Kreativität in das Gesetz zu integrieren. So wird z. B. Software als Werk der Literatur angesehen und ist deshalb in § 2 Abs. 1 Nr. 1 UrhG ausdrücklich in die Kategorie der Sprachwerke aufgenommen worden. Schwieriger wird es bei der Qualifizierung von multimedialen Werken. Das Problem ist, dass der Begriff „Multimedia" zu schillernd ist, um als Anknüpfungspunkt für eine urheberrechtliche Kategorisierung zu dienen. Es ist deshalb im Einzelfall zu klären, ob es sich bei dem Produkt um ein Werk i.S.d. Urheberrechtsgesetz , um ein filmähnliches Werk, ein Werk der bildenden Kunst oder aber ein Sprachwerk handelt. Vom Rahmen des Schutzes nach § 1 UrhG sind die in § 2 UrhG aufgezählten Werke umfasst. § 2 Abs. 1 UrhG enthält einen Beispielskatalog geschützter Werke, der allerdings nicht abschließend, sondern für künftige technische Entwicklungen offen ist. Als Werke der Literatur, Wissenschaft und Kunst sind hiernach etwa Sprachwerke, Werke der Musik, Werke der bildenden Kunst sowie Lichtbild- und Filmwerke geschützt. Software zählt zu den Sprachwerken (§ 2 Abs. 1 Nr. 1 UrhG). Unter den Schutz von Software fallen auch Schriftfonts.[27]

Im Übrigen sind im multimedialen Kontext Photos, Texte, Graphiken und Musik als wichtigste Werkarten zu nennen. Zu den klassischen Werken treten in der Zwischenzeit neue internetspezifische Werkarten. Insbesondere sei hier für den Fernsehbereich auf den Bereich der virtuellen Figuren verwiesen[28]. Solche Computeranimationen sind meist als Werke der bildenden Kunst anzusehen und dementsprechend über § 2 Abs. 1 Nr. 4 UrhG geschützt; dieser Schutz erstreckt sich auch auf das elektronische Bewegungsgitter der Figur.

---

27 LG Köln, Urteil vom 12. Januar 2000, MMR 2000, 492 f.

28 Vgl. hierzu Schulze, ZUM 1997, 77 sowie allgemeiner Rehbinder, Zum Urheberrechtsschutz für fiktive Figuren, insbesondere für die Träger von Film- und Fernsehserien, Baden-Baden 1988.

2 Idee – Form

Zu bedenken ist aber, dass das Urheberrechtsgesetz nur die Form eines Werkes schützt, d. h. die Art und Weise seiner Zusammenstellung, Strukturierung und Präsentation. Die Idee, die einem Werk zugrunde liegt, ist nicht geschützt. Je konkreter einzelne Gestaltungselemente übernommen worden sind, desto näher ist man an einer Urheberrechtsverletzung. Schwierig, ja fast unmöglich scheint aber die Grenzziehung zwischen Idee und Form. Hier wird man sich klarmachen müssen, dass die Unterscheidung nicht ontologisch zu erfolgen hat, sondern auf einer gesellschaftlichen Entscheidung zugunsten des Freihaltebedürfnisses, also der freien Nutzung, beruht.

Zu den freien Ideen gehören z. B. Werbemethoden, wissenschaftliche Lehren sowie sonstige Informationen, die als Allgemeingut anzusehen sind. Im Fernsehbereich spielt die Abgrenzung von Idee und Form eine zentrale Rolle, wenn es um die Frage der Showformate geht[29]. Die Idee zu einer neuen Spielshow ist ebenso wenig schutzfähig[30] wie der Hinweis auf neue Themen für die Berichterstattung. Im Softwarebereich bestimmt § 69a Abs. 2 S. 2 UrhG ausdrücklich, dass Ideen und Grundsätze, auf denen ein Element des Computerprogramms basiert, sowie die den Schnittstellen zugrunde liegenden Grundsätze nicht geschützt sind. Das bedeutet, dass die Verfahren zur Lösung eines Problems und die mathematischen Prinzipien in einem Computerprogramm grundsätzlich nicht vom urheberrechtlichen Schutz umfasst werden, wobei wiederum die Abgrenzung zu der geschützten konkreten Ausformulierung dieser Grundsätze äußerst schwierig ist.

Während bei wissenschaftlichen und technischen Inhalten ein besonderes Freihaltebedürfnis besteht, kommt bei literarischen Werken eher ein Schutz des Inhalts in Betracht. So bejaht die Rechtsprechung einen Urheberrechtsschutz bei Romanen nicht nur für die konkrete Textfassung, sondern auch für eigenpersönlich geprägte Bestandteile des Werks, die auf der schöpferischen Phantasie des Urhebers beruhen, wie etwa der Gang der Handlung und die Charakteristik und Rollenverteilung der handelnden Personen[31].

Für den Betroffenen ist die freie Nutzbarkeit von Ideen ein unlösbares Problem. Es gibt zahlreiche Branchen, deren Kreativität und Erfolg einzig und allein auf Ideen beruht. So bedarf es in der Werbebranche oft einiger Mühen, um die Idee für eine Werbestrategie zu entwickeln. Auch in der schnelllebigen Fernsehbranche haben Einfälle für neue Sendekonzepte eine enorme Bedeutung. In all diesen Branchen steht der Ideengeber schutzlos da. Er kann sich gegen die Verwertung seiner Einfälle nicht zur Wehr setzen. Auch eine Hinterlegung oder Registrierung hilft hier nicht weiter, da diese nichts an der Schutzunfähigkeit von Ideen ändert. Die gewerblichen Schutzrechte (insbes. das PatentG und GebrauchsmusterG) bieten nur unter sehr hohen Voraussetzungen einen Schutz für technische Erfindungen. Auch das Wettbewerbsrecht (UWG) schützt grundsätzlich nicht vor der Übernahme von Ideen.

---

29 Siehe hierzu Litten, MMR 1998, 412.

30 Vgl. OLG München, ZUM 1999, 244.

31 BGH, ZUM 1999, 644 (647); OLG München, ZUM 1999, 149 (151).

3 Gestaltungshöhe

Nach § 2 Abs. 2 UrhG sind Werke im Sinne des Gesetzes nur solche, die als persönliche geistige Schöpfungen angesehen werden können. Das Gesetz verweist mit dem Erfordernis der „Schöpfung" auf die Gestaltungshöhe, die für jedes Werk im Einzelfall nachgewiesen sein muss. Nicht jedes Werk ist geschützt, sondern nur solche, deren Formgestaltung ein hinreichendes Maß an Kreativität beinhaltet. Dabei ist das bereits eingangs beschriebene Verhältnis von Gemeinfreiheit und Immaterialgüterrecht zu beachten. Das Urheberrecht ist eine Ausnahmeerscheinung zum Grundsatz der Informationsfreiheit. Eine zu tief angesetzte Messlatte für die Urheberrechtsfähigkeit würde das Verhältnis von Regel und Ausnahme verzerren. Statt Gemeinfreiheit der Idee und freiem Informationszugang stünden nunmehr ein bis 70 Jahre nach Tod des Urhebers fortdauerndes Ausschließlichkeitsrecht als Regelfall im Vordergrund. Schon die lange Schutzdauer zeigt, dass regelmäßig eine besondere Gestaltungshöhe für die Bejahung der Urheberrechtsfähigkeit erforderlich ist.

In der Rechtsprechung wird daher zu Recht zwischen Werken der schönen und der angewandten Künste unterschieden. Die schönen Künste gehören zu den traditionellen Schutzgütern des Urheberrechts. Hier reicht es daher aus, dass die Auswahl oder Anordnung des Stoffes individuelle Eigenarten aufweist. Das Reichsgericht hat hierzu die Lehre von der sog. kleinen Münze[32] eingeführt, wonach bereits kleinere Eigenarten im Bereich der schönen Künste die Schutzfähigkeit begründen können. Ob man die Großzügigkeit, mit der das Reichsgericht etwa einem Telefonbuch eine solche Eigenart zugebilligt hat, heute noch teilen kann, ist allerdings zweifelhaft. Die Judikatur des Reichsgerichts mag angesichts der Tatsache, dass die Schutzdauer nach dem Urheberrechtsgesetz von 1870 lediglich dreißig Jahre post mortem auctoris betrug, sachangemessen gewesen sein. Die Erhöhung der Schutzfristen im Jahre 1934 auf fünfzig Jahre und im Jahre 1965 auf siebzig Jahre sowie die allmähliche Erstreckung des Schutzes auf gewerblich-technische Werke muss auf jeden Fall zu einer Änderung bei den Kriterien für die Gestaltungshöhe führen.

Für Werke der angewandten Kunst, einschließlich von Gebrauchstexten, ist auf jeden Fall ein erhöhtes Maß an Gestaltungshöhe erforderlich. Wie Erdmann[33] zu Recht betont hat, können die Anforderungen an die Gestaltungshöhe bei einzelnen Werkarten unterschiedlich sein und bei der zweckfreien Kunst höher liegen als bei gebrauchsbezogenen, gewerblichen Werken. Gerade deshalb hat der BGH in der Vergangenheit stets auf dem Erfordernis bestanden, dass die Form letzterer Werke deutlich die Durchschnittsgestaltung übersteigt[34]. Die individuellen Eigenarten müssen auf ein überdurchschnittliches Können verweisen. Erst weit jenseits des

---

[32] RGSt 39, 282, 283 - Theaterzettel; RGZ 81, 120, 122 - Kochrezepte; RGZ 116, 292, 294 Adressbuch.

[33] Festschrift von Gamm 1990, 389, 401.

[34] BGH, GRUR 1986, 739, 740 f. - Anwaltsschriftsatz; siehe auch BGH, GRUR 1972, 38, 39 - Vasenleuchter; BGHZ 94, 276, 286 - Inkasso-Programm; BGH, GRUR 1995, 581 f. - Silberdistel.

Handwerklichen und Durchschnittlichen setzt hier die Schutzhöhe an.[35] Dies ist allein schon deshalb geboten, weil sonst die Abgrenzung zwischen dem Urheberrecht und dem, bei Werken der angewandten Kunst ebenfalls einschlägigen, Geschmacksmustergesetz hinfällig wird. Im Übrigen wäre eine Herabsenkung der Gestaltungshöhe in diesem Bereich gefährlich[36]. Denn eine solch großzügige Rechtsprechung würde das Risiko schaffen, dass der Schutz des Urheberrechts über den eigentlichen Kernbereich von Literatur, Musik und Kunst hinaus uferlos ausgeweitet wird und auch bei minimaler kreativer Gestaltung ein monopolartiger Schutz bis 70 Jahre nach Tod des Urhebers bejaht werden müsste.

Teilweise wird diese traditionelle Sichtweise jedoch kritisiert. So wird das Kriterium der Gestaltungshöhe als „spezifisch deutschrechtlich" angesehen und aufgrund europäischer Harmonisierungstendenzen eine Abkehr von diesem Kriterium gefordert[37]. Diese Auffassung verkennt jedoch, dass auch in anderen Mitgliedstaaten der Europäischen Union, insbesondere soweit diese der kontinentaleuropäischen Tradition des „Droit d´auteur" zuzurechnen sind, immer noch ein hoher Grad an Schöpfungshöhe als Grundbedingung eines urheberrechtlichen Schutzes angesehen wird[38]. Selbst in der US-amerikanischen Rechtsprechung machen sich Tendenzen bemerkbar, erhöhte qualitative Kriterien an die Gewährung des Copyright anzulegen[39]. Auch der Verweis auf europäische Richtlinien, insbesondere die Softwareschutz- bzw. die Datenbankrichtlinie, führt nicht weiter. Zwar ist infolge von § 69a Abs. 3 S. 2 UrhG, der eine Anwendung qualitativer Kriterien bei der Prüfung der Urheberrechtsfähigkeit von Software verbietet, die Anforderungen an die Schutzfähigkeit von Computerprogrammen gegenüber der früher geltenden Rechtslage herabgesetzt. Damit ist jedoch nicht gesagt, dass nun jedes noch so durchschnittliche, alltägliche oder triviale Programm urheberrechtlichen Schutz genießt. Vielmehr wird die Rechtsprechung auch künftig zwar herabgesetzte, aber letztendlich doch qualitativ-wertende Kriterien heranziehen, ohne die der Begriff der „Schöpfung" nie mit Inhalt gefüllt werden könnte. Losgelöst von der Frage, wie die Rechtsprechung die Schutzfähigkeit von Software oder Datenbanken bestimmt, handelt es sich jedoch bei beiden Regelungskomplexen um Sondermaterien. Die §§ 69a UrhG erstrecken sich ausweislich § 69a Abs. 1 UrhG nur auf Computerprogramme in jeder Gestalt. Die Europäische Datenbankrichtli-

---

35 Anders die österreichische Rechtsprechung, die nur darauf abstellt, dass individuelle, nicht-routinemäßige Züge vorliegen; siehe etwa öOGH, Beschluss vom 24. April 2001, MMR 2002, 42 – telering.at

36 Siehe etwa Schraube, UFITA 61 (1971), 127, 141; Dietz, a. a. O., Rdnrn. 68 und 82; Thoms, Der urheberrechtliche Schutz der kleinen Münze, München 1980, 260 m. w. N.

37 Schricker, GRUR 1996, 815, 818; ähnlich auch Schricker, Festschrift Kreile, 715 und ders., - GRUR 1991, Band II, 1095, 1102; Nordemann/Heise, ZUM 2001, 128.

38 Vgl. hierzu Dietz, Das Urheberrecht in der Europäischen Gemeinschaft, Baden-Baden 1978, Rdnrn. 78; Colombet, Major principles of copyright and neighbouring rights in the world, Paris 1987, 11; Cerina, IIC 1993, 579, 582.

39 Siehe etwa die Entscheidung des Supreme Court of the United States No. 89-1909 vom 27. März 1991 in Sachen Feist Publications Inc. v. Rural Telephone Service Company, Sup. Ct. 111 (1991), 1282 = GRUR Int. 1991, 933.

nie regelt allein den Schutz von Informationssammlungen. In beiden Fällen wird voller urheberrechtlicher Schutz, einschließlich urheberpersönlichkeitsrechtlicher Befugnisse, für einen Zeitraum bis zu 70 Jahren nach Tod des Urhebers gewährt, obwohl die Gestaltungshöhe eher leistungsschutzrechtlichen Standards entspricht.

4 Pixel, Sounds und Bits

Schwierigkeiten bereiten Onlineauftritte auch insofern, als teilweise nicht ganze Sprach-, Lichtbild- oder Filmwerke eingespeist, sondern kleinste Partikel der betroffenen Werke verwendet werden. So wird etwa bei Musik manchmal lediglich der Sound kopiert; die Melodie hingegen wird nicht übernommen[40]. Allerdings sind Schlagzeugfiguren, Bassläufe oder Keyboardeinstellungen nach allgemeiner Auffassung[41] urheberrechtlich nicht geschützt, da sie nicht melodietragend, sondern lediglich abstrakte Ideen ohne konkrete Form seien. Insoweit rächt sich die Unterscheidung von Idee und Form, die dazu führt, dass nur die Melodie als urheberrechtsfähig angesehen wird. Hier ist ein Umdenken erforderlich, das auch den Sound als grundsätzlich urheberrechtsfähig begreift[42].

III Leistungsschutzrechte

Neben den Rechten des Urhebers bestehen noch die sog. Leistungsschutzrechte (§§ 70–87e UrhG). Hierbei genießen Leistungen auch dann einen Schutz durch das Urheberrechtsgesetz, wenn sie selbst keine persönlich-geistigen Schöpfungen beinhalten. Allerdings ist der Schutz gegenüber urheberrechtsfähigen Werken durch Umfang und Dauer beschränkt.

Von besonderer Bedeutung sind vor allem fünf Arten von Leistungsschutzrechten:

- der Schutz des Lichtbildners (§ 72 UrhG),
- der Schutz der ausübenden Künstler (§ 73–84 UrhG),
- der Schutz der Tonträgerhersteller (§ 85, 86 UrhG),
- der Schutz der Filmhersteller (§§ 88–94 UrhG),
- der sui generis Schutz für Datenbankhersteller (§§ 87a – 87e UrhG).

---

40 Vgl. hierzu Allen, Entertainment & Sports Law Review 9 (1992), 179, 181; Keyt, CalLR 76 (1988), 421, 427; McGraw, High Technology LJ 4 (1989), 147, 148. Zum deutschen Recht siehe Münker, Urheberrechtliche Zustimmungserfordernisse beim Digital Sampling, Frankfurt 1995; Bortloff, ZUM 1993, 476; Lewinski, Verwandte Schutzrechte, in: Schricker (Hg.), Urheberrecht auf dem Weg zur Informationsgesellschaft, Baden-Baden 1997, 231.

41 So etwa Wolpert, UFITA 50 (1967), 769, 770.

42 Siehe hierzu die Nachweise bei Bindhardt, Der Schutz von in der Popularmusik verwendeten elektronisch erzeugten Einzelsounds nach dem Urheberrechtsgesetz und dem Gesetz gegen den unlauteren Wettbewerb, Frankfurt 1998, 102; Bortloff, ZUM 1993, 477; Hoeren, GRUR 1989, 11, 13; Müller, ZUM 1999, 555.

Alle oben erwähnten Leistungsschutzberechtigten genießen einen spezialgesetzlich verankerten und letztendlich wettbewerbsrechtlich begründeten Schutz ihrer Leistungen. Die Leistung des Lichtbildners besteht z. B. darin, Photographien herzustellen, deren Originalität unterhalb der persönlich-geistigen Schöpfung angesiedelt ist. Der ausübende Künstler genießt Schutz für die Art und Weise, in der er ein Werk vorträgt, aufführt oder an einer Aufführung bzw. einem Vortrag künstlerisch mitwirkt (§ 73 UrhG). Der Tonträgerhersteller erbringt die technisch-wirtschaftliche Leistung der Aufzeichnung und Vermarktung von Werken auf Tonträger (§ 85 UrhG). Der Filmhersteller überträgt Filmwerke und Laufbilder auf Filmstreifen (§ 94, 95 UrhG). Ein Hersteller von Datenbanken wird schließlich aufgrund der investitionsintensiven Beschaffung, Überprüfung und Darstellung des Inhalts seiner Datenbank geschützt.

Allerdings wirft das System der Leistungsschutzberechtigten eine Reihe ungelöster Fragen auf, die mit Systemwidersprüchen und Regelungslücken des derzeitigen Urheberrechtssystems verknüpft sind.

1 Ausübende Künstler, §§ 73–84 UrhG

Problematisch ist z. B. die Stellung des ausübenden Künstlers, insbesondere im Falle der Übernahme von Sounds eines Studiomusikers[43]. Nach § 75 II UrhG dürfen Bild- und Tonträger, auf denen Darbietungen eines ausübenden Künstlers enthalten sind, nur mit seiner Einwilligung vervielfältigt werden. Dieses Recht steht nach herrschender Auffassung auch dem Studiomusiker zu, auch wenn er unmittelbar kein Werk vorträgt oder aufführt (vgl. § 73 UrhG)[44]. Ungeklärt ist allerdings bis heute, ob sich ein Studiomusiker gegen Sound-Sampling und die Integration „seiner" Sounds in ein Multimediaprodukt zur Wehr setzen kann. Nach herrschender Auffassung kommt ein Schutz nur in Betracht, wenn die Leistung des Musikers zumindest ein Minimum an Eigenart aufweist[45]. Dies ergibt sich daraus, dass es sich bei dem Leistungsschutzrecht um ein wettbewerbsrechtlich geprägtes Rechtsinstitut handelt. Über § 75 II UrhG wird deshalb nur derjenige Teil der Darbietung eines ausübenden Künstlers, in dem seine künstlerische Leistung bzw. Eigenart zum Ausdruck kommt, geschützt. Diese Leistung wird aber regelmäßig nicht in Frage gestellt, wenn der bloße Sound eines Musikers übernommen wird. Denn Gegenstand des Samplings sind meist nur Sekundenbruchstücke eines bestimmten Klangs; es geht um winzige Passagen eines einzelnen Percussionteils oder eines Schlagzeugsolos. Selbst wenn ein E-Gitarrist im Studio einige Akkorde

43 Allgemein dazu: Müller, ZUM 1999 S. 555 – 560.

44 Schricker/Krüger, Urheberrecht, 2. Aufl. München 1999, § 73 Rdnr. 16; Gentz, GRUR 1974 S. 328, 330; Schack, Urheber-und Urhebervertragsrecht Tübingen 1997, Rdnr. 589. Teilweise wird § 73 analog angewendet; vgl. Dünnwald, UFITA 52 (1969) S. 49, 63 f.; ders., UFITA 65 (1972) S. 99, 106.

45 Abweichend Möhring/Nicolini, § 73 Anm. 2: „Es ist dabei nicht notwendig, dass der Vortrag oder die Aufführung des Werkes oder die künstlerische Mitwirkung bei ihnen einen bestimmten Grad künstlerische Reife erlangt hat; (...)."

spielt und diese Akkorde später von Dritten ohne seine Zustimmung gesampelt werden, wird damit im Allgemeinen nicht eine individuelle Leistung dieses Gitarristen vervielfältigt. Vielmehr handelt es sich um beliebige Klänge, die für sich genommen gerade nicht die künstlerische Eigenart des Darbietenden ausdrücken, sondern die – anders gesagt – ein anderer Musiker genauso darbieten könnte. Solche Samples sind daher der „Public Domain", d. h. dem urheberrechtlich frei zugänglichen Material zuzuordnen; ihre Verwendung berührt nicht die Rechte ausübender Künstler. Dementsprechend werden ganze Klangbibliotheken als „Public Domain" verkauft, ohne dass deren Herkunft leistungsschutzrechtlich von Bedeutung ist.

2 Tonträgerhersteller, §§ 85, 86 UrhG

Schwierigkeiten bereitet auch die Rechtsstellung des Tonträgerherstellers im Hinblick auf neue Verwertungstechnologien. Überträgt er urheberrechtlich geschützte Musikwerke auf Tonträger und werden die Tonträger ungenehmigt ganz oder teilweise kopiert, kann er sich unzweifelhaft auf ein Leistungsschutzrecht aus § 85 I UrhG berufen. Streitig ist jedoch, ob sich das Herstellerunternehmen zum Beispiel gegen Sound-Klau zur Wehr setzen kann, auch wenn Sounds als solche nicht urheberrechtsfähig sind[46]. Zu dieser Streitfrage haben Hertin[47] und Schorn[48] die Ansicht vertreten, dass sich der Tonträgerhersteller auch gegen die auszugsweise Verwendung eines Tonträgers und damit auch gegen die Übernahme einzelner Melodieteile (Licks) zur Wehr setzen könne, selbst wenn diese Melodieteile nicht urheberrechtsfähig seien. Das Oberlandesgericht Hamburg[49] wies diese Rechtsauffassung zurück: Der Tonträgerhersteller könne keine weitergehenden Rechte als der Urheber haben. Sei ein Sound nicht schutzfähig, könne weder der Urheber noch die Plattenfirma gegen die ungenehmigte Verwertung dieses Sounds vorgehen[50].

Schlecht sieht es auch für die Musikproduzenten aus, soweit es um Digital Audio Broadcasting (DAB) geht. Die Produzenten verfügen zwar über ein eigenes Leistungsschutzrecht, dieses erstreckt sich jedoch nur auf die Kontrolle der Vervielfältigung und Verbreitung der von ihnen produzierten Tonträger, § 85 I UrhG. Für die Ausstrahlung einer auf einem Tonträger fixierten Darbietung eines ausübenden Künstlers steht dem Hersteller des Tonträgers nur ein Beteiligungsanspruch gegenüber dem ausübenden Künstler nach § 86 UrhG zu, der von einer Verwertungsgesellschaft wahrgenommen wird. Der Produzent hat folglich keine Möglichkeit, die Ausstrahlung einer so fixierten Darbietung im Rahmen des DAB zu unterbinden. Gerade digitaler Rundfunk führt aber dazu, dass ein Nutzer digita-

---

46 Vgl. Schack, Urheber- und Urhebervertragsrecht Tübingen 1997, Rdnr. 624 und Rdnr. 190.

47 GRUR 1989, S. 578 f. und GRUR 1991, S. 722, 730 f.

48 GRUR 1989, S. 579 f.

49 ZUM 1991, 545 - Rolling Stones; vgl. hierzu auch Hertin, GRUR 1991, S. 722, 730 f.

50 Siehe auch: Hoeren, GRUR 1989, S. 580 f.

le Kopien erstellen kann, die qualitativ vom Original nicht mehr zu unterscheiden sind. Der Tonträgermarkt könnte so allmählich durch die Verbreitung der fixierten Inhalte über digitalen Rundfunk ersetzt werden. Allerdings haben Tonträgerhersteller eine mittelbare Handhabe zur Kontrolle von DAB: Sie können sich gegen die Digitalisierung der auf ihrem Tonträger fixierten Darbietung zu Sendezwecken zur Wehr setzen, da die Digitalisierung eine zustimmungspflichtige Vervielfältigung beinhaltet[51].

Eine gleichgelagerte Problematik ergibt sich für das zum Abruf bereithalten von Musik-Dateien im MP 3 Format über das Internet,[52] welche wegen der großen Popularität des MP 3 Standards viel gravierendere Auswirkungen für die Tonträgerindustrie haben kann. Durch diese Form des öffentlichen Verfügbarmachens kann jeder Nutzer eine digitale Kopie der auf dem Server des Anbieters liegenden Dateien auf seinem Rechner erstellen,[53] so dass er wohl kaum noch Interesse an dem Erwerb eines entsprechenden Tonträgers haben wird. Auch hier steht dem Hersteller keine ausschließliche Rechtsposition zur Seite, mittels derer er das im Internet zum Abruf bereithalten von Musikdateien, die durch eine Kopie seiner Tonträger erstellt worden sind, verhindern kann. Allerdings kann er insoweit – wie im Falle des digitalen Rundfunks – alle zu dem Verfügbarmachen notwendigen Vervielfältigungsakte (Digitalisierung und Server Upload) untersagen (§ 85 I S.1 UrhG) und damit auch nach geltendem Recht gegen Anbieter nicht-authorisierter MP 3 Dateien vorgehen.

Die Rechtsposition des Tonträgerherstellers in Bezug auf die neuen Verwertungstechnologien wird demnächst auf europäischer Ebene wesentlich gestärkt werden. Insbesondere sieht der geänderte Richtlinienvorschlag über die Harmonisierung des Urheberrechts und der verwandten Schutzrechte in der Informationsgesellschaft[54] in Art. 3 II (b) auch für Tonträgerhersteller ein Recht der öffentlichen Wiedergabe vor, welches das Verfügbarmachen im Internet explizit umfasst.

3 Datenbankhersteller

a) Vorüberlegungen: Der urheberrechtliche Schutz von Datenbanken

Webseiten sind häufig als Datenbankwerke (§ 4 Abs. 2 UrhG) geschützt. Nach § 4 Abs. 1 UrhG werden Sammlungen von Werken oder Beiträgen, die durch Auslese oder Anordnung eine persönlich-geistige Schöpfung sind, unbeschadet des Urhe-

---

[51] So ausdrücklich der österreichische Oberste Gerichtshof in seinem Urteil vom 26. Januar 1999, MMR 1999 S. 352 - Radio Melody III mit Anm. Haller.

[52] Siehe dazu allgemein: Cichon, K & R 1999 S. 547 – 553.

[53] Mit entsprechender Software ist es überdies problemlos möglich, die komprimierten Dateien auf eine Leer-CD zu „brennen" oder auf den Speicher eines tragbaren MP3-Player zu übertragen.

[54] Vorschlag vom 21.05.1999, COM (1999) 250 final.

berrechts an den aufgenommenen Werken wie selbständige Werke geschützt.[55] Eine multimediale Datenbank kann in dieser Weise geschützt sein, sofernin ihr Beiträge (auch unterschiedlicher Werkarten) gesammelt sind und die Auslese bzw. Anordnung der Beiträge eine persönlich-geistige Schöpfung darstellen (fehlt diese Schöpfungshöhe, kommt allerdings noch ein Schutz als wissenschaftliche Ausgabe nach § 70 in Betracht).

Das erste Merkmal bereitet wenig Schwierigkeiten: Im Rahmen einer Webseite können eine Reihe verschiedener Auszüge aus Musik-, Filmwerken und Texten miteinander verknüpft werden. Das Merkmal einer persönlich-geistigen Schöpfung bereitet bei der Subsumtion die meisten Schwierigkeiten. Die Rechtsprechung stellt hierzu darauf ab, dass das vorhandene Material nach eigenständigen Kriterien ausgewählt oder unter individuellen Ordnungsgesichtspunkten zusammengestellt wird.[56] Eine rein schematische oder routinemäßige Auswahl oder Anordnung ist nicht schutzfähig.[57] Es müssen individuelle Strukturmerkmale verwendet werden, die nicht durch Sachzwänge diktiert sind.[58]

Schwierig ist allerdings die Annahme eines urheberrechtlichen Schutzes bei Sammlungen von Telefondaten. Die Rechtsprechung hat bislang einen solchen Schutz – insbesondere in den Auseinandersetzungen um D-INfo 2.0[59] – abgelehnt und stattdessen einen Schutz über § 1 UWG überwiegend bejaht. Hier käme auch ein Schutz als Datenbank nach § 87a UrhG in Betracht (siehe unten). Gänzlich unklar ist der Schutz für Gesetzessammlungen. Das OLG München hat in seiner Entscheidung vom 26. September 1996[60] einen Schutz ausdrücklich abgelehnt: Eine solche Sammlung stelle allenfalls eine Aneinanderreihung von Texten dar, die auch hinsichtlich der redaktionell gestalteten Überschriften zu einzelnen Paragraphen keinen urheberrechtlichen Schutz genießen könne. Auch ein wettbewerblicher Schutz scheide im Hinblick auf die fehlende Eigenart aus. Meines Erachtens wird man in diesem Fall jedoch häufig einen Schutz über § 87a UrhG bejahen können, da die Erstellung umfangreicher Textsammlungen (etwa im Falle des "Schönfelder") mit einer wesentlichen Investition des Verlegers verbunden ist.

---

55 Vgl. zum urheberrechtlichen Schutz von Datenbanken auch Erdmann, CR 1986, 249, 253 f.; Hackemann, ZUM 1987, 269; Hillig, ZUM 1992, 325, 326; Katzenberger, GRUR 1990, 94; Raczinski/Rademacher, GRUR 1989, 324; Ulmer, DVR 1976, 87.

56 BGH, GRUR 1982, 37, 39 - WK-Dokumentation; OLG Düsseldorf, Schulze OLGZ 246, 4; OLG Frankfurt, GRUR 1986, 242 - Gesetzessammlung.

57 BGH, GRUR 1954, 129, 130 - Besitz der Erde.

58 LG Düsseldorf Schulze LGZ 104, 5.

59 OLG Karlsruhe, CR 1997, 149; LG Hamburg, CR 1997, 21; LG Stuttgart, CR 1997, 81 Siehe bereits OLG Frankfurt, Jur-PC 1994, 2631 - Tele-Info-CD; LG Frankfurt, CR 1997, 740.

60 CR 1997, 20.

b) Die Sui-generis-Komponente

Von zentraler Bedeutung sind im Übrigen auch die §§ 87a – 87e UrhG mit dem dort verankerten sui generis Recht, das infolge der EU-Datenbankrichtlinie[61] in das Urheberrechtsgesetz aufgenommen worden ist[62]. Geschützt werden die Datenbankhersteller. Diese Regelung ist weltweit einmalig. Als Hersteller gilt nicht nur die natürliche Person, die die Elemente der Datenbank beschafft oder überprüft hat, sondern derjenige, der die Investition in die Datenbank vorgenommen hat. Aus diesem Grund fällt, nach der Legaldefinition des § 87a Abs.1 S.1 UrhG unter diesen Schutz jede Sammlung von Werken, Daten oder anderen unabhängigen Elementen, die systematisch oder methodisch angeordnet und einzeln mit Hilfe elektronischer Mittel oder auf andere Weise zugänglich sind, sofern deren Beschaffung, Überprüfung oder Darstellung eine nach Art oder Umfang wesentliche Investition erfordert. Hierunter kann eine umfangreiche Sammlung von Hyperlinks[63], online abrufbare Sammlungen von Kleinanzeigen[64] und die meisten Zusammenstellungen von Informationen auf einer Webseite[65] fallen. Der Schutz von Datenbanken ist auch auf Printmedien, etwa „List of Presses“ [66] oder ein staatliches Ausschreibungsblatt[67], anwendbar. Auszüge aus solchen Datenbanken mit Hilfe einer Meta-Suchmaschine verstoßen gegen das dem Urheber der Datenbank zustehende Vervielfältigungsrecht.

Eine wegen der hohen Praxisrelevanz besondere Rolle spielt der sui generis Schutz bei der Piraterie von Telefonteilnehmerverzeichnissen. Die Rechtsprechung hat bislang einen urheberrechtlichen Schutz für solche Datensammlungen – insbesondere in den Auseinandersetzungen um D-Info 2.0[68] – abgelehnt und statt dessen einen ergänzenden Leistungsschutz über § 1 UWG überwiegend bejaht.

---

[61] Richtlinie 96/9/EG vom 11. März 1996, Abl. Nr. L 77 vom 27. März 1996, 20 = EWS 1996, 199. Siehe dazu Flechsig, ZUM 1997, S. 577; Jens L. Gaster, ZUM 1995, S. 740, 742; ders., CR 1997, S. 669 und 717, ders., in: Hoeren/Sieber (Hg.), Handbuch Multimediarecht, München 1999, Teil 7.8; ders. „Der Rechtsschutz von Datenbanken”, Köln 1999; Wiebe, CR 1996, S. 198, 201 f.

[62] Siehe dazu Raue/Bensinger, MMR 1998, S. 507.

[63] LG Köln, NJW CoR 1999 S. 248 (Leitsätze) = CR 1999, 400; AG Rostock, Urteil vom 20. Februar 2001 – 49 C 429/99 (erscheint demnächst in MMR); siehe dazu auch Schack, MMR 2001, 9 ff.

[64] LG Berlin, AfP 1998 S. 649 = MMR 2000, 120 (welches unter Anwendung des neuen Schutzrechts dem Anbieter einer Metasuchmaschine, die verschiedene Online Angebote von Kleinanzeigenmärkten systematisch durchsuchte, untersagte, die Ergebnisse dieser Suche seinen Kunden per Email verfügbar zu machen); LG Köln, AfP 1999 S. 95 - 96; hierzu auch Schmidt/Stolz, AfP 1999 S. 146.

[65] Siehe hierzu die Entscheidung des Berufungsgerichts Helsinki, MMR 1999, 93; sowie Köhler, ZUM 1999 S. 548 – 555.

[66] OLG Köln, Urt. v. 1. September 2000 – 6 U 43/00.

[67] OLG Dresden, Urteil vom 18. Juli 2000, ZUM 2001, 595.

[68] OLG Karlsruhe, CR 1997, S. 149; LG Hamburg, CR 1997, S. 21; LG Stuttgart, CR 1997, S. 81; siehe bereits OLG Frankfurt, Jur-PC 1994, S. 2631 - Tele-Info-CD; LG Frankfurt, CR 1997, S. 740.

Hier kommt nunmehr vorrangig auch ein Schutz als Datenbank nach §§ 87a UrhG in Betracht[69]. Allerdings reicht es nicht aus, wenn jemand Daten für ein Internet-Branchenbuch lediglich aus öffentlich-zugänglichen Quellen sammelt und per Computer erfassen lässt.[70]

Eine Ausnahmebestimmung, die amtliche Datenbanken ungeschützt lässt, findet sich in §§ 87a UrhG zwar nicht, allerdings scheint der BGH insoweit § 5 UrhG (Bereichsausnahme vom Urheberrechtsschutz für amtliche Werke) auch auf durch das UrhG geschützte Leistungsergebnisse – und damit auch auf Datenbanken – anwenden zu wollen[71]. Unberührt bleibt jedoch die Möglichkeit, durch eine investitionsintensive Zusammenstellung von amtlichen Werken, Dokumenten oder anderen Materials (z. B. Gesetzessammlungen, vgl. oben) sui generis Schutz für die daraus erstellte Datenbank zu beanspruchen.

Wegen der weiten Definition einer Datenbank in § 87a Abs. 1 UrhG (Art. 1 II der Richtlinie) können bei hinreichender Investitionshöhe weite Teile des Internet (Webseiten[72], Linksammlungen[73],...) diesem Schutzregime unterfallen, das insbesondere ein fünfzehn Jahre währendes Recht des Datenbankherstellers beinhaltet, die Datenbank ganz oder in wesentlichen Teilen zu vervielfältigen, zu verbreiten oder öffentlich wiederzugeben[74] (§ 87b Abs. 1 S. 1 UrhG). Gerade gegenüber einer kommerziellen Verwendung fremder Netzinhalte, z. B. mittels virtueller Suchroboter (intelligent or electronic agents), die Inhalte fremder Webseiten übernehmen, kann das sui generis Recht herangezogen werden[75]. Damit stellt sich z. B. für Anbieter von Suchmaschinen Services die Frage, inwieweit die von ihnen angewandten Suchmethoden nicht im Hinblick auf einen eventuellen sui generis Schutz für die von ihnen durchsuchten Webseiten problematisch sein könnte.

Die bei dem sui generis Recht auftretenden, schwierigen Interpretationsfragen und die dadurch hervorgerufene Rechtsunsicherheit werden sich nur mit Hilfe der Gerichte lösen lassen. Dies gilt insbesondere für die Auslegung des Begriffs der Wesentlichkeit, der sowohl den Schutzgegenstand (§ 87a Abs. 1 UrhG) als auch den Schutzumfang (§ 87b Abs. 1 UrhG) bestimmt und damit maßgeblich über die Zulässigkeit einer Datenbanknutzung entscheidet. Gerade auch wegen einer angeblich exzessiven Verwendung solcher unbestimmten Rechtsbegriffe hat die Da-

---

69 BGH, MMR 1999 S. 470 - 474 mit Anm. Gaster, MMR 1999, S. 543 - 544 und Wiebe, MMR 1999, S. 474 - 476; Siehe auch HandelsG Paris, MMR 1999, S. 533 mit Anm. Gaster.

70 LG Düsseldorf, Urteil vom 7. Februar 2001, 12 O 492/00 – Branchenbuch.

71 BGH, MMR 1999 S. 470, 472; vgl. auch die Anm. von Gaster, MMR 1999 S. 543, 544; Zur niederländischen Situation siehe Bezirksgericht Den Haag, MMR 1998 S. 299, 300 – 301.

72 Allerdings abgelehnt durch OLG Düsseldorf, Urt. vom 29. Juni 1999, MMR 1999, 729 = CR 2000, 184 mit Anm. Leistner. Das OLG bejaht statt dessen den allgemeinen Urheberrechtsschutz.

73 So LG Köln, Urt. v. 25. August 1999, CR 2000, 400.

74 Wobei in richtlinienkonformer Auslegung der Verwertungsrechte des § 87b UrhG grundsätzlich auch vorübergehende Vervielfältigungen und ein zum Abruf im Internet bereithalten von dem sui generis Schutz umfasst sind.

75 Vgl. dazu LG Berlin, AfP 1999 S. 649 – 651.

tenbankrichtlinie in den USA besonders heftige Kritik erfahren[76]. Anlass für eine so ausführliche Beschäftigung mit der europäischen Regelung des Datenbankschutzes dürfte jedoch das in Art. 11 III i. V. m. Erwägungsgrund 56 der Datenbankrichtlinie festgelegte Erfordernis materieller Gegenseitigkeit für die Gewährung eines sui generis Schutzes gegenüber Herstellern aus Drittstaaten sein. Danach genießen amerikanische Datenbankenhersteller für ihre Produkte in der EU nur dann den neuen Rechtsschutz, wenn in den USA ein vergleichbarer Schutz für europäische Datenbanken besteht. Obwohl vielfach Gefahren für die Informationsfreiheit, Wissenschaft und Forschung, eine Behinderung des Wettbewerbs auf dem Markt für Sekundärprodukte und eine Beschränkung des globalen Handels mit Informationsprodukten und -dienstleistungen durch die europäische Regelung befürchtet werden,[77] scheint die Sorge um einen Wettbewerbsnachteil für amerikanische Unternehmen auf dem europäischen Markt ein (verdecktes) Motiv für die harsche Kritik zu sein. Schließlich bleibt noch zu erwähnen, dass es in den USA seit Einführung der Datenbankrichtlinie ebenfalls Bemühungen gibt, einen Sonderrechtsschutz für „nicht-kreative" Datenbanken einzuführen[78].

IV Verwertungsrechte des Urhebers

Das Urheberrechtsgesetz billigt dem Urheber eine Reihe von Verwertungsrechten[79] zu: Er hat gem. § 15 Abs. 1 UrhG das ausschließliche Recht, sein Werk in körperlicher Form zu verwerten. Dieses Recht umfasst insbesondere das Vervielfältigungsrecht (§§ 16, 69c Nr. 1 UrhG), das Verbreitungsrecht (§§ 17, 69c Nr. 3 UrhG) und das Recht, Bearbeitungen des Werkes zu verwerten (§§ 23, 69c Nr. 2 UrhG). Ferner ist allein der Urheber befugt, sein Werk in unkörperlicher Form öffentlich wiederzugeben (Recht der öffentlichen Wiedergabe; § 15 Abs. 2 UrhG). Die Digitalisierung urheberrechtsfähiger Materialien greift in eine Reihe dieser Verwertungsrechte ein.

---

[76] Siehe: Reichman/ Samuelson, Vanderbilt Law Review 1997 S. 51 - 166; Rosler, High Technology Law Journal 1995 S. 105 - 146; Die Richtlinie insgesamt befürwortend jedoch G.M. Hunsucker, Fordham Intellectual Property, Media and Entertainment Law Journal 1997 S. 697 – 788.

[77] Siehe insbesondere Reichman/ Samuelson, Vanderbilt Law Review 1997 S. 84 – 137.

[78] Vgl. dazu Gaster, CR 1999 S. 669 – 678; aktuelle Gesetzesvorschläge: HR.354 und HR.1858.

[79] Auf die Urheberpersönlichkeitsrechte soll hier aus Platzgründen nicht näher eingegangen werden; siehe dazu § 2 V in diesem Skript sowie Decker, in: Hoeren/Sieber (Hg.), Handbuch Multimediarecht, München 1999, Teil 7.6; Rehbinder, ZUM 1995, 684; Reuter, GRUR 1997, 23; Wallner/Kreile, ZUM 1997, 625.

1 Vervielfältigung

Eine Vervielfältigung i.S.d. §§ 15 Abs. 1 Nr. 1, 16 Abs. 1 UrhG liegt vor, wenn Vervielfältigungsstücke des Werkes hergestellt werden, wobei eine (weitere) körperliche Festlegung des Werkes erfolgen muss, die geeignet ist, das Werk den menschlichen Sinnen auf irgendeine Weise unmittelbar oder mittelbar wahrnehmbar zu machen[80]. Da das Vervielfältigungsrecht gem. § 15 Abs. 1 Nr. 1 UrhG ein ausschließliches Recht des Urhebers ist, kann dieser seine Zustimmung zu einer solchen Vervielfältigung verweigern, sofern sich aus den Schrankenregelungen der §§ 45 ff UrhG nichts anderes ergibt (s. dazu Teil V.).

Die Digitalisierung von Material etwa im Wege des Scannens und die Speicherung auf einem Server (sog. Upload) stellen Vervielfältigungshandlungen i.S.d. § 16 UrhG dar[81]. Dies gilt auch für das Digitalisieren von Musikwerken zu Sendezwecken; hier spielt das Argument der Sendeanstalten, das Digitalisieren sei eine bloße Vorbereitungshandlung für das Senden, keine Rolle.[82] Weitere Kopien des Werkes werden bei textorientierten Onlinedatenbanken durch die Umwandlung in ein Textdokument durch das OCR-Programm und das eventuell darauf folgende Selektieren der Artikel erstellt. Nicht relevant ist in diesem Kontext die mit der Digitalisierung verbundene Umgestaltung. Nach § 23 UrhG darf ein Werk auch ohne Zustimmung des Urhebers bearbeitet oder in sonstiger Form umgestaltet werden. Erst wenn diese umgestaltete Fassung veröffentlicht oder verwertet werden soll, ist eine Zustimmung des Urhebers erforderlich. Hieraus folgt, dass Texte und Bildmaterial für die Zwecke der Digitalisierung umgestaltet werden dürfen. Allerdings dürfen die Speicher nicht ohne Zustimmung des Urhebers öffentlich zugänglich gemacht oder verbreitet werden (s. u.). Eine Vervielfältigung ist im Übrigen auch das Setzen eines Links, sofern durch die Aktivierung des Verweises ein Fenster geöffnet wird, das die Webseite eines anderen identisch zum Inhalt hat.[83]

Anders liegt der Fall, wenn kurze Zusammenfassungen (sog. abstracts) erstellt werden, die über den wesentlichen Inhalt des jeweiligen Dokumentes informieren. Weil die abstracts aufgrund ihrer komprimierten Darstellung die Textlektüre nicht zu ersetzen vermögen, ist keine urheberrechtliche Relevanz anzunehmen, da die Beschreibung des Inhalts eines Werkes allgemein für zulässig erachtet wird, sobald das Werk selber veröffentlicht wurde[84]. Werden lediglich Stichworte und bibliographische Angaben aus dem Originaltext übernommen und in das Dokumentationssystem eingespeichert, liegt ebenfalls keine urheberrechtliche Vervielfälti-

[80] Schricker/Loewenheim, Urheberrecht, 2. Aufl. München 1999, § 16 Rdnr. 6.

[81] Vgl. OLG Frankfurt/M CR 1997, 275, 276; Freitag, Urheberrecht und verwandte Schutzrechte im Internet, in: Handbuch zum Internet-Recht (2000), 289, 311.

[82] So ausdrücklich der österreichische Oberste Gerichtshof in seinem Urteil vom 26. Januar 1999, MMR 1999, 352 - Radio Melody III mit Anm. Haller.

[83] LG Hamburg, Urt. v. 12. Juli 2000, MMR 2000, 761.

[84] Katzenberger, GRUR 1973, 631; Mehrings, GRUR 1983, 284, 286.

gung vor, da hier nur ein inhaltliches Erschließen mit der Möglichkeit späteren Auffindens des Textes in Rede steht[85].

Auch durch Links können Vervielfältigungen im Sinne von § 16 UrhG vorgenommen werden. Das ist z. B. der Fall, wenn die verweisende Web-Seite beim Anklicken des Links nicht vollständig verlassen wird und sich statt dessen der gelinkte Text als Fenster in der Webseite des Verletzers wiederfindet. Dabei kann nicht davon ausgegangen werden, dass die freie Abrufbarkeit von Inhalten im Internet gleichzeitig auch als konkludente Zustimmung zu einem Link anzusehen ist.[86]

Beim Abruf der gespeicherten Daten vom Server kann dagegen das Vervielfältigungsrecht des Urhebers betroffen sein. Dies ist unstreitig der Fall, wenn der Nutzer das Material nach dem Download fest (z. B. auf seiner Festplatte oder einer Diskette) speichert. Dabei findet eine im Verhältnis zum Upload weitere Vervielfältigung statt, für die die Zustimmung der Rechteinhaber erforderlich ist. Ebenso stellt das Ausdrucken in Form einer Hardcopy eine weitere Vervielfältigung dar. Problematisch ist dagegen, ob auch das bloße Sichtbarmachen auf dem Bildschirm (sog. browsing) als Vervielfältigung anzusehen ist, da es hier an dem Merkmal der körperlichen Wiedergabe fehlen könnte. Zwar erfolgt hierbei eine zeitlich zwingend vorgelagerte vorübergehende Einlagerung der Informationen in den Arbeitsspeicher (sog. RAM-Speicher = random access memory) des abrufenden Computers. Man könnte jedoch argumentieren, dass sich aus Sinn und Zweck des § 16 UrhG ergibt, dass die Vervielfältigung einer dauerhaften Festlegung entsprechen müsse, die mit der eines Buches oder einer CD vergleichbar ist[87]. Für Computerprogramme allerdings ist mittlerweile in § 69 c Nr. 1 UrhG gesetzlich normiert, dass auch deren kurzfristige Übernahme in den Arbeitsspeicher eine rechtlich relevante Vervielfältigung ist[88]. Für die elektronisch übermittelten Werke wird daher angeführt, dass für sie letztlich nichts anderes gelten könne, da ihre Urheber ebenso schutzwürdig seien wie die von Computerprogrammen[89]. Auch die nur für wenige Sekunden erfolgende Festlegung eines Werkes oder eines geschützten Werkteils im Arbeitsspeicher erfülle zudem nicht nur technisch die Voraussetzungen einer Vervielfältigung. Es sei gerade ihr Zweck, die menschliche Betrachtung des Werkes zu ermöglichen. Darüber hinaus habe moderne Browser-Software zumeist eine besondere „catching"-Funktion, mit deren Hilfe jede von einem fremden System heruntergeladene Webseite auf dem Rechner des Nutzers

---

[85] Raczinski/Rademacher, GRUR 1989, 325; Flechsig, ZUM 1996, 833, 835.

[86] OLG Hamburg, Urteil vom 22. Februar 2001 – 3 U 247/00 – Online-Lexikon; ähnlich bereits LG Hamburg, Urteil vom 12. Juli 2000, MMR 2000, 761^= CR 2000, 776 mit Anm. Metzger.

[87] Flechsig, ZUM 1996, 833, 836; so auch Hoeren, LAN-Software, Urheber- und AGB-rechtliche Probleme des Einsatzes von Software in lokalen Netzen, UFITA Bd. 111 (1989), S. 5.

[88] Ebenso in den U.S.A; MAI Systems Corp. v. Peak Computer, Inc., 991 F.2d 511, 518 f. (9th Cir.1993).

[89] Siehe die Nachweise bei Schricker/Loewenheim, Urheberrecht, 2. Aufl. München 1999, § 16 Rdnr. 19.

abgespeichert werde, so dass dem Nutzer bei erneutem Aufruf der Seite (z. B. beim Zurückblättern) Kosten und Übertragungszeit für das Herunterladen erspart blieben. Aus diesen Gründen mehren sich die Stimmen, die § 16 UrhG auch auf solche Kopien erstrecken wollen, die technisch bedingt sind und insoweit aber eher einen flüchtigen Charakter haben[90]. Gerade für den Bereich der Proxyspeicherung[91] oder des RAM-Arbeitsspeichers wird heutzutage von der herrschenden Meinung vertreten, dass auch technische Zwischenspeicherungen als urheberrechtlich relevante Vervielfältigungsvorgänge anzusehen seien[92]. Eine Ausnahme solle allenfalls dann zum Tragen kommen, wenn die Zwischenspeicherung keinen eigenständigen wirtschaftlichen Wert verkörpere[93].

Eine Lösung hierfür sieht die oben erwähnte InfoSoc-Richtlinie vor. Die Kommission hat mit einem „Trick" die Frage der temporären Kopien gelöst. Auch wenn solche Kopien unter den Vervielfältigungsbegriff fallen, wird für sie nach Art. 5 Abs. 1 eine gesetzliche Ausnahme gelten. Nach dieser Regelung sind solche Vervielfältigungen nicht zustimmungspflichtig, die dem technischen Prozess immanent sind, für keinen anderen Zweck getätigt werden, als den rechtmäßigen Gebrauch zu ermöglichen, und keine eigene wirtschaftliche Bedeutung haben. Teile des Europäischen Parlaments sind gegen diese neue Schranke Sturm gelaufen, doch ohne Erfolg. „Transient and incidental acts of reproduction" sind weitgehend vom Vervielfältigungsbegriff ausgenommen. Dies hat unmittelbare Auswirkungen für die Provider und deren User. Proxy-Server sind damit ebenso von der Zustimmungspflicht ausgenommen wie Speicherungen im RAM oder die Bildschirmanzeige.

2 Bearbeitung

Nach § 23 UrhG darf ein Werk auch ohne Zustimmung des Urhebers bearbeitet oder in sonstiger Form umgestaltet werden. Erst wenn diese umgestaltete Fassung veröffentlicht oder verwertet werden soll, ist eine Zustimmung des Urhebers erforderlich. Anderes gilt nur für Software, bei der bereits die Umgestaltung als solche verboten ist (§ 69c Nr. 2 UrhG).

Hieraus folgt, dass Texte und Bildmaterial, mit Ausnahme der Software, für die Zwecke der optischen Speicherung umgestaltet werden dürfen. Allerdings dürfen die Speicher nicht ohne Zustimmung des Urhebers öffentlich zugänglich gemacht oder verbreitet werden.

Allerdings gilt eine Ausnahme für die Verfilmung des Werkes. Hier ist bereits die Bearbeitung von der Zustimmung des Urhebers abhängig. Daher taucht die

---

[90] Nordemann in Fromm/Nordemann § 16 Rdnr. 2.

[91] Siehe dazu auch die technischen Hinweise in Bechtold, ZUM 1997, 427, 436 f.; Ernst, K & R 1998, 536, 537; Sieber, CR 1997, 581, 588.

[92] Siehe etwa OLG Düsseldorf, CR 1996, 728, 729.

[93] So auch Art. 5 Abs. 1 des Richtlinienvorschlags der Europäischen Kommission zum Urheberrecht und zu den verwandten Schutzrechten vom 10. Dezember 1997, KOM (97) 628 endg., ebenso der geänderte Vorschlag vom 21. Mai 1999, Kom (99) 250 endg.

Frage auf, ob es sich bei der Herstellung von Multimedia-Produkten um eine, zustimmungsbedürftige, Verfilmung handelt. Der BGH hat in der „Sherlock-Holmes"-Entscheidung[94] den Verfilmungsvorgang als „Umsetzung eines Sprachwerkes in eine bewegte Bilderfolge mit Hilfe filmischer Gestaltungsmittel" definiert. Sofern im Rahmen von Multimedia-Produkten der Charakter laufender Bilder überwiegt, kommt daher die Anwendung der Filmregelungen des UrhG in Betracht.

Schwierig ist auch die Abgrenzung zwischen der zustimmungspflichtigen Bearbeitung und der freien Benutzung (§ 24 UrhG). Grundsätzlich darf ein selbständiges Werk, das in freier Benutzung eines anderen Werks geschaffen worden ist, ohne Zustimmung des Urhebers des benutzten Werkes veröffentlicht und verwertet werden (§ 24 Abs. 1 UrhG). Eine Ausnahme gilt für die erkennbare Übernahme von Melodien (§ 24 Abs. 2 UrhG). Damit eine solche freie Benutzung bejaht werden kann, darf das fremde Werk nicht in identischer oder umgestalteter Form übernommen werden, sondern nur als Anregung für das eigene Werkschaffen dienen[95]. Zur Konkretisierung verwendet die Rechtsprechung seit den Asterix-Entscheidungen des BGH[96] zwei verschiedene „Verblassens-"Formeln[97]: Eine freie Benutzung kann nach dieser Formel zum einen darin zu sehen sein, dass die aus dem geschützten älteren Werk entlehnten eigen persönlichen Züge in dem neuen Werk so zurücktreten, dass das ältere in dem neuen Werk nur noch schwach und in urheberrechtlich nicht mehr relevanter Weise durchschimmert. Zum anderen können aber auch deutliche Übernahmen durch eine besondere künstlerische Gedankenführung legitimiert sein; in diesem Fall ist ein so großer innerer Abstand erforderlich, dass das neue Werk seinem Wesen nach als selbständig anzusehen ist. Die nähere Konkretisierung gerade letzterer Variante der „Verblassens"-Formel ist schwierig und nur unter Rückgriff auf die Besonderheiten des Einzelfalls möglich. Die Integration von Fotografien in einen digitalen Bildspeicher wird dabei eher als unfreie Benutzung angesehen werden als die Übernahme fremder Sounds in einem multimedialen Videokunstwerk.

3 Öffentliche Wiedergabe

Der Abruf von urheberrechtlich geschützten Werken via Intra- oder Internet könnte (auch) das ausschließliche Recht der öffentlichen Wiedergabe (§ 15 Abs. 2 UrhG) in unkörperlicher Form des Urhebers tangieren. Dann müsste das Werk einer Öffentlichkeit gegenüber wiedergegeben werden. Der Öffentlichkeitsbegriff ist in § 15 Abs. 3 UrhG normiert. Nach dessen Legaldefinition ist jede Wiedergabe des Werkes an eine Mehrzahl von Personen öffentlich. Umstritten war lange

94 BGHZ 26, 52, 55; vgl. auch Fromm/Nordemann/Vinck, § 2 Rdnr. 77.

95 OLG Hamburg, Schulze OLGZ 190, 8 - Häschenschule; Schricker/Loewenheim, § 24 Rdnr. 9.

96 BGH, Urteile vom 11. März 1993 - I ZR 263/91 und 264/91, GRUR 1994, 191 und 206, ebenso BGHZ 122, 53, 60 (Alcolix-Entscheidung).

97 Vgl. Vinck in Fromm/Nordemann, § 24 UrhG, Rdnr. 3.

Zeit, ob der Begriff der Öffentlichkeit als Merkmal voraussetzt, dass ein und dasselbe Werk gleichzeitig gegenüber einer Mehrzahl von Personen wiedergegeben wird[98]. Die Gleichzeitigkeit der Wiedergabe könnte beim Intra- und Internet bereits mit der Begründung abgelehnt werden, dass die User im Online-Bereich, anders als bei Fernsehsendungen, das Material nur zeitlich nacheinander abrufen können.

Der Streit hat sich allerdings weitgehend in Wohlgefallen aufgelöst. Denn die einleitend erwähnte InfoSoc-Richtlinie wird hierzu ein eigenes, neues Verwertungsrecht vorsehen. Neu geregelt worden ist auch die schwierige Frage der öffentlichen Wiedergabe (s.o.). Durch Art. 8 des im Dezember 1996 auf WIPO-Ebene verabschiedeten World Copyright Treaty (WCT)[99] waren alle Vertragsstaaten verpflichtet, innerhalb eines weitgefassten Rechts auf öffentliche Wiedergabe ein ausschließliches Recht des „making available to the public" einzuführen. Der parallel dazu verabschiedete World Performers and Producers Rights Treaty (WPPT) sah eine entsprechende Verpflichtung für den Bereich der ausübenden Künstler und Produzenten vor, wobei hier – anders als im WCT – das Recht auf öffentliche Wiedergabe separat vom neuen Recht auf „making available to the public" geregelt worden ist (Art. 10, 14 und 15 WPPT). In der InfoSoc-Richtlinie wird diese völkerrechtliche Verpflichtung im Rahmen einer EU-einheitlichen Regelung transformiert. Art. 3 Abs. 1 der Richtlinie sieht ein ausschließliches Recht der Rechteinhaber vor „to authorize or prohibit the making available to the public, by wire or wireless means, in such a way that members of the public may access to them from a place and at a time individually chosen by them"[100].

Hier ist allerdings die Frage der Öffentlichkeit ungeklärt geblieben. Statt auf den Akt abzustellen, wird nunmehr auf die Adressaten abgestellt und eine Differenzierung zwischen Angehörigen der Öffentlichkeit und den „anderen" vorgenommen. Innerhalb eines Unternehmens aber ist niemand „Angehöriger der Öffentlichkeit", so dass bei dieser Unterscheidung unternehmensinterne Netze nicht unter das Recht des „making available" fallen würden. In Deutschland könnte man zur Konkretisierung auf das althergebrachte Kriterium der persönlichen Verbindung abstellen. Ob zwischen den Benutzern eines internen Datenbanksystems eine solche persönliche Verbindung besteht, hängt meist von zahlreichen Zufällen und Eigenheiten der Betriebsstruktur ab. Auch die Zahl der anschließbaren Bildschirme lässt keine Rückschlüsse darauf zu, wann noch von einer persönlichen Verbindung der Benutzer ausgegangen werden kann. So fragt sich, ob bei 100, 200 oder 500 Bildschirmen noch enge, persönliche Beziehungen zwischen den Usern bestehen. Bilden die Benutzer einer CPU vom Aufbau des EDV-Netzes her eine Orga-

[98] Siehe die Nachweise bei von Ungern-Sternberg in Schricker, Urheberrecht, 2. Aufl. München 1999, § 15 Rdnr. 59; a.A. zum Beispiel Zscherpe, MMR 1998, 404, 407 f.

[99] Siehe dazu Gaster/Lewinski, ZUM 1997, 607; Lewinski, GRUR 1997, 667; dies., in: Hoeren/Sieber (Hg.), Handbuch Multimediarecht, München 1999, Teil 7.9.

[100] Das Bundesjustizministerium hat in seinem Diskussionsentwurf vom 7. Juli 1998 das neue Recht in § 19a (missverständlich) als „Übertragungsrecht" normieren wollen. Aber selbst solche Missgriffe finden noch ihre Freunde in der Literatur, so etwa Gerlach, ZUM 1999, 278 (auf dem Hintergrund spezieller GVL-Rechts-positionen).

nisationseinheit, so ist vom Vorliegen einer persönlichen Verbindung auszugehen. Abzustellen ist deshalb nicht darauf, welche individuellen Verbindungen zwischen den Benutzern eines Abrufterminals bestehen.

Entscheidend ist vielmehr die Einordnung der Benutzergruppe innerhalb der EDV-Organisationsstruktur einer Einrichtung. Allerdings ist der Benutzer aufgrund des Ausnahmecharakters der Regelung verpflichtet, die fehlende Öffentlichkeit des EDV-Systems darzulegen und ggf. unter Beweis zu stellen.[101] Im Falle einer hausinternen Datenbank könnte je nach der Enge der Bindung der User von einer persönlichen Beziehung auszugehen sein, so dass hinsichtlich der internen Nutzung der Datenbank kein Eingriff in das Recht der öffentlichen Wiedergabe vorliegt. Die Grenze dürfte erst dort überschritten sein, wenn die Datenbank allgemein für eine kommerzielle Nutzung freigegeben oder jedem außerhalb des internen Kontextes Tätigen der Zugriff auf den Server ermöglicht würde.

4 Verbreitungsrecht

Das in §§ 15 Abs. 1 Nr. 2, 17 UrhG geregelte Verbreitungsrecht ist das Recht, das Original oder Vervielfältigungsstücke des Werkes der Öffentlichkeit anzubieten oder in Verkehr zu bringen. Dieses Recht könnte bei Recherchediensten, die nicht nur die relevante Informationsquelle suchen und weiterleiten, sondern die Information selbst anbieten, betroffen sein. Dabei ist es unbeachtlich, ob dies entgeltlich oder unentgeltlich, eigennützig oder altruistisch erfolgt.

Nicht um eine Verbreitung i.S.d. § 17 Abs. 1 UrhG handelt es sich dagegen bei einer reinen Datenübermittlung, da es hier an der erforderlichen körperlichen Form fehlt[102]. Die herrschende Meinung[103] hält noch nicht einmal eine analoge Anwendung des § 17 Abs. 1 UrhG für möglich, wenn Software, Bücher u.ä. als „informational goods" über das Netz zum Download bereitgehalten werden.

V Urheberpersönlichkeitsrechte

Das Urheberpersönlichkeitsrecht (UPR) ist das ideelle Gegenstück zu den wirtschaftlich ausgerichteten Verwertungsrechten. Es schützt den Urheber in seiner besonderen Beziehung zu seinem Werk[104].

Das UPR im engeren Sinne umfasst die Befugnisse des Veröffentlichungsrechts (§ 12), des Rechts auf Anerkennung der Urheberschaft (§ 13) und des Rechts auf Schutz gegen Entstellung oder Beeinträchtigung des Werkes (§ 14). Im weiteren Sinne versteht sich das UPR als der das gesamte Urheberrecht prägende Gedanke des Schutzes der geistigen und persönlichen Interessen des Urhebers. Das UPR im

---

[101] Nordemann in Fromm/Nordemann, § 15, Rdnr. 4.

[102] Loewenheim in Schricker, Urheberrecht, § 17 UrhG, Rdnr. 5.

[103] Siehe dazu die Belege und weitere kritische Überlegungen in Hoeren, CR 1996, 517.

[104] Decker in: Hoeren/Sieber Handbuch Multimediarecht 1999 Teil 7.6. RN 1.

weiteren Sinne hat keine fest umrissene Gestalt, sondern ist immer dann heranzuziehen, wenn es der Schutz der geistigen und persönlichen Interessen des Urhebers erfordert[105].

Im Rahmen der Nutzung von Werken über das Internet stellen sich eine Reihe schwieriger urheberpersönlichkeitsrechtlicher Fragen.

1 Entstellungsverbot

Die Gestalt des Werkes im Internet ist aufgrund der oft geringen Auflösungsqualität häufig erheblich geändert. Hier ist § 39 Abs. 2 UrhG zu beachten. Hiernach sind Änderungen des Werkes oder seines Titels zulässig, zu denen der Urheber seine Einwilligung nach Treu und Glauben nicht versagen kann. Sofern es sich bei Multimediaprodukten um filmähnliche Werke handelt (s.o.), kommt § 93 UrhG zur Anwendung, der den Entstellungsschutz auf die Fälle gröbster Entstellung und Beeinträchtigung beschränkt. Ähnliches gilt für die Leistungsschutzberechtigten, für die das UrhG zur Anwendung kommt (§§ 14, 83 UrhG). Für ausländische Künstler gilt ansonsten das Rom-Abkommen, das keine persönlichkeitsrechtlichen Vorgaben enthält. Diese Lücke kann nur durch die Anwendung des Beleidigungsschutzes und anderer strafrechtlicher Schutzvorschriften geschlossen werden.

Den Vorgang der Digitalisierung als solchen wird man regelmäßig nicht als Entstellung ansehen können. Entscheidender ist vielmehr die Art und Weise, wie das Werk digitalisiert und in einen Off-/Online-Kontext gesetzt worden ist. Eine geringe Auflösung einer Photographie, z. B., kann sehr schnell mit einem Verlust der künstlerischen Eigenart einhergehen und insofern die ideellen Beziehungen des Photographen zu seinem Werk verletzen. Wie weit das Entstellungsverbot in praxi reicht, ist unklar und kann letztendlich nur im Einzelfall festgestellt werden. Auch eine vertragliche Regelung kann grundsätzlich nicht abgeschlossen werden, da das Entstellungsverbot unverzichtbar ist und nicht auf Dritte übertragen werden kann. Ein Verzicht wird nur insoweit für zulässig erachtet, als genau bestimmte, konkrete Veränderungsformen vertraglich bezeichnet werden. Folglich ergeben sich aus dem Entstellungsverbot Informations- und Aufklärungspflichten des Verwerters gegenüber dem Urheber. Je konkreter der Verwerter vorab mit dem Urheber über konkrete Änderungsabsichten spricht, desto enger wird der Spielraum für das Entstellungsverbot.

2 Namensnennungsrecht

Neben dem Entstellungsverbot ist das Namensnennungsrecht von zentraler Bedeutung. Nach § 13 UrhG hat der Urheber das Recht, darüber zu entscheiden, ob und an welcher Stelle des Werkes er als Urheber zu bezeichnen ist. Im World Performers and Producers Rights Treaty wird auch dem Musiker ein (bislang in Deutschland unbekanntes) Recht auf Namensnennung zugesprochen; das deutsche

[105] Dietz in: Schricker, Kommentar zum Urheberrecht, 2. Aufl. 1999.

Recht wird dementsprechend anzupassen sein. Abseits dieser gesetzlichen Regelung werden Namensnennungsrechte etwa von Produzenten vertraglich vereinbart. In den USA sehen Tarifverträge für den Filmbereich eine Reihe von Benennungspflichten im Vor- oder Nachspann vor.

Das Namensnennungsrecht spielt traditionell im Bereich literarischer Werke die größte Rolle. Daneben ist es für freie Photographen lebensnotwendig, dass sich an ihren Photographien ein Urhebervermerk findet; denn von diesem Vermerk geht eine wichtige Akquisefunktion für die Erteilung späterer Aufträge aus. In anderen Bereichen kommt dem Namensnennungsrecht naturgemäß keine große Bedeutung zu. Insbesondere bei gewerblich genutzten Werken wie etwa Software ist eine Namensnennung kaum üblich. In der Rechtsprechung argumentiert man hier mit der Branchen(un)üblichkeit als Grenze des Namensnennungsrechts.

VI Gesetzliche Schranken

Art. 14 Abs. 1 GG schützt auch das Urheberrecht[106]. Urheber und Leistungsschutzberechtigte können jedoch die ihnen zustehenden ausschließlichen Verwertungsrechte nicht unbeschränkt geltend machen. Eine solche Monopolstellung wäre mit den Vorgaben des Grundgesetzes unvereinbar. Zum Schutz der Presse-, Rundfunk- und Informationsfreiheit (Art. 5 GG) sieht das Urheberrecht in den §§ 45–63 UrhG eine Reihe von Schranken für die Ausübung dieser Rechte vor. Schranken können unterschiedlich gestaltet sein. In den USA wurde zum Beispiel eine große, weit formulierte Schranke des „fair use" eingeführt (17 U.S.C. § 197), die anhand bestimmter Einzelumstände je nach Einzelfall angewendet wird und darüber hinaus vertraglich abdingbar ist. Das deutsche Urheberrecht sieht hingegen einen numerativen Katalog einzelner Schranken in unterschiedlich starken Ausprägungen vor. Der Eingriff in das Verbotsrecht des Urhebers besteht in den Formen der zustimmungs- und vergütungsfreien Nutzung, der gesetzlichen Lizenzen, Zwangslizenzen und Verwertungsgesellschaftspflichtigkeiten. Zwangslizenzen gewähren keine direkte Nutzungsbefugnis, sondern lediglich eine gerichtlich durchsetzbare Zustimmung des Urhebers zu der Nutzung zu einem angemessenen Preis. Das deutsche UrhG kennt lediglich eine einzige durch eine Zwangslizenz ausgestaltete Schranke (§ 61), die in der Praxis als bedeutungslos angesehen wird. Verwertungsgesellschaftspflichtigkeiten, also die Festlegung, dass ein bestimmter Anspruch nur durch eine Verwertungsgesellschaft geltend gemacht werden kann, finden sich dagegen sehr häufig, oft in Kombination mit einer gesetzlichen Lizenz. Zum großen Teil wird mit letzteren operiert: Der Urheber kann in diesen Fällen die Nutzung seines Werkes nicht reglementieren (behält jedoch einen Vergütungsanspruch); vielmehr hat der Nutzer eine genau umrissene, gesetzliche Lizenz. Diese Schranken gelten nicht nur im Verhältnis zum Urheber, sondern auch für Lichtbildner (§ 72 Abs. 1 UrhG), ausübende Künstler (§ 84 UrhG), Tonträger- (§ 85 Abs. 3 UrhG) und Filmhersteller (§ 94 Abs. 4 UrhG). Im Folgenden werden die für den Bereich der neuen Medien relevanten Schrankenregelungen dargestellt.

---

[106] BVerfGE 31, 229/239; 77, 263/270; 79, 1/25.

1 Ablauf der Schutzfrist

Das Urheberrecht erlischt nach Ablauf von 70 Jahren post mortem auctoris (§ 64 UrhG). Bei Werken, die von mehreren (Mit-) Urhebern geschaffen sind, berechnet sich die Frist nach dem Tode des Längstlebenden (§ 65 Abs. 1 UrhG). Bei Filmwerken kommt es auf den Tod des Hauptregisseurs, Drehbuchautors, Dialogautors und des Filmkomponisten an (§ 65 Abs.2 UrhG). Hinzu kommen die Schutzfristen für die Leistungsschutzberechtigten, insbesondere die Tonträger- und Filmhersteller sowie die ausübenden Künstler. Deren Schutz endet regelmäßig 50 Jahre, nachdem diese ihre geschützte Leistung erbracht haben.

2 Erschöpfungsgrundsatz

Zu beachten ist ferner der Erschöpfungsgrundsatz (§ 17 Abs. 2 UrhG; für Software Spezialregelung in § 69c Nr. 3 S. 2 UrhG). Stimmt der Urheber einer Veräußerung von Vervielfältigungsstücken zu, erschöpft sich daran sein Verbreitungsrecht (mit Ausnahme des Vermietrechts). Die Erschöpfung erstreckt sich nur auf die Verbreitung körperlicher Werkexemplare; eine zumindest entsprechende Anwendung des Grundsatzes auf bestimmte Online-Übertragungen wird von der herrschenden Meinung für unmöglich erachtet.[107] Die Erschöpfung knüpft sich daran, dass Werkexemplare mit Zustimmung des zur Verbreitung Berechtigten im Wege der Veräußerung in den Verkehr gebracht worden sind. Bietet z. B. ein Verlag ein Buch zum Verkauf an, verliert es an den Werkkopien sein Kontrollrecht hinsichtlich der Weiterverbreitung. Wer also ein solches Buch gekauft hat, darf es weiterverkaufen. Gleiches gilt für den Weiterverkauf gebrauchter Standardsoftware, nach herrschender Meinung nicht jedoch bei Software, die man über das Internet downloaden konnte.

Von der Rechtsfolgenseite ist die Erschöpfung räumlich auf den Bereich der EU und des EWR beschränkt.[108] Wer Kopien geschützter Werke in den USA kauft, darf diese nicht in der EU weiterverkaufen; eine internationale Erschöpfung wird von der herrschenden Meinung abgelehnt.

Sachlich beschränkt sich die Erschöpfung nur auf die jeweilige Verbreitungsform. Sie erlaubt nicht die Verbreitung innerhalb eines neuen, eigenständigen Marktes, etwa von Buchclubausgaben eines Buches im Taschenbuchhandel.[109]

---

[107] So auch Erwägungsgrund 29 der InfoSoc-Richtlinie mit folgender Begründung: „Unlike CD-ROM or CD-I, where the intellectual property is incorporated in a material medium, namely an item of goods, every on-line service is in fact an act which should be subject to authorisation where the copyright or related right so provides." Die InfoSoc-Richtlinie wiederholt damit Überlegungen aus der Datenbankrichtlinie; s. dort Erwägungsgrund 33.

[108] Siehe dazu auch EuGHE 1971, 487 – Polydor.

[109] BGH, GRUR 1959, 200 – Heiligenhof.

3 Öffentliche Reden (§ 48 UrhG)

Nach § 48 Abs. 1 Nr. 2 UrhG ist die Vervielfältigung, Verbreitung und öffentliche Wiedergabe von Reden zulässig, die bei öffentlichen Verhandlungen vor staatlichen, kommunalen oder kirchlichen Organen gehalten worden sind. Es ist daher möglich, ohne Zustimmung des Urhebers, Reden über das Internet zugänglich zu machen. Fraglich könnte allenfalls sein, ob sich die Ausnahmebestimmung nur auf den reinen Text der Rede oder auch auf weitere Umstände der Rede (Ton- und Bildmaterial) erstreckt. Für die Internetnutzung hat diese Schranke keine besondere Bedeutung.

4 Zeitungsartikel (§ 49 UrhG)

Unter dem Gesichtspunkt des freien Informationszugangs regelt § 49 UrhG den uneingeschränkten Zugriff auf Beiträge vor allem aus der Tagespresse. Erst die Rechtsprechung hat aus dieser Bestimmung die sog. „Pressespiegelbestimmung" gemacht[110]. Interessant ist hier vor allem der Bereich der elektronischen Pressespiegel. Nach § 49 Abs. 1 UrhG ist die Vervielfältigung und Verbreitung einzelner Artikel aus Zeitungen in anderen „Zeitungen und Informationsblättern" sowie deren öffentliche Wiedergabe zulässig, sofern die Artikel politische, wirtschaftliche oder religiöse Tagesfragen betreffen und nicht mit einem Vorbehalt der Rechte versehen sind.

a) Artikel

Unter „Artikel" sind nur Sprachwerke zu verstehen, nicht jedoch Photographien oder Zeichnungen[111]. Wenn ein Artikel neben dem Text auch Bildmaterial enthält, ist nur die Übernahme des Textes von § 49 Abs. 1 UrhG gedeckt. Es dürfte damit ausgeschlossen sein, (die regelmäßig bebilderten) Texte aus der Tagespresse in toto zu scannen und mit Berufung auf § 49 UrhG in eine Datenbank einzuspeisen. Erlaubt ist nur die Übernahme *einzelner* Artikel, nicht jedoch etwa die Übernahme des Texts einer gesamten Ausgabe. Auch dürfen nur Artikel verwendet werden, deren Inhalt politische, wirtschaftliche oder religiöse Tagesfragen betrifft. Beiträge mit schwerpunktmäßig wissenschaftlichem oder kulturellem Inhalt fallen nicht unter die Vorschrift[112]. Außerdem muss der übernommene Artikel noch zum Zeitpunkt der Übernahme aktuell sein[113].

---

[110] Gegen die Anwendung von § 49 Abs. 1 auf Pressespiegel Beiner, MMR 1999, 691, 695.

[111] Loewenheim, Urheberrechtliche Grenzen der Verwendung geschützter Werke in Datenbanken, Stuttgart 1994, 73 mit weit. Nachw. in Fn. 327.

[112] Zu weit geht m.E. Melichar, wenn er es für § 49 genügen lässt, dass ein Artikel „auch" den privilegierten Inhalt hat (Schricker/Melichar, § 49 Rdnr. 7). Es kommt entscheidend auf die Schwerpunkte des Textes an.

[113] Zu weit geht m.E. Loewenheim, Urheberrechtliche Grenzen der Verwendung geschützter Werke in Datenbanken, Stuttgart 1994, 74, wenn er für die Aktualität auf den Zeitpunkt

b) Zeitungen

Die Entnahme ist nur im Hinblick auf „Zeitungen und andere lediglich dem Tagesinteresse dienenden Informationsblätter" zulässig. Zu dieser Gruppe zählen neben der Tagespresse auch periodisch erscheinende Informations- und Mitteilungsblätter.[114] Es stellt sich dabei die Frage, ob auch eine Online-Zeitung eine „Zeitung" im Sinne von § 49 UrhG ist. Die Repräsentanten der Zeitungsverleger lehnen dies ab. Sie verweisen darauf, dass es sich bei § 49 UrhG um eine Ausnahmevorschrift zu Lasten des Urhebers handele. Ausnahmevorschriften seien eng auszulegen. Deshalb sei § 49 UrhG nur auf Printmedien als Ausgangsmaterial zu beziehen und spiele für den Online-Bereich keine Rolle. Diese Ansicht wird meines Erachtens zu Recht von der Verwertungsgesellschaft „Wort" zurückgewiesen. Nach deren Ansicht sei zwar § 49 UrhG als Ausnahmevorschrift eng auszulegen. Dies schließe jedoch nicht aus, dass für den Begriff der „Zeitung" eine sinnvolle und sachgerechte Interpretation gefunden werde. Dabei könne es nicht darauf ankommen, auf welchem Trägermedium eine Publikation erscheine. Nach der typischen Definition der Zeitungswissenschaft umfasse Zeitung vielmehr jedes periodisch erscheinende Informationsmedium mit universellem und aktuellem Inhalt[115]. Darauf ziele wohl auch die geplante Neuformulierung des § 49 im Referentenentwurf zum 5. Urheberrechtsänderungsgesetz ab, wonach Online-Medien in die Definition miteinbezogen würden[116]. Damit fallen auch Online-Zeitungen unter die Pressespiegel-Bestimmung.

c) Elektronische Pressespiegel

Strittig ist die Anwendbarkeit des § 49 UrhG auf elektronische Pressespiegel, insbesondere im Online-Bereich.

Fraglich ist, ob im Fall der Erstellung einer „Pressespiegeldatenbank", die beispielsweise in einem Großunternehmen oder in einer Verwaltung sinnvoll genutzt werden könnte, diese von § 49 Abs. 1 UrhG umfasst wäre. Nach § 49 Abs. 1 S. 1 UrhG ist, wie erläutert, nur die Verbreitung von Informationsblättern erlaubt, die dem Tagesinteresse dienen. Es erscheint aber nicht wahrscheinlich, dass elektronische Pressespiegel tatsächlich nur für einen Tag benutzt und dann vernichtet oder unabhängig von den jeweils anderen tagesaktuellen Pressespiegeln aufbewahrt werden. Vielmehr soll so eine Datenbank entstehen, die jederzeit – und das wesentlich komfortabler als traditionelle Pressespiegel, mit Suchfunktionen versehen

der Übergabe an die Benutzer (etwa einer Datenbank) abstellt. Die Übergabe ist als solche kein urheberrechtlich relevanter Akt; entscheidend ist der Zeitpunkt, in dem in die Verwertungsrechte des Urhebers eingegriffen worden ist.

[114] Anders jetzt das OLG München in seinem Urteil vom 23. Dezember 1999, das Artikel aus Publikumszeitschriften (wie Spiegel oder Zeit) von der Pressespiegelfreiheit ausnimmt.

[115] Siehe Rehbinder, UFITA 48 (1966), 102, 103 f.; vgl. auch Melichar, Die Begriffe „Zeitung" und „Zeitschrift" im Urheberrecht, ZUM 1988, 14.

[116] Entwurf vom 7.7.1998 (http://www.bmj.bund.de/misc/1998/urh_98.htm); der geänderte § 49 Abs. 1 spricht nunmehr von Zeitungen, Druckschriften und „anderen Datenträgern".

– verfügbar wäre. Das Erfordernis der „Tagesinteressen" wäre damit nicht mehr gegeben. Die Abgrenzung ist allerdings fließend[117].

Beim übernehmenden Medium muss es sich ebenfalls um Zeitungen bzw. Informationsblätter handeln. Abwegig erscheint die dazu teilweise vertretene Ansicht, dass auch der selektive Ausdruck von gescannten Zeitungsartikeln aus einer zentralen Datenbank heraus unter § 49 Abs. 1 UrhG falle[118]. Der Benutzer einer Datenbank stellt sich nicht sein eigenes „Informationsblatt" zusammen; der Verteilung von Kopien an Dritte fehlt die vorherige Zusammenfassung in einem zentralen Primärmedium. Wie Loewenheim zu Recht feststellt[119], fehlt es bei solchen Informationsdatenbanken daran, dass der Betreiber selbst von sich aus und im eigenen Interesse informieren will.

Insgesamt ist die Rechtslage hinsichtlich der Anwendbarkeit der Bestimmung auch auf Pressespiegel in elektronischer Form jedoch unklar.[120] Zuletzt wurde gegen die Zulässigkeit der Lizenzierung eines elektronischen Pressespiegels durch eine Verwertungsgesellschaft entschieden[121], eine Privilegierung durch § 49 UrhG also abgelehnt und damit das Verbotsrecht der Urheber bejaht. Diese Entscheidung des LG Hamburg ist durch das OLG Hamburg bestätigt worden[122]. Ähnlich sehen die Rechtslage inzwischen das OLG Köln[123] und das LG Berlin[124]. Ähnlich restriktiv argumentiert das Appellationsgericht Bern für den Bereich der Pressebeobachtung. [125]Die vorgesehene Änderung des § 49 UrhG im Rahmen eines Fünften Gesetzes zur Änderung des Urheberrechtsgesetzes sieht die Ausweitung der bestehenden Regelung auf elektronische Pressespiegel ausdrücklich vor[126]. Allerdings ist fraglich, ob diese Regelung in den harmonisierten Schrankenregelungen des Richtlinienvorschlags zum Urheberrecht in der Informationsgesellschaft Deckung finden wird.[127] Einige Zeitungsverleger haben inzwischen die Presse Monitor GmbH gegründet, die die Pressespiegelrechte der Verleger bündeln soll. Streitig ist allerdings, ob nicht diese Organisation ihrerseits als Verwertungsgesell-

---

117 Vgl. Wallraf, Elektronische Pressespiegel aus der Sicht der Verlage, AfP 2000, 23, 27.

118 So Eidenmüller, Elektronischer Pressespiegel, CR 1992, 321, 323.

119 Loewenheim, Urheberrechtliche Grenzen der Verwendung geschützter Werke in Datenbanken, Stuttgart 1994, 76.

120 Schon gegen die Anwendbarkeit auf traditionelle Pressespiegel Wallraff, Elektronische Pressespiegel aus der Sicht der Verlage, AfP 2000, 23, 26; Beiner, MMR 1999, 691, 695.

121 LG Hamburg, Urteil vom 07.09.1999, AfP 1999, 389.

122 OLG Hamburg, Urteil vom 06.04.2000, AfP 2000, 299, 300. In diesem Verfahren ist Revision eingelegt worden; über das Verfahren wird der BGH Anfang 2002 entscheiden.

123 OLG Köln, Urteil vom 30. Dezember 1999, MMR 2000, 365 m. Anm. Will. = AfP 2000, 94 = GRUR 2000, 417.

124 LG Berlin, Urteil vom 15. Mai 2001, AfP 2001, 339.

125 Appellationsgericht Bericht, Urteil vom 21. Mai 2001, MMR 2002, 30 mit Anm. Hilty.

126 Vgl. die Begründung des Diskussionsentwurfs (www.bmj.bund.de/download/begr.doc), S. 9.

127 Vgl. Art 5 Abs. 2 b des geänderten Richtlinienvorschlags vom 21.5.1999, KOM (1999) 250 endg., der eine digitale Vervielfältigung nur zur „*privaten und persönlichen* Verwendung" zulässt.

schaft anzusehen ist, so dass für deren Tätigkeit eine Erlaubnis des DPMA eingeholt werden müsste.

d) Vergütungsanspruch

Wichtig ist ferner der mit der Ausnahme, also der Zulässigkeit der Vervielfältigung und Verbreitung, verknüpfte Vergütungsanspruch. Nach § 49 Abs. 1 S. 2 UrhG ist für die Vervielfältigung, Verbreitung oder öffentliche Wiedergabe eine angemessene Vergütung zu zahlen. Diesen Anspruch kann der Rechteinhaber nur über eine Verwertungsgesellschaft geltend machen (§ 49 Abs. 1 S. 3 UrhG).[128] Die Vergütungspflicht entfällt, wenn lediglich kurze Auszüge aus mehreren Kommentaren oder Artikeln in Form einer Übersicht verwendet werden (§ 49 Abs. 1 S. 2 UrhG a. E.). Es ist daher ohne Zustimmung der Urheber und ohne Verpflichtung zur Zahlung einer Vergütung zulässig, Presseauszüge etwa im Internet zu platzieren.

5 Zitierfreiheit (§ 51 UrhG)

Denkbar wäre auch eine Anwendung der in § 51 UrhG geregelten Grundsätze der Zitierfreiheit.

a) Zitierfreiheit für wissenschaftliche Werke

§ 51 Nr. 1 UrhG erlaubt die Vervielfältigung, Verbreitung und öffentliche Wiedergabe einzelner bereits erschienener Werke auch ohne Zustimmung des Urhebers, sofern diese in einem selbständigen wissenschaftlichen Werk zur Erläuterung des Inhalts und in einem durch diesen Zweck gebotenen Umfang aufgenommen werden.

aa) Wissenschaft

Dabei ist der Begriff der wissenschaftlichen Werke weit zu ziehen; auch Filmwerke können hierunter fallen[129]. Allerdings muss das Werk durch die ernsthafte, methodische Suche nach Erkenntnis gekennzeichnet sein[130]. Die Entwickler multimedialer Produkte können das Zitierrecht für wissenschaftliche Zwecke z. B. im Fall von online nutzbarem Lehrmaterial für Studierende, Schüler oder sonstige Interessierte in Anspruch nehmen. Nicht anwendbar ist die Vorschrift jedoch bei der Verwendung von Material für Produkte, bei denen der Schwerpunkt auf dem Unterhaltungswert liegt[131], so zum Beispiel bei einer Webseite zur Geschichte der Beatles.

---

[128] Vgl. dazu oben Fn 15.

[129] Ekrutt, Urheberrechtliche Probleme beim Zitat von Filmen und Fernsehsendungen, Diss. Hamburg 1973, 109; Ulmer, Zitate in Filmwerken, GRUR 1972, 323, 324.

[130] Siehe LG Berlin, Schulze LGZ 125, 5; LG Berlin, GRUR 1978, 108 - Terroristenbild; Schricker/Schricker, § 51 Rdnr. 31.

[131] Siehe KG, GRUR 1970, 616, 617 f.

bb) Umfang des Zitats

§ 51 Nr. 1 UrhG erlaubt die Übernahme „einzelner Werke“. Damit ist zugunsten der Verbreitung wissenschaftlicher Informationen auf der einen Seite eine sehr weitgehende, extensive Verwendung fremder Quellen legitimiert: Der Zitierende kann auf ganze Werke zurückgreifen, sofern dies zur Untermauerung einer eigenen Aussage erforderlich ist (sog. Großzitat). Auf der anderen Seite ist das Zitatrecht jedoch auf „einzelne“ Quellen beschränkt. Diese Regelung wird bei Verwendung der Werke eines Urhebers sehr eng ausgelegt.[132] Der Zitierende soll nicht unter Berufung auf § 51 UrhG das gesamte Werkrepertoire eines Urhebers verwenden. Anders ist die Lage bei Zitaten in Bezug auf mehrere Urheber; hier neigt man zu einer großzügigeren Behandlung.

cc) Zitatzweck

Auch für multimediale Anwendungen ist die Frage des Zitatzwecks entscheidend. Das zitierende Werk muss selbständig sein. Es reicht nicht aus, dass fremde Werke lediglich gesammelt werden; es muss eine eigene geistige Leistung auch im Verhältnis zur Auswahl der Zitate vorliegen[133]. Die Zitate sind folglich nur zur Untermauerung einer eigenen Aussage zulässig. Steht das Zitat gegenüber der eigenen Aussage im Vordergrund, scheidet eine Zulässigkeit nach § 51 Nr. 1 UrhG aus. Ein zulässiges Zitat liegt weiterhin nur vor, wenn eine innere Verbindung zwischen zitierendem und zitiertem Werk besteht[134]. Das Zitat darf nur als Beleg und Hilfsmittel fungieren und muss gegenüber dem Hauptwerk zurücktreten[135]. Geht es hingegen darum, dass der Zitierende auf eigene Ausführungen zugunsten des Zitats verzichten will, kann er sich nicht auf § 51 UrhG stützen[136]. Im Multimediabereich kommt es deshalb darauf an, zu welchem Zweck fremde Werke in das Produkt integriert werden. Bedenklich erscheint vor allem die Übernahme ganzer Werke, ohne eigene Auseinandersetzung mit deren Inhalt. Umgekehrt wäre die Verwendung von Musik- oder Filmsequenzen in einem multimedialen Lexikon über § 51 UrhG durchaus legitimierbar.

dd) Quellenangabe

Allerdings setzt § 51 UrhG auch voraus, dass in jedem Fall einer Vervielfältigung des Werkes oder eines Werkteiles die Quelle deutlich angegeben wird (§ 63 Abs. 1 UrhG). Dies wird bei der Digitalisierung von Photographien oder dem Sampling

---

[132] BGHZ 50, 147, 156 - Kandinsky I; LG München II Schulze LGZ 84, 9; siehe auch Schricker/Schricker, § 51 Rdnr. 34.

[133] BGH, GRUR 1973, 216, 217 f. - Handbuch moderner Zitate; Schricker/Schricker, § 51 Rdnr. 22 und 34.

[134] BGHZ 28, 234, 240 - Verkehrskinderlied; BGHZ 50, 147, 155, 156 - Kandinsky I; BGH, GRUR 1987, 362 - Filmzitat; Schricker/Schricker, § 51 Rdnr. 16 mit weit. Nachw.

[135] BGH, GRUR 1986, 59, 60 - Geistchristentum; BGH, GRUR 1987, 34, 35 - Liedtextwiedergabe I.

[136] KG, GRUR 1970, 616, 618 - Eintänzer.

einzelner Musikkomponenten kaum praktizierbar sein[137]. Auch beim Zitat von im Internet verfügbaren Texten könnte das Quellenerfordernis problematisch sein, da ein Link als Quellenangabe – wegen der Flüchtigkeit dieses Verweises – im Regelfall nicht ausreichen wird[138]. Links im eigenen Text als solche stellen keine Zitate dar und müssen daher auch nicht den Anforderungen genügen[139].

b) Kleinzitat, § 51 Nr. 2 UrhG

Gem. § 51 Nr. 2 UrhG ist die Vervielfältigung, Verbreitung und öffentliche Wiedergabe zulässig, sofern Stellen eines Werkes nach der Veröffentlichung in einem selbständigen Sprachwerk angeführt werden. Über den Wortlaut hinaus wird die Regelung auch auf Filme[140] und sonstige Werkgattungen[141] ausgedehnt. Erlaubt ist nur die Verwendung kleinerer Ausschnitte des Werkes. Allerdings müssen diese Ausschnitte für sich genommen schutzfähig sein. Kleine Pixel und Sounds[142] sind zum Beispiel nicht schutzfähig und können daher stets frei verwendet werden. Schwierigkeiten bereiten Bildzitate. Bei Photographien oder Werken der bildenden Kunst umfasst ein Zitat notwendigerweise das ganze Bild und nicht nur einen Ausschnitt; in solchen Fällen ist – je nach Zitatzweck – auch die Verwendung ganzer Werke zulässig[143]. Zu beachten ist neben dem Zitatzweck insbesondere die Notwendigkeit der Quellenangabe.

c) Musikzitate, § 51 Nr. 3 UrhG

Nach § 51 Nr. 3 UrhG ist es zulässig, ohne Zustimmung des Rechteinhabers Teile eines erschienenen musikalischen Werkes in ein (selbständiges) Werk der Musik zu integrieren[144]. Die Regelung dürfte im Multimediabereich keine große Bedeutung haben. Denn bei einer CD-ROM oder Internet-Anwendung handelt es sich nicht um Werke der Musik. Beide sind eher als Datenbank oder (teilweise) als filmähnliche Werke einzustufen.

---

[137] Die Situation ist allerdings anders, wenn eines Tages der digitale „Fingerprint" Realität wird. Siehe dazu Gass, Digitale Wasserzeichen als urheberrechtlicher Schutz digitaler Werke? ZUM 1999, 815.

[138] Vgl. dazu, Schulz, ZUM 1998, 221, 232.

[139] Frank A. Koch, GRUR 1997, 417, 420.

[140] BGH, GRUR 1987, 362 - Filmzitat; LG München I, FuR 1983, 668.

[141] Schricker/Schricker, § 51 Rdnr. 41. Vgl. zum Vorschlag für eine Novellierung des Zitatrechts Reupert, Der Film im Urheberrecht, Baden-Baden 1995, 180 f.

[142] Vgl. dazu Schricker/Loewenheim, § 2 Rdnr 122.

[143] KG, UFITA 54 (1969), 296, 299; LG München I Schulze, LGZ 182, 5; Schricker/Schricker, § 51 Rdnr. 45.

[144] Siehe dazu allg. Schricker/Melichar, § 51 Rdnr. 49.

6 Indexierung und Erstellung von Abstracts

Nach herrschender Meinung stellen bibliographische Angaben, Indices und Abstracts keinen Eingriff in das Urheberrecht des Autors dar[145]. Eine Ausnahme gilt allerdings, wenn die Dokumentation unsachgemäß erfolgt; hier kann sich der Urheber wegen Entstellung seines Werkes auf seine Urheberpersönlichkeitsrechte berufen[146].

7 Öffentliche, unentgeltliche Wiedergabe, § 52 UrhG

Eine weitere Schranke gilt für die öffentliche Wiedergabe, sofern sie keinem Erwerbszweck des Veranstalters dient und die Teilnehmer unentgeltlich zugelassen werden (§ 52 Abs. 1 S. 1 UrhG). Unter den Voraussetzungen des § 52 UrhG kann z. B. ein geschütztes Werk frei über Online-Netze zur Verfügung gestellt werden[147]; allerdings ist insoweit eine angemessene Vergütung zu entrichten (§ 52 Abs. 1 S. 2 UrhG). Für Angebote innerhalb CompuServe, AOL oder T-Online kommt § 52 UrhG nicht zur Anwendung, da es sich um entgeltliche Dienste handelt. Indes könnte die Regelung für die Nutzung von Material im Internet eine große Rolle spielen. Sofern eine Homepage nicht (zumindest mittelbar) erwerbswirtschaftlichen Zwecken dient, kann darin jedes Werk auch ohne Zustimmung des Rechteinhabers enthalten und zugänglich gemacht werden. Die angemessene Vergütung dürfte wohl am sinnvollsten an Verwertungsgesellschaften gezahlt werden, die sie dann an die einzelnen Urheber ausschütten. Allerdings haben die Verwertungsgesellschaften die besondere Bedeutung des § 52 UrhG für die Nutzung von Werken im Internet noch nicht aufgegriffen. Daher liegen besondere Tarife für diesen Bereich noch nicht vor. Andererseits ist es wohl fraglich, ob es dem Zweck des § 52, der in seinem Absatz 3 öffentliche bühnenmäßige Aufführungen, Funksendungen und die öffentliche Vorführung eines Filmwerks von der Privilegierung ausschließt, entspräche, wenn die – eine weitaus intensivere Weiterverwertung als die im Gesetz genannten Ausnahmen ermöglichende – Wiedergabe über das Internet umfasst wäre.

Handelt es sich bei dem verfügbar gemachten Inhalt um eine Datenbank (und arg a maiori ad minus um ein Datenbankwerk) i.S.d. §§ 87a UrhG, ist diese Schranke jedenfalls nicht anwendbar. Die Schranken, die die Verbotsrechte des Datenbankherstellers begrenzen, sind vielmehr abschließend in § 87b UrhG geregelt.

---

145 Vgl. Hackemann, GRUR 1982, 262, 267; Katzenberger, GRUR 1990, 97.

146 Katzenberger, GRUR 1973, 629, 632; vgl. auch das Kapitel „Urheberpersönlichkeitsrechte".

147 Vgl. Dreier in Schricker, Informationsgesellschaft, S. 162.

8 Vervielfältigungen zum eigenen Gebrauch

Die „Magna charta" der gesetzlichen Lizenzen findet sich in § 53 UrhG, der weitgehend Vervielfältigungen zum eigenen Gebrauch auch ohne Zustimmung der Rechteinhaber zulässt.[148] Kompensatorisch erhält der Urheber für den mit § 53 UrhG verbundenen Rechteverlust einen Anspruch auf Vergütung (§§ 54, 54a UrhG), der seit 1985 hauptsächlich auf einen Anteil an der sog. Geräte- und Leerkassettenabgabe gerichtet ist[149].

Nach Umsetzung der Datenbankrichtlinie in deutsches Recht (Art. 7 IuKDG) gibt es für Datenbanken und Datenbankwerke abweichende Schrankenbestimmungen. Nach dem neu eingefügten § 53 Abs. 5 UrhG ist die Vervielfältigung aus elektronisch zugänglichen Datenbanken zum privaten Gebrauch (§ 53 Abs. 1 UrhG) nicht mehr zulässig. Auch die Aufnahme in ein eigenes Archiv (§ 53 Abs. 2 Nr. 2 UrhG), die Vervielfältigung zur Unterrichtung über Tagesfragen (§ 53 Abs. 2 Nr. 3 UrhG) und die Vervielfältigung aus Zeitschriften oder vergriffenen Werken (§ 53 Abs. 2 Nr. 4 UrhG) sind im Hinblick auf elektronisch zugängliche Datenbankwerke entfallen. Die Vervielfältigung zum eigenen wissenschaftlichen Gebrauch gem. § 53 Abs. 2 Nr. 1 UrhG ist nur noch von der Schranke gedeckt, wenn keine kommerziellen Zwecke verfolgt werden. Eine ähnliche Bestimmung findet sich für die nicht-kreativen Datenbanken in § 87c UrhG, der die auf Datenbanken anwendbaren Schranken abschließend regelt. Die Vervielfältigung zum privaten Gebrauch (§ 87c Nr.1 UrhG) ist nur ausgeschlossen, wenn die Datenbank elektronisch zugänglich ist. Der wissenschaftliche Gebrauch (§ 87c Nr.2 UrhG) sowie die Benutzung zur Veranschaulichung des Unterrichts (§ 87c Nr.3 UrhG) ohne Lizenzierung ist von Anfang an auf die für den Zweck gebotene Erstellung der Kopien ohne gewerbliche Zielsetzung beschränkt.

a) Privater Gebrauch

Nach § 53 Abs. 1 S. 1 UrhG ist es zulässig, einzelne Vervielfältigungsstücke eines Werkes zum privaten Gebrauch herzustellen oder herstellen zu lassen. Bei der Übertragung von Werken auf Bild- und Tonträger sowie bei der Vervielfältigung von Werken der bildenden Künste ist die Herstellung durch andere aber nur zulässig, wenn sie unentgeltlich erfolgt (§ 53 Abs. 1 S. 2 UrhG). Tendenziell kann sich jedermann via File Transfer Protocol (FTP) und unter Berufung auf privaten Gebrauch fremdes Material laden und kopieren. Er kann sich auch von Bibliotheken und Dokumentationsstellen Material kopieren und via Internet zusenden lassen, vorausgesetzt, dass diese Herstellung von Kopien durch andere unentgeltlich geschieht. Nicht umfasst ist von § 53 Abs. 1 UrhG die Erstellung von Kopien zu

[148] Siehe dazu auch Joachim Maus, Die digitale Kopie von Audio- und Videoprodukten. Die Nutzung von Film und Musik im privaten Bereich und deren Behandlung im deutschen und im internationalen Urheberrecht, Baden-Baden 1991.

[149] Zur Vorgeschichte siehe Kreile, ZUM 1985, 609; Melichar, ZUM 1987, 51; Nordemann, GRUR 1985, 837.

erwerbswirtschaftlichen Zwecken. Auch können nach herrschender Auffassung[150] nur natürliche Personen in den Genuss der Regelung kommen; damit scheidet eine Berufung auf diese Vorschrift für betriebsinterne Zwecke eines Unternehmens aus. Streitig ist, inwieweit das Kopieren von Werken nur dann zulässig ist, wenn eine erlaubterweise hergestellte Vervielfältigung als Vorlage benutzt worden ist. Gerade im Zusammenhang mit „Napster"[151] wurde zum Beispiel die Auffassung vertreten, dass dieses Kriterium nach dem Wortlaut des § 53 UrhG nicht vorausgesetzt sei.[152]

b) Eigener wissenschaftlicher Gebrauch

Das Urheberrecht legitimiert auch das freie Kopieren von Werken aus dem Internet für wissenschaftliche Zwecke. Nach § 53 Abs. 2 Nr. 1 UrhG ist es zulässig, auch ohne Zustimmung des Rechteinhabers einzelne Kopien eines Werkes zum eigenen wissenschaftlichen Gebrauch herzustellen oder herstellen zu lassen. Dabei ist der Begriff des „wissenschaftlichen Gebrauchs" weit auszulegen. Darunter fällt das Kopieren via Online durch

- Wissenschaftler und Forschungsinstitute
- Privatleute mit wissenschaftlichem Informationsbedürfnis
- Studierende im Rahmen ihrer Ausbildung und
- Forschungseinrichtungen der Privatwirtschaft[153].

Eine Grenze ist dort zu ziehen, wo nahezu vollständige Kopien ganzer Bücher oder Zeitschriften ohne Zustimmung der Rechteinhaber angefertigt werden (§ 53 Abs. 4 S. 1 UrhG). Als Beispiel möge das Projekt Gutenberg dienen, das seit Jahren Werke der Weltliteratur zum Zugriff über das Internet anbietet. Sofern die Schutzfristen für diese Werke nach deutschem Recht noch nicht abgelaufen sind, darf der Nutzer die Texte nicht zu wissenschaftlichen Zwecken aus dem Netz abrufen.

Auch legitimiert § 53 UrhG nicht die Verbreitung und öffentliche Wiedergabe des Materials (§ 53 Abs. 5 S. 1 UrhG). Wer sich also zu Forschungszwecken Werke aus dem Internet lädt, darf dies nicht „posten".

---

[150] So am deutlichsten Norbert Flechsig, NJW 1985, 1991, 1994. Ähnlich auch Schricker/Loewenheim, § 53 Rdnr. 7 mit weit. Nachw.

[151] Siehe dazu A&M Records Inc v. Napster Inc, 114 F. Supp. 2d 896 = GRUR Int. 200, 1066 sowie die Entscheidung des US Court of Appeals for the Nineth Circuit vom 12. Februar 2001, GRUR Int. 2001, 355.

[152] So etwa Schack, Urheber- und Urhebervertragsrecht, 2. Aufl. 2001, Rdnr. 496; Mönkemöller, GRUR 2000, 663, 667 f.; anderer Ansicht Leupold/Demisch, ZUM 2000, 379, 383 ff.

[153] Dies ist allerdings streitig. Wie hier auch Schricker/Loewenheim, § 53 Rdnr. 14; Ulmer, § 65 III 1; einschränkend auf Hochschulen Fromm/Nordemann, § 53 Rdnr. 9. Zustimmend BGH, Urteil vom 20.2.1997, ZUM-RD 1997, 425 - Betreibervergütung für Privatunternehmen.

c) Aufnahme in ein eigenes Archiv

Nach § 53 Abs. 2 Nr. 2 UrhG dürfen einzelne Vervielfältigungsstücke des Werkes zur Aufnahme in ein eigenes Archiv hergestellt werden, soweit die Vervielfältigung zu diesem Zweck geboten ist und als Vorlage für die Vervielfältigung ein eigenes Werkstück benutzt wird. Diese Regelung dürfte für firmeninternes, elektronisches Dokumentenmanagement, nicht aber im Online-Sektor eine Rolle spielen. Zu einem anderen Ergebnis kommt man nur, wenn man auch öffentlich zugängliche Archive unter die Regelung subsumiert[154]; denn dann rechtfertigt § 53 UrhG die Einrichtung großer Onlinedatenbanken mit Zugriff etwa auf hauseigenes Pressematerial. Die herrschende Meinung wertet jedoch die Regelung anders. Tatsächlich ist nach Sinn und Zweck lediglich ein Archiv nur zum haus- bzw. betriebsinternen Gebrauch gemeint[155], wobei elektronische Archive solange als zulässig angesehen werden, als die solcherart erfolgte Archivierung keine zusätzliche Verwertung des Werks darstellt[156]. Hinsichtlich elektronischer Pressearchive (im Sinne eines Inhouse-Kommunikationssystems, das den Zugriff durch einen geschlossenen Nutzerkreis zulässt) hat der BGH[157] entschieden, dass auch, wenn die Nutzung auf Betriebsangehörige beschränkt werde, dies weit über das hinausgehe, was der Gesetzgeber mit der Bestimmung des § 53 Abs. 2 Nr. 2 UrhG privilegieren wollte.

d) Zeitungs- und Zeitschriftenbeiträge

Nach § 53 Abs. 2 Nr. 4a UrhG ist es zulässig, zum „sonstigen eigenen Gebrauch" – ein besonderer Zweck ist also nicht erforderlich – einzelne Vervielfältigungsstücke eines Werkes herzustellen oder herstellen zu lassen, soweit es sich um einzelne Beiträge aus Zeitungen und Zeitschriften handelt. Bezüglich anderer Werke privilegiert diese Bestimmung lediglich die Vervielfältigung kleiner Teile. Insgesamt dürfen die kopierten Beiträge nur einen kleinen Teil der Zeitung oder Zeitschrift ausmachen; die Regelung gilt nicht für die Übernahme wesentlicher Teile der ausgewählten Beiträge.

In jüngster Zeit wurde um die Zulässigkeit sog. Kopierdienste gerungen, die von größeren Bibliotheken und Unternehmen zugunsten der Kunden angeboten werden[158]. Der BGH hat in zwei Verfahren gegen kommerzielle Recherchedienste entschieden, dass das Angebot von Recherche und Erstellung aus einer Hand nicht von den Schranken des Urheberrechts gedeckt sei. Die Klagen richteten sich jeweils gegen die CB-Infobank, die angeboten hatte, aus ihrem umfangreichen Pressearchiv Rechercheaufträge zu erfüllen und Kopien gleich mit anzufertigen. Dabei

---

[154] So Nordemann, Festschrift für Hubmann, 325, 326.

[155] So auch von Gamm, § 54 Rdnr. 10; Schricker/Loewenheim, § 53 Rdnr. 25; Katzenberger, GRUR 1973, 629, 636.

[156] Fromm/Nordemann, § 53 Rdnr 7, Schricker/Loewenheim, § 53 Rdnr. 26.

[157] BGH 10.12.1998 – elektronische Pressearchive, MMR 1999, 409, m. Anm. Hoeren.

[158] Diese Problematik ist auch der Hintergrund für das Gutachten, das Loewenheim im Auftrag der Zeitungsverleger-Verbände erstellt hat; siehe ders., Urheberrechtliche Grenzen der Verwendung geschützter Werke in Datenbanken, Stuttgart 1994.

berief sie sich in erster Linie auf § 53 Abs. 2 Nr. 4a UrhG. Die Vorinstanzen hatten voneinander abweichende Urteile erlassen. Der BGH hat klargestellt, dass bei einem Recherche- und Kopierauftrag § 53 Abs. 2 Nr. 4a UrhG nicht zur Anwendung komme, weil die Kopiertätigkeit der Informationsstelle nicht für den Auftraggeber, sondern in eigener Sache geschehe. Die Bank könne sich deshalb auf keine Privilegierung berufen. Der Kunde andererseits, der sich auf die Schranke hätte berufen können, habe weder kopiert noch kopieren lassen[159].

Anders als bei kommerziellen Informationsdiensten ist die Rechtslage bei öffentlichen Bibliotheken und sonstigen für die Öffentlichkeit zugänglichen Einrichtungen. Dies gilt insbesondere, wenn auch Recherche- und Auswahlleistung – wie im nachfolgend skizzierten Fall – beim Besteller liegt. In einer spektakulären Grundsatzentscheidung[160] hat der BGH entschieden, dass solche Einrichtungen weder in das Vervielfältigungs- noch in das Verbreitungsrecht des Urhebers eingreifen, wenn sie auf eine Einzelbestellung hin, Vervielfältigungen einzelner Zeitschriftenbeiträge anfertigen und im Wege des Post- oder Faxversandes übermitteln. In einem solchen Fall sei dann aber in rechtsanaloger Anwendung von §§ 27 Abs. 2 und 3, 49 Abs. 1, 54a Abs. 2 und § 54 h Abs. 1 UrhG ein Anspruch des Urhebers auf angemessene Vergütung zuzuerkennen, der nur durch eine Verwertungsgesellschaft geltend gemacht werden könne. Die Anerkennung eines solchen Anspruchs sei angesichts der technischen und wirtschaftlichen Entwicklung der letzten Jahre geboten, um den Anforderungen des Art. 9 RBÜ, der Art. 9 und 13 des TRIPS-Übereinkommens, der Eigentumsgarantie des Art. 14 GG sowie dem urheberrechtlichen Beteiligungsgrundsatz Rechnung zu tragen. Vor diesem Hintergrund sei eine analoge Anwendung aller Regelungen im UrhG, in denen einem Rechteinhaber im Bereich der Schranken Vergütungsansprüche zugebilligt werden, geboten. Ausführlich nimmt der BGH bei dieser Argumentation auf die neuen Möglichkeiten des Internet und des Zugriffs auf Online-Datenbanken (im Sinne von Online-Katalogen und hinsichtlich der dadurch wesentlich erleichterten und erweiterten Recherchemethoden) Bezug. Offen bleibt allerdings, ob der BGH nur den Kopienversand per Post und Fax ausnehmen will oder ob die Entscheidungsgründe auch auf den Online-Versand (der nicht Gegenstand des Verfahrens war) übertragen werden können.

Nach Auffassung des OLG Köln unterfällt ein Internet-Suchdienst, durch den man Zeitungsartikel mittels Deep-Links auffinden kann, unter § 53 Abs. 2 Nr. 4aUrhG.[161] Der Nutzer verwende den Suchdienst nur zum eigenen Gebrauch; daran ändere auch die Beteiligung des Betreibers des Suchdienstes nichts.

---

159 BGH, WM 1997, 731 – CB-Infobank I und WM 1997, 738 – CB-Infobank II.

160 Urteil vom 25. Februar 1999 – I ZR 118/96, K & R 1999, 413 – Kopienversanddienst. Gegen das Urteil haben beide Parteien Verfassungsbeschwerde eingelegt. Vgl. auch die (gegensätzlichen) Anmerkungen zu diesem Urteil von Hoeren, MMR 1999, 665 und Loewenheim, ZUM 1999, 574.

161 Urteil vom 27. Oktober 2000, K&R 2001, 327 = NJW-RR 2001, 904.

e) Ausnahmeregelungen für den Unterricht

Multimedia wird häufig im Ausbildungs- und Schulungsbereich eingesetzt. Insofern stellt sich die Frage nach der Reichweite von § 53 Abs. 3 UrhG. Diese Regelung erlaubt die Vervielfältigungen von kleinen Teilen eines Druckwerkes oder einzelnen Zeitungs- und Zeitschriftenbeiträgen für den Schulunterricht und die Aus- und Weiterbildung in nichtgewerblichen Einrichtungen. Es wäre ein Missverständnis, wollte man unter Berufung auf diese Ausnahmevorschrift Werke mittels eines schulübergreifenden Internetangebots zum Kopieren freigeben. Die Regelung bezieht sich nur auf Kopien in der „für *eine* Schulklasse erforderlichen Anzahl". Im Übrigen sind Verbreitung und öffentliche Wiedergabe von Material nicht durch die Vorschrift gedeckt (§ 53 Abs. 3 S. 1 UrhG).

f) Rechtsfolge: Vergütungsanspruch

In den Fällen des § 53 Abs. 1–3 UrhG hat der Urheber einen Anspruch auf Vergütung gegen den Hersteller von Geräten, die zur Vornahme von Vervielfältigungen bestimmt sind. Dieser in § 54 UrhG geregelte Anspruch kommt neben dem Urheber auch dem ausübenden Künstler (§ 84 UrhG), dem Tonträgerhersteller (§ 85 Abs. 3 UrhG) und dem Filmhersteller (§ 94 Abs. 4 UrhG) zugute.

Allerdings ist dabei zwischen dem Vergütungsanspruch für Bild- und Tonaufzeichnungen (§ 54 UrhG) und jenem für reprographische Vervielfältigungen (§ 54a UrhG) zu unterscheiden. Diese Unterscheidung ist nicht nur theoretischer Natur; vielmehr wird die Vergütung jeweils unterschiedlich berechnet (vgl. die Anlage zu § 54d Abs. 1 UrhG).

aa) Vergütung bei Bild- und Tonaufzeichnungen

§ 54 Abs. 1 UrhG gewährt einen Vergütungsanspruch bei der Aufnahme von Funksendungen auf Bild- und Tonträgern und der Übertragung von einem Bild- und Tonträger auf einen anderen. Diese Regelung ist im Zeitalter von MP3[162] und dem mittlerweile weitverbreiteten Gebrauch von CD-Brennern von wachsender Bedeutung. Eine Vergütungsregelung für CD-Brenner, MP3-Geräte oder Festplatten existiert aber weiterhin nicht[163]. Jene für Leer-CDs lehnt sich an die Vergütung für Leerkassetten an, was angesichts der enormen Qualitätsvorteile der digitalen Kopie nicht gerechtfertigt erscheint.[164]

bb) Reprographische Vervielfältigungen

Neben dem Vergütungsanspruch nach § 54 Abs. 1 UrhG kann für Multimedia auch der Anspruch für reprographische Vervielfältigungen nach § 54a Abs. 1 UrhG von Bedeutung sein. Dieser Anspruch kommt bei Werkarten zum Tragen, bei denen zu erwarten ist, dass sie durch Ablichtung oder in einem vergleichbaren Verfahren zum eigenen Gebrauch vervielfältigt werden.

---

[162] Vgl. dazu Cichon, Musikpiraterie im Internet, K & R 1999, 547.

[163] Vgl. Däubler-Gmelin, Private Vervielfältigung unter dem Vorzeichen digitaler Technik, ZUM 1999, 769, 771.

[164] Cichon, Musikpiraterie im Internet, K & R 1999, 547, 552.

Im digitalen Kontext stellt sich die Frage, ob die Digitalisierung analoger Informationen – etwa durch Scannen – als ein der Ablichtung vergleichbares Verfahren angesehen werden kann. Dabei soll jede Form der Vervielfältigung ausreichen, sofern am Ende des Verfahrens eine körperliche Festlegung erfolgt.[165] Es kommt folglich darauf an, inwieweit die Digitalisierung zu einer körperlichen Fixierung – vergleichbar der Ablichtung – führt. Man wird dies an dieser Stelle bezweifeln können, sofern man auf das Laden in den Arbeitsspeicher abstellt. Die Digitalisierung bleibt jedoch nicht beim Laden stehen. Sie führt im Ergebnis dazu, dass fremde Leistungen auf Dauer auf der Festplatte eines Rechners oder auf einer CD festgehalten werden. Insoweit handelt es sich um ein der Ablichtung vergleichbares Verfahren.

Ferner setzt § 54a Abs. 1 UrhG voraus, dass die Geräte zur Vornahme von Vervielfältigungen zum eigenen Gebrauch „bestimmt“ sind. Erforderlich ist hierzu, dass das Gerät zur Vornahme von Vervielfältigungen technisch geeignet und vorgesehen ist.[166] Zu den geeigneten Geräten zählen Scanner[167], Sampler und Telefaxgeräte[168], (noch) nicht jedoch PC, Modem und Festplatte. Nicht vergütungspflichtig sind ferner optische Speichermedien, da § 54a Abs. 1 UrhG nur Geräte umfasst, die zur Vornahme von Vervielfältigungen bestimmt sind.[169]

Die Vergütungsansprüche können nach § 54h Abs. 1 UrhG nur durch eine Verwertungsgesellschaft geltend gemacht werden. Dabei ist für Ansprüche nach § 54 Abs. 1 UrhG die Zentralstelle für private Überspielungsrechte (ZPÜ) mit Sitz in München zuständig. Die Ansprüche nach § 54a Abs. 1 UrhG nimmt, soweit es um literarische Texte geht, die VG Wort wahr. Bei der Vervielfältigung von Werken der bildenden Kunst und Darstellungen wissenschaftlich-technischer Art ist hingegen die VG Bild-Kunst zur Geltendmachung von Vergütungsansprüchen berechtigt.

g) Reformvorschläge

Insbesondere im Rahmen von §§ 54 und 54a UrhG stellt sich die Frage nach der Adäquanz der gesetzlichen Lizenzen im digitalen Kontext. Auch die Freiheit des privaten Gebrauchs ist zu einer Zeit in das Urheberrecht eingefügt worden, als die Kopien aufgrund des technischen Standards deutlich schlechter als das Original waren. Um die Jahrhundertwende waren technische Kopierverfahren für den privaten Gebrauch kaum bekannt. Die in § 15 Abs. 2 LUG und § 18 Abs. 1 KUG verankerte Kopierfreiheit erstreckte sich auf das handschriftliche Abschreiben von Texten oder das Nachmalen von Bildern. Mit dem Einzug von Videorecordern

165 Schricker/Loewenheim, § 54a Rdnr. 6.

166 Siehe BGHZ 121, 215, 218 f. - Readerprinter. Nach früherem Recht reichte die technische Eignung aus; siehe BGH, GRUR 1981, 355, 357 - Videorecorder; GRUR 1982, 104, 105 - Tonfilmgeräte zu § 53 Abs. 5 S. 1 UrhG.

167 OLG Hamburg, 3.12.1998, CR 1999, 415.

168 BGH, Urteil vom 28. Januar 1999 - I ZR 208/96, ZUM 1999, 649. Ähnlich bereits OLG Zweibrücken, CR 1997, 348; LG Düsseldorf, NJW-RR 1994, 11202 = CR 1994, 224.

169 Siehe dazu auch oben allgemein zum Vervielfältigungsrecht.

und sonstigen Kopiergeräten in die privaten Haushalte sah sich der Gesetzgeber erstmalig gezwungen, das Dogma der vergütungsfreien Privatkopie zugunsten der Geräte-/Leerkassettenabgabe bzw. der Betreibervergütung einzuschränken. Doch diese Einschränkung reicht im digitalen Zeitalter nicht aus. Digitale Kopien sind immer dem Original gleichwertig. Wie das Beispiel Software zeigt, können digitale Werke auch in großem Umfang in kurzer Zeit durch private Haushalte kopiert werden. Die Beibehaltung der privaten Kopierfreiheit verführt daher im digitalen Kontext zum Missbrauch dieser Freiheit. In Dänemark hat man kürzlich die gesetzliche Lizenz für digital erstellte Kopien abgeschafft[170]. In Deutschland zeigen sich erste Ansätze eines Umdenkprozesses am Beispiel der Computerprogramme, bei denen infolge der Umsetzung der Europäischen Softwareschutzrichtlinie Vervielfältigungen auch zum privaten Gebrauch grundsätzlich verboten sind (§ 69c Nr. 1 UrhG)[171].

Sofern man die Kopierfreiheit nicht ganz abschafft (siehe dazu oben), sind aber zumindest die Vergütungssätze des § 54 d UrhG anzuheben und der Kreis der vergütungspflichtigen Geräte etwa auf Modems und PCs zu erweitern. Denn die bisherigen Regelungen stammen aus einer Zeit, in der die digitale Nutzung unbekannt war. Sie entsprechen folglich nicht mehr der Situation, dass Millionen von Internet-Nutzern digitale und damit dem Original völlig gleichwertige Kopien in Sekundenschnelle aus dem Netz ziehen können.

[170] Art. 2 Abs. 2 Nr. IV des Dänischen Urheberrechtsgesetzes von 1995 (Text verfügbar unter http://clea.wipo.int) verbietet die digitale Privatkopie.

[171] Abzuwarten bleibt auch, ob neben einer Harmonisierung des Rechts der privaten Vervielfältigung auch die zu zahlende Vergütung auf europäischer Ebene harmonisiert werden soll; Vgl. auch die Reformvorschläge Dreiers in: Schricker, Urheberrecht auf dem Weg zur Informationsgesellschaft, S. 163.

Autorenverzeichnis

Markus Anding
Ludwig-Maximilians-Universität München
Department für Betriebswirtschaft
Seminar für Wirtschaftsinformatik und Neue Medien
Ludwigstraße 28
D-80539 München

Dr. Thomas Barth
Lehrstuhl für Wirtschaftsinformatik
Universität Siegen
Hölderlinstraße 3
D-57068 Siegen

Dr. Michel Clement
Bertelsmann AG
Millerntorplatz 1
D-20359 Hamburg

Martin Curley, Director
IT People
Intellectual Capital and Solutions
Intel Corporation
Collinstown Industrial Park
Leixlip, County Kildare
Ireland

Herbert Damker
DETECON Consulting GmbH
Oberkasseler Straße 2
D-53227 Bonn

Dr. Holger Eggs
SerCon GmbH – An IBM Global Services Company
Bismarckallee 4
D-79098 Freiburg

Dr. Torsten Eymann
Institut für Informatik und Gesellschaft
Abteilung Telematik
Albert-Ludwigs-Universität Freiburg
Friedrichstraße 50
D-79098 Freiburg

Kai Fischbach
Wissenschaftliche Hochschule für Unternehmensführung (WHU)
– Otto Beisheim Hochschule –
Lehrstuhl für Electronic Business
Burgplatz 2
D-56179 Vallendar

Prof. Dr. Ian Foster
Mathematics and Computer Science Division
Argonne National Laboratory
9700 South Cass Avenue
Argonne, Illinois 60439-4844
USA

Prof. Dr. Manfred Grauer
Lehrstuhl für Wirtschaftsinformatik
Universität Siegen
Hölderlinstraße 3
D-57068 Siegen

Tom Groth, Chief Visioneer
Sun Microsystems GmbH
Sonnenallee 1
D-85551 Heimstetten

Prof. Dr. Thomas Hess
Ludwig-Maximilians-Universität München
Department für Betriebswirtschaft
Seminar für Wirtschaftsinformatik und Neue Medien
Ludwigstraße 28
D-80539 München

Prof. Dr. Thomas Hoeren
Westfälische Wilhelms-Universität Münster
Institut für Informations-, Telekommunikations- und Medienrecht
Bispinghof 24/25
D-48143 Münster

Dr. Thomas Hummel
Accenture European Technology Park
449, route des Crêtes, B.P.99
F-06902 Sophia Antipolis
France

Gene Kan
Sun Microsystems, Inc.
4150 Network Circle
Santa Clara, CA 95054
USA

Dr. Carl Kesselman
Mathematics and Computer Science Division
Argonne National Laboratory
9700 South Cass Avenue
Argonne, Illinois 60439-4844
USA

Till Mansmann
i42 Informationsmanagement GmbH
Weinheimer Straße 68
D-68309 Mannheim

Prof. Dr. Günter Müller
Institut für Informatik und Gesellschaft
Abteilung Telematik
Albert-Ludwigs-Universität Freiburg
Friedrichstraße 50
D-79098 Freiburg

Dr. Guido Nerjes
Bertelsmann AG
Millerntorplatz 1
D-20359 Hamburg

Dr. Matthias Runte
Bertelsmann AG
Millerntorplatz 1
D-20359 Hamburg

Stefan Sackmann
Institut für Informatik und Gesellschaft
Abteilung Telematik
Albert-Ludwigs-Universität Freiburg
Friedrichstraße 50
D-79098 Freiburg

Prof. Dr. Detlef Schoder
Wissenschaftliche Hochschule für Unternehmensführung (WHU)
– Otto Beisheim Hochschule –
Lehrstuhl für Electronic Business
Burgplatz 2
D-56179 Vallendar

Matthias Schreiber
Ludwig-Maximilians-Universität München
Department für Betriebswirtschaft
Seminar für Wirtschaftsinformatik und Neue Medien
Ludwigstraße 28
D-80539 München

Stefan Selle
i42 Informationsmanagement GmbH
Weinheimer Straße 68
D-68309 Mannheim

Steven Tuecke
Mathematics and Computer Science Division
Argonne National Laboratory
9700 South Cass Avenue
Argonne, Illinois 60439-4844
USA

Dr. Sebastian Wedeniwski
IBM Deutschland Entwicklung GmbH
Postfach 1380
D-71003 Böblingen

Prof. Dr. Christof Weinhardt
Lehrstuhl für Informationsbetriebswirtschaftslehre
Universität Karlsruhe (TH)
Englerstraße 14
D- 76131 Karlsruhe

Remigiusz Wojciechowski
Lehrstuhl für Informationsbetriebswirtschaftslehre
Universität Karlsruhe (TH)
Englerstraße 14
D- 76131 Karlsruhe

Stichwortverzeichnis

Druck: Strauss GmbH, Mörlenbach
Verarbeitung: Schäffer, Grünstadt